Anita Hermann-Ruess

Speak Limbic –
Das Ideenbuch für wirkungsvolle Präsentationen

Argumente, Formulierungen und Methoden,
um alle anzusprechen

Anita Hermann-Ruess
Speak Limbic - Das Ideenbuch für wirkungsvolle Präsentationen
Argumente, Formulierungen und Methoden, um alle anzusprechen
Göttingen: BusinessVillage, 2007
ISBN-13: 978-3-938358-44-3

Bezugs- und Verlagsanschrift
BusinessVillage GmbH
Reinhäuser Landstraße 22
37083 Göttingen
Telefon: +49 551 2099-100
Fax: +49 551 2099-105
E-Mail: info@businessvillage.de
Web: www.businessvillage.de

Layout und Satz
Sabine Kempke

Illustrationen
Marc Hautmann, Ulm
www.zehnhoch.de

www.fotolia.de (Kapitelillustrationen)

Druck
AALEXX Druck GmbH, Großburgwedel

Inhalt

Über die Autorin

Anita Hermann-Ruess, M.A., Rhetorik- und Kommunikationsexpertin, ist Inhaberin der Firma Hermann-Ruess und Partner. Nach ihrem Studium der Rhetorik und Linguistik an der Universität Tübingen und zusätzlichen Weiterbildungen gründete sie ihre eigene Firma.

Sie trainiert und berät seitdem als Expertin die unterschiedlichsten Branchen. Weiterhin ist sie eine gefragte Referentin und Dozentin an Hochschulen und in der Wirtschaft.

Ihr Erfolgsrezept: Sie verbindet auf einmalige Weise 2.500 Jahre klassische Rhetorik mit den neuesten wissenschaftlichen Erkenntnissen der Gehirnforschung und geht damit einen neuen, zukunftsweisenden Weg. Mit diesem Wissen hat sie das in diesem Buch vorgestellte Limbische Kommunikationsmodell entwickelt.

Teilnehmer und Kunden setzen mittlerweile dieses neue Wissen beim Präsentieren, im Verkauf und im Management erfolgreich ein und setzen damit neue Maßstäbe.

Kontaktdaten der Autorin:

Anita Hermann-Ruess
Eisenbachweg 13
88279 Amtzell
Telefon.: +49 (0) 75 20 – 92 31 53
Telefax: +49 (0) 75 20 – 92 31 91
E-Mail: seminare@hermann-ruess.de
Internet: www.hermann-ruess.de

Anita Hermann-Ruess steht Ihnen gerne zur Verfügung für firmen-interne

- Präsentationskurse
- Verkaufstrainings
- Vertriebs-Workshops: Verkaufsargumente, Formulierungen und Worte in allen Limbischen Codierungen generieren
- Rhetoriktrainings

Vorwort

Dies ist das Ideen- und Arbeitsbuch zu dem Praxisleitfaden „Speak Limbic“, das 2006 im BusinessVillage-Verlag erschienen ist. Darin stellen wir ein neues effektives Präsentationskonzept vor, das die Erkenntnisse der rhetorischen Tradition mit neuer Gehirnforschung und moderner Präsentationstechnik vereint. Die Resonanz bei unseren Lesern war sehr positiv. Auf vielfach geäußerten Wunsch erscheint jetzt das Arbeits- und Ideenbuch. Es enthält praktische und kreative Ideen und Methoden für Ihre Präsentation – natürlich denkstilgerecht. Es will Sie dazu anregen, überzeugende und herausragende Präsentationen schnell und einfach herzustellen.

Als Kommunikationstrainerin kenne ich die Schwierigkeiten meiner Teilnehmer aus den Präsentationskursen sehr genau. Ich stelle fest, dass es immer wieder die gleichen Themen sind, die im Mittelpunkt des Interesses stehen. Als ich sie eines Tages auflistete, kam ich genau auf zwanzig „heiße Eisen“, wobei jeder Teilnehmer seine ganz persönlichen Fallstricke hatte. Wurde er daraus befreit, erkannte er die destruktiven Glaubensätze dahinter und die falsche Wahl der Methoden – wurden seine Präsentationen schlagartig besser. In den folgenden Jahren konzentrierte ich mich im Training immer stärker darauf, diese ganz persönlichen Punkte gemeinsam mit dem Teilnehmer zu finden und ihn hier, und nur hier, zu unterstützen. Das Training wurde immer mehr zu einem individuellen Coaching – und die Seminargruppe zum wertvollen Feedback- und Ressourcengeber. So ist auch dieses Ideenbuch aufgebaut: ausgehend von persönlichen Engpässen vermittelt es praktische Lösungen.

Meine Empfehlung: Lesen Sie zuerst „Speak Limbic – Wirkungsvoll präsentieren“. Dort lernen Sie die Zusammenhänge am besten kennen. Bereiten Sie damit Ihre Präsentationen vor. Wenn Sie stecken bleiben oder Ihnen die Ideen ausgehen – schlagen Sie an geeigneter Stelle in diesem Ideenbuch nach. Mit diesem Arbeitsbuch können Sie üben, ausformulieren; und Sie erhalten noch viele weitere praktische und konkrete Anleitungen, *wie* Sie Ihre Präsentation überzeugend und wirkungsvoll produzieren und halten.

Speak Limbic! in Aktion

Schatten und Licht – warum wir allein mit unseren Stärken nicht überzeugen

Aus der Kombination von Licht und Schatten entsteht Ihr ganz individueller Präsentationsstil. Grundsätzlich gilt, dass jeder durch sein Sosein – also durch Veranlagung und durch seine Lebenserfahrung – schon viele gute Eigenschaften und Fähigkeiten mitbringt. Der Technikfreak beherrscht perfekt die Präsentationsmedien, der Gefühlvolle versteht es, geschickt auf der Klaviatur der Emotionen zu spielen, der Kreative beeindruckt durch ausgefallene Ideen. Kein Talent ist besser oder schlechter. Jedes erfüllt seinen Zweck. Doch wie so oft im Leben sind unsere größten Stärken zugleich auch unsere größten Schwächen. Aus perfekter Technik wird schnell ein blutleerer Vortrag, das Spielen auf der „Klaviatur der Emotionen" kippt ohne Logik und Beweise ins Unglaubwürdige.

Es gibt Präsentierende, die viele kreative Ideen haben – und trotzdem überzeugt ihre Präsentation nicht. Ihnen fehlt manchmal die Fähigkeit, sich zu beschränken und Kernbotschaften eindringlich und konzentriert in die Köpfe der Zuhörer zu übertragen.

Es gibt Präsentierende, die sehr logisch und präzise sind. Doch Ihnen fehlt manchmal die Fähigkeit, sich in andere Menschen hineinzufühlen und in einen förderlichen emotionalen Kontakt mit dem Publikum zu kommen.

Es gibt diejenigen, die mit ihrem Publikum mitschwingen, sympathisch rüberkommen und sofort Kontakte knüpfen. Doch der breite Fluss ihrer Emotionen lässt sich manchmal nur schwer in wirkungsvollere Sprachmuster verwandeln. Auch sie überzeugen nicht immer.

Und es gibt die ganz strukturierten Perfektionisten, die Folie um Folie, Detail um Detail präsentieren und dabei ihre Zuhörer mehr und mehr ermüden. Sie sind ebenfalls selten überzeugend.

Sie haben sie wahrscheinlich schon erkannt: Es sind die vier Haupttypen des Limbischen Kommunikationsmodells, der experimentelle, der logische, der gefühlvolle und der strukturierte Persönlichkeitstyp.

Jeder Mensch ist rhetorisch gesehen ein **Rohdiamant** – wichtig ist nur, an den richtigen Stellen zu schleifen. Dann strahlt er bei jeder Präsentation Glaubwürdigkeit, Vertrauen, Sympathie und Begeisterung im richtigen Maße aus.

Gehen wir davon aus, dass Sie Ihre Inhalte beherrschen, schließlich verköpern Sie in Business-Präsentationen Ihr Unternehmen (das Sie kennen), Ihr Projekt (an dem Sie Tag für Tag arbeiten) oder ein Produkt (das Ihnen geläufig ist). Gehen wir auch davon aus, dass das, was Sie präsentieren, sinnvoll, durchdacht und gut ist. Jetzt kommt es darauf an, andere von dieser guten Idee, von dem durchdachten Produkt oder von Ihrem Unternehmen zu überzeugen. Es reicht heutzutage nicht mehr aus, nur ein tolles Produkt oder eine gute Idee zu haben. – Denn das haben die anderen auch.

Jetzt kommt es darauf an, das Denken und Handeln von Menschen zu beeinflussen – und zwar in Ihrem Sinne. Spätestens jetzt kommen die Rhetorik- und Kommunikationstechniken ins Spiel. Wie verpacke ich meine Inhalte so, dass Sie verstanden werden, einleuchten und überzeugen? Wie präsentiere ich mich selbst als einen Menschen, dem man vertrauen kann, mit dem man in Zukunft gerne zusammenarbeitet, dessen Vorschläge man gerne befolgt?

Auf diesem Weg der Transformation von sachlichen Ideen und Produktmerkmalen in rhetorisch wirkungsvolle Überzeugungsstrategien gibt es einige Kernthemen. Beherrschen Sie diese, steigt die Wahrscheinlichkeit zu überzeugen – beherrschen Sie sie nicht, dann kann Ihre Sache noch so gut sein – keiner kauft sie Ihnen ab. Schade, denn vielleicht haben Sie ja das bessere und schnellere Produkt, die einfachere oder sensationellere Idee.

Reflektion: Mein Rohdiamant

Welche sind meine natürlichen Stärken beim Präsentieren?

Wann wird aus dieser Stärke eine Schwäche?

Was brauche ich, um noch überzeugender zu wirken?

Welche konkreten Schritte möchte ich unternehmen?

Den Rohdiamant auf Hochglanz bringen

Welches sind nun die häufigsten Probleme, die mir als Präsentationstrainerin und -coach in den letzten zehn Jahren begegnet sind? Welches sind die Fallen, in die die meisten Teilnehmer durch Unwissenheit hineinfallen? Und welche alternative Glaubensätze, Handlungsmuster und Präsentationstechniken gibt es? Welche Übungen und Strategien sind hilfreich, um den eigenen Rohdiamanten zu feilen, zu schleifen und auf Hochglanz zu polieren? Hier die Top-20-Hitliste – die mit den dazugehörigen Lösungen die Struktur dieses Arbeitsbuchs bilden.

Die Top-20-Hitliste oder:
Die häufigsten Schwierigkeiten von Präsentierenden

1. Sie wissen nicht, wie Sie den Einstieg gestalten sollen
2. Ihre Präsentation rüttelt niemanden wach, sie lässt die Zuhörer nur müde nicken
3. Keiner kauft Ihnen Ihre Lösung ab
4. Ihr Abschluss ist schwammig und schwach – oder Sie erreichen ihn erst gar nicht
5. Sie wählen nicht das optimale Überzeugungsmittel aus
6. Sie reden langatmig und unstrukturiert
7. Ihre Formulierungen sind oft langweilig und kraftlos
8. Sie würden gerne in der Sprache Ihrer Zuhörer sprechen, aber Sie wissen nicht wie
9. Sie können Ihr Publikum nicht einschätzen
10. Empathie war noch nie Ihre Stärke
11. Sie können unterschiedliche Teilnehmerinteressen nicht mit einer Präsentation gleichzeitig abdecken
12. Sie wählen nicht die wirkungsvolle Visualisierung aus
13. Sie kennen nur PowerPoint
14. Sie haben furchtbar Lampenfieber
15. Sie unterschätzen den Einfluss der Körpersprache
16. Sie wissen nicht wohin mit den Händen
17. Ihre monotone Stimme versetzt die Zuhörer in Trance
18. Sie bringen, ohne es zu wollen, das Publikum gegen sich auf
19. Sie lassen sich unterbuttern
20. Sie werden nicht von Mal zu Mal besser

Kommt Ihnen das eine oder andere Problem bekannt vor? Verbinden wir nun die typischen Probleme mit den dazugehörigen Wünschen, dann ergibt sich die Struktur dieses Arbeitsbuchs, in dem die Kapitel viele Lösungsvorschläge bieten.

Lösungen für die Top-20-Hitliste

1. 15 mögliche Einstiege für jeden Denkstil – Seite 43
2. Inszenieren sie Ihre Kernbotschaften unwiderstehlich für jeden Denkstil – Seite 73
3. Lösungen wertvoll verkaufen und bei unterschiedlichen Denkstilen überzeugend positionieren – Seite 107
4. Abschlusstechniken, die immer funktionieren – Seite 123
5. 88 optimale Überzeugungsmittel für jeden Denkstil – Seite 135
6. Klar, präzise und strukturiert reden – die besten Gliederungen – Seite 157
7. 30 rhetorische Wirkfiguren um fesselnd, einleuchtend und wirkungsvoll zu formulieren – Seite 166
8. Limbisches Wörterbuch: das treffende Wort für jeden Denkstil – Seite 205
9. Checkliste: Um welchen Limbischen Persönlichkeitstyp handelt es sich? – Seite 227
10. Erfolgsfaktor Empathie – Seite 243
11. Die Multilevel-Präsentation – Seite 253
12. Die wirkungsvollsten Visualisierungen für jeden Denkstil – Seite 273
13. Überzeugende Alternativen zu PowerPoint – Seite 301
14. Lampenfieber gehört dazu – so machen Sie es zu Ihrem besten Freund – Seite 317
15. Körpersprache passend einsetzten– Seite 337
16. Gesten die wirken: Lernen von Priestern, Politikern und TV-Profis – Seite 365
17. Mit der Stimme die Stimmung bestimmen– Seite 379
18. Die Teilnehmer für sich gewinnen – mit Beiträgen und Einwänden wertschätzend umgehen – Seite 391
19. Sympathische Durchsetzungs-Strategien für Vielredner, Alpha-Tiere und andere unfaire Angriffe – Seite 415
20. Nachbereitung und persönlicher Trainingsplan – Seite 433

Lassen Sie Problem und Lösung auf sich wirken. Welche Situationen kennen sie? Welche Wünsche und Ziele kommen Ihnen bekannt vor? Mit Sicherheit gibt es viele Punkte, die sie ganz gut beherrschen und bei denen Sie mit ein wenig mehr Know-how und Training noch viel besser werden können. Benutzen Sie dieses Buch wie einen persönlichen Coach und lassen Sie sich anregen. Passen Sie die vorgestellten Ideen und Methoden Ihrer Person und Ihrer Branche an – fühlen Sie sich angesprochen, können Sie Energie und Training auf Ihre ganz persönlichen Fallstricke verwenden!

Stärken stärken?

Eine spannende Frage ist und bleibt, ob Menschen sich überhaupt ändern können und ob es nicht sinnvoller wäre, die vorhandenen Anlagen zu stärken. Das ist sicher ein guter Ansatz, wenn es um die Wahl von Berufen, wenn es um die Besetzung von Positionen und Posten geht. Denn hier gilt es, seine Talente langfristig in den Dienst der Gesellschaft zu stellen, langfristig zufrieden und motiviert zu sein. Doch in der Kommunikation führen persönliche Vorlieben dazu, dass wir nur schwer mit anderen Kontakt aufnehmen können, dass nur Bruchstücke von dem, was wir sagen wollen, beim anderen ankommen oder dass wir unsere Ziele nicht erreichen. Wenn wir erfolgreich mit unterschiedlichen Menschen kommunizieren wollen, kommen wir gar nicht umhin, auch die „Sprachen" zu lernen, die uns schwer fallen. Wir kommen gar nicht umhin, uns mit unseren kommunikativen blinden Flecken auseinanderzusetzen. Das ist manchmal so ähnlich wie eine Fremdsprache zu lernen. Und so wie Sie Englisch oder Französisch gelernt haben, um mit anderen Nationalitäten zu kommunizieren, so brauchen wir manchmal eine andere Sprache, um mit unseren Nächsten, den Kollegen, Vorgesetzten, Kunden oder Partnern zu kommunizieren.

Schwächen stärken?

Der Mensch ist meiner Meinung nach nicht hilflos seinen Anlagen, den unbewussten Limbischen Instruktionen ausgeliefert. Er kann sich ihrer bewusst werden, und er kann sich **situativ** anders verhalten. Er kann verstehen lernen, was andere bewegt, wie andere wahrnehmen, denken und fühlen. Und er kann nach und nach sein Kommunikations-Portfolio erweitern und variieren.

Es befreit und macht Spaß, die eigenen, oft eingefahrenen Denkrillen zu verlassen. Es ist spannend, sich zu fragen, was in den Köpfen anderer Menschen passiert. Es ist aufregend, auf Entdeckungsreise in ganz andere Denkwelten aufzubrechen. Und es wird Sie bereichern. Sie werden plötzlich Ihre Ziele bei Menschen erreichen, von denen Sie eher Ablehnung erlebt haben. Sie werden mit Menschen zurechtkommen, mit denen Sie eher Schwierigkeiten hatten. Häusel bemerkt hierzu treffend: *„Wer in der Lage ist, seinen Autopiloten auszuschalten, ist anderen stets überlegen und kann auch schwierige Situationen besser beherrschen."* (2003: Seite 52)

Sie kennen „Speak Limbic!“ nicht und haben wenig Zeit zum Lesen?
Zusammenfassung „Speak Limbic! – Wirkungsvoll präsentieren“

Inhaltsübersicht:
Zusammenfassung „Speak Limbic! – Wirkungsvoll präsentieren"

1. Das Konzept „Speak Limbic!“

Mit frischen Präsentationsstrategien auf die Überholspur

Wenn Sie wirklich gut präsentieren lernen möchten, dann ist es wichtig, sich von den Irrtümern heutiger Präsentationen zu befreien und die ausgetretenen Pfade zu verlassen. Sie fahren heute auch keinen Golf der ersten Generation mehr. Warum also nicht auch in der Präsentationstechnik innovative, effektive und erfolgreichere Strategien anwenden? Warum nicht mit einem schnellen, kraftvollen Flitzer auf die Überholspur wechseln? Inzwischen hat sich viel getan, auch in der Rhetorik. Vor allem die Gehirnforschung liefert uns täglich neue Erkenntnisse darüber, was in den Köpfen der Menschen vor sich geht. Dieses noch wenig bekannte Wissen gilt es zu nutzen, um die Präsentation zielgenau auf die anwesenden Zuhörer auszurichten. Inzwischen hat auch die Präsentationstechnologie Fortschritte gemacht. Beamer und PowerPoint haben unsere Präsentationen jahrelang dominiert – und sind gerade dabei, wieder auf ein gesundes Maß zurechtzuschrumpfen und ihren Platz als geniales Hilfsmittel einzunehmen. Das Wirkungsvollste aus Rhetorik, Gehirnforschung und Präsentationstechnik bilden die drei Säulen für Ihren Erfolg im **Konzept „Speak Limbic!“**

Stil ist die Physiologie des Geistes

Schopenhauer

Die **Rhetorik** ist eine empirische Wissenschaft. Sie beobachtet seit 2500 Jahren die Praxis und beschreibt, was funktioniert und was nicht funktioniert. Daraus leitet sie dann Regeln und Methoden ab. Die zweite Säule bildet die modernen **Gehirnforschung**, vor allem das Modell der „Limbischen Instruktionen“ von Hans Georg Häusel und die Denkstilanalyse von Ned Herrmann. Die Gehirnforschung schaut den Menschen in die Köpfe und ergründet, welche Menschentypen es gibt, wie diese Informationen aufnehmen, verarbeiten und zu Entscheidungen kommen. Wir wissen heute, dass es unterschiedliche „Gehirntypen“ gibt und wie sich diese unterscheiden. Das bedeutet: Es gibt auch vier sehr unterschiedliche Präsentationsstile, die Präsentierende kennen sollten, wenn sie Erfolg haben wollen. Die dritte Säule bildet die **Präsentationstechnik**: Beamer, Laptop, Multimedia bestimmen heute unser Bild von Präsentationen – und immer mehr kritische Stimmen werden angesichts der langweiligen Folienschlachten laut. Irrtum PowerPoint? Chance und Risiko zugleich. Wie können wir die technischen Möglichkeiten intelligent und kreativ nutzen, ohne uns ihnen auszuliefern? Doch welche sinnvollen Alternativen zu langweiligen und einschläfernden PowerPoint-Präsentationen gibt es? Lassen Sie uns gemeinsam bessere Wege in die Köpfe und zu den Emotionen Ihrer Zuhörer entdecken. Doch vorher stellen wir uns die Frage, warum eigentlich so viele Präsentationen scheitern.

2. Zwei grundlegende Irrtümer heutiger Präsentationen

Irrtum PowerPoint: In Folienschlachten gibt es keine Sieger

Kaum ein Medium eignet sich besser dazu seine Zuhörer in Trance zu reden, als das Duo Beamer und PowerPoint. Eine Technik die ursprünglich dazu diente uns Präsentierenden das Leben zu erleichtern hat sich – vielleicht genau aus diesem Grund – verselbständigt. Sie öffnen PowerPoint, zählen in Stichworten alles auf und gliedern es ein wenig. Das geht schnell und ist einfach – und deshalb so verlockend. Solange Ihre Mitbewerber auch so präsentieren und Ihre Teilnehmer nur diesen Standart kennen, können Sie ohne große Verluste so weitermachen, denn im freien Wettbewerb reicht es, wenn man nur ein bisschen besser als der Mitbewerber oder der Meinungsgegner ist.

Kennen Sie diese Situation? Sie sitzen als Teilnehmer in einer Präsentation. Der Raum: leicht abgedunkelt. Leise summt der Beamer. Vorne: ein Mensch. Er hantiert mit Kabeln und Steckern. Um Sie herum: Kollegen, Ihre Vorgesetzten. Die schenken sich Kaffee ein und lehnen sich skeptisch und verschlossen zurück. Mitten ins Gemurmel beginnt der Mensch dort vorne seine Präsentation. Auf einer leuchtenden großen Leinwand steht: „Herzlich willkommen!" Er schaut die Wand an und wiederholt, was Sie schon längst gelesen haben: „Herzlich willkommen". Die Teilnehmer sinken noch tiefer in ihre Stühle. Was jetzt kommt, Sie ahnen es: die professionelle Aufzählungs-Folienschlacht. Prima strukturiert, mit perfekten Bildern, Animationen, sogar mit Video und 3D-Grafiken. Mit viel Text, mit vielen Vorteilen, mit anscheinend hohem Nutzen für Sie und Ihre Kollegen und Vorgesetzten. Mit einem von einer renommierten Werbeagentur gestalteten Master. Die Folie blendet langsam ein, dehnt sich aus und zieht sich beim Ausgang wieder zusammen, während im Halbdunkel eine monotone Stimme die Charts mit den vielen Aufzählungen abliest, den Blick starr auf die leuchtenden Folien gerichtet. Eine Folie löst die andere ab: 10 … 20 … 30 Folien. Sie nutzen die Zeit, um sich von Ihrem anstrengenden Berufsalltag zu erholen, und dösen mit geöffneten Augen. Was unser Präsentator leider nicht bemerkt – kehrt er Ihnen und Ihren Kollegen doch hauptsächlich seinen Rücken zu. Die Diskussion danach ist hart: Kritische Fragen werden laut, Vorbehalte geäußert, Entscheidungen vertagt. Das kostet Zeit, das kostet Nerven, das kostet Geld. Oder, wenn es sich um eine Akquise-Präsentation handelte: Das kostet Aufträge! – Ein Teufelskreis, der nicht nur unseren Präsentierenden schädigt, sondern ganze Unternehmen, die ganze Volkswirtschaft.

Folienschlachten kann keiner gewinnen. Weder Sie noch Ihre Zuhörer – höchstens Ihr Wettbewerber oder Meinungsgegner. Da sich in letzter Zeit viele Foren, Experten und sogar Microsoft kritisch zu einseitigen PowerPoint-Aufzählungs-Präsentationen geäußert haben, wird es immer mehr Unternehmen und Präsentierende geben, die anders präsentieren werden. Das bedeutet für Sie: schaffen Sie sich heute schon einen Vorsprung gegenüber denjenigen, die noch nicht gehirntypgerecht präsentieren.

Irrtum: Eindimensionale Rhetorik oder Das Gießkannenprinzip

Die oben beschriebene „professionelle Folienschlacht“ hat noch einen gravierenden Nachteil. Wahllos werden Vorteile und Nutzen des Angebots in Stichworten aufgezählt. Je mehr Argumente wie mit einer Gießkanne über die Teilnehmer gegossen werden – desto besser. Doch so funktioniert der Überzeugungsprozess nicht! Ganz im Gegenteil. Viele Argumente machen angreifbar, unter vielen Argumenten ist immer ein schwaches dabei, viele Argumente machen die Präsentation unkontrollierbar. Und viele Argumente ermüden.

Besser ist es mit wenigen – aber passenden und somit treffenden Argumenten auszukommen. Diese sollten mitten ins Herz (in der Sprache der Gehirnforschung: mitten ins Werte- und Emotionssystem) Ihrer Teilnehmer treffen. Gute Präsentatoren kommen mit wenigen Argumenten aus! In der Vorbereitung überlegen Sie sehr lange, welches genau das eine Argument sein wird, mit dem Sie überzeugen werden.

Konstantin Wecker erzählte in der Talkshow Nachtcafe des SWR, dass viele Menschen ihn überzeugen wollten, keine Drogen mehr zu nehmen. Doch er empfand sie alle als langweilige Spießer. Dann hat ein einziger Satz seiner Mutter ihn zur Umkehr bewegt. Sie sagte „Wie kann ein Mensch, dem Freiheit so viel bedeutet, sich von einem Stoff so abhängig machen?"

Die Mutter hat genau die richtige Taste auf der Klaviatur der Werte und Emotionen getroffen, in dem sie den höchsten Wert und den höchsten Anti-Wert Ihres Sohnes zum Anklingen brachte: Freiheit und Abhängigkeit. Und ähnlich wie die unsichtbaren Schwingungen der Musik, breiten sich solche Sätze in uns Menschen aus: sie wirken mächtig über unsere jahrmillionen alten Limbischen Instruktionen. Mit nur einem einzigen Satz!

3. Die Limbischen Instruktionen

Hans Georg Häusel hat in Deutschland mit „Think Limbic!" und „Brain Script" die verstreuten und komplexen Arbeiten der Gehirnforschung anschaulich und anwendbar einem großen Teilnehmerkreis vor allem in Marketing und Werbung bekannt gemacht: Das Limbischen System, Sitz unserer Emotionen, bestimmt uns und nicht unser Großhirn, Sitz der Ratio.

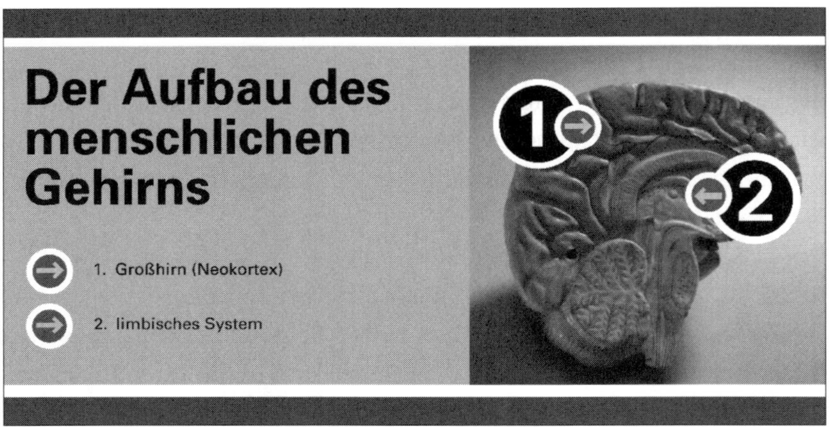

Abbildung 1: Der Aufbau des menschlichen Gehirns

Häusel (Think Limbic!, München 2003) unterscheidet neben den Vitalbedürfnissen wie Essen, Trinken, Schlafen und Sexualität drei große Motiv-und Emotionsysteme, die unser gesamtes Leben bestimmen und nennt diese „Limbische Instruktionen", da sie vom Limbischen System, dem Gefühlszentrum unseres Gehirns gesteuert werden:

- Das Balance-System
- Das Dominanz-System
- Das Stimulanz-System

Es bestimmt unsere Persönlichkeit und unser Verhalten unbewusst über das Belohnungssystem. Folgen wir seinen Instruktionen, werden wir mit positiven Emotionen belohnt, tun wir es nicht, werden wir mit negativen Emotionen bestraft. Und da unser Überleben mit positiven Emotionen verknüpft ist, werden wir den Limbischen Instruktionen folgen, um möglichst oft gute Gefühle zu haben.

Das **Balance-Ssystem** meidet jede Gefahr und strebt nach Ruhe und Sicherheit. Folgt der Mensch den Limbischen Instruktionen „Vermeide jede Gefahr!" „Vermeide Änderungen!" „Baue auf Gewohnheiten!", „Erhalte Bewährtes!", „Vergeude nicht nutzlos Energie!" – dann wird er mit positiven Emotionen wie Sicherheitsgefühl und Geborgenheit belohnt. Befolgt er die Instruktionen des Balance-Systems nicht, erlebt er Angst, Furcht oder Panik. Zum Balance-System gehört auch das Anschluss- und Fürsorge-Motiv, dass uns mit guten Gefühlen belohnt, wenn wir helfen, altruistisch sind, für andere Gutes tun – und uns mit Schuldgefühlen und Reue plagt, wenn wir seinen Instruktionen zuwiderhandeln.

Das **Dominanz-System** motiviert den Menschen dazu, sich im Wettbewerb um Ressourcen durchzusetzen, sein Territorium zu erweitern und seine Macht auszuweiten. Wenn der Mensch die Instruktionen des Dominanz-Systems wie „Setze Dich durch!", „Strebe nach oben!", „Sei besser als andere!", „Vergrößere deine Macht!", „Erweitere dein Territorium!" befolgt, dann wird er mit positiven Emotionen wie Stolz und Überlegenheitsgefühl belohnt. Befolgt er die Instruktionen des Dominanz-Systems nicht, reagiert er mit Ärger, Wut oder fühlt sich minderwertig.

Das **Stimulanz-System** motiviert den Mensch zur Suche nach Neuem, nach Erlebnis, nach Individualität. Die Befehle des Stimulanz-Systems lauten: "Suche nach neuen und unbekannten Reizen!", „Brich aus dem Gewohnten aus!", „Entdecke und erforsche deine Umwelt!", „Suche nach Abwechslung!", „Sei anders als die andern!". Befolgen wir diese Instruktionen erleben wir gute Gefühle wie Spaß, Prickeln, Begeisterung. Befolgen wir die Instruktionen des Stimulanz-Systems nicht, erleben wir Langeweile und Frustration.

Unser Großhirn, Sitz der Ratio, springt erst dann als eine Art Berater und Legitimator ein, wenn in den tiefer liegenden Gefühlszentren schon längst entschieden wurde, ob etwas für uns von Bedeutung ist oder nicht, und berechnet das **Optimum** an positiven Emotionen. Es wägt ab, vergleicht, entscheidet. Aber eine optimale Lösung ist auch für das Großhirn immer eine solche, die möglicht alle drei Limbischen Instruktionen zugleich erfüllt (Häusel, 2003: Seite 51).

Unser Verstand folgt also den Instruktionen des Limbischen Systems um möglichst viele gute Gefühle zu bekommen. Jetzt wird es spannend. Nicht alle Menschen folgen Limbischen Instruktionen in gleichem Maße! Das heißt: Es gibt Balance-Typen, Dominanz-Typen und Stimulanz-Typen. Sie haben unterschiedlich ausgeprägte Limbische Instruktionen, werden also von der Evolution für völlig unterschiedliche Dinge mit guten Gefühlen belohnt. Sie werden folglich die Welt unterschiedlich bewerten, oder anders ausgedrückt – sie haben andere Werte:

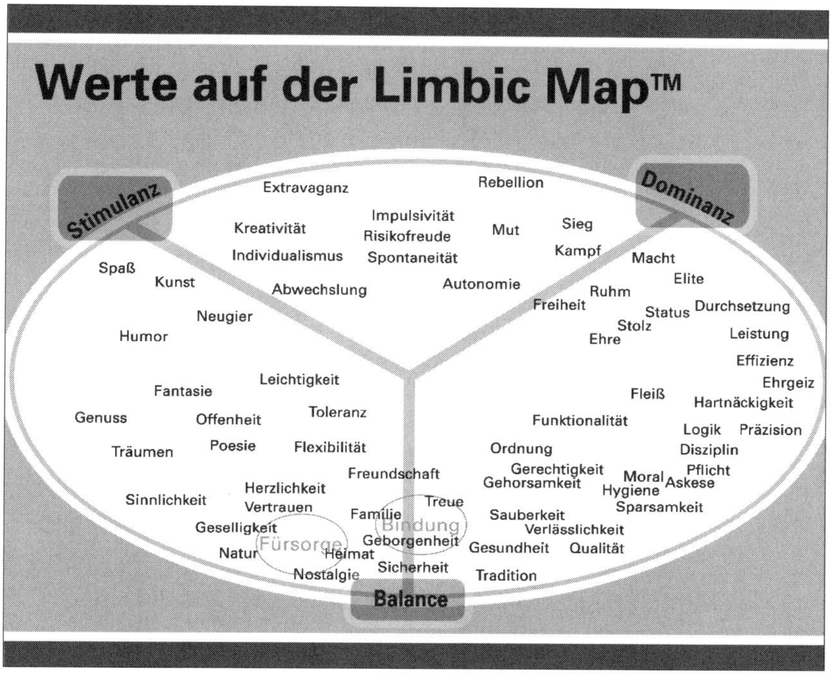

Abbildung 2:
Werte auf der Limbic Map™

4. Ned Herrmann: Unterschiedliche Denkstile

Auch Ihre Art zu denken, Ihre Art zu kommunizieren und somit Ihre Art zu präsentieren werden sich sehr unterscheiden, denn die Limbischen Instruktionen steuern auch die kognitive Ebene des Menschen (Häusel: 2003: Seite 33). Sie werden auf bestimmte Argumente positiv reagieren, werden bei ganz bestimmten Wörtern interessiert aufhorchen, werden eine bestimmte Art des Auftretens bevorzugen. Einer der Wissenschaftler der sich mit den unterschiedlichen Denkstilen von Menschen beschäftigte war Ned Herrmann. Er ist der Urheber des Herrmann Brain Dominance Instrument (HBDI™) mit dem man den oder die präferierten Denkstile eines Menschen bestimmen kann. Ned Herrmann unterscheidet vier Denkstile und deren Mischformen (Kreativität und Kompetenz. Fulda, 1991):

Speak Limbic! – Zusammenfassung

A-Quadrant: der rationale Denkstil (blau)
geht analytisch vor; beruft sich auf Zahlen und Werte; denkt linear; löst Probleme logisch; abstrahiert vom Besonderen; reduziert das Komplexe auf das Einfache, das Unklare auf das Klare, das Schwerfällige auf das Effiziente; versteht technische Zusammenhänge; leitet aus schon Bekanntem ab ohne kreativen Sprung; quantifiziert und berechnet; ist kritisch; ist realistisch; Fokus auf Gegenwart

B-Quadrant: der sicherheitsbedürftige Denkstil (grün)
geht strukturiert vor; findet Regeln und Klassifikationen; bewahrt das Erprobte; löst Probleme praktisch, definiert Prozessabläufe, schätzt sichere und vorhersagbare Abläufe; benutzt Modelle; überprüft und bewertet Theorien; vereinheitlicht Verfahren; Fokus auf Vergangenheit

C-Quadrant: der emotionale Denkstil (rot)
ist kinästhetisch; nimmt Situationen und Menschen durch die eigenen Gefühle eher körperlich wahr, als frei fließende Sequenz von Körperempfindungen und Bewegungen; zieht Erfahrung der Theorie vor; menschliche Prozesse stehen im Vordergrund der Wahrnehmung; achtet auf die gefühlsmäßigen Signale der Stimme und Körpersprache; Fokus auf Vergangenheit und emotionalem Hier-und-Jetzt

D-Quadrant: der experimentelle Denkstil (gelb)
ist visuell; bildhaft-metaphorisches Denken; konzeptbildende Verarbeitung; globales, vernetztes Denken; intuitives Entscheiden; vermeidet Struktur und Details, da sie ebenso wie Logik den freien Fluss von Ideen verlangsamen; kreatives, grenzüberschreitendes und phantasievolles Denken; trifft Entscheidungen auch nachdem keine sicheren Fakten mehr verfügbar sind; spekulativ; risikofreudig; Fokus auf Zukunft

5. Das Limbische Kommunikationsmodell: Senden auf der Wellenlänge des Empfängers

Wenn Menschen unterschiedliche **Werte** besitzen, über unterschiedliche **Denkstile** verfügen dann haben sie auch unterschiedliche Kommunikations- und somit Präsentationsstile. Das bedeutet für Sie: Wenn Sie Ihren eigenen Stil kennen und den Ihrer Zuhörer herausbekommen, dann können Sie Ihre Präsentation auf die Präferenzen Ihrer Zuhörer abstimmen. Dadurch wird Ihre Präsentation für Ihre Zuhörer wertvoll und relevant, der Stil in dem Sie präsentieren wird verstanden und kommt gut an. Wenn Sie dann noch die konkreten Probleme und Ziele ihrer Teilnehmer recherchieren, wird Ihre Präsentation sehr überzeugend.

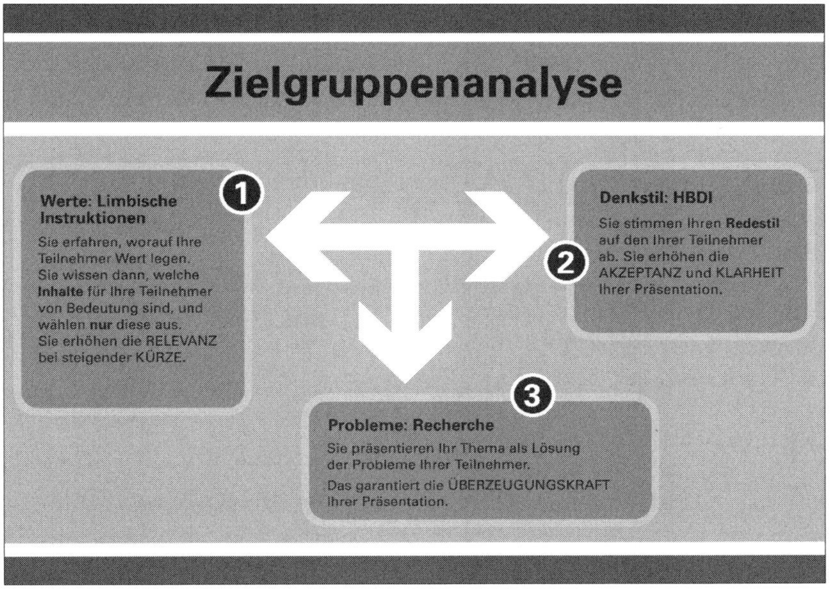

Abbildung 3: Zielgruppenanalyse

Wie wäre es, wenn Sie wüssten, auf welcher Wellenlänge Sie senden und auf welcher Frequenz Ihr Gegenüber empfängt? Und wenn Sie dann noch eine Anleitung, eine Art Modem, erhalten würden, das Ihnen hilft, Ihre Botschaft auf unterschiedlichen Wellenlängen zu senden.

Lassen Sie uns die beiden Modelle auf die Kommunikation übertragen. Es lassen sich vier Limbische Kommunikations-Codierungen herausschälen, die sich in vier unterschiedlichen, wahrnehmbaren Kommunikationsstilen äußern:

- A Der logische Kommunikationsstil
- B Der strukturierte Kommunikationsstil
- C Der gefühlvolle Kommunikationsstil
- D Der experimentelle Kommunikationsstil

Werte aus der Limbic Map™ von Häusel (2004: Seite 44)

DOMINANZ	BALANCE	BALANCE	STIMULANZ
• Sieg, Macht, Ruhm • Stolz, Elite • Status • Freiheit • Durchsetzung • Leistung • Effektivität • Ehrgeiz, Fleiß • Funktionalität • Logik • Präzision	• Ordnung • Disziplin • Gehorsam • Pflicht, Moral, Tradition • Askese • Verlässlichkeit • Gesundheit • Qualität • Sicherheit • Treue • Geborgenheit	• Geborgenheit • Familie • Freundschaft • Heimat • Nostalgie • Geselligkeit • Herzlichkeit • Sinnlichkeit • Poesie • Vertrauen • Verbundenheit • Fürsorge	• Neugier • Humor • Flexibilität • Spontanität • Toleranz • Offenheit • Phantasie • Leichtigkeit • Abwechslung • Idealismus • Extravaganz • Risikofreude

HBDI™-Denkstil nach Ned Herrmann (1991: Seite 87)

• analytisch • linear-logisch • abstrahiert vom Besonderen • versteht technische Zusammenhänge • „Zahlenmensch" quantifiziert und berechnet gerne • ist kritisch-realistisch • Fokus auf Gegenwart	• strukturiert • denkt umsetzungsorientiert definiert Vorgehensweisen • schätzt sichere planbare Abläufe • überprüft und bewertet Theorien • vereinheitlicht Prozesse • Fokus auf (sichere) Vergangenheit	• Erfahrung wichtiger als Theorie • tiefensensibles (kinästhetisches) Denken • menschliche Prozesse dominant • achtet auf Emotionen in Stimme und Körpersprache • Fokus auf Vergangenheit und emotionalem „Hier-und-Jetzt"	• visuelles Denken • bildhaftes, metaphorisches Denken • konzeptbildende Verarbeitung • vernetztes Denken • kreativ, grenzüberschreitend • risikofreudig • Fokus auf Zukunft

Logische Codierung (A)	Strukturierte Codierung (B)	Gefühlvolle Codierung (C)	Experimentelle Codierung (D)

Sender: Präsentierende sind verschieden

Da ist zum Beispiel der vor Fachwissen strotzende Ingenieur, ein Vertreter des logischen Präsentationsstils. Kurz, klar und direkt erklärt er Zahlen, Daten und Fakten. Mit reduzierter Gestik, ohne sichtbare Emotionen und mit eher monotoner Stimme klickt er eine technische Folie nach der anderen an und ermüdet sein Publikum. Der Controller dagegen, ein Vertreter des strukturierten Denkstils, ist zwar systematisch und genau, verliert sich jedoch gerne in Details. Die gefühlvolle Personalentwicklerin ist mehr daran interessiert, von Menschen zu sprechen, und erzählt Geschichten und anschauliche Beispiele mit ausdruckstarker Körpersprache. Doch vergisst sie dabei die Zahlen, Belege und Beweise. Der experimentelle Marketingstratege zeigt Visionen und Möglichkeiten auf, spielt mit Ideen und bringt ungewöhnliche Argumente – wirkt auf andere jedoch wie ein Träumer.

Und welcher Kommunikationstyp sind Sie?

Wenn wir nun wissen, dass jeder Mensch durch seine Limbische Wertemap und seinen bevorzugten Denkstil in seinem Kommunikationsstil vorgeprägt ist, dann ist der erste Schritt zu besseren Präsentationen die Ermittlung des eigenen Präsentationstypes. Sehen Sie auf das folgende Schaubild und überlegen Sie, welchem Präsentationstyp Sie sich am ehesten zuordnen. Wenn Sie sich in keinem Typ repräsentiert sehen, so ist dies übrigens keineswegs ungewöhnlich. 96 Prozent aller Menschen haben nicht einen dominanten Kommunikationsstil, sondern lassen sich als Mischform von zwei, drei manchmal sogar von allen vier Stilen beschreiben. Das Schaubild finden Sie übrigens noch einmal in Farbe auf der Umschlagklappe. Die Farben wurden von Ned Herrmann für die unterschiedlichen Denkstile eingeführt. Die Farbzuordnung erfolgte zunächst intuitiv, kann aber begründet werden. Sie repräsentieren Werthaltungen, die hinter den Kommunikationsstilen stehen. Das Blau steht für einen eher kühlen analytischen Denkstil, das Grün für den bodenständigen, strukturierten, das Rot für den warmen, gefühlvollen Denkstil und das Gelb für den optimistischen experimentellen Denkstil.

Welchen Kommunikationsstil haben Sie?

A. Logisch (blau)	D. Experimentell (gelb)
■ Kurz, knapp, präzise ■ Logische Argumentation mit Belegen und Beweisen ■ Kritisches Hinterfragen (Pro-/Contra-Abwägungen) ■ Nüchterne Fakten – keine Floskeln ■ Technische Details ■ Differenziert und analytisch ■ Eher mathematisch und technisch ■ Business-Höflichkeit und unverbindliche Freundlichkeit ■ Distanzierte Körpersprache, zeigt wenig Emotionen ■ Charts: Diagramme, Tabellen, Matrix ■ Liebt technische Präsentationsmedien	■ Fantasievoll und assoziativ ■ Bildhaft, farbig, modellhaft ■ Überblick, wenig Details ■ Optimistische und risikofreudige Argumentation ■ Freier Fluss von Ideen ■ Spielerisch, originell und kreativ ■ Anschauliche Sprache: Metaphern und Analogien ■ Humor, Spaß und Zwanglosigkeit ■ Begeisterte Körpersprache und Mimik ■ Charts: Tableau, Symbole, visualisierte Analogien, neue Sichtweisen ■ Spannende Präsentationsmedien: Flipchart, Verhüllungen, Besichtigungen
B. Strukturiert (grün)	**C. Gefühlvoll (rot)**
■ Schrittweises Vorgehen ■ Ausgereifte Konzepte ■ Detaillierte Angaben ■ Umsetzungsorientierte Beispiele ■ Sorgfältige Vorbereitung ■ Achtet auf Formalitäten, Pünktlichkeit ■ Vorsichtig und absichernd ■ Kontrollierte Körpersprache und Mimik ■ Charts: Struktogramme (Organigramm, Ablauf, Phasenmodell, Projektplan) ■ Detaillierte Präsentaionsmedien (Unterlagen, Checklisten)	■ Warm und einfühlsam ■ Zuhören und verstehen wollen ■ Eher ausgedehnter Redestil ■ Stellt Bezug zu Menschen her ■ Verweist auf persönliche Erfahrung ■ Benutzt Geschichten zur Illustration ■ Gibt Anerkennung und Lob ■ Ausdrucksstarke Körpersprache und gefühlvolle Stimme ■ Charts: Menschen und Emotionen ■ Haptische Präsentationsmedien: Modelle, Muster, Proben ...

© Erweitert nach: Herrmann International Deutschland

Weiterhin ist ganz wichtig, dass nicht ein Kommunikationstil gut oder schlecht ist. Jeder Kommunikationsstil ist wertvoll. Denn mit Ihrem Kommunikationsstil können Sie besonders gut die Menschen erreichen, die Ihnen ähnlich sind also über ähnliche Werteinstruktionen, Denk- und Kommunikationsstile verfügen. Ihr Kommunikationsstil ist weiterhin wichtiger Bestandteil Ihrer Persönlichkeit. Sie können Ihn nicht einfach ablegen und von einem blauen zur einem rotem Stil wechseln. Sie können aber in Ihre

Präsentationen bewusst Elemente andere Kommunikationstile einbauen. Das wird Ihnen helfen Menschen zu überzeugen, die ein anderes Werte- und Denkmuster verwenden als Sie.

Empfänger: Zuhörer sind verschieden

Auch unter den Zuhörern gibt es die eher logischen, die strukturierten, gefühlvollen oder experimentellen – und natürlich deren Mischformen. Nur wer als Präsentierender die Werte und Denkstile seiner Zuhörer trifft, kann seine Zuhörer für sich gewinnen. Doch die meisten präsentieren unbewusst das, was sie als wertvoll erachten. Und sie verwenden Argumente und Belege, die sie als glaubwürdig empfinden. Dass ihre Zielgruppe ganz andere Aspekte nützlich, wichtig und glaubwürdig findet, ahnen sie manchmal wenn sie merken, dass sie ihre Zuhörer nicht erreicht haben. Sie fragen sich dann, wie sie es hätten besser machen können.

Gehirn*typ*gerechte Rhetorik – Das Bindeglied zwischen Sender und Empfänger

Anstatt rhetorische Methoden ziellos anzuwenden empfiehlt es sich, diese darauf abzuklopfen, ob sie bei einer bestimmten Zielgruppe wirken oder nicht. Hier setzt die gehirntypgerechte Rhetorik an. Sie kann die Werte und Denkstile der Zuhörer mit hoher Wahrscheinlichkeit voraussagen. Damit kann sie dem Präsentierenden helfen, exakt die Inhalte, rhetorische Mittel und Präsentationstechniken auszuwählen, die genau bei dieser Zielgruppe wirken und somit zum Ziel führen. Es gilt, die unterschiedlichen „Gehirntypen" kennen zu lernen. Dabei ist die wichtigste Frage: Welches ist das eigene bevorzugte (unbewusste) Denk- und Emotionsmuster? Welche Zuhörer werden intuitiv richtig angesprochen und welche Zuhörersegmente erreicht man nicht oder stößt sie gar ab?

Sie erhalten rhetorische Techniken nach vier verschiedenen Kommunikationsstilen aufgefächert – logisch, strukturiert, gefühlvoll und experimentell – um Ihre Kommunikation so auszurichten, dass die Präferenz der Zielgruppe berücksichtigt wird. Dadurch werden Sie wirklich verstanden, können zielsicher überzeugen und kommen gut an.

Vorprogrammiertes Scheitern einer Präsentation

Sprich, damit ich dich sehe
Sokrates

Wenn Ihre Präsentations-Vorlieben mit denen Ihrer Zielgruppe übereinstimmen, haben Sie gute Chancen mit ein wenig Präsentationstechnik eine gelungene Präsentation zu halten. Weichen Ihre Präferenzen stark von der Ihrer Teilnehmer ab, dann ist die Wahrscheinlichkeit sehr hoch, trotz höchster Qualifikation, bester Inhalte und neuester Präsentationstechnik zu scheitern. Weil Sie auf einer ganz anderen Wellenlänge senden, als Ihre Zielgruppe empfangen kann. Sie werden schlicht nicht verstanden – obwohl Sie Ihr Bestes geben.

Abbildung 4:

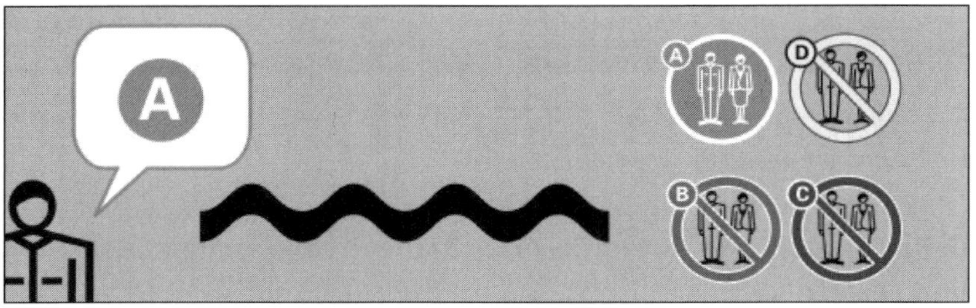

Am schwierigsten gestaltet sich die Kommunikation zwischen strukturiertem und experimentellem Redestil und zwischen logischem und gefühlvollem, unter anderem deshalb, weil der Wert des einen der Anti-Wert des anderen ist. Ring frei für das Aufeinanderprallen unterschiedlicher Denkstile in Präsentationen:

Ein experimenteller Marketingleiter stellt seinen neuen Marketingplan vor: Er spricht davon „neue Wege zu gehen", „ Grenzen zu sprengen", „Zukunft zu gestalten", von " Möglichkeiten", „Trends", „mit einer Idee zu spielen", usw. Seine Folien zeigten hauptsächlich futuristische Bilder der neuen Kampagne. Nichts ahnend, dass er damit genau die Anti-Werte seiner Zuhörer traf und deren Denkstil komplett verfehlte. So kann er sich situativ auf seine Zuhörer (strukturiert-logisch) einstellen: Die Folien tauschte er zum Teil gegen Kostenkalkulationen und Amortisationsberechnungen aus. Er verteilte Excell-Tabellen, in die sich vor allem die logischen Denker versenkten. Für die strukturierten Denker nahm er sich vor, seine Präsentation zu gliedern, die Tagesordnungspunkte sichtbar zu visualisieren und geordnet Schritt für Schritt vorzugehen. Jetzt meidet er Wörter wie „neu" „aufregend" „phantastisch" usw. Stattdessen stellt er seinen Marketingplan „als sinnvolle Weiter-

entwicklung des jahrelang bewährten Weges" dar. Er legt den Fokus stärker auf das, was erhalten bleibt, als auf die Features, die neu sind. Er benutzt Worte wie „sicher, solide, verlässlich, steuerbar". Sein Plan ist ausgereift und durchgeplant. Er stellt ein Stufenmodell der Umsetzung vor. Auf jeder Stufe gibt es eine Absicherung. Dadurch dass er zwei Schritte auf sein Publikum zugeht und es abholt, begleitet dieses ihn dann auch willig in seine Marketing-Welt.

Limbische Rhetorik: Argumente, Formulierungen und Strategien, um alle Menschentypen anzusprechen

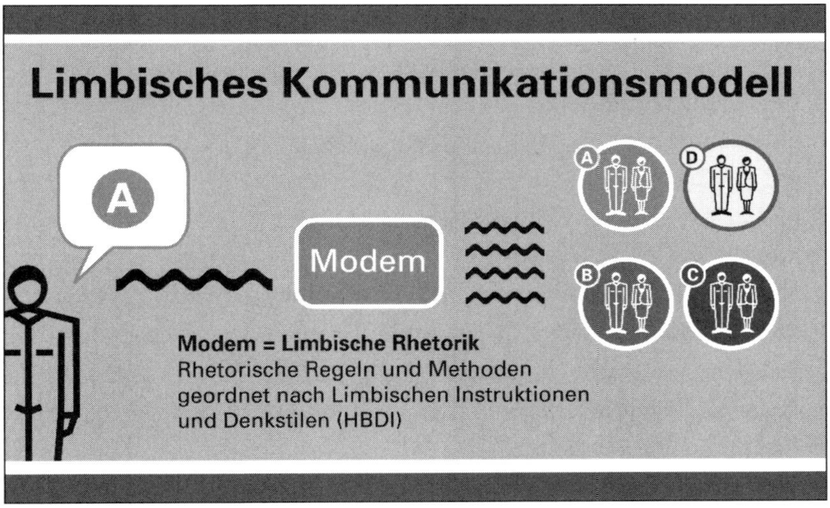

Abbildung 5: Limbisches Kommunikationsmodell

Sie werden ab heute das rhetorische Instrumentarium nicht mehr wahllos benutzen, sondern fein ausdifferenziert und abgestimmt auf die Gehirn-Codierung Ihrer Zuhörer. Sie werden ab heute die Rhetorik wie ein Modem nutzen, um Ihren Code in den Ihrer Zielgruppe(n) zu übersetzen.

Wenn Sie mit Ihrer Präsentation einen **logischen Teilnehmerkreis** überzeugen möchten, dann wählen Sie den logischen Präsentationsstil, der sich zum Beispiel durch folgende Kriterien auszeichnet:

- Präzise formulierte Ideen
- Kurz, klar, direkt
- Genau definierte Kriterien

Speak Limbic! – Zusammenfassung

- Übersicht mit Zahlen und Fakten
- Kritische Analyse
- Nüchterne Fakten – keine Floskeln
- Auf Effektivität bedacht
- Ergebnisorientiert, mit Zielsetzung
- Technische Genauigkeit/Produktmerkmale
- Wenig/keine Emotionen zeigen
- Reduzierte Gestik, Mimik
- Logische Argumentation mit Beweisen

Wenn Sie mit Ihrer Präsentation einen **strukturierten Teilnehmerkreis** überzeugen möchten, dann wählen Sie den strukturierten Präsentationsstil, der sich zum Beispiel durch folgende Kriterien auszeichnet:

- Detaillierte Angaben
- Strukturiert, systematisch, sorgfältig
- Ausgereifte Konzepte
- Beispiele, Referenzen, Erfahrung
- Vollständige Ausführungen
- Stringente Gedankenführung, kein Abschweifen
- Exakte Beantwortung von W-Fragen
- Konkrete, umsetzbare Beispiele
- Etwas zu Ende besprechen
- Tagesordnungen einhalten
- Schritt für Schritt vorgehen
- Beharrliche Argumentation
- Alternativen als Absicherung

Wie der Mensch, so seine Rede
Cicero

Wenn Sie mit Ihrer Präsentation einen **gefühlvollen Teilnehmerkreis** überzeugen möchten, dann wählen Sie den gefühlvollen Präsentationsstil, der sich zum Beispiel durch folgende Kriterien auszeichnet:

- Freundlich, zwanglos
- Zuhören und Ideen austauschen
- Integrieren persönlicher Erfahrung
- Wärme und Empathie vermitteln
- Bezug zu Menschen herstellen
- Andere mitreißen und überreden

- Eher ausgedehnter Redestil
- Geschichten zur Illustration
- Verständnis für Logik der Gefühle
- Offene, informelle Diskussionen
- Ausdruckstarke Körpersprache
- Gefühlvolle Stimme

Und wenn Sie mit Ihrer Präsentation einen **experimentellen Teilnehmerkreis** überzeugen möchten, dann wählen Sie den experimentellen Präsentationsstil, der sich zum Beispiel durch folgende Kriterien auszeichnet:

- Überblick und Gesamtbild
- Bildhaft, farbig, modellhaft
- Phantasievoll, assoziativ
- Ganzheitliche Konzepte, wenig Details
- Ungewöhnliche Argumente
- Freier Fluss von Ideen und Beiträgen
- Aufregende Ideen, mutige Konzepte
- Ästhetisch ansprechend
- Freies Brainstorming
- Weiterentwickeln von Ideen
- Metaphern, Analogien, Visualisierung
- Spielerisch und kreativ
- Individuelle Erscheinung

Nur wer versteht, wie Menschen denken, fühlen und sprechen und was für sie Bedeutung hat, kann mit seiner Präsentation überzeugen. Sich situativ auf andere Kommunikationsstile einlassen zu können ist die Grundvoraussetzung um wirklich gut anzukommen, um gekonnt zu überzeugen und um möglichst viele Teilnehmer zu begeistern. Und das sind die Grundlagen für langfristigen Erfolg, nicht nur als Vortragender, sondern auch als Verhandler, Verkäufer, Berater, Führungskraft – also als Kommunikator in allen Lebenssituationen.

Recherchieren Sie daher bei der Vorbereitung Ihrer Präsentation die Werte und Denkstile Ihrer Zuhörer. Welches ist der vorherrschende Kommunikationstil? Welche Werte (Inhalte) sind wichtig? Welche Denkstile treffen Sie

Speak Limbic! – Zusammenfassung

in Ihrem Publikum? Hier Haben Sie die passenden Überzeugungsmittel und Techniken auf einen Blick.

Die beste Strategie für überzeugende Auftritte. Womit können Sie Ihr Publikum begeistern?

A. Logische Codierung (blau)	D. Experimentelle Codierung (gelb)
■ Fundiertes Fachwissen ■ Genauen Zahle, Ergebnisse ■ Lösungen, die Ihre Teilnehmer noch besser, noch schneller und noch effektiver machen ■ Vorsprung durch Technologie ■ Klare Kalkulationen/ Amortisation ■ Erfolgsnachweise, Referenzen ■ Professionelle, hochwertige Charts ■ Standing durch Vorbereitung auf Einwände und Angriffe ■ Glaubwürdigkeit durch Seriosität in Auftreten, Körpersprache und Stimme ■ Effektivität durch Ziel- und Ergebnisorientierung	■ Die Philosophie und die Vision ■ Leuchtendes Zielbild ■ Einmalige und ungewöhnliche Lösungen ■ Alleinstellungsmerkmale ■ Innovatives Design ■ Beeindruckende Wirkung auf Umfeld ■ Neue revolutionäre Ideen und Konzepte ■ Analogien und Metaphern ■ Bilder, Filme, Animationen, 3D-Vorführungen ■ Überraschungseffekte, Dramaturgie
B. Strukturierte Codierung (grün)	**C. Gefühlvolle Codierung (rot)**
■ Langjährige Erfahrungen betonen ■ Bewährte Regeln und Prozesse ■ Sichere, risikolose Lösungen ■ Referenzen und Testimonials aus ähnlichen Projekten ■ Berufung auf anerkannte Autoritäten und Gesetze ■ Phasenkonzepte und Pläne mit Absicherungen auf jeder Stufe ■ Testergebnisse, Garantien, Proben und Prüfprotokolle, Demoprodukte ■ Genaue Erklärungen von Funktionen und Abläufen ■ Detaillierte Ablaufpläne, Zeitschienen, Kapazitäten- und Ressourcenplanung ■ Systematische und ordentliche Unterlagen mit Details und Hintergrund	■ Persönliche Meinung und Gefühle ■ Einfühlung in die Teilnehmer (Verbalisierung der vorhandenen und zu erwartenden Gefühle) ■ Menschliche, harmonische Lösungen ■ Testimonials von zufriedenen Kunden/ Anwendern ■ Haptisches Erlebnis ■ Interaktion und offene Gespräche ■ Informelle Momente; Beziehungspflege ■ Persönliche Gespräche im Vorfeld, in der Pause und nach der Präsentation ■ Auswirkungen auf Kunden- und Mitarbeiterzufriedenheit ■ Stimmigkeit und Harmonie mit seinen Wertvorstellungen

© Erweitert nach: Herrmann International Deutschland

Achten Sie auf eine gelungene Balance aus Ihrem persönlichen Kommunikationstil und der bevorzugten Codierung Ihrer Teilnehmer. Wenn Sie vor unbekannten oder großen Gruppen sprechen dürfen: Verwenden Sie idealerweise Elemente aus allen vier Codierungen.

Speak Limbic! – Zusammenfassung

Vielleicht haben Sie schon jetzt Lust bekommen die neue Methode auszuprobieren. Lassen Sie uns nun beginnen, Schritt für Schritt an Ihrer Präsentation zu arbeiten. Im Gegensatz zur Gesprächsrhetorik, – wo Sie sich zwar gut vorbereiten können – dann aber doch flexibel auf Ihren Gesprächspartner reagieren, haben Sie beim Präsentieren den großen Vorteil, sich intensiv vorbereiten zu können und die Präsentation so lange zu üben, bis sie perfekt sitzt. Sie können ein fertiges Manuskript herstellen und mitnehmen. Das ist die beste Medizin gegen Lampenfieber! Das gibt Ihnen Sicherheit und Selbstvertrauen um Ihre Präsentation gelassen und erfolgreich durchzuführen. Freuen Sie sich über jede Präsentation! Doch bereiten Sie jede Präsentation gut vor. Erfolg, so Umberto Eco, ist leider zu 90 Prozent Transpiration und nur zu zehn Prozent Inspiration. Und noch ein Tipp: Glauben Sie keinem brillanten Redner der behauptet, er brauche sich nicht vorbereiten.

Sprache ist äußeres Denken, Denken ist innere Sprache

Antoine de Rivard

6. Die perfekte Vorbereitung Ihrer Präsentation

In sieben Schritten zur erfolgreichen Präsentation

Wollen Sie mit Ihrer Präsentation wirklich etwas erreichen? Wollen Sie so präsentieren, dass alle im Publikum begeistert zuhören und von Ihnen, Ihrem Produkt, Ihrer Idee überzeugt sind? Wollen Sie sich abheben vom langweiligen Folieneinerlei monotoner Beamer-Präsentationen? Auch wenn Sie kein begnadeter Redner sind – der Schlüssel zum Erfolg heißt: gründliche und strategische Vorbereitung. Machen Sie es wie Albert Einstein: *Wenn man mir eine Stunde Zeit geben würde, ein Problem zu lösen, von dem mein Leben abhängt, würde ich 40 Minuten dazu verwenden, es zu studieren, 15 Minuten dazu, Lösungsmöglichkeiten zu prüfen, und 5 Minuten, um es zu lösen.* Je besser Sie sich im Vorfeld vorbereiten, umso präziser wird Ihre Präsentation, umso schneller erreichen Sie Ihre Ziele und umso gelassenen stehen Sie vor Ihren Teilnehmern. Lassen Sie uns nun gemeinsam die sieben Schritte zu Ihrem Präsentationserfolg gehen. Beantworten Sie für sich die Fragen und Sie werden sehen, wie Sie sich Klarheit und eine gute Portion Motivation für Ihren Auftritt holen:

Abbildung 6: Die sieben Schritte der Vorbereitung

1. Schritt: Das eigene Präsentationsziel festlegen

Was möchten Sie erreichen? Warum präsentieren Sie? Warum möchten Sie dieses Ziel erreichen? Welche positiven Auswirkungen hat es für Ihr Leben?

Methode: Formulieren Sie Ihr Ziel schriftlich, zum Beispiel: *Nach dieser Präsentation werden die Teilnehmer meinem Vorschlag zustimmen.* Überlegen Sie sich auch, welches emotionale Ziel Sie erreichen wollen: Glaubwürdigkeit? Vertrauen? Freude? Neugier auf mehr? Begeisterung?

2. Schritt: Die Teilnehmer Ihrer Präsentation analysieren

Wen werden Sie überzeugen? Welche Entscheidungskriterien besitzen Ihre Teilnehmer? Welche Werte? Welche Denkstile? Welches Problem Ihrer Teilnehmer können Sie lösen? Wo können Sie sie unterstützen ihre Ziele zu erreichen?

Methode: Menschen sind verschieden. Was den einen überzeugt, stößt den anderen ab. Beschäftigen Sie sich mit dem Limbischen Kommunikationsmodell und setzen Sie sich mit den grundlegenden Präsentationsstilen auseinander. Recherchieren Sie die Werte Ihrer Zielgruppe. Ihre Argumen-

tation ist nur dann überzeugend, wenn Sie Ihre Fakten und Merkmale mit den zentralen Werten Ihrer Teilnehmer verbinden. Beispiel: Ist Vorsprung ein Wert oder sind es Verbundenheit, Sicherheit oder Imagesteigerung? Je nachdem wählen Sie passende Merkmale aus oder präsentieren ein und dasselbe Merkmal unterschiedlich. Recherchieren Sie auch die zentralen Probleme Ihrer Zielgruppe. Denn hier können Sie mit dem Überzeugungsprozess ansetzten und Ihre Präsentation als Lösung der Probleme Ihrer Teilnehmer präsentieren.
→ Ideenbuch Kapitel 2, 9, 10, 11

3. Schritt: Auf Ihre Teilnehmer abgestimmte Kernbotschaften auswählen

Welche Vorteile bieten Sie Ihren Teilnehmern? Welche positiven Konsequenzen hat Ihr Vorschlag, Ihr Produkt? Welche Nachteile können Ihre Teilnehmer verhindern, wenn sie Ihrer Lösung folgen?

Methode: Es kommt also darauf an, aus einer Fülle von Botschaften die wenigen passenden zu finden. Diese Argumente nennt die Rhetorik dann Kernbotschaften. Diese sind die Hauptargumente, die Ihr Redeziel stützen. Was eine Kernbotschaft ist entscheiden nicht Sie, sondern die Werte und Bedürfnisse (Probleme/Ziele) Ihrer Teilnehmer.

- Es sind die Argumente, die Ihren Teilnehmern am meisten nützen. Befolgen sie Ihren Rat, werden sie mit positiven Emotionen belohnt.
- Es sind die Argumente, die Ihre Teilnehmer vor Nachteilen bewahren. Befolgen sie Ihre Empfehlungen nicht, verletzten sie ihre eigenen Werte und werden mit negativen Gefühlen bestraft.

Ihre Kernbotschaften sind das emotional bewegende Element Ihrer Präsentation: mit ihnen motivieren Sie Ihre Teilnehmer sich zu ändern, sich Ihre Meinung zu Eigen zu machen, Ihr Produkt zu kaufen. Alles übrige Material der folgenden Schritte gruppiert sich um diese Kernbotschaften herum, um sie zu stützten, zu verdeutlichen, anschaulich hervorzuheben. Alle weiteren Schritte dienen nur der rhetorischen Bearbeitung Ihrer Kernbotschaften! Stimmen Sie diese also wieder mit dem Limbischen Kommunikationsmodell auf die Werte Ihrer Teilnehmer ab. Sonst läuft Ihre Argumentation ins Leere. → Ideenbuch Kapitel 2

4. Schritt: So beweisen Sie Ihre Kernbotschaften

Welche Argumente, Beweise und Belege empfinden Ihre Teilnehmer als glaubhaft? Welche Überzeugungsstrategie passt? Wem schenken sie Glauben?

Methode: Es gibt nicht das überzeugende Argument oder die überzeugende Beweisführung. Die unterschiedlichen Persönlichkeitstypen empfinden jeweils andere Mittel und Vorgehensweisen als überzeugend.

Wie lassen Sie sich überzeugen? Wollen Sie Argumente hören? Wollen Sie ein gutes Gefühl bei der Sache haben? Wollen Sie sehen, dass es funktioniert? Achten Sie mehr auf die Sache oder auf die Person? Brauchen Sie Details oder den Überblick? Vertrauen Sie mehr der Theorie oder dem praktischen Tun? Bevorzugen Sie nüchterne Zahlen oder visualisierte Grafiken? Überzeugt Sie eine stringente, logische Aussage mit belegbaren Fakten oder beobachten Sie den Redner, die feinen Nuancen der Inkongruenz in der Körpersprache und Stimme? Finden Sie bewährte oder originelle Aspekte überzeugend? Reizt Sie das Ziel oder fürchten Sie das Problem?

Beobachten Sie Ihre Teilnehmer: Was empfinden diese als glaubwürdig? Schätzen sie Zahlen, Daten Fakten? Brauchen sie Referenzen und die Sicherheit, dass Ihre Idee bewährt und sicher ist? Oder ist es wichtiger einen guten menschlichen Kontakt herzustellen? Oder liebt Ihre Zielgruppe Bilder und Visionen? Oder gar eine Mischung aus allen Überzeugungsstrategien? Auch hier hilft Ihnen das Limbische Kommunikationsmodell die Argumente vorausschauend und präzise auf Ihre Teilnehmer abzustimmen.
→ Ideenbuch Kapitel 5

5. Schritt: Strategische Anordnung und überzeugende Gliederung

Welche Logik erzeugt Akzeptanz für Ihr Thema? Wie bauen Sie komplexe Argumente auf? Wie viele Ebenen der Gliederung brauchen Sie? Was sagen Sie und was nicht? Womit fangen Sie an? Wie schließen Sie ab? Wie ordnen Sie taktisch an?

Methode: Die Problemlöseformel ist eine Struktur, die immer funktioniert, wenn Sie komplexe Argumente aufbauen. Ihre Logik lautet: Wir-Gefühl schaffen, Problembewusstsein wecken, Sehnsucht nach Lösung erzeugen, Lösung präsentieren, Abschließen – und sofort aufhören! Wichtig: verraten Sie die Lösung nicht zu früh – sonst können Sie keine Spannung aufbauen, Ihre Meinungsgegner haben Zeit, sich in aller Ruhe eine Gegenstrategie zu entwerfen und Sie verlieren an Überzeugungskraft.

→ Ideenbuch Kapitel 2, 6, 1, 3, 4

6. Schritt: Feinschliff – einleuchtend, anschaulich und fesseln formulieren

Wie verankern Sie Ihre Botschaft im Gehirn Ihrer Teilnehmer? Wie formulieren Sie so, dass die Botschaft verstanden wird, einleuchtet und überzeugt? Wie formulieren Sie anschaulich, lebendig und fesselnd? Wie formulieren Sie kraftvoll? Welche rhetorischen Wirkfiguren helfen Ihnen dabei?

Methode: Machen Sie aus kraftlosen Sätzen Powersätze, formulieren Sie Langweiliges faszinierend und finden Sie das treffende Wort und die passende Formulierung.

→ Ideenbuch Kapitel 7, 8, 11

7. Schritt: Gelungene Inszenierung und passende Veranstaltungsdramaturgie

Was visualisieren Sie? Wie visualisieren Sie? Wo öffnen Sie Ihre Präsentation für Dialog und Interaktion mit Ihren Teilnehmern? Welche anderen Medien können Sie einsetzten? Welche Aktionen unterstützen Ihr Redeziel? Welche Körpersprache passt? Welche Stimmung? Welches Ambiente?

Methoden: PowerPoint ist nicht die einzige Möglichkeit, Ihren Vortrag medial in Szene zu setzen.

Es gibt so viele überzeugende Methoden wie:

- spontane Skizzen auf dem Flipchart
- Objekte auf einem Overheadprojektor
- gestaltete Moderationswände (zum Beispiel Text auf Kärtchen plus laminierte Cliparts)

- Körpersprache: etwas zeigen, etwas vormachen (zum Beispiel Hand drehen bei Wendeltreppe)
- Modelle; Objekte; Produkte
- Besichtigungen (Präsentation vor Ort halten; Stationen-Präsentation)
- Innere Bilder erzeugen: Stellen Sie sich vor ..., Metaphern, Vergleiche
- Abfragen der Erwartungen
- Teilnehmer selbst das Problem/Ziel schildern lassen: Wie erleben Sie die Situation? Welche Ursachen sehen Sie?
- Abstimmungen; Hand-Hoch-Szenarien
- die haptische Beschaffenheit Ihrer Produkte, aber auch Ihrer Broschüren/Unterlagen
- die Teilnehmer mit Ihrem Produkt, dem neuen Formular das Sie durchsetzten möchten oder der neuen Software arbeiten lassen
- Teilnehmer selbst etwas tun lassen: ausfüllen, erleben etc.
- Zahlen raten, Quiz-Fragen, kleine Wettbewerbe
- die Gewinner (und die Verlierer) mit einem Geschenk belohnen (Schokolade, Gummibärchen)
- den Teilnehmern ein Geschenk und somit Gedächtnisanker für zu Hause mitgeben usw.

→ Ideenbuch Kapitel 12, 13, 14, 15, 16, 17

Halten Sie sich an diese Reihenfolge in der Vorbereitung. Sie ist sinnvoll und vielfach erprobt. Schreiben Sie dann das Manuskript für Ihre Präsentation und zwar so, dass Sie gut damit zurechtkommen. Dann üben Sie. Üben Sie mit lauter Stimme und wenn möglich vor Publikum. Üben Sie so lange bis die Präsentation sitzt. Sie werden erleben, wie sich nach und nach Gefühle der Sicherheit und Gelassenheit in Ihnen ausbreiteten und Sie werden anfangen, sich auf Ihren Vortrag und auf Ihr Publikum zu freuen.

→ Ideenbuch Kapitel 14, 15, 16, 17, 18, 19

Hier ist Raum für Ihre Überlegungen und Notizen:

1. Wie soll ich nur beginnen?
15 mögliche Einstiege für jeden Denkstil

Inhaltsübersicht Kapitel 1

1. Der konventionelle Einstieg

15 mögliche Einstiege für jeden Denkstil

Sie haben richtig gelesen: der konventionelle Einstieg! Gerade am Anfang ist es sehr wichtig, die Zuhörer aus ihrer Welt in unsere Welt abzuholen. Und sehr viele Zuhörer schätzen das Gewohnte, das, was sie kennen. Sie beurteilen Sie nicht danach, wie witzig, spannend und aufregend Sie sind. Nein. Sie beurteilen Sie danach, ob Sie so sind wie alle anderen, ob Sie die Konventionen einer Branche, einer Region oder einer Gruppierung verstehen – und ob Sie sich anpassen können. Sie wollen **nicht** überrascht werden, sie wollen nicht mit Ice-Breakern und emotionalen Eröffnungen aus dem Schutz der sitzenden Masse herausgetrieben werden. Sie wollen erst einmal sitzen und Schritt für Schritt erfahren, was sie erwartet. Sie wollen wissen, wer Sie sind. Sie wollen wissen, welchen praktischen Nutzen sie durch Ihren Vortrag haben, und sie wollen „etwas mit nach Hause nehmen". Sie wollen erst mal ganz in Ruhe (und meist mit vor dem Körper verschränkten Armen) sehen, wie Sie sich dort vorne so machen. Wenn Sie es schaffen, das Vertrauen der konservativen Hörer zu erringen – herzlichen Glückwunsch. Denn diese Zuhörerschaft ist loyal und treu und wird Ihnen geschäftlich auf lange Zeit *gewogen bleiben* (um ein konservatives Sprachmuster zu zitieren).

Und das ist doch gewiss der schlechteste Fährmann, der mit seinem Schiff anstößt, während er aus dem Hafen fährt.

Quentilian

Ihre Hauptaufgabe ist es also, mit der Einleitung VERTRAUEN aufzubauen. Das Gegenteil von Vertrauen ist Misstrauen. Und Menschen, die misstrauisch sind, misstrauen allem Neuen, allem „Abgedrehten" und allem Emotionalen. Das bedeutet nicht, dass Sie keine neue oder aufregende Lösung präsentieren dürfen. Es bedeutet lediglich, sich am Anfang auf die Denkmuster der Zuhörer situativ einzulassen.

Sie brauchen:

Ein seriöses, qualitativ hochwertiges Outfit

Flipchart und Stifte, die perfekt schreiben

Vorgehen:

- Begrüßen Sie die Zuschauer – beachten Sie dabei Hierarchien und Konventionen.
- Nennen Sie Ihr Thema.

- Kündigen Sie praktischen Nutzen an. Formulieren Sie beispielsweise: *„Es geht nicht nur um die Theorie, sondern vor allem um die konkrete Anwendung"; „Anhand vieler praktischer Beispiele zeige ich Ihnen wie ..."; „Es ist einfach anwendbar im Alltag"; „Hilft Ihnen beim Lösen von Problemen"; „Sie erhalten wertvolle Informationen Schritt für Schritt ..."*
- Stellen Sie sich als vertrauenswürdigen Experten vor. Heben Sie Ihre langjährige Erfahrung hervor: *„Schon seit zehn Jahren ..."; „Zuerst als ... dann als ... und schließlich heute als ...";* Erzählen Sie von Mitgliedschaften in Verbänden und Ämtern.
- Versprechen Sie *„etwas zum Mitnehmen"* für den Schluss *(Unterlagen, Proben, Geschenke, Checkliste, gute Tipps und Tricks etc.).*
- Zeigen Sie ein vorbereitetes Flipchart mit den durchnummerierten Tagesordnungspunkten und Pausen. Halten Sie sich minutiös daran. Haken Sie nach und nach alle erledigten Punkte ab.
- Erklären Sie Ihre Spielregeln, beispielsweise ob und wann man Fragen stellen kann, wann Pausen sind. Halten Sie sich daran.

Seien Sie eher bescheiden, introvertiert und seriös. Lächeln Sie, aber nicht zu viel. Strahlen Sie in allem, was Sie tun, Sicherheit aus

- Sprechen Sie eher langsam
- Stehen Sie gerade und symmetrisch, Beine hüftbreit auseinander
- Schauern Sie eher väterlich-besorgt als begeistert
- Machen Sie Wirkpausen
- Schreiben Sie sauber
- Achten Sie drauf, dass der Präsentationsplatz und Ihre Unterlagen ordentlich sind

Fragen Sie sich in allem, was Sie tun: Wie erzeuge ich größtmögliches Vertrauen? Wie gebe ich Sicherheit? Wie informiere ich vorausschauend?

Für welche Teilnehmertypen geeignet:
Dieser Einstieg eignet sich hervorragend für die strukturierten Teilnehmertypen. Sie treffen deren Werte – dadurch zeigen Sie Wertschätzung für Ihr Publikum. Sie treffen ihre Art zu denken – dadurch sichern Sie sich die Aufmerksamkeit, den Respekt und das Verständnis Ihrer Zuhörer.

2. Visuell einsteigen

Suchen Sie sich ein Bild, das zu Ihrem Thema passt und zeigen Sie es. Es kann entweder das Problem vorwegnehmen oder das Ziel. Es kann vordergründig nichts mit dem Thema zu tun haben. Es kann eine Analogie (eine Entsprechung aus einem anderen Bereich, vergleiche mit dem Beispiel unten) zu Ihrem Thema darstellen. Zeigen Sie das Bild, machen Sie eine lange Wirkpause und stellen Sie dann den Bezug zum Thema her.

Sie zeigen *am Anfang ein Bild von einem Menschen der ins kalte Wasser springen muss.*
Sie kommentieren: *„Kennen Sie das Gefühl ins kalte Wasser springen zu müssen? Keiner hat uns gewarnt, keiner steht uns bei, keiner hilft uns beim Schwimmen. Hilflosigkeit und Angst machen sich breit. So ähnlich geht es den Menschen, wenn Sie plötzlich mit etwas ganz Neuem konfrontiert werden. Wie können wir es angesichts der vielen Veränderungen in unserem Unternehmen schaffen, den Mitabeitern den Sprung ins kalte Wasser zu ersparen? Diese Frage möchte ich heute beantworten. Soviel kann ich Ihnen jetzt schon verraten: Es geht leichter und ist einfacher als viele jetzt vielleicht vermuten. Wir haben viele Wege vorher geprüft und getestet, und haben diesen Weg als den vernünftigsten und sinnvollsten befunden." (Lösung erst am Schluss verraten – Spannung aufbauen, dann Lösung wertvoll verkaufen)*

Sie brauchen:
Ein passendes Bild
Ein passendes Medium (Foto, Plakat, Beamer, Overheadprojektor ...)

Vorgehen:
- Warten Sie, bis alle ruhig sind und nach vorne blicken (stellen Sie sich aufrecht auf Ihren zentralen Präsentationsplatz, schauen Sie in die Teilnehmerrunde und warten Sie ganz gelassen, bis alle zu Ihnen schauen. Das ist eine sehr wirkungsvolle Methode, die Aufmerksamkeit auf sich zu lenken).
- Zeigen Sie kommentarlos das Bild.
- Machen Sie eine Wirkpause.
- Kommentieren Sie das Bild.

- Schlagen Sie eine Brücke zu Ihrem Thema
- Begrüßen Sie erst dann das Publikum
- Sprechen Sie kurz die Lösung an, ohne zu viel zu verraten

Für welchen Teilnehmertyp geeignet

Wenn man das erste Knopfloch verfehlt, kommt man mit dem ganzen Zuknöpfen nicht zurecht. Der Anfang muss gut sein.

Goethe

Grundsätzlich für alle. Es kommt darauf an, wohin Sie den Schwerpunkt verlagern. Zeigen Sie bei logischen Teilnehmern eher ein Foto vom Ziel (zum Beispiel Geldregen), bei experimentellen Teilnehmern eine Analogie (zum Beispiel ein Blumentopf mit einem Samenkorn und das schrittweise Wachstum der Pflanze – zum Beispiel für Personal-Entwicklung), für strukturierte Teilnehmer ein Hölle-Foto (zum Beispiel Crash zweier Autos für die schlechte Zusammenarbeit zwischen den Abteilungen), und für die gefühlvollen Teilnehmer eignet sich ein gefühlvolles Bild (zum Beispiel ein Handballteam, das in einem engen Kreis zusammensteht und sich gegenseitig Mut macht – für „nur gemeinsam können wir es schaffen")

Profi-Tipp: Analogien aus der Lebenswelt der Zuhörer

Achten Sie bei **Analogien** darauf, dass das Bild aus der Lebenswelt Ihrer Zuhörer stammt. Denn die Funktion einer Analogie ist es, dem Publikum unbekannte, komplexe oder abstrakte Vorgänge (Ihr Thema) durch bekannte und konkrete Bilder verständlich zu machen. Wenn Sie unsicher sind, wählen Sie Bilder, die alle Menschen kennen, zum Beispiel Häuser, Autos, Computer, Wetter.

3. Der interaktive Einstieg

Sie fragen Ihre Teilnehmer direkt nach Problemen und Wünschen, schreiben diese am Flipchart mit und präsentieren dann Ihre Lösung, indem Sie eine Antwort nach der anderen abhaken. Vorteil: Sie präsentieren nur die Aspekte und Produktmerkmale, die für Ihre Teilnehmer von Bedeutung sind. Außerdem verringert sich der Widerstand gegen fremde Ideen, da ja die Teilnehmer durch die aktive Mitarbeit selbst Teil Ihrer Idee geworden sind.

Sie brauchen:

- Eine ausformulierte Problemlöseformel – denn obwohl Sie „spontan" auf die Wünsche und Probleme Ihrer Teilnehmer eingehen, haben Sie diese natürlich im Vorfeld sorgfältig analysiert (sonst kann diese Methode schief gehen)
- Ausformulierte Fragen, auf den Denkstil der Teilnehmer abgestimmt (zum Beispiel strukturiert/gefühlvoll: *Was erwarten Sie von einer neuen Software? Was darf auf keinen Fall sein? Was belastet Sie im Moment am meisten logisch/experimentell: Welche Ziele haben Sie in Bezug …? Wo sehen Sie Handlungsbedarf?*).
- Entscheiden Sie sich für **eine** Frage.
- Ein Flipchart
- Funktionierende Flipchartstifte
- Klebeband oder Magnete (falls Magnetwand vorhanden)

Vorgehen:

- Begrüßen Sie Ihre Teilnehmer.
- Stellen Sie das Thema kurz vor, würdigen Sie es (wichtig, vernünftig, sinnvoll etc.).
- Bitten Sie um Erlaubnis, Fragen stellen zu dürfen. Erklären Sie den Nutzen, den Ihre Teilnehmer davon haben:
  „Damit Sie eine maßgeschneiderte Lösung erhalten, möchte ich Ihnen einige Fragen stellen."
  „Damit wir uns auf die wichtigen Dinge konzentrieren können, darf ich Ihnen einige Fragen stellen?"
  „Damit ich nur auf Aspekte eingehe, die für Sie relevant sind, möchte ich kurz einige Fragen stellen."
- Schreiben Sie die eine vorbereitete Einstiegsfrage auf das Flipchart (später folgen dann eventuell noch Weitere).
- Schreiben Sie die Antworten der Teilnehmer auf das Flipchart.
- Schreiben Sie schön, und schreiben Sie alle Antworten mit (zeigt Wertschätzung gegenüber Teilnehmer).
- Quittieren Sie jeden Redebeitrag positiv: *danke, sehr gut, klasse, richtig, perfekt, schön, super …* Damit zeigen Sie Wertschätzung und aktivieren die Gruppe (da jeder gelobt werden möchte).

- Halten Sie Pausen aus. Schauen Sie ruhig, gelassen und interessiert in die Runde. Menschen brauchen Zeit zum Nachdenken.
- Wenn alle Teilnehmer geantwortet haben, ergänzen Sie die Liste: *„Wichtig erschien uns noch …"* Dadurch wirken Sie vorbereitet und haben noch eine Möglichkeit zu steuern.
- Lassen Sie dann das Flipchart sichtbar stehen. Wenn Sie mehr Seiten geschrieben haben, dann heften sie diese mit Klebeband oder Magneten sichtbar an die Wand oder an die Magnettafel.
- Beziehen Sie sich beim weiteren Präsentieren immer wieder auf die Probleme und Wünsche der Teilnehmer: ***Sie sagten,*** *Ihnen ist eine einfache Bedienbarkeit sehr wichtig. (Mit flacher Hand kurz auf die Stelle am Flipchart zeigen – wieder das Publikum ansehen). Sie sehen hier den heutigen Standard der Technik und hier unsere Lösung. Wer möchte die einfache Bedienbarkeit einmal ausprobieren?)*
- Haken Sie alle Wünsche und gelösten Probleme ab. Es sollte kein ungelöster Punkt stehen bleiben (deshalb die saubere Vorbereitung).
- Sollte doch noch ein Punkt offen bleiben, dann gehen Sie mit der „Gerade-Weil-Methode" darauf ein.

  *„**Gerade weil** uns ein guter Preis sehr wichtig ist (hier höchsten Wert des Publikums einsetzen), haben wir auf Schnörkeleien (Hölle-Wort für Design) verzichtet."*

  *„**Gerade weil** uns das Design (höchster Wert) so wichtig war, haben wir eine geringfügig höhere Investition (Himmelwort für Kosten) in Kauf genommen."*

Profi-Technik: Die Lasso-Methode

Der Profi merkt sich, von welchem Teilnehmer die einzelnen Werte, Wünsche und Probleme kommen. Wenn er dann die Lösung präsentiert, schaut er genau diesen Teilnehmer an, wendet sich mit seiner Körpersprache zu ihm oder lässt genau ihn die entsprechende Demonstration durchführen. Achtung: Das darf nicht zu platt und offensichtlich geschehen. Sie können auch alle anschauen und nur mit Ihrer Gestik kurz auf den Teilnehmer zeigen. Sein Unbewusstes registriert sehr wohl, dass sich Ihre Botschaft an ihn wendet.

Kaum eine Methode ist überzeugender als dieses „Lasso", bei dem die Werte direkt in ziehende Argumente umformuliert werden und wie ein Lasso wirken. Sie ist das Geheimnis von Star-Verkäufern. Weitere Profi-Methoden für den Verkauf finden Sie im Buch „Sell Limbic" (wird ebenfalls im BusinessVillage-Verlag im November 2007 erscheinen).

Für welchen Teilnehmertyp geeignet
Für jeden Teilnehmertyp geeignet, wenn Sie die Methode in der passenden Sprache ankündigen. Holen Sie die strukturierten und gefühlvollen Teilnehmer eher über deren Probleme ab.

4. TV-Ansager-Einstieg oder „Das rätselhafte Thema"

Beobachten Sie einmal professionelle Moderatoren in Funk- und Fernsehen: Wenn die einen Gast ankündigen, dann verraten Sie nicht sofort, um wen es sich handelt. Stattdessen preisen Sie eine rätselhafte Gestalt an. *„Freuen Sie sich auf eine Frau, die wie keine andere die Musikwelt erobert hat, die seit Jahren einen Hit nach dem anderen landet und die noch nie live im deutschen Fernsehen zu sehen war. Heute, meine Damen und Herren, ist sie endlich da, exklusiv nur bei uns – einen tosenden Applaus für …"* – jetzt erst wird verraten um wen es sich handelt.

Den Effekt einer solchen Einleitung können Sie auch in Ihrer Präsentation nutzen: Sie bauen Spannung auf, Sie erhöhen Ihr Thema, und Sie erfreuen gelangweilte Zuhörer.

Heute geht es um ein Thema, das vor allem Sie als Automobilzulieferer angeht. Ein Thema, das die Welt in letzter Zeit zunehmend beschäftigt hat und das sie in Zukunft immer mehr beschäftigen wird. Ein Thema, von dem unser Überleben in der Automobilbranche zukünftig abhängt. Es geht um ein Thema, mit dem wir nicht nur einen positiven Beitrag für die Gesellschaft leisten, sondern das sich auch für Ihr Unternehmen mehr und mehr rechen wird. Sehr geehrte Damen und Herren, heute Abend geht es darum, wie … (nennen Sie Ihr Thema – verraten Sie aber nicht die Lösung!)

Sind Sie neugierig geworden, um welches Thema es sich handelt? Möchten Sie gerne mehr wissen? Würden Sie ab jetzt an den Lippen des Präsentierenden hängen? Dann hat diese Einleitung ihre Funktion voll und ganz erfüllt.

Sie brauchen:
Es sind keine zusätzlichen Materialien erforderlich.

Vorgehen:

- Fragen Sie sich: Was an meinem Thema ist bedeutungsvoll? Was ist spannend? Welchen Nutzen bietet es meinen Hörern, dem Unternehmen, der Gemeinschaft? Was ist einmalig? (Achtung: Wenn Sie nichts Bedeutendes oder Großartiges finden, wählen Sie einen anderen Einstieg).
- Formulieren Sie die Antworten in rätselhafte Fragen/Aussagen um *(„das Thema“, „die Sache“, „es“, „unser Gast“, „die Methode“, „unsere Lösung“ „der Weg“, „die Person“ etc.).*
- Kündigen Sie die Auflösung wirkungsvoll an: Machen Sie eine Sprechpause, schauen Sie das Publikum an.

Für welchen Teilnehmertyp geeignet:
Hervorragend für experimentelle Teilnehmer geeignet. Sie lieben das Einmalige, das Besondere, das Aufregende, die Spannung, das Rätsel, ja sogar die Übertreibung. Sie lieben Wirkung. Indem Sie Ihr Thema aufwerten, werten Sie indirekt immer auch Ihre Teilnehmer auf.

Profi-Technik: Klimax – die Steigerung

Ordnen Sie die Aussagen steigernd an (zum Beispiel vom Kleinen ins Große, vom Einzelnen zur Gemeinschaft). Diese rhetorische Wirkfigur heißt **Klimax** und verleiht Ihrem Einsteig Erhabenheit und Größe.

*Die Methode unterstützt nicht nur die **einzelnen Mitarbeiter.** Sie verbessert die Kommunikation zwischen den **Abteilungen.** Sie macht das **ganze Unternehmen** erfolgreicher.*

Profi-Tipp: Der rätselhafte Gegenstand

Das rätselhafte Thema kann auch ein verhüllter Gegenstand sein – das erzeugt Spannung. Er wird erst zum Schluss der Präsentation wirkungsvoll aufgedeckt. So halten Sie die Spannung bis zum Schluss aufrecht.

5. Der fragende Einstieg

Fragen haben die Eigenschaft, in den Köpfen der Teilnehmer nach Antworten zu suchen. Und schon sind alle mit einem gemeinsamen Thema beschäftigt – nämlich mit Ihrem. Fragen schaffen mühelos ein Wir-Gefühl. Fragen kippen den Schalter für die Gehirne Ihrer Teilnehmer auf „an" und bestimmen die Richtung der Gedankenströme. Deshalb sind Fragen die Königsdiziplin der Rhetorik. Fragen sind auch aus didaktischer Sicht sehr sinnvoll. Denn wenn wir über etwas selber nachdenken, können wir es uns viel besser merken.

Wenn Sie die Einstiege 1 bis 4 gelesen haben, werden Sie festgestellt haben, dass kaum ein Einstieg ohne echte Fragen (Teilnehmer beantworten die Frage) oder **rhetorische Fragen** (Sie geben selbst die Antwort oder lassen sie vorläufig offen) ausgekommen ist. Wichtig ist nur, sich die richtigen Fragen für den Einstieg auszudenken. Welches Kopfkino möchten Sie erzeugen? Womit sollen sich Ihre Teilnehmer beschäftigen?

Ein Beispiel:
Wie können wir die Abläufe verbessern? Wie können wir unsere Produktivität erhöhen? Und wie können wir die Kosten nachhaltig senken? Diese Fragen haben Sie uns gestellt – diese Fragen haben wir analysiert. Heute stellen wir Ihnen die effektivsten und sinnvollsten Ergebnisse unserer Arbeit vor.

Ein weiteres Beispiel:
Wer von Ihnen hat eigentlich Zeit, in dieser Präsentation zu sitzen? (Hier sollten Ihre Teilnehmer schmunzeln oder nicken.) Wie viele E-Mails und Telefonate erwarten Sie, wenn Sie später wieder in Ihrem Büro sind? (Hier kommen eventuell Antworten.) Und wer von Ihnen hat wirklich noch Zeit für die wichtigen und schönen Dinge im Leben? (lange Wirkpause) Wie wäre es, wenn es eine Methode gäbe, die uns allen hilft, (Wirkpause) mehr Zeit zu haben? (Betonung: langsamer werden, mit der Stimme nach unten gehen, die Teilnehmer anschauen.)

Vorgehen:

- Fragen Sie sich: Welche Fragen beschäftigen meine Teilnehmer? Welche Probleme haben meine Teilnehmer? Welche Wünsche und Ziele? Welche Vorteile bietet mein Thema? Welche Nachteile lassen sich durch mein Thema vermeiden? Formulieren Sie die Antworten in rhetorische Fragen um.
- Suchen Sie sich drei Fragen aus. Der Dreierschritt ist eine rhetorische Wirkfigur, die uns hilft, das richtige (gedächtnisgerechte) Maß an Informationen zu bündeln.
- Üben Sie das imaginäre (oder echte) Frage-Antwortspiel vorher mit Kollegen oder Freunden. Nur so bekommen Sie ein Gefühl, ob das Szenario auch wirklich funktioniert. Beachten Sie Ihre Körpersprache:
- Rasseln Sie die Antworten zu schnell runter? Besser: langsam und eindringlich fragen.
- Machen Sie keine Wirkpause, damit Ihre Zuhörer nachdenken können? Besser: nach jeder Frage eine lange Pause machen.
- Zeigen Ihre Zuhörer keine Reaktion? Besser: mehr über die Zielgruppe recherchieren. An den Fragen feilen, bis Sie den Nerv der Zuhörer treffen.
- Verraten Sie nicht sofort die Lösung. Schmunzeln Sie, wenn ungeduldige Teilnehmer sie dazu drängen.

Profi-Technik: Fragen statt sagen!

Die zentrale These der Präsentation *(Es gibt eine Technik, die Ihnen hilft, mehr Zeit zu haben)* wurde hier als Frage verpackt *(Wie wäre es, wenn es eine Methode gäbe, die uns allen hilft, mehr Zeit zu haben?).*

Dadurch wirkt die These viel eindringlicher und überzeugender, da sie viel weniger inneren Widerstand erzeugt. Deshalb formulieren Starverkäufer ihre Nutzensargumente auch nicht als Behauptungen, sondern als Fragen. Weitere Profi-Methoden für den Verkauf finden Sie im Buch „Sell Limbic", wird im November 2007 erscheinen.

Für welchen Teilnehmertyp geeignet:

Für alle Teilnehmertypen geeignet.

6. Alpha-Tier-Einstieg

Manchmal ist das Ziel einer Präsentation, Menschen hinter sich zu scharen, die Führung zu übernehmen und Gefolgschaften zu finden. Menschen folgen aber nur denjenigen, die Kraft, Mut und Vertrauen ausstrahlen. Eigentlich gilt das Alpha-Tier-Verhalten für jede Präsentation – denn Sie wollen ja, dass Ihre Teilnehmer Ihnen zumindest für die Zeit der Präsentation folgen. Gerade diejenigen, die sich jetzt am stärksten innerlich gegen diese Behauptungen sträuben, können am meisten aus diesem Kapitel profitieren. Denn zu viel Natürlichkeit, zu viel Laisser-faire und zu viel Lockerheit führen dazu, dass einem die Zügel entgleiten und man sein Redeziel nicht erreicht. Sehr schnell füllen dann machtbewusstere Teilnehmer das entstandene Vakuum. Sie übernehmen die Führung – und der Präsentierende ist im schlimmsten Fall der Gejagte.

Unabhängig vom vorbereiteten Einstieg brauchen Sie:

- Ein eindeutiges Ziel, das Ihnen klar vor Augen ist
- Eine ausformulierte Problemlöseformel
- Eine vorbereitete Einwandbehandlung
- Techniken, auch mit Angriffen souverän umzugehen
- Feedback von Dritten zu Ihrem Outfit, zu Ihrer Stimme und zu Ihrer Körpersprache (zum Beispiel ein Seminar mit Video besuchen)
- Freunde im Publikum (langfristig an Netzwerken arbeiten oder Freunde mitnehmen)
- Die Gewissheit, dass Ihre Präsentation sitzt (Sie haben, wie alle Profis, geübt)
- Einen starken Glauben an sich, Ihr Thema und an Ihr Ziel (Optimal: Sie stehen voll und ganz hinter Ihrer Lösung)
- Die Bereitschaft, andere überzeugen zu wollen (Optimal: Sie glauben fest daran, dass Ihr Weg für alle der Beste ist)

Vorgehen:

- Beim Alpha-Tier Einstieg ist es nicht so wichtig, was Sie sagen, sondern wie Sie sich verhalten. Suchen Sie sich also einen Einstieg aus, der Ihnen gefällt oder der zu Ihrem Thema passt.
- Lassen Sie die Präsentations-Technik von einem Assistenten aufbauen.

- Geben Sie sich nicht mit den vorherrschenden Verhältnissen zufrieden. Seien Sie anspruchsvoll. Lassen Sie Tische verrücken, verändern Sie die Lichtverhältnisse.
- Bleiben Sie ruhig, sympathisch und locker. Geben Sie die Anweisungen in sehr freundlichem, aber bestimmten Ton.
- Bitten Sie nun Ihre Teilnehmer, etwas näher zusammenzurücken (oder eine andere hilfreiche Aufforderung). Sie übernehmen so langsam die Führung.
- Brechen Sie eine Regel zugunsten der Teilnehmer.
- Stellen Sie sich auf einen zentralen Präsentationsplatz. Achten Sie darauf, dass jeder Sie gut sehen kann.
- Bevor Sie zu sprechen beginnen, stellen Sie sich ganz ruhig, ganz symmetrisch und ganz aufrecht hin. Erden Sie sich.
- Sie bestimmen das Tempo. Sie beginnen, wann es Ihnen passt.
- Stellen Sie sich **nicht** vor. Schließlich kennt man bedeutende Experten wie Sie. Lassen Sie sich eventuell vorstellen – schreiben Sie jedoch den Text dazu.
- Bedienen Sie keine Funkmaus. Ein kurzer Blick zu Ihrem Assistenten genügt, und die nächste Folie ist sichtbar.
- Meiden Sie alle Abschwächer wie *eigentlich, vielleicht, oder*?
- Sprechen Sie bestimmt, fest und sicher.
- Ballen Sie ab und zu Ihre Hände zur Faust, zeigen Sie ab und an mit flacher Hand auf imaginäre Ziele.
- Lächeln Sie eher selten. Wenn Sie lächeln, dann gewinnend.
- Seien Sie, wenn die Situation es erlaubt, humorvoll.
- Sprechen Sie Selbstverständlichkeiten aus: *„Tatsache ist ..." „Fakt ist ..." „Der gesunde Menschenverstand sagt uns ..." "Sinnvoll ist ..." Vernünftig ist ..." „Wer für unsere Sache ist, der ..."*
- Spielen Sie auf der Klaviatur der Emotionen. Wie das geht, verrät das nächste Kapitel.

Für welchen Teilnehmertyp geeignet:
Hängt davon ab, was Sie bewirken möchten. Experimentell-logische Teilnehmer können Sie damit ganz schön beeindrucken. Gefühlvoll-strukturierte werden Sie vielleicht ein wenig einschüchtern.

7. Der „Zeit ist Geld-Einstieg" – oder: die aufsehenerregende Zahl

Es gibt Situationen, in denen es ratsam ist, ohne große Umschweife kurz, knapp und präzise zur Sache zu kommen:

- wenn die Entscheider wenig Zeit haben
- wenn Sie aufgefordert werden „Nun kommen Sie schon zur Sache!"
- wenn vor Ihnen schon viele andere präsentiert haben
- wenn die Zeit knapp wird
- wenn die Zuhörer Kürze als Wert schätzen

Denken Sie sich einen überragenden Einstiegs-Satz aus, mit dem Sie sich blitzschnell die Aufmerksamkeit aller Zuhörer sichern. Sehr gut gelingt Ihnen so ein Einstieg mit einer aufsehenerregenden Zahl:

Eine gute Rede besteht einem interessanten Anfang und einem wirkungsvollen Schluss – der Abstand zwischen beiden sollte möglichst gering gehalten werden.

W. Churchill

Heute zeigen wir Ihnen, warum laut Kienbaum-Studie manche Unternehmen ein um 347 Prozent höheres Geschäftsergebnis haben als andere Unternehmen. Lassen Sie uns ***gleich*** *zur Sache kommen: …*
(Lösung erst am Schluss verraten – jetzt kommt erst Hölle, Vergewisserung und Himmel).

Drei Krankheitstage weniger pro Jahr und Mitarbeiter – wie Sie das mit einfachen Mitteln erreichen können, das ist das Thema, das wir Ihnen heute ***kurz*** *vorstellen.*

Wie Sie in Ihrem Betrieb 150.000 Euro Lagerkosten einsparen können, ist das Thema unserer ***kurzen*** *Präsentation.*

Sie brauchen:
ZDF – Zahlen, Daten, Fakten

Vorgehen:

- Suchen Sie viele Zahlen für Ihr Thema. Lassen Sie sich evtl. von anderen helfen (Technikern, Ingenieuren, Produktmanagern, Zahlenfreaks …). Suchen Sie Studien, Statistiken und wissenschaftlich abgesicherte Ergebnisse.

- Suchen Sie die aufsehenerregendste Zahl aus
- Formulieren Sie eine Wie-Frage oder ein knackiges Statement. Verraten Sie nicht die Lösung.
- Kündigen Sie an, dass Sie jetzt sofort zur Sache kommen (*gleich, kurz, schnell, sofort*).
- Kommen Sie zur Sache und halten Sie den knappen, zahlenorientierten und präzisen Stil bis zum Schluss durch.
- Bilden Sie kurze Sätze, benutzen Sie logische Satzverbindungen *(wenn ... dann ... weil ... genau dann wenn ... es sei denn ... folglich)*.
- Ihre Körpersprache ist gerade, aufrecht, dynamisch – und auf gar keinen Fall: weich, emotional und ausladend.

Für welchen Teilnehmertyp geeignet:
Hervorragend für den logischen Teilnehmertyp geeignet, da seine Werte (Präzision, Klarheit, Sachlichkeit, Nüchternheit) und sein logisch-mathematischer Denkstil berücksichtigt werden.

8. Einstieg über eine Metapher

Was ist eine Metapher? Die Metapher hat die Funktion, etwas durch etwas anderes zu ersetzen. Meistens ersetzen sie etwas:

- Abstraktes durch etwas Konkretes
- Unbekanntes durch etwas Bekanntes
- Weites durch Nahes
- Seelisches durch Sachliches

Die Metapher macht uns die unsichtbare Welt sichtbar, und sie macht uns das Fremde vertraut. Sie transportiert Erkenntnis. Sie vermittelt oft zwischen den verschiedenen Denkstilen. Denn möchte ein Techniker einem Nicht-Techniker die Vorgehensweise seiner Erfindung erklären, tut er gut daran, dies anhand einer vergleichenden Metapher aus der Lebenswelt seines Zuhörers zu tun – und umgekehrt, wie das nachfolgende Beispiel zeigt:

Kommunikationstrainer spricht vor Technikern:
Erinnern Sie sich noch an die Zeit, als die ersten digitalen Telefone auf den Markt kamen? Viele Menschen besaßen analoge Anschlüsse – konnten also die neue Technik nicht nutzen. Sie brauchten ein Modem, das die analogen in digitale Signale umwandelte, wollten sie verstanden werden. So ähnlich ist es, wenn wir kommunizieren. Die einen senden analog, die anderen empfangen nur digital – und umgekehrt. Deshalb gibt es so viele Missverständnisse. Deshalb überzeugen wir nicht immer. Um verstanden zu werden, bräuchten wir ein Modem, ein Kommunikationsmodem. Ob es so ein Modem gibt und wie es aussieht, das ist das Thema meiner Präsentation.

Hier noch ein Beispiel mit einer Analogie. Eine Analogie stellt einen Weltbereich, den die Zuhörer kennen, in einen analogen Zusammenhang mit Ihrem Thema:
Erinnern Sie sich an einen wunderschönen Ferientag am Meer? Die Sonne scheint, das Meer liegt blau und unendlich vor Ihnen, ein warmer Wind weht sanft … Möwen kreischen, Wellen brechen … Wir sind entspannt, zufrieden und glücklich … Ein Tag am Meer … Stellen Sie sich vor, Sie könnten ihre Kunden genauso glücklich machen. Einkaufen wäre genauso entspannend und schön wie ein Tag am Meer. Wie Sie das erreichen – das ist Thema meiner Präsentation.

Sie brauchen:
Ein prägnantes, stimmiges Bild

Vorgehen:
- Fragen Sie sich zuerst: Welches ist die zentrale Botschaft Ihres Vortrags? Welches ist der zentrale Nutzen? Welches Problem lässt sich verhindern? Womit lässt sich Ihre Lösung (Idee, Produkt, Projekt, Dienstleistung) vergleichen?
- Suchen Sie dann einen passenden Vergleich mit Hilfe der folgenden Formulierungen: *Das ist so ähnlich wie …; Das erinnert mich an …; Das könnte man vergleichen mit …*
- Achten Sie darauf, dass der Vergleich Ihren Zuhörern vertraut ist. Suchen Sie Bilder aus deren Lebenswelt. Suchen Sie sinnliche, konkrete, einfache Bilder die jeder kennt *(Haus, Zahnräder, Wachstum, Wetter,*

Auto, Computer, Fußball etc.). Oder Situationen die jeder schon erlebt hat *(zum Beispiel verliebt sein – für Service; im Regen stehen – für schlechten Service).*

- Schreiben Sie die Einleitung. Lassen Sie sich eventuell von Freunden helfen, die bildhaft denken (meist der experimentelle Denkstil).
- Lesen Sie die Metapher Ihren Kollegen oder Freunden vor. Sie sollte interessant sein und das Verständnis erhöhen. Sie sollte Lust auf mehr machen.

Profi-Tipp: Materialisierte Metapher

Sie können das zu vergleichende Objekt auch mitnehmen, im oberen Beispiel ein echtes Modem oder zwei unterschiedliche Telefone. Das nennt sich dann **materialisierte Metapher.** Oder im zweiten Beispiel: Sand, einen Strandkorb, Meeresgeräusche …

Für welchen Teilnehmertyp geeignet:

Für jeden Teilnehmertyp geeignet – da ja gerade die Übersetzungsleistung aus einem Denkstil in den anderen die Stärke der Metapher ist. Vor allem die experimentellen Denker lieben das bildhafte denken und können didaktisch klug abgeholt werden. Außerdem signalisiert ein Einstieg über eine Metapher den Zuhörern: *Das könnte spannend werden!* Aber auch die gefühlvollen Teilnehmer fühlen sich durch gefühlvolle Metaphern angesprochen (vergleiche das zweite, sehr sinnliche Beispiel).

9. Einstieg über eine Geschichte – oder: Storytelling

In Geschichten wird Lebenserfahrung und Sinnstiftung transportiert. Erzählen Sie vor allem kurze Success-Storys von Ihnen, Ihrem Team, Ihrem Unternehmen – oder Ihrem Produkt. Wichtig beim Storytelling ist die Körpersprache und Stimmführung. Wirkpausen, Betonung, ein langer Blickkontakt – das alles sind Stilmittel, die zwingend dazu gehören.

Geschichten verbinden, sie vermitteln Sinn, sie sind spannend. Die meisten Menschen lieben Geschichten – erinnern sie uns doch an schöne Momente aus der Kindheit, an Unterhaltung, Entspannung und Spaß. Geschichten bestimmen das Image eines Menschen und eines Unternehmens – denn Image wird über phantastische oder entsetzliche Geschichten auf Gängen und Fluren von Unternehmen transportiert. Nutzen Sie die Situation der Präsentation, um die richtige Geschichte über Sie und Ihr Projekt in Umlauf zu bringen. Erzählen Sie von schweißtreibenden Überstunden, von Erfolg und Irrtum, von grandiosen Erkenntnissen unter der Dusche, von sensationellen Zufallsentdeckungen. Erzählen Sie eine Anekdote vom Messestand – natürlich mit positivem Ausgang. Erzählen Sie von den scheinbar unüberbrückbaren Hindernissen, von Ihrem zähen Kampfgeist auf dem Weg zur erfolgreichen Lösung. Und genau diese stellen Sie heute Ihrem Publikum vor.

Erzählen Sie Geschichten, um nachdenklich zu stimmen. Erzählen Sie Geschichten, um die Stimme des Menschen in einer technologisierten und globalen Welt zum Ausdruck zu bringen. Erzählen Sie Geschichten. Aber erzählen Sie die Richtigen, erzählen sie die Passenden. Und: erzählen Sie sie gut. Dazu gehört:

- Erzählen sie in der Gegenwart, auch wenn es in der Vergangenheit spielt
- Sprechen Sie in kurzen, bildhaften Sätzen

Ich möchte Ihnen eine Geschichte erzählen, die mich sehr nachdenklich stimmt. Ich hatte gerade meine erste Stelle angetreten, und ich habe eine wirklich gute Idee, wie in unserer Abteilung gespart werden kann. Ich rechne nach und komme auf eine stolze Summe von 3.600 Mark. Voller Freude erzähle ich diese Idee meiner Chefin. Was passiert: Nichts. Gar nichts. Und nach mehrmaligen Nachfragen (Wirkpause, Publikum ansehen) – immer noch nichts. Das frustriert und demotiviert. (Lange Wirkpause)

*Ich möchte, dass das hier in diesem Betrieb **keinem** passiert. (Eindringlicher Tonfall). Ich wünsche mir, (nachdenklicher Tonfall, Blick in die Ferne) dass kein Mitarbeiter mit seinem kreativen Potenzial am **Desinteresse,** (Pause, Betonung) an **Nachlässigkeit** (Pause, Betonung) oder an **bürokratischen Hemmschwellen** (Pause, Betonung) scheitert. Wie wir das erreichen, ist heute Thema.*

Sie brauchen:
Eine Geschichte.

Vorgehen:
- Welche Werte möchten Sie transportieren? Welches Image? Welche Erfolgsgeschichte haben Sie oder Ihr Team in letzter Zeit erlebt? Was haben Ihre Kunden Großartiges mit Ihrem Produkt erlebt?
- Suchen Sie die beste Geschichte aus. Formulieren Sie diese schriftlich aus.
- Üben Sie, indem Sie die Geschichte einer Vertrauensperson vortragen. Achten Sie auf Wirkpausen, Tempo, Betonung und Blickkontakt.
- Wenn Sie die Geschichte erzählen – bleiben Sie ruhig, souverän und gelassen.
- Machen Sie eine Pause und leiten Sie dann zum Hauptteil über. Werden Sie nun, um Glaubwürdigkeit aufzubauen, eher analytisch.

Für welchen Teilnehmertyp geeignet:
Für jeden. Achten Sie darauf, dass die Geschichte die richtigen Werte transportiert: zum Beispiel Kraft, Klarheit, Präzision, Durchhaltevermögen, Siegesgewissheit vor logischen Teilnehmern usw.

10. Einstieg über ein Beispiel

Konkrete Beispiele sind rhetorisch gesehen sehr wirkungsvoll, denn sie wirken auf zwei Ebenen. Erstens auf der argumentativen Ebene, denn ein Beispiel ist der Beleg, dass die These stimmt (zumindest so lange, bis kein Gegenbeispiel gefunden wird). Aus vielen Beispielen wird eine Theorie abgeleitet – werden die dazu gehörigen Beispiele genannt, erscheint die Theorie nicht mehr so blutleer. Die meisten Menschen verstehen Beispiele auch besser als abstrakte Theorien.

Und zweitens wirken Beispiele auf stilistischer Ebene: sie machen eine Präsentation anschaulich, lebendig und interessant. Suchen Sie deshalb immer nach passenden Beispielen – für jede Phase Ihrer Präsentation.

Belegendes Hölle-Beispiel:
Heute geht es darum, wie wir die Logistik in unserem Unternehmen verbessern können. Warum wir handeln müssen? Lassen Sie mich einige ganz konkrete Beispiele – alle aus der letzten Woche – aufzählen. Am Montag rief Herr Maier von der Novotech an: Die Lieferung sei für Donnerstag versprochen, jetzt sei Montag, und sie fehlt immer noch. Am Dienstag reklamiert unser Außenstandort, dass die versprochenen Ersatzteile nicht angekommen sind. Eine Recherche ergibt: Sie sind immer noch im Lager. Und am Mittwoch ebenfalls – pünktliche Lieferung zu unserem Großkunden nach München? Fehlanzeige. Wie wir diese Zustände verhindern – darum geht es heute.

Anschauliches Beispiel:
Gestern spielte sich an der Schiller-Kreuzung folgende Szene ab. Ein kleiner Junge, sein Name ist Max, möchte die Straßenseite wechseln. Er ist sieben Jahre alt. Ganz aufgeregt steht er auf der einen Seite des Fußgängerüberwegs. Er schaut nach rechts, LKWs, Autos, Motorräder, so weit sein Auge reicht. Er schaut nach links, das gleiche Bild. Laut rasen die LKWs an ihm vorbei, seine Locken wehen im Fahrtwind. Kein Auto hält. Die Szene dauert und dauert. Max wird immer verzweifelter – auf der anderen Seite befindet sich die Musikschule, sein Lehrer wartet. Er fasst sich ein Herz und läuft in einer engen Lücke los, Bremsen quietschen. Max hat Glück gehabt und kommt heil auf der anderen Seite an. Doch drei Kinder aus unserer Stadt hatten in diesem Jahr dieses Glück nicht … (lange Pause). Wie lassen sich solche Szenen verhindern? Wie können wir dafür Sorge tragen, dass unsere Kinder heil und gesund nach Hause kommen? Darum geht es heute Abend.

Sie brauchen:
Beispiel(e)

Vorgehen:
- Sammeln Sie belegende oder anschauliche Beispiele, die für Ihre These sprechen (oder die Ihren Mitbewerber widerlegen).
- Beim anschaulichen Beispiel: Beschreiben Sie einfach detailliert das Bild vor Ihrem inneren Auge.
- Formulieren Sie dann Ihren Einstieg.

Für welchen Teilnehmertyp geeignet:
Das belegende Hölle-Beispiel ist hervorragend für den strukturierten Denkstil geeignet. Er denkt praxisnah und problemorientiert und schenkt mehreren Beispielen mehr Glauben als der abstrakten Theorie. Das anschauliche, menschliche Beispiel ist gut für den gefühlvollen Teilnehmertyp geeignet, weil es die passenden Emotionen (Mitgefühl, Verbundenheit, Menschlichkeit) transportiert.

11. Der Einstieg mit Objekt

Sie zeigen ein Objekt, das die Aufmerksamkeit Ihrer Teilnehmer auf sich zieht und stellen es in den Mittelpunkt. Das kann entweder wie im unteren Beispiel wieder eine Analogie sein – es kann aber auch ein Objekt sein, das direkt mit Ihrem Vortrag in Verbindung steht.

Objekt:
Streichholz und Streichholzschachteln, die Sie jedem Teilnehmer ausgeteilt haben.

Vorgehen:
Zünden Sie ein Streichholz an, heben Sie es hoch, sodass jeder es sehen kann, lassen sie es ausgehen. Machen Sie eine lange Wirkpause.

Der Kommentar:
Sie sahen gerade eine zündende Idee, irgendwo, in irgendeinem Kopf eines Mitarbeiters, in irgendeinem Büro, einer Produktionshalle, einem Standort. Wir können es nicht wissen – die zündende Idee verpufft, wie so viele.

Anweisung an Teilnehmer:
Bitte zünden Sie mit mir gemeinsam ein Streichholz an.

Der Kommentar:

So viele kreative Ideen – herausragende, außergewöhnliche oder kleine. Pfiffige, bescheidene – (sprechen Sie erst, wenn alle Streichhölzer wieder aus sind) – doch alle sind sie verpufft. Was wir tun können, damit das nicht mehr passiert – das verraten wir Ihnen heute.

Sie brauchen:

Ein Objekt/eine Objektgruppe

Vorgehen:

- Suchen Sie zuerst eine Analogie zu Ihrem Thema (vergleiche Einstieg über eine Metapher oder Analogie). Zum Beispiel Service ist das Sahnehäubchen auf einem Kuchen.
- Besorgen Sie sich die Objekte, im oberen Beispiel ein Stück leckeren Kuchen und Sahne in einer schönen Sprühflasche (keine billiges Fertigprodukt– das würde negativ auf Sie zurückstrahlen).
- Schreiben Sie den passenden Text.
- Üben Sie, indem Sie Ihre Handlungen (Tortenstück zeigen, Sahne drauf sprühen) mit Ihren Worten (dem vorformulierten Text) in Einklang bringen.
- Üben Sie einmal vor Kollegen oder Freunden. Lassen Sie sich kritisches Feedback geben.

Für welchen Teilnehmertyp geeignet:

Für experimentelle am besten geeignet, denn Sie lieben Analogien und sie lieben die Show. Aber auch geeignet für strukturierte (der pragmatisch-konkrete Aspekt) und für gefühlvolle Teilnehmer (der kinästhetische Aspekt).

Profi-Technik: Analogien und Metaphern finden

Sammeln Sie fortlaufend Analogien für Ihren Arbeitsbereich. Wenn Sie im Wald spazieren gehen, fragen Sie sich: *Wie lässt sich dieser Baum mit meinem Thema in Verbindung bringen?* Wenn Sie in der U-Bahn oder im Auto sitzen: *Wie lässt sich der Verkehrsbereich mit meinem Thema in Verbindung bringen?* Wenn Sie einen Zeitungsartikel lesen: *Was ist auf mein Thema übertragbar?* Wenn Sie Maschinen analysieren: *Wo funktioniert sie gleich wie mein Thema?* Sie werden sehen: an jeder Ecke lauert eine Analogie und Metapher. Sie sind Ihr rhetorischer Trumpf, wenn es darauf ankommt.

12. Der verständnisvolle Einstieg

Menschen lieben Menschen, die sich in sie einfühlen können und die sie verstehen. Wenn Sie die Gedanken Ihrer Zuhörer gut kennen, Ihre Sorgen, Nöte, aber auch Wünsche und Ziele, können sie diese ansprechen. Ihre Teilnehmer werden Ihnen nach jeder Aussage innerlich zustimmen und leise nicken. Das ist natürlich eine gute Voraussetzung für den nachfolgenden Überzeugungsprozess. Denn Menschen glauben Menschen, die sie sympathisch finden. Und sie finden die sympathisch, die sich am besten in sie hineinfühlen, die ihre Sprache sprechen, die ihnen ähnlich sind.

Sehr geehrte Damen und Herren, Sie haben einen weiten Weg hinter sich ... (innerliches Nicken), viele von Ihnen sind heute morgen früh aufgestanden ... (innerliches Nicken), haben die lange Reise hierher unternommen ... (innerliches Nicken). Und jetzt sitzen Sie hier, ... (innerliches Nicken), sehen die vielen, unbekannten Menschen, ... und fragen sich vielleicht, ob Sie sich richtig entschieden haben, ... ob das hier auch wirklich das Richtige für Sie ist ... Und Sie fragen sich vielleicht ..., ob Sie hier genau die Informationen erhalten werden, die Sie weiterbringen.

Sie brauchen:

Es sind keine zusätzlichen Materialien erforderlich.

Vorgehen:
- Suchen Sie Sätze, denen Ihre Zuhörer innerlich bedingungslos zustimmen. Am besten geht das mit Tatsachen: Jeder kommt von irgendwoher, jeder hat Gedanken im Kopf, jeder sitzt im Präsentationsraum, jeder sieht andere Teilnehmer usw.
- Reihen Sie die Aussagen in einen sinnvollen Zusammenhang.
- Sprechen Sie langsam. Machen Sie Pausen.
- Stimme: Sprechen Sie offen-schwebend, so als ob jeder Satz mit drei Punkten endet.

Für welchen Teilnehmertyp geeignet:
Sehr gut geeignet, wenn die Teilnehmer aufgeregt oder ängstlich sind. Auch gut geeignet, wenn Sie schlechte Nachrichten übermitteln müssen.

13. Der langwierige Einstieg bei umstrittenen Themen oder: Der „Wenn-alle-gegen-Sie-sind"-Einstieg

Stellen Sie sich vor, alle sind gegen Sie, oder Ihr Thema ist ein richtig heißes Eisen. Dann gilt die rhetorische Regel: Je umstrittener die Sache oder der Redner, umso länger die Einleitung, umso später die zentrale These. Unerlässlich ist es, die Einwände und die vorherrschenden Vorurteile auszusprechen. Diese Technik heißt **Prolepsis,** die Einwandvorwegnahme. Wichtig ist es, nicht zu forsch aufzutreten, sondern zu zeigen, wie schwer Sie sich tun: *„Es fällt mir schwer, aber ich muss es tun."* Verweisen Sie immer auf höhere Ideale, die Sie dazu zwingen: *„Ich kann nicht anders"* *„Es geschieht zu unser aller Besten!"* Außerdem ist es günstig, sich beim Publikum Wohlwollen zu sichern über geschickte Komplimente.

Umstrittenes Thema: Schmerzhafte Veränderungen im Unternehmen
Ich weiß, dass Sie sich um Ihren Arbeitsplatz sorgen, dass Sie nicht wissen, wie es weitergeht. Ich verstehe, dass Sie das beunruhigt und Sie gerne Klarheit haben möchten. Ich weiß auch, dass wir Sie sehr spät informieren. Doch wir konnten nicht anders – zu unklar waren die Informationen, zu ungewiss die Lage. Jetzt haben wir Klarheit. Welche gesicherten Informationen es gibt und welche Lösungen angedacht sind – darüber möchte ich mit Ihnen reden.

Wenn der Zorn sich gegen Sie richtet, weil Sie in der Vergangenheit Ihre Teilnehmer verärgert haben – zeigen Sie Reue. Sprechen Sie das Problem an und zeigen Sie, dass Sie durchdachte Lösungen mitbringen. Diese Situation entsteht zum Beispiel dann, wenn Lieferanten vor ihrem Kunden präsentieren und es vorher Schwierigkeiten gab. Oder wenn Projektmanager Probleme in Projekten haben, zum Beispiel Ampel auf gelb oder rot.

Beispiel: Alle sind gegen Sie
Ich weiß, dass wir in der Vergangenheit mit Schwierigkeiten zu kämpfen hatten und ich verstehe, dass Sie sich fragen, ob wir noch der richtige Lieferant für Sie sind. Ich kann verstehen, dass Sie keine leeren Versprechungen hören, sondern Taten von uns sehen möchten. Genau deshalb bin ich heute hier – um Ihnen unser Maßnahmenpaket zu präsentieren, damit Sie auch in Zukunft wieder gerne und vertrauensvoll mit uns zusammenarbeiten.

Für welchen Teilnehmertyp geeignet: Für alle Denkstile.

14. WOW! – Der sensationelle, paradoxe oder provokante Einstieg

Prominente wissen es: Eine gezielte Provokation, eine kleine Sensation – und sie sind wieder in aller Munde. Wenn Sie vor einer müden Gruppe sprechen, wenn Lethargie sich breit macht, wenn eingefahrene Wege bequem geworden sind – dann ist dieser Einstieg gerade richtig. Er sichert Ihnen von Anfang an höchste Aufmerksamkeit – auch auf emotionaler Ebene. Natürlich sollen Sie nicht wirklich Ihr Publikum gegen sich aufbringen. Sie dürfen es jedoch wachrütteln. Dieser Einstieg eignet sich deshalb auch für Krisen:

Ein Beispiel für einen paradox-provokanten Einstieg:
Was müssen wir noch alles tun, um den Umsatz zu senken? Was müssen wir noch tun, um weitere Kunden zu vergraulen? Und was müssen wir noch tun, um unser Image gänzlich zu ruinieren? (Lange Pause) Wir sind im roten Bereich – wie wir wieder in den grünen Bereich kommen, das lasst uns heute gemeinsam angehen.

Ein Beispiel für einen provokanten Einstieg:
Wozu machen wir eigentlich dieses Projekt? Könnten wir uns die Arbeit und die Kosten nicht sparen?

Zwei Beispiele für den sensationellen Einstieg:
Mit den Kabelsträngen, die wir letztes Jahr produziert haben; könnten wir eine Leitung zum Mond und zurück bauen!

347 Prozent bessere Geschäftsergebnisse! Das ist unser Thema.

Sie brauchen:

- Eine aufmerksamkeiterregende Aussage (Earcatcher)

Vorgehen: Paradoxer und provokanter Einstieg

- Welches ist Ihre zentrale Aussage? Drehen Sie sie einfach um: Sie wollen Fortschritt, dann loben Sie den Stillstand. Sie wollen Service – dann entwickeln Sie Kundenvergraulungsprogramme; Sie wollen Geld – dann singen Sie ein Loblied auf den Geiz.
- Spitzen Sie die Aussage zu: *„Wir sparen uns tot“.*
- Mildern Sie die Aussage durch die Frageform: *„Wie können wir uns weiterhin totsparen?“*
- Ordnen Sie das ganze mit einer **Anapher** (gleicher Satzanfang) Wählen Sie einen **Dreierschritt** im **Klimax** (steigernd): (1) Wie können wir uns weiterhin totsparen? (2) Wie können wir weiterhin jeder Investition aus dem Weg gehen? (3) Und wie können wir Innovationen verhindern?
- Gehen Sie dann moderat und versöhnlich in den Hauptteil über. Wechseln Sie die Position (Raumanker), ändern Sie die Körpersprache. Es muss ganz deutlich werden, dass sie sich vom provokanten Anfang distanzieren und Sie ab jetzt ernsthaft analysieren.

Vorgehen sensationeller Einstieg:

- Kumulieren Sie und vergleichen Sie das Ergebnis bildhaft: zum Beispiel *„Damit können sie dreimal den Bodensee füllen“; „So groß wie drei Fußballfelder“* etc. Oder lesen Sie Bücher über Sensationen, populäre Irrtümer, Weltrekorde ...– vielleicht finden Sie hier einen passenden Earcatcher.

- Texten sie kurz und knackig.
- Präsentieren Sie die Sensation
- Machen Sie eine lange Wirkpause.
- Gehen Sie zum Hauptteil über – wechseln Sie jedoch jetzt ins Seriöse (außer das Ziel Ihrer Präsentation ist es, mächtig zu beeindrucken oder amüsant zu unterhalten)

Profi-Tipp: Mitarbeiterschulung mit paradoxem Brainstorming

Der paradoxe Einstieg ist sehr gut geeignet, wenn Sie Ihre Mitarbeiter mit einer Präsentation motivieren wollen. Lassen Sie Ihre Teilnehmer eine paradoxe Frage beantworten, zum Beispiel *"Was müssen wir während einer Reklamation tun, damit unser Kunde ausrastet?"* Schreiben Sie die Antworten am Flipchart mit. Das ist meistens sehr lustig, und alle machen gerne mit. Im Hauptteil können Sie dann Input über „Reklamation als Chance der Kundenbindung" geben.

Für welchen Teilnehmertyp geeignet: Für alle.

15. Einstieg mit dem Limbischem Multicode

Wenn Sie nicht wissen, wer zu Ihrer Präsentation kommt, wenn Sie vor vielen Teilnehmern sprechen, wenn Sie unterschiedliche Teilnehmer im Publikum überzeugen wollen – dann empfiehlt sich dieser Einstieg. Sie sprechen der Reihe nach alle Limbischen Persönlichkeitstypen an. Sie haben eine Mini-Einleitung für jeden Denkstil dabei. Stellen Sie sich Ihr persönliches Vier-Gänge-Menü zusammen:

Einleitungen für die unterschiedlichen Präferenzen

15 mögliche Einstiege für jeden Denkstil

A. Logisch: Kompetenz sichtbar machen	**D. Experimentell: Interesse wecken**
• Versprechen von Kürze • Kurze Einleitung („Zeit ist Geld“) • Angabe des Themas • Hinweise auf eigene Fachkompetenz • Versprechen wertvoller Informationen • Rhetorische Frage; Verblüffung; aufsehenerregende Zahl oder Information • Den Titel der Präsentation kommentieren	• Verblüffende Theorie oder These • Geschickte Komplimente • Bilder, Analogien und Vergleiche • Himmel-Vision ausmalen: „Stellen Sie sich einmal vor ...“ • Spannung aufbauen: Fragen stellen und sie noch nicht beantworten • Geheimnisse und Insidertipps versprechen • Das Thema in den großen Zusammenhang einordnen • Zum Mitmachen und Nachfragen auffordern

B. Strukturiert: Sicherheit geben, Vertrauen aufbauen	**C. Gefühlvoll: Gemeinschaft schaffen**
• Tagesordnungspunkte, genauer Ablauf, Organisatorisches, Spielregeln, Pausenregelungen • Vorstellung • Anwesende korrekt ansprechen (Protokoll und Etikette) • Langjährige Erfahrung hervorheben • Hinweis auf Unterlagen • Versprechen von nützlichen und praktischen Informationen • Einfachheit versprechen • Ein konkretes Hölle-Beispiel • Zitate, Lebensweisheit	• Persönliche Einleitung: Wer bin ich? Wer sind die andern? • Als Mensch sichtbar werden • Was berechtigt genau mich über dieses Thema zu sprechen? • Egoismus absprechen: Nicht für mich, sondern für Allgemeinwohl • Vorstellungsrunde • Interaktion mit Teilnehmer; • Gemeinsamkeiten herausstellen: Wir alle ... Auch ich komme aus ... • Herzliche Begrüßung • Geschichten von Menschen • Pausen und Verpflegung • Objekte und materialisierte Metaphern

Der Anfang ist die Hälfte des Ganzen.

Cicero

2. Ihre Präsentation rüttelt niemanden wach? Sie lässt die Zuhörer nur müde nicken? Inszenieren und demonstrieren Sie Ihre Kernbotschaften unwiderstehlich für jeden Denkstil

Inhaltsübersicht Kapitel 2

1. Vergessen Sie PowerPoint – es überzeugt nicht

In diesem Kapitel geht es um die grundlegende Frage: Was überzeugt Menschen? Wann sind Menschen bereit sich zu ändern (!) und sich Ihrer Meinung anzuschließen? Wann sind Sie bereit, Ihre liebgewonnenen und vertrauten Wege und Gewohnheiten aufzugeben? Wann sind Sie bereit, einem anderen Menschen viel Geld zu geben? Wann sind Sie bereit, anderen zu folgen? Schreiben Sie die Antworten zuerst auf – Sie erhalten wichtige Informationen über Ihre eigenen Entscheidungskriterien (und vergessen Sie nicht: Ihr Publikum hat vielleicht ganz andere):

Wie sieht die Präsentation von heute aus? 90 Prozent der Präsentierenden öffnen PowerPoint und rattern die Vorteile anhand von Gewehrkugel-Einschuss-Folien (Bullet-Charts) herunter. Sie bombardieren ihre Teilnehmer mit unzähligen Vorteilen. Sie schlagen Folienschlacht um Folienschlacht.

Ob die Zuhörer sich unter den kargen 08/15- Satzfragmenten wie

- *gute Qualität*
- *schnelle Lieferzeiten*
- *hohe Steifigkeit*
- *niedrige Kosten*
- *schnelle Rüstzeiten*
- *Durchmesser von nur 15 mm*
- *genietet statt geschraubt*

etwas Beachtliches vorstellen können, ob sie positive Emotionen für diese Lösung empfinden, ob sie begeistert sind und es kaum erwarten können, diese Leistung in Anspruch zu nehmen? Bestimmt nicht. Außerdem behaupten die Mitbewerber und viele andere Präsentationen fast das Gleiche. Warum sollen die Entscheider sich dann hierfür entscheiden?

PowerPoint verführt durch seine Architektur zu einem Verhalten, dass nur schlechte Präsentierende benutzen – zum Gießkannenprinzip: wahllos viele Vorteilsargumente aufzählen. Gute Präsentierende kommen mit wenigen Argumenten aus! In der Vorbereitung überlegen sie sehr lange, welches genau das **eine Argument** sein wird, mit dem Sie den **einzelnen** Teilnehmer überzeugen werden. Denn wir überzeugen immer nur den Einzelnen – nie die Teilnehmer als „Ganzes". Sie haben für jeden Teilnehmer einen Motor, einen Beweggrund.

Wir sehnen uns nicht nach bestimmten Dingen, sondern nach den Gefühlen, die sie auslösen

S. Graff

Profi-Tipp: Weniger ist mehr!

Ein rhetorisches Grundprinzip lautet: Weniger ist mehr! Jedes Argument, das Sie bringen provoziert Gegenargumente. Jedes Argument könnte sich für einen Teil des Teilnehmerkreises als Anti-Wert entpuppen Jedes Argument könnte Ihrem Standpunkt mehr schaden als nutzen! Viele Argumente lenken den Blick ab vom Wesentlichen (Ihrem Redeziel). Schlechte Redner benutzen das Gießkannenprinzip: wahllos viel Material über ihre Teilnehmer ausschütten. Gute Redner kommen mit wenigen Argumenten aus! In der Vorbereitung überlegen sie sehr lange welches genau das **eine Argument** sein wird, mit dem Sie überzeugen werden. Denken Sie an Ciceros Rat: Argumente werden gewogen statt gezählt!

2. Nur Emotionen überzeugen

Was also überzeugt? Es kommt darauf an, aus einer Fülle von Botschaften die **wenigen passenden** zu finden. Diese Argumente nennt die Rhetorik dann Kernbotschaften. Diese sind die Hauptargumente, die Ihr Redeziel stützen. Was eine Kernbotschaft ist entscheiden nicht Sie, sondern die Werte und Bedürfnisse (Probleme/Ziele) Ihrer Teilnehmer.

- Es sind die Argumente, die Ihren Teilnehmern am meisten nützen. Tun sie, was Sie ihnen raten, werden sie von ihrem Limbischen System mit positiven **Emotionen** belohnt → Vorteilsargumente (Himmel)
- Es sind die Argumente, die Ihre Teilnehmer vor Nachteilen bewahren. Tun sie **nicht**, was Sie ihnen empfehlen, verletzen sie ihre eigenen Werte und werden vom Limbischen System mit negativen **Emotionen** bestraft → Nachteilsargumente (Hölle)

Ihre Kernbotschaften sind das emotional bewegende Element Ihrer Präsentation: mit ihnen motivieren (lat. movere = bewegen) Sie Ihre Teilnehmer sich zu ändern, sich Ihre Meinung zu Eigen zu machen, Ihr Produkt zu kaufen.

Denken Sie daran: Es geht beim Präsentieren immer um Emotionen. Alles, was Sie tun, tun Sie, um bestimmte Emotionen zu erzeugen: Glaubwürdigkeit, Vertrauen, Hoffnung auf Gewinn, Furcht vor Verlust, Sympathie, Freude, Spannung, Begeisterung usw. Und jede Limbische Persönlichkeit bevorzugt andere Emotionen. um sich für Ihre Sache zu entscheiden. Auch rationale Zahlen haben emotionale Wirkung. Sie erhöhen das **Gefühl** des Vertrauens und der Glaubwürdigkeit. Auch die rational perfekte technische Lösung gibt das Gefühl der Überlegenheit und des Stolzes.

An dieser Stelle stellen Sie sicher, dass Sie ziehende, überzeugende Argumente generieren. Denn Sie passen die Argumente den unbewussten Limbischen Instruktionen an. Nur diese Argumente haben

- eine Chance überhaupt wahrgenommen zu werden
- die Möglichkeit mit positiven Emotionen markiert ins Bewusstsein zu gelangen.

Nur diese Argumente sind für die spezifischen Limbischen Instruktionen relevant. Dies alles geschieht unbewusst. Botschaften und Wahrnehmungen werden zuerst im Limbischen System bewertet und nur das, was relevant ist, wird ausgewählt und gelangt ins Bewusstsein. Dies ist der Kern des Limbischen Kommunikationssystems. Deshalb ist die ausführliche Zielgruppenanalyse so wichtig – sowohl die Recherche des realen Bedarfs in der sichtbaren Welt als auch deren Persönlichkeitsstruktur in der unsichtbaren Welt in den Köpfen der Menschen.

Info-Box
So funktioniert Überzeugen: Nur emotionaler Mehrwert überzeugt

Alle Überzeugungstechniken haben ein gemeinsames Prinzip: die Kontrasttechnik von Himmel und Hölle.

Überzeugen bedeutet, dem Teilnehmer gute Gefühle (Himmel) zu ermöglichen, ihm zu helfen und schlechte Gefühle (Hölle) zu vermeiden. Überzeugungsarbeit aktiviert das Belohnungssystem der Limbischen Instruktionen: Tun wir, was unseren Limbischen Instruktionen entspricht, werden wir mit positiven Gefühlen und Stimmungen belohnt. Tun wir es nicht, werden wir mit negativen Gefühlen und Stimmungen bestraft. Überzeugen bedeutet also: Stellen Sie Ihren Teilnehmern in Aussicht, dass sie mit positiven Gefühlen belohnt werden, wenn Sie Ihnen folgen. Zeigen Sie aber auch, welche negativen Gefühle sich durch Ihren Vorschlag vermeiden lassen. Das ist oft noch viel wirkungsvoller.

Erzeugen Sie diese Gefühle schon während der Präsentation – dann sind Sie ein Profi!

Die wichtigsten angestrebten Emotionen (Himmel):

1. Logische Teilnehmer: Siegesgefühle, Stärke, Autonomie
2. Strukturierte Teilnehmer: Sicherheit, Ruhe, Kontrolle
3. Gefühlvolle Teilnehmer: Verbundenheit, Liebe, Harmonie
4. Experimentelle Teilnehmer: Aufregung, Spannung, Erregung

Die wichtigsten gemiedenen Emotionen (Hölle):

1. Logische Teilnehmer: Verlieren, Schwäche, Abhängigkeit
2. Strukturierte Teilnehmer: Angst, Kontrollverlust
3. Gefühlvolle Teilnehmer: Isolation, Kälte
4. Experimentelle Teilnehmer: Monotonie, Langeweile

Vertiefende Literatur: Häusel: 2003, 2004

Am wirkungsvollsten überzeugen Sie, wenn Sie beide Richtungen einsetzen nach dem Motto: *Himmel oder Hölle, Sie haben die (scheinbare) Wahl!* Deshalb sind in der **Problemlöseformel** (siehe Info-Box) auch beide Tasten auf der Klaviatur der Emotionen vorgesehen: Nach der Einleitung rütteln Sie mit der Hölle Ihre Teilnehmer wach. Sie erzeugen mit der Beschreibung des untragbaren Ist-Zustandes Problembewusstsein. Sie zeigen, dass es so nicht weitergehen kann, ohne dass Ihre Zuhörer **(nicht Sie!)** mit schweren Folgen zu rechnen haben. Sie malen in dieser „Hölle-Phase“ den Teufel an die Wand. Sie schauen besorgt und ernst. Die Gefühle, die sich jetzt in Ihren Teilnehmern ausbreiten sollten sind die oben genannten „gemiedenen Emotionen“, also Angst vor Verlust, vor Isolation etc. In der „Himmel-Phase“ zeigen sie, wie vorteilhaft, erfolgreich und schön das Leben sein kann, wenn man Ihrem Vorschlag folgt. Jetzt spielen Sie auf der Klaviatur der Emotionen die hoffnungsvollen Töne: Hoffnung auf Gewinn, Sicherheit, Verbundenheit usw.

Noch einmal: Verlassen Sie sich dabei nicht nur auf PowerPoint. Denn PowerPoint alleine schafft diese Virtuosität nicht. Lesen Sie dazu auch die Kapitel 12 und 13 – in denen es um den sinnvollen Einsatz von und Alternativen zu PowerPoint geht.

Info-Box: Die Problemlöseformel

Die Problemlöseformel ist eine Struktur, die **immer funktioniert** wenn Sie überzeugen (verkaufen, motivieren) möchten. Ihre Logik lautet: Wir-Gefühl schaffen, Problembewusstsein wecken und wachrütteln, Sehnsucht nach Lösung erzeugen, Lösung präsentieren, Abschließen – und sofort aufhören! Wichtig: verraten Sie die Lösung nicht zu früh – sonst können Sie keine Spannung aufbauen, Ihre Meinungsgegner haben Zeit, sich in aller Ruhe eine Gegenstrategie zu entwerfen und Sie verlieren an Überzeugungskraft. Die Problemlöseformel ist ein Phasenkonzept, das der Logik unserer Entscheidungsfindung folgt. Sie erzeugt zuerst ein „Minus“ auf einem Motiv-Konto (zum Beispiel Chaos) und kurbelt somit die Motivation für die Lösung (zum Beispiel Anti-Chaos-Software „ordo“) an, die direkt in den Himmel führt (zum Beispiel Ordnung, Sicherheit).

Sie ist strategisch auf das Erreichen eines Ziels ausgerichtet. Sie funktioniert dann am besten, wenn Ihre Kernbotschaften auf den Entscheidungskriterien Ihrer Zuhörer aufgebaut wird (Ordnung muss in diesem Fall ein Wert Ihrer Zuhörer sein).

Sie besteht aus einer **vertikalen Ebene der Phasen.** Diese bilden das strategische Gerüst der Problemlöseformel. Bei Zeitmangel nie diese Ebene kürzen – sonst funktioniert die Präsentation nicht. Wenn Sie nur eine halbe Minute Zeit haben: Ein Satz pro Phase reicht aus

So funktionieren Werbespots: (1) Hallo! (2) Hölle: Der Rücken schmerzt? Absicherung: Sie wollen was dagegen tun? (3) Himmel: Sie möchten wieder fit und fröhlich sein? (4) Lösung: Ergomat – der Bürostuhl mit Patentofix hilft! (5) Abschluss: Testen Sie ihn aus – kommen Sie morgen zu Möbelfix!

Jede Phase ist weiter unterteilt auf der horizontalen Ebene der Gliederungen. Diese Ebene belegt, begründet und inszeniert die einzelnen Phasen. Je mehr Zeit Ihnen zur Verfügung steht umso mehr Gliederungspunkte können Sie einführen. Die Ebenen der Gliederung sind Ebenen der zunehmenden Detaillierung (zum Beispiel 3. Ebene der Überzeugungsmittel: Patentofix zeigen, Folien zur Technik, ergonomische Tests, Zitate von Orthopäden; ausprobieren lassen, Animation zum Aufbau; Muster für Stoffe ...). Wenn Sie wenig Zeit haben: Kürzen Sie auf der Ebene der Gliederung.

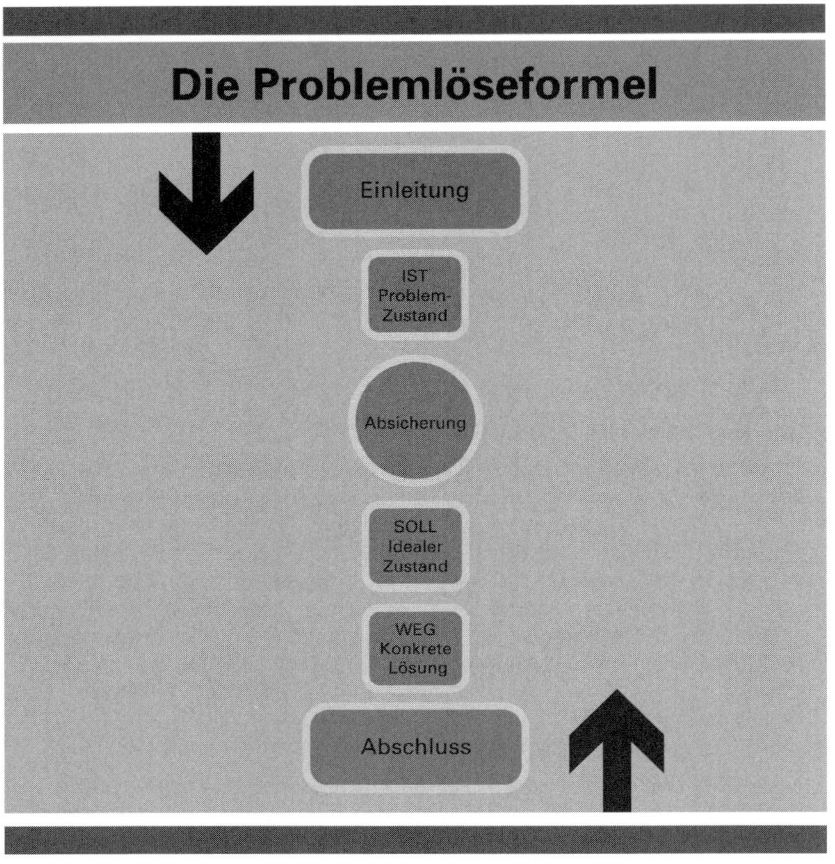

Abbildung 7:
Vertikale Phasen der Problemlöseformel

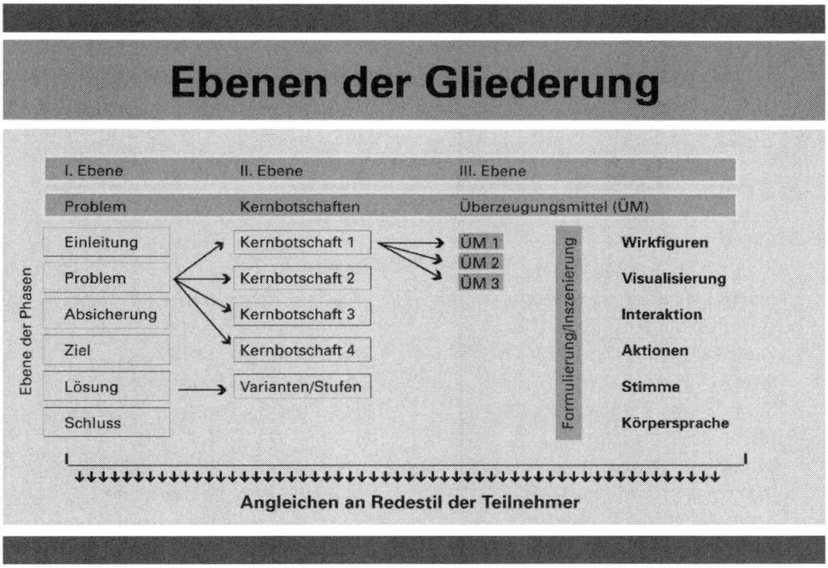

Abbildung 8:
Horizontale Ebenen der Problemlöseformel

3. Die richtige Emotion treffen

Kernbotschaften denkstilgerecht auswählen

Bevor ein Klavierspieler die Tasten vollendet zum Klingen bringt, muss er zuerst die richtige Taste treffen. So ist es auch in der Präsentation. Finden Sie zuerst heraus, welches die eine emotionale Taste ist, auf die Ihr Teilnehmer überhaupt reagiert. Das ist dann Ihre Kernbotschaft.

Vorteile (Himmel): Wenn Sie meiner Lösung folgen, dann bedeutet das für Sie:

A. Logisch (blau)	D. Experimentell (gelb)
• Gewinnen, erster sein, bester sein, Vorsprung • Status, Privilegien • Effektivität, Schnelligkeit • Gewinn, Rendite, Amortisation • Mehr Ressourcen, höhere Marktchancen, höhere Marktanteile • Ruhm, Stolz, Einfluss, Überlegenheit • Autonomie, Selbstwert, Stärke, Macht, Durchsetzung, Kraft • Professionalität, Perfektion • Klarheit • Präzision • Ziele erreichen, Erfolg • Vernunft • Hohe Wirtschaftlichkeit, hoher Wirkungsgrad, Höchstleistung • Rationalisieren • Höchste Funktionalität • Hightech, High-End	• Freiheit • Selbstverwirklichung • Individualität, Einzigartigkeit • Selbständigkeit • Prestige, Image, Wirkung • Anerkennung, Popularität • Kreativität, Inspiration • Originalität, Extravaganz • Risikofreude, Spontaneität, Rebellion • Abwechslung, Flexibilität, Auswahl, Möglichkeiten, Veränderung • Neues, Aufregendes • Entdecken • Trendsetter, Avantgarde • Spaß, Spiel, Lockerheit, Leichtigkeit • Luxus, Großzügigkeit • Grenzüberschreitung

B. Strukturiert (grün)	C. Gefühlvoll (rot)
• Sicherheit • Stabilität, Zuverlässigkeit, Solidität • Berechenbarkeit, Vorhersagbarkeit • Ordnung, Pünktlichkeit, Planung • Integrität, Anstand, Verantwortung, Pflichtgefühl • Tradition, Konvention • Qualität, Langlebigkeit • Kontrolle, Vorhersagbarkeit • Disziplin, Regeln • System, Methode, Effizienz • Gesundheit, Ergonomie • Sparsamkeit, Askese • Ruhe, Einfachheit, Reduktion • Praxisnähe, Anwendbarkeit • Schutz, Geborgenheit	• Verbundenheit, Beziehung, Dazugehörigkeit • Harmonie, Geborgenheit • Familie, Freundschaft • Gemeinsamkeit, Nähe, Wärme • Bequemlichkeit, Annehmlichkeit Komfort, Entspannung, Erholung • Zufriedenheit, Wohlbefinden • Betreuung, Hilfe, Entlastung, Unterstützung • Anteilnahme, Mitgefühl, Nächstenliebe • Anderen etwas Gutes tun • Gerechtigkeit, Menschlichkeit • Liebe, Sinnlichkeit, Erotik • Romantik, Gefühlstiefe • Schönheit, Poesie, Tiefe • Kultur, Kultiviertheit

Nachteile (Hölle): Wenn Sie meiner Lösung nicht folgen, dann bedeutet das für Sie:

A. Logisch (blau)	D. Experimentell (gelb)
• Verlieren, andere an sich vorbeiziehen sehen, versagen, unterliegen, unbedeutend sein, abhängig sein, machtlos, nachgeben • Umständlich, langatmig, amateurhaft, unprofessionell • Langsam, undurchdacht • Unvernünftig, unlogisch • weniger Gewinn, Verluste, rote Zahlen, keine Rendite, draufzahlen • Marktanteile verlieren • Schwammig, schwach, dumm da stehen • Gefühlsbetont, weitschweifig, weich	• Nicht gut auf andere wirken, schlechtes Image • Gewöhnlich sein, mittelmäßig, in der Masse untergehen • sich langweilen, Monotonie erleben • sich nicht weiterentwickeln, stehen bleiben, unbeweglich • Eingeschränkt werden • Keine strahlende Zukunft haben (keine Vision) • Unästhetisch • Langweilig • Veraltern, erstarren • Einfallslos, beschränkt, banal • Alltäglich, einförmig, durchschnittlich, farblos, althergebracht

B. Strukturiert (grün)	C. Gefühlvoll (rot)
• Unsicher • Unzuverlässig, labil • Unorganisiert, unpünktlich, planlos • Nicht vorhersehbar, chaotisch • Ohne System und Methode • Destabilisiert, gefährlich • Keine Kontrolle • Dilettantisch • Schlechte Qualität • Krankmachend • Vergeudung, Verschwendung • Unpraktisch, theoretisch • Kompliziert, komplex • Abgehoben • Revolutionär, neu, anders • Unbesonnen	• ausgeschlossen sein, nicht dazugehören, keine guten Kontakte haben • nicht verstanden werden • nicht geliebt werden, als Mensch nicht wahrgenommen werden • keine Gefühle empfinden und erhalten • auf Technik und Zahlen reduzieren • Härte, Kälte, Knappheit • harter Wettbewerb • reine Theorie

Inszenieren und demonstrieren Sie Ihre Kernbotschaften

Alle weiteren Vorbereitungs-Schritte (Schritt 4 bis 7) Ihrer Präsentation dienen nur der rhetorischen Bearbeitung Ihrer Kernbotschaften! Alles übrige Material – jedes Wort, jede Folie, jede Geste – gruppiert sich um diese Kernbotschaften herum, um sie zu beweisen, einleuchtend zu machen, zu verdeutlichen und anschaulich hervorzuheben. Ober bildlich gesprochen: Alle weiteren Schritte sollen diese Botschaft so verpacken, dass der Wächter vor dem Großhirn, das Limbische System, sie als relevant empfindet und mit positiven Emotionen etikettiert, sie dadurch ins Großhirn Ihrer Teilnehmer weiterleitet, sie dort zur Kosten-Nutzen-Berechnung freigibt, sie tief im Gedächtnis verankert werden, sodass Ihre Teilnehmer schließlich Ihrem Präsentations-Ziel zustimmen.

Abbildung 9: Die sieben Schritte der Vorbereitung

So fallen unbewusst Entscheidungen – geben Sie die richtigen Antworten

Hier noch ein anderer Kernbotschaften-Generator (erweitert nach Herrmann International Deutschland), diesmal in Frageform aus Sicht Ihrer Teilnehmer. Das sind die Fragen, die sie unbewusst an eine Präsentation stellen. Geben Sie die richtigen Antworten – dann haben Sie die Nase vorne im harten Wettbewerb der Produkte und Ideen:

A. Logisch (blau)	D. Experimentell (gelb)
• Spare ich Zeit? • Spare ich Geld? • Rechnet es sich? • Bringt es Vorsprung durch Technologie? • Was leistet es? • Welche Zahlen/Fakten gibt es? • Hilft es mir, meine Ziele zu erreichen? • Stimmen Preis-Leistung?	• Fasziniert es mich? • Inspiriert mich das Ganze? • Bringt es mich weiter? • Hilft es mir, mein Leben spannend und aufregend zu gestalten? • Kann ich mich von der Masse abheben? • Kann ich damit etwas Besonderes sein? • Macht es Spaß?
B. Strukturiert (grün)	**C. Gefühlvoll (rot)**
• Hat es eine gute Qualität? • Hilft es mir zu sparen? • Wie falle ich nicht auf? • Reduziert es mein Risiko? • Habe ich die Kontrolle? • Läuft alles nach Plan? • Wie ist das Timing? • Ist es bewährt? • Ist es einfach und praktisch?	• Gefällt es mir? • Habe ich ein gutes Gefühl? • Wie wirkt es sich auf mein Umfeld aus? • Was werden andere dazu sagen? • Macht es mich anziehend? • Hilft es mir, Verbundenheit und Liebe zu bekommen? • Wie kann ich anderen etwas Gutes tun? • Ist es bequem und einfach?

Übung:

Beantworten Sie jetzt gleich die oben genannten Fragen. Die Überzeugungskraft Ihrer Präsentation steigt garantiert!
(Wichtig für den logischen Stil: Geben Sie genaue Zahlen und Kalkulationen an.)

A. Logisch (blau)	**D. Experimentell (gelb)**
B. Strukturiert (grün)	**C. Gefühlvoll (rot)**

4. Zuerst analysieren und dann erst Konsequenzen aufzeigen

Jede Präsentation enthält auch sachliche und informierende Anteile. Doch diese sind nur das Substrat, aus dem Sie Ihre Kernbotschaften ableiten! Deshalb haben sie ihren Ort in der Problemlöseformel immer **in der Nähe** der Kernbotschaften (Hölle und Himmel). Achtung: es handelt sich nicht um Ihre Lösung! Die verraten Sie erst zum Schluss.

Sie informieren sachlich über die Entwicklung am Markt – um dann zu zeigen, wie Ihr Kunde seinen schärfsten Wettbewerber hinter sich lassen kann.

Sie informieren sachlich über die Veränderung einer globalisierten Arbeitswelt – um dann zu zeigen, wie Ihre Zuhörer die Herausforderungen sicher meistern.

Sie analysieren sachlich das Problem – und leiten dann die Konsequenzen ab.

Sie präsentieren sachlich eine Marktanalyse – und leiten dann die Konsequenzen ab.

Sie halten einen wissenschaftlichen Mini-Vortrag über die Arbeitsweise des menschlichen Gehirns, um dann vor einem gemischten Publikum zu zeigen, dass man heute Kunden emotionalen Mehrwert bieten muss, um:
- *gute Gewinne zu machen,*
- *sicher in die Zukunft zu gehen,*
- *glückliche Kunden zu haben,*
- *zu den Trendsettern zu gehören.*

Achten Sie auch in den analytischen und sachlichen Teilen Ihrer Präsentation darauf, verständlich und anschaulich zu präsentieren. Lesen Sie hierzu das Kapitel 6 über Redestrukturen durch. Die antike Rhetorik gibt Präsentierenden folgende Tipps: Informieren Sie wie ein Anwalt – nicht wie ein neutraler Zeuge: Zeigen Sie nur das, was Ihnen nützt; verweilen Sie an nützlichen Stellen länger.

Profi-Tipp: Amplificatio
Ein grundlegendes rhetorisches Prinzip lautet: Mach das dir Nützliche groß und verkleinere oder vernachlässige das dich Schädigende. Ein Beispiel: Die Gewinne gehen hoch – Sie zeigen eine große, leuchtende, bunte Grafik. Sie verweilen und malen aus. Die Gewinne gehen runter: keine Grafik; kurze Präsentation.

Es ist nicht Ihre Aufgabe auf Schwachstellen hinzuweisen. Denken Sie immer daran: In einer Demokratie ist die Gegenrede das Korrektiv und in der freien Marktwirtschaft der Wettbewerber oder die Fähigkeit zum kritischen Nachfragen Ihrer Teilnehmer.

Je kritischer und gebildeter ein Teilnehmerkreis, umso mehr Informationen, Analyse und Wissenschaft brauchen Sie. Doch wenn Sie auch dieses Publikum überzeugen und nicht nur informieren möchten, sollten Sie die negativen und positiven Konsequenzen nicht auslassen. Das gilt auch für Fachpublikum. In diesem, und nur in diesem Fall, können Sie Insiderjargon einsetzen und mit Fachtermini und Expertenwissen glänzen!
An Universitäten ist es verpönt mit Himmel und Hölle zu arbeiten – auf dem freien Markt ist es der sichere Untergang, es nicht zu tun!

5. Überzeugen mit negativen Konsequenzen

Malen Sie die Hölle an die Wand

Die „Denk-Positiv-Welle" hat dazu geführt, dass die meisten Präsentierenden meinen, sie dürfen nur Vorteile aufzählen. Das stimmt auch – denn Nachteile aufzählen ist nicht zielführend. Was jedoch verwechselt wird sind: Nachteile am eigenen Thema und die Nachteile, die Ihre Teilnehmer haben, wenn Sie nicht tun, was Sie Ihnen empfehlen. Und das ist ein großer Unterschied.

Somit geben die meisten Präsentierenden eines der wirksamsten Überzeugungsmittel aus der Hand: die Hölle! Psychologen haben herausgefunden, dass die Motivationskraft aus Angst, etwas zu verlieren bei vielen Menschen größer ist, als die Motivationskraft aus der Hoffnung, etwas zu gewinnen.

Ein Beispiel

Wer dieses System benutzt, gewinnt laut Studie des Automobilverbandes bis zu 20 Prozent Marktanteile.

Wer dieses System nicht benutzt, verliert laut Studie des Automobilverbandes bis zu 20 Prozent Marktanteile.

Welcher Satz würde Sie zum Handeln bewegen? Wenn Sie zielorientiert sind und den ersten Satz motivierend finden, dann machen Sie sich bewusst, dass sehr viele Menschen anders gestrickt sind. Weil die Menschen unterschiedlich sind, motiviert der erfahrene Präsentierende immer in beide Richtungen.

Trauen Sie sich, Ihre Zuhörer mit einer höllischen Hölle wachzurütteln. Malen Sie den Teufel an die Wand. Es geht an dieser Stelle darum, Emotionen zu erzeugen, nämlich Angst und Furcht. Es ist hier sehr wichtig, denkstilgerecht vorzugehen. Deshalb wird im Folgenden auch ein Beispiel (gehirntypgerechter Kundenservice) in alle vier Sprachen des Gehirns übersetzt. Danach wird erläutert, welche denkstilgerechte Form und Inszenierung gewählt wurde. Es sind vor allem die rhetorischen Wirkfiguren, die diese Funktion übernehmen.

Profi-Technik: rhetorischen Wirkfiguren

Im Kapitel 7 über die rhetorischen Wirkfiguren finden Sie die genaue Erläuterung der weiter unten genannten Techniken – und noch viele weitere, wirkungsvolle Sprachmuster.

Inszenierung einer Hölle-Kernbotschaft für logische Teilnehmer:

Beispiel mit Hölle-Kernbotschaft: Umsatz sinkt

Nach diesem kurzen, wissenschaftlichen Einblick in die Funktionsweise des menschlichen Gehirns ist klar: Anbieter, die ihren Kunden keinen Mehrwert bieten, verlieren Marktanteile. Zuerst werden die Kunden schwierig. Sie sind kritisch, zahlen nicht mehr pünktlich ihre Rechnungen oder feilschen um hohe Rabatte. Der Umsatz sinkt. Deshalb muss gespart werden, es gibt kein Geld für Innovations-, Service- und Qualitätsoffensive. Eine negative Spirale setzt sich in Gang. Der Umsatz sinkt weiter. Und irgendwann kommen immer weniger Kunden. Sie wechseln zu einem Mitbewerber, der es besser versteht, ihnen den passenden gehirntypgerechten Mehrwert zu bieten. Oder sie gehen zu einem Billiganbieter. Denn wenn sie schon keinen Mehrwert bekommen – warum sollen sie dann einen höheren Preis zahlen? Der Umsatz sinkt weiter und weiter.

Denkstilgerechte Inszenierung: *Logik-Kette, PowerPoint-Chart mit einem schrittweise animierten Teufelskreis.*

Rhetorische Wirkfiguren: Wiederholungsfigur *mit* ***Anti-Klimax*** *(negative Steigerung): Der Umsatz sinkt. Der Umsatz sinkt weiter. Der Umsatz sinkt weiter und weiter;* ***Dreierstruktur*** *mit* ***Klimax (Steigerung):*** *1. Sie sind kritisch … 2. Kein Geld für … 3. Immer weniger Kunden …*

Hölleworte für den logische Denkstil: *verlieren, zahlen nicht, hohe Rabatte geben, immer weniger, sinken*

Inszenierung einer Hölle-Kernbotschaft für strukturierte Teilnehmer:

Beispiel mit Kernbotschaft: Keine Sicherheit
Nachdem wir nun Schritt für Schritt die Arbeitsweise des menschlichen Gehirns geklärt haben, ist sicher: Anbieter, die ihren Kunden keinen typgerechten Mehrwert bietet wird es in Zukunft nicht mehr geben. Wir leben in einer Zeit mit dramatischen Veränderungen und Geschwindigkeiten. Zu hart sind die heutigen Marktbedingungen. Internetshops, Billiganbieter und globalisierte Märkte üben Druck auf den Einzelhandel aus. Der Kunde von heute ist informiert, selbstbewusst und in latenter Wechselstimmung. Der Wettbewerber ist nicht mehr der nächste Laden um die Ecke – er ist heute unsichtbar, amorph und unkontrollierbar.

Denkstilgerechte Inszenierung: *Bedrückende PowerPoint-Folie mit drei dunklen, senkrechten Pfeilen für die Ursachen, die auf einem Händler lasten. Foto mit bedrücktem Händler.*

***Rhetorische Wirkfiguren: Dreierstruktur** im Inhalt – Drei Ursachen – eine Folge (Druck); **Dreierstruktur** mit **Klimax** (Steigerung) in den Formulierungen (zum Beispiel unsichtbar, amorph und unkontrollierbar);*

***Hölleworte für den strukturierten Denkstil:** dramatisch, Veränderungen und Geschwindigkeiten, unkontrollierbar, unsichtbar, amorph*

Inszenierung einer Hölle-Kernbotschaft für gefühlvolle Teilnehmer:

Beispiel mit Kernbotschaft: Kunden wenden sich ab.
Nachdem wir nun gemeinsam erlebt haben, was in unseren Gehirnen und in denen der Kunden so alles geschieht, können wir davon ausgehen: Wer seinen Kunden keinen emotionalen Mehrwert bietet, wird bald von ihnen gemieden. Gehen Sie mal durch irgendeine beliebige Fußgängerzone in Deutschland. Und suchen Sie sich die Läden aus, die lange Zeit kein Kunde betritt. Schauen Sie in die Gesichter dieser Ladenbesitzer und Verkäufer. Was geht in ihnen wohl vor, wenn sie warten und keiner kommt? Wie fühlen sie sich, wenn sie sehen, wie ehemalige Kunden mit abgewandtem Blick vorbeigehen? Wie würde es Ihnen gehen, wenn Sie dort sitzen würden?

***Denkstilgerechte Inszenierung:** gefühlvolle Körpersprache und Stimme; wirkungsvolles Erzählen.*

***Rhetorische Wirkfiguren: rhetorische Fragen:** Was geht in ihnen wohl vor, wenn sie warten und keiner kommt? Wie fühlen sie sich, wenn sie sehen, wie ehemalige Kunden mit abgewandtem Blick vorbei gehen? Wie würde es Ihnen gehen, wenn Sie dort sitzen würden?; **Parallelismus** (Gleicher Satzbau – unterschiedlicher Inhalt, wirkt ordnend): Was geht in ihnen wohl vor, wenn sie warten und keiner kommt? Wie fühlen sie sich, wenn sie sehen, wie ehemalige Kunden mit abgewandtem Blick vorbeigehen?) **Kinästhetische Sprache** (Fühlworte): erleben, geschehen, meiden, fühlen;*

***Hölleworte für gefühlvollen Denkstil:** gemieden; abgewandter Blick; vorbeigehen*

Inszenierung einer Hölle-Kernbotschaft für experimentelle Teilnehmer

Kernbotschaft: Schlusslicht
Nach dieser Übersicht über die bemerkenswerten und spannenden Antworten der Gehirnforscher ist klar: Wer seinen Kunden keinen emotionalen Mehrwert bietet, gehört bald zu den Dinosauriern der Konsumwelt: heute nur starr und unflexibel – morgen schon überholt und veraltet – und übermorgen ausgestorben. Gehen Sie einmal im Geiste durch die Fußgängerzone Ihrer Stadt, und suchen Sie gezielt nach solchen Dinosauriern. Woran man diese erkennen kann? An ihrer dunklen und engen Architektur, an gelangweilten Verkäufern mit ihren „Kann ich Ihnen helfen?-Standardfloskeln" und an den mittelmäßigen, gewöhnlichen Produkten.

Denkstilgerechte Inszenierung: *Ironiesignale in Mimik und Stimme; humorvoll mit Augenzwinkern; szenisches Spielen der gelangweilten Verkäufer.*

Rhetorische Wirkfiguren: Ironie, Übertreibung, Metapher: *Dinosaurier der Konsumwelt: heute nur starr und unflexibel – morgen schon überholt und veraltet – und übermorgen ausgestorben.* ***Dreierstruktur*** *mit* ***Klimax (Steigerung):*** *heute – morgen – übermorgen;*

Hölleworte für Experimentelle: *dunkel, eng, gelangweilt, Standard, Floskeln, mittelmäßig, gewöhnlich*

Die mathematische Hölle – oder die Kraft der Verschwendung

Wenn die Hölle Ihr Überzeugungsmotor ist, dann ist die mathematische Hölle der Turbolader. Hier rechnen Sie Ihren Teilnehmern aufs Komma genau aus, wie viel sie an Zeit, Geld, Energie und anderen wichtigen Ressourcen verschwenden. Dabei gilt auch hier: Neben den Grundrechenarten und ein paar mathematischen Gesetzen brauchen Sie vor allem eines: eine wirkungsvolle Dramaturgie. Denn wenn zum Schluss die höllische Zahl (natürlich hochgerechnet aufs ganze Jahr oder gar die gesamte Lebensdauer) drohend am Flipchart steht – dann sollte eines in den Köpfen Ihrer Teilnehmer ganz klar sein: *„So kann und darf es nicht weitergehen!"* Ein Trost für alle, die in Mathematik schlecht waren: Es ist gar nicht so schwer eine mathematische Hölle zu berechnen!

Info-Box: Ergänzendes aufeinander zugehen

Lassen Sie sich, wenn Sie kein Zahlenmensch sind, von Zahlenmenschen helfen. Helfen Sie diesen dafür mit Ihren Stärken. Das nennt sich dann „ergänzendes Aufeinander zugehen". Jetzt folgt eine schöne Zahlenhölle: Unternehmen, die diese Art der Zusammenarbeit nicht praktizieren, haben ein um 347 Prozent schlechteres Betriebsergebnis als die Unternehmen, die genau so miteinander arbeiten. Das belegt eine Kienbaumstudie, die sieben Jahre 473 Manager begleitet hat und den Erfolg anhand sieben wichtiger betrieblicher Kennzahlen gemessen hat. (Kennzahlen: ROI, Umsatzrendite vor Steuer; LIQ dynamischer Entschuldungsgrad, Break-even aller Innovationen, Anteil neuer Produkte, Umsatzrendite, Anzahl Flops; errechnet wurde der Mittelwert von sieben Jahren). Ein beeindruckendes Zahlenargument für den Sinn von Diversity-Management mit dem Limbischen Kommunikationsmodell in der Wirtschaft.

Quelle. Rolf Berth: Erfolg, Econ-Verlag

Wenn Sie das mathematisch-rhetorische Rechnen gut beherrschen, haben Sie vor allem in Business-Präsentationen die Nase vorne. Denn Manager entscheiden oft aufgrund von Zahlen und Ressourcen-Einsparung. Diese Methode können Sie in Abwandlung auf alle messbaren Kernbotschaften anwenden. Suchen Sie nach messbaren Kriterien auch dort, wo es sich scheinbar um nicht messbare Kriterien handelt.

Sie brauchen:

- eine Stoppuhr
- einen Taschenrechner
- den Durchschnitts-Stundenlohn
- ein Flipchart
- Flipchartstifte

Vorgehen: Das Vorgehen ist einfach. Nehmen wir an, Ihre Kernbotschaft lautet: *Mit dem alten Formular verschwenden wir Zeit, Geld und Mitarbeiterressourcen.* Ihr Ziel ist es, das neue Formular (oder eine neue Methode oder was auch immer) bei Ihren Vorgesetzten durchzusetzen.

1. Stoppen Sie die Zeit, die ein Mitarbeiter für den Vorgang mit dem alten Formular braucht. Schreiben Sie sie auf die Sekunde genau auf.

2. Stoppen Sie die Zeit, die derselbe Mitarbeiter für den gleichen Vorgang mit dem neuen Formular braucht. Schreiben Sie auch diese sehr genau auf.
3. Subtrahieren Sie von der ersten Zeit die zweite, dann haben Sie den Zeitgewinn mit dem neuen Formular (= Himmel). Da wir jedoch die Hölle darstellen wollen, drehen Sie das Vorzeichen um und Sie haben die Zeitverschwendung mit dem alten Formular pro Vorgang.
4. Zählen Sie, wie oft so ein Vorgang pro Stunde vorkommt.
5. Zählen Sie die Anzahl der Mitarbeiter, bei denen dieser Vorgang vorkommt.
6. Multiplizieren Sie nun die Anzahl der Vorgänge pro Stunde mit der Anzahl der Mitarbeiter. Dann haben Sie die absolute Anzahl der Vorgänge in dieser Abteilung pro Stunde.
7. Multiplizieren Sie diese absolute Zahl mit der Zeitverschwendung pro einzelnem Vorgang. Dann haben Sie die absolute Zeitverschwendung pro Stunde.
8. Jetzt kommt die Rhetorik ins Spiel: Rechnen Sie die Zahl hoch – zum Beispiel auf den Tag oder auf das Jahr. Dann haben Sie die **absolute Zeitverschwendung pro rhetorischer Zeiteinheit.**
9. Nun rechnen Sie diese Zahl in Euro um, das wirkt am besten: Multiplizieren Sie die absolute Zeitverschwendung pro Jahr mit dem durchschnittlichen Stundenlohn – dann haben Sie eine **genaue Zahl für die Geldverschwendung pro rhetorischer Zeiteinheit.**
10. Verraten Sie die beiden Zahlen nicht sofort. Skizzieren Sie kurz und mündlich, aber logisch nachvollziehbar, Ihren Rechenweg.
11. Verraten Sie die Lösung nicht, sondern fragen Sie Ihre Teilnehmer: *„Was schätzen Sie – wie viele Stunden verschwenden wir?“* Loben Sie auch falsche Antworten. *„Sehr gut. Fast richtig. Gehen Sie ruhig höher …“*. Da Menschen Quiz lieben, beteiligen sich bald alle lebhaft. Wenn die richtige Zahl fällt – loben Sie den Ratefuchs ausgiebig und wiederholen Sie dann noch einmal laut und eindringlich die Zahl. Schauen Sie dabei Ihre Teilnehmer an: *„Ja, Sie haben richtig gehört. Wir verschwenden drei-hundert-fünfund-achtzig Stunden für sinnlose Aktivitäten!“* (lange Wirkpause)
12. Schreiben Sie diese Zahl groß auf das Flipchart. Schreiben Sie darüber: *Verschwendung.*

13. Fragen Sie nun Ihre Teilnehmer: *„Lassen Sie uns das mit dem durchschnittlichen Lohn der Mitarbeiter verrechnen. Wie hoch ist der Ihrer Einschätzung nach?“* (Bei Facharbeitern meist ein Wert um die 80 Euro).
14. Multiplizieren Sie nun die beiden Zahlen. Sie können ruhig einen Taschenrechner benutzen. Das wirkt spontan.
15. Unterstreichen Sie diese Euro-Zahl dick und fett (**30.800 Euro** in unserem Fall). Die Erfahrung zeigt, dass fast immer stolze Summen zusammenkommen. Wenn nicht, dann lassen Sie die mathematische Hölle sein und wählen ein anderes Überzeugungsmittel.
16. Wiederholen Sie diese Zahl noch einmal mit eindringlichem Blickkontakt: *„Wir werfen Jahr um Jahr (Pause) dreißigtausend (Pause) acht hundert Euro zum Fenster heraus.“* (lange Wirkpause).

Der Teufelskreis und andere Schreckensbilder

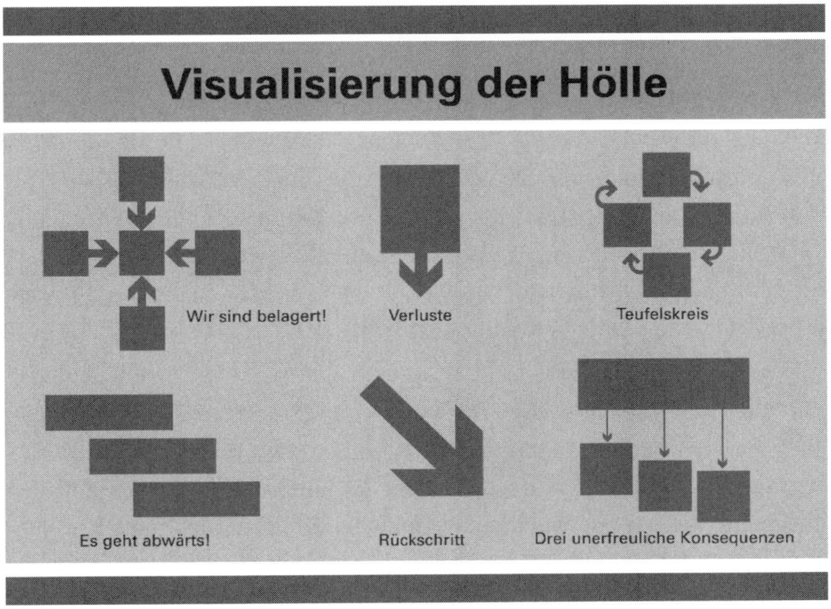

Abbildung 10:
Visualisierung der Hölle

Wenn Sie Visualisierungen in dieser Phase einsetzen, dann natürlich nur solche, die auf einen Blick Furcht und Schrecken auslösen. Optimal ist eine schrittweise Animation der einzelnen Bausteine. Stellen Sie nur ganz wenig Text auf die Folie. Sprechen Sie lieber eindringlich und mit Blickkontakt, schauen Sie besorgt. Das ist viel wirkungsvoller als eine überladene Folie! Sie können auch Hölle-Analogien finden und visualisieren.

Einige Beispiele:
- *Verwelkte Pflanzen – für demotivierte Mitarbeiter*
- *Crash zweier Autos – für Konflikte*
- *Ein liegen gebliebenes Auto am Straßenrand – für betriebliche Pannen*
- *Ein liegen gebliebenes teures Auto am Straßenrand, ein billiges Auto überholt schadenfroh – für das Zurückfallen eines Marktführers; überholt werden; die Kleinen fressen die Großen*

6. Überzeugen mit positiven Konsequenzen

Nutzen Sie die Magnetkraft von himmlischen Zielen

Nach der Hölle folgt immer und zwingend der Himmel! Denn jetzt wechseln Sie auf der Klaviatur der Emotionen ins Hoffnungsvolle. Sie machen Hoffnung auf satte Gewinne, auf eine sichere Zukunft, schöne Gefühle und ein spannendes Leben. Auch hier inszenieren Sie lieber ein einzelnes passendes Argument, als mit Textsplittern und Gießkanne in endlosen PowerPoint-Schlachten Vorteile sinnlos aufzuzählen!

In meinen Präsentationskursen erlebe ich immer wieder, dass es Menschen gibt, die versuchen, nur mit Problemen zu überzeugen. Das sind meist Mitarbeiter, die vor ihren Vorgesetzten oder der Geschäftsleitung präsentieren und mehr Ressourcen möchten. Unter dem Eindruck der täglichen Probleme und weil sie sich ja eine Problemlösung erhoffen, vergessen sie die Vorteile für die Geschäftsleitung überzeugend darzulegen. Dabei sind die Top-Manager oft nur über Ziele zu erreichen – vielen ist eine Problem-Motivation fremd! Hier scheitern so viele Präsentationen. Das Ergebnis sind auf der einen Seite frustrierte Mitarbeiter, die sich schon wieder von der Geschäftsleitung im Stich gelassen fühlen und auf der anderen Seite eine enttäuschte Geschäftsleitung, die sich fragt, ob sie nur problemorientierte Versager um sich hat. Sie empfinden solche Problem-Präsentationen als „Gejammer". Umgekehrt gilt für das Top-Management: Mit Ihrer Zielorientierung erreichen Sie die Mitarbeiter oft nicht. Sprechen Sie nicht nur über das „Was" sondern auch über das „Wie" von Zielen. Das sind dann zwar nicht mehr nur strahlende Visionen und abstrakte Zahlen, sondern auch der (oft mühsame) Weg dorthin. Der Vorteil: Sie werden verstanden und von Ihren Mitarbeitern respektiert.

Nach der Hölle folgt also zwingend der Himmel. Es gibt in der Problemlöseformel noch einen Zwischenschritt: die Absicherung beziehungsweise Vergewisserung. Hier fragen Sie explizit danach, ob Ihre Hölle auch die Hölle Ihrer Teilnehmer ist. Dieser Schritt ist sehr wichtig – denn nur, wenn Sie hier ein klares „Ja" als Antwort erhalten, kann Ihre Lösung greifen! Und nur dann erreichen Sie Ihr Ziel. Die Probleme der Teilnehmer empathisch zu erkennen und auszusprechen, ist unerlässlich im Überzeugungsprozess.
Hier einige Formulierungshilfen für diesen Zwischenschritt. Die offenen Fragen, (W-Wort-Fragen) können Sie auch interaktiv stellen, das bedeutet, es folgt jetzt ein Gedankenaustausch. Bei den geschlossenen Fragen (Verb-Fragen) schauen Sie abwartend in die Runde und holen sich das „Ja" ab. Das kann auch nur durch Nicken geschehen. Bei einem „Nein" empfehle ich Ihnen, mutig in die Interaktion zu gehen und zu fragen: „Welches sind Ihre Erfahrungen?"

A. Logisch (blau)	D. Experimentell (gelb)
• Beurteilen Sie die Situation ebenso? • Wie beurteilen Sie die Situation? (interaktiv) • Stimmen unsere Analysen überein? • Wie analysieren Sie die Situation? (interaktiv)	• Sehen Sie das auch so? • Wie sehen Sie die Lage? (interaktiv) • Teilen Sie diese Ansicht?

B. Strukturiert (grün)	C. Gefühlvoll (rot)
• Sind das auch Ihre Erfahrungen? • Welche Erfahrungen machen Sie? (interaktiv) • Ordnen Sie das auch so ein? • Wie ordnen Sie die Situation ein? (interaktiv)	• Erleben Sie das auch so? • Wie erleben Sie die Situation? (interaktiv) • Haben Sie das gleiche Gefühl? • Haben Sie auch kein gutes Gefühl dabei?

Profi-Tipp: Die Kontrollfrage als Vorvertrag

Der erfahrene Präsentierende vergewissert sich immer wieder bei seinen Zuhörern, ob er noch auf Kurs ist. Er stellt immer wieder Kontrollfragen *(„Ist das o. k. für Sie?" „Stimmen Sie dieser Prämisse zu?" „Ist das auch Ihre Erfahrung?")*. Und er beobachtet die Körpersprache. Sie sind dann auf Kurs, wenn die Teilnehmer mit ihrem Körper Aufmerksamkeit und Zustimmung ausdrücken. Das heißt: offene Körperhaltung, interessierter und wohlwollender Gesichtsausdruck, nicken, lächeln, mitschwingen. Ein gutes Zeichen ist es auch, wenn die ganze Gruppe eine ähnliche Körperhaltung hat – denn Gruppen von Menschen, die sich verstehen, gleichen sich in der Körpersprache aneinander an.

Nachdem Sie sich vergewissert haben und das erste große „Ja" den ersten Zwischenvertrag abgeholt hat – wechseln Sie zum „Himmel" – also zum Soll-Zustand. Denn jetzt geht es nicht mehr um Probleme – jetzt geht es um Visionen. Ihr Blick ist leuchtend, Ihre Stimme begeistert. Wenn Sie nicht an die Vorteile Ihrer Sache glauben – wer dann? Wie mit einem Dimmer mäßigen Sie vor logischen und strukturierten Zuhörern Ihre Begeisterung etwas und drehen vor gefühlvoll-experimentellen Teilnehmern etwas auf. Das Ziel dieser Phase ist es, dass die Teilnehmer zum Schluss folgende Gedanken haben: *„Das möchte ich unbedingt auch erreichen!" „Da möchte ich hin!" „Das wünsche ich mir auch!" „Das will ich haben!"* Außerdem sollten ihre Teilnehmer jetzt richtig gespannt darauf sein, wie Sie diesen angestrebten Zustand erreichen. Und das „Wie komme ich dahin?“ ist dann Ihre Lösung, also die nächste Phase der Problemlöseformel. Wie Sie die wirkungsvoll präsentieren, darum geht es im nächsten Kapitel. Wie sollte also ein Himmel formuliert und inszeniert werden, dass er magnetische Kraft auf die Teilnehmer ausübt? Hier das gleiche Beispiel wie bei der „Hölle“, auch wieder ausdifferenziert auf die Denkstile:

Inszenierung einer Himmel-Kernbotschaft für logische Teilnehmer:

Kernbotschaft: Zu den Gewinnern gehören
Sie haben meiner Analyse zugestimmt: Nur wer seinen Kunden Mehrwert, bietet kann seine Preise halten und lukrative Gewinnspannen erwirtschaften. Nur wer seinen Kunden Mehrwert bietet, kann die anspruchsvollen Premium-Kunden für sich gewinnen. Im Service und im Verkauf sind es oft die kleinen Gesten, die sich nachhaltig rechnen. Der bekannte amerikanische Konsumforscher Paco Underhill untersuchte, warum, wann und wie Kunden mehr kaufen. Mit Stoppuhr, Videokamera und wissenschaftlichen Methoden analysierte er das Verhalten der Konsumenten. Bemerkenswertes Ergebnis: Schon allein der freundliche Kontakt eines Verkäufers zu einem Kunden erhöht die Wahrscheinlichkeit das ein Verkauf getätigt wird um 50 Prozent. Einladende Umkleidekabinen erhöhen die Chance um 100 Prozent. Mit minimalem Einsatz maximale Wirkung erreichen – das kann ein präzises und durchdachtes Kundenservice-Projekt. Wie das aussehen kann … (jetzt würde die Lösung folgen).

Denkstilgerechte Inszenierung: PowerPoint-Chart: Balkendiagramme
Rhetorische Wirkfiguren: Anapher (gleicher Satzanfang, wirkt prägnant): *Nur wer … Nur wer …*; **Alliteration** (Gleicher Anlaut – wirkt plakativ und griffig): *warum, wann und wie …*; **Antithese** (Gegensatz, wirkt logisch): *minimaler Einsatz – maximale Wirkung;*

Himmelworte für den logischen Denkstil: *lukrativ, Premium, gewinnen, wissenschaftlich, analysiert; erhöht um 50 Prozent; erhöht um 100 Prozent; minimaler Einsatz, maximale Wirkung; präzise, durchdacht, Projekt*

Inszenierung einer Himmel-Kernbotschaft für strukturierte Teilnehmer:

Kernbotschaft: Sichere Zukunft durch loyale Kunden
Auch Sie haben die Erfahrung gemacht, dass die Zeiten für den Einzelhandel härter geworden sind. Der Weg in eine sichere Zukunft führt über loyale Kunden, die gerne wiederkommen und Sie weiterempfehlen.
Ich möchte Ihnen ein Beispiel aus meiner Erfahrung erzählen. Ein traditionsreiches Möbelhaus, dass wir seit zwei Jahren beraten, sichert sich heute loyale Kunden dadurch, dass es neben den erwarteten Service-Standards wie höfliche und kompetente Beratung, pünktliche Lieferung usw. emotionalen Mehrwert bietet. Das Möbelhaus arbeitet mit einer Innenarchitektin zusammen, die die Kunden berät; in virtuellen 3D-Animationen können die Kunden die künftige Einrichtung testen, um sich beim Kauf ganz sicher zu sein; die Kunden können die Möbel entweder selbst abholen und Geld sparen oder den Aufbauservice eines Schreinermeisters nutzen. Wenn die Monteure die Wohnung nach einer Küchenmontage verlassen – dann glänzt die Küche vor Sauberkeit. Einen Monat nach Fertigstellung erhalten die Kunden einen Brief vom Inhaber mit einem passenden Geschenk, zum Beispiel ein Kochbuch oder einem hochwertiger Kochkurs. Trotz harter Konkurrenz vor Ort, trotz Internet und trotz Billiganbieter – dieses Möbelhaus hat loyale Kunden und schaut dank unseres Beratungskonzepts und unserer gemeinsamen Arbeit einer sicheren Zukunft entgegen. Wie so ein Beratungskonzept genau aussieht … (jetzt folgt die Lösung).

Denkstilgerechte Inszenierung: PowerPoint-Vortrag mit Foto-Charts, die jeweils die einzelnen Service-Ideen illustrieren, zum Beispiel: Innenarchitektin vor Bildschirm mit einem Ehepaar;

Rhetorische Wirkfiguren: konkrete Beispiele, Referenz-Geschichte (eine Referenz belegt: *Es hat schon einmal gut funktioniert und gibt so Sicherheit*) **sehr viele Details, Dreierschritt und Anapher:** *Trotz harter Konkurrenz vor Ort, trotz Internet und trotz Billiganbieter;*

Himmelworte für den strukturierten Denkstil: *sicher, loyal, Erfahrung, traditionsreich, Standards, höflich, pünktlich, testen; sich ganz sicher sein, Geld sparen, Schreinermeister, vorausschauend informieren, Sauberkeit*

Inszenierung einer Himmel-Kernbotschaft für gefühlvolle Teilnehmer:

Kernbotschaft: Zufriedenheit durch glückliche Kunden
Wir haben gerade gemeinsam festgestellt, dass wir uns so nie fühlen möchten. Sie sagten gerade, wie wichtig es für Sie ist, Erfüllung in der Arbeit zu finden und Ihre Kunden glücklich zu machen. Wir alle sind ja immer auch gleichzeitig Kunde. Wo gehen Sie gerne hin, wo kaufen Sie gerne ein, und was empfehlen Sie gerne weiter?

Interaktion: Hier Präsentation für den Dialog öffnen. Teilnehmer erzählen lassen.

Sie sehen, jeder von Ihnen legt auf etwas ganz anders Wert. Jeder versteht etwas anderes unter „gutem Service“. Wenn Sie es schaffen, jeden Kunden auf die Art und Weise glücklich zu machen, wie er es sich wünscht, dann sind Sie Meister der Kundenbeglückung. Dann kommen alle gerne, und Ihr Geschäft ist voll mit zufriedenen und dankbaren Kunden!

Denkstilgerechte Inszenierung: Interaktion, zwangloses Gespräch der Teilnehmer auch untereinander.

Rhetorische Wirkfiguren: Anapher (Wiederholung am Anfang): *Wo gehen Sie …? Wo kaufen Sie …?*

Himmelworte für Gefühlvolle: *zufrieden, glücklich, gemeinsam, wir, fühlen, wohlfühlen, Erfüllung, gerne, jeder, verstehen, gut, freundlich, Kundenbeglücker, dankbar*

Inszenierung einer Himmel-Kernbotschaft für experimentelle Teilnehmer:

Kernbotschaft: Spannung und Sensation
Sie alle wollen nicht zu den Dinosauriern der Kosumwelt gehören – soweit Ihre Aussage im vorherigen, sehr spannenden Gespräch, in dem Sie schon so viele geniale Ideen eingebracht haben. Gratulation. Denn Ihr Ideenreichtum und Ihre Kreativität zeichnen Sie aus. Wer mit frischen Ideen seine Kunden verblüfft, wer immer wieder noch ein Kundenbeglückungs-Ass aus dem Ärmel ziehen kann – dem gehört langfristig die Zukunft des Konsums. Lassen Sie uns einmal einen Blick in die Zukunft werfen. Was, glauben Sie, bieten inspirierende und herausragende Unternehmen ihren Kunden im Jahr 2030?

Interaktion: Präsentation als freies Brainstorming. Die Stimmung sollte inspirierend und ausgesprochen gut sein.

Sehen Sie, wie unendlich viele geniale Ideen in Ihnen stecken, die nur auf die Umsetzung warten. Sich auf den Weg machen, während andere noch schlafen … Das ist der entscheidende Punkt. Wie dieser Weg genau aussehen kann, das zeigen wir Ihnen jetzt (jetzt folgt die Lösung: Limbischer Kundenservice)

Denkstilgerechte Inszenierung: Kundenbeglückungs-Ass als **materialisierte Metapher** wirklich aus dem Ärmel ziehen; jedem Teilnehmer ein Ass als **Gedächtnisanker** schenken; **Interaktion:** freies Brainstorming in ausgelassener Stimmung.

Rhetorische Wirkfiguren: Materialisierte Metapher: *Kundenbeglückungs-Ass aus dem Ärmel ziehen;* **Metaphern:** *Dinosaurier der Konsumwelt; Kundenbeglückungs-Ass;* **Anapher** (Wiederholung am Anfang): *Wer mit …, wer mit …* **Antithese** (Gegensätze): *Sich auf den Weg machen, während andere noch schlafen;*

Himmelworte für den experimentellen Denkstil: *spannend, geniale Ideen; Gratulation!, Ideenreichtum, Kreativität; auszeichnen; frische Ideen; verblüffen, langfristig; Zukunft, Konsum, inspirierend, herausragend*

Profi-Techniken: Gehirntypgerechte Rhetorik

Wenn Sie sich nicht sicher sind, wie man eine Kernbotschaft denkstilgerecht inszeniert, dann holen Sie sich Inspirationen aus den folgenden Kapiteln:

- 5. Kapitel: 88 optimale Überzeugungsmittel für jeden Denkstil
- 7.Kapitel: 30 rhetorische Wirkfiguren
- 8. Kapitel: Limbisches Wörterbuch
- 12. Kapitel: Die wirkungsvollsten Visualisierungen für jeden Denkstil

Der mathematische Himmel – oder die Kraft des Gewinns

Der mathematische Himmel funktioniert gleich wie die mathematische Hölle. Nur berechnen Sie jetzt den Gewinn statt der Verschwendung. Lesen Sie sich die mathematische Hölle noch einmal durch. Bei Punkt 3 berechnen Sie den Zeitgewinn und rechnen dann analog weiter.

Beispiele, was Sie alles himmlisch berechnen können:

- *dass sich eine Maschine praktisch „von selbst bezahlt"*
- *ab wann die Maschine „für Sie arbeitet" und für Ihre Teilnehmer Geld verdient – „Tag für Tag, Woche für Woche, Jahr für Jahr" (diese geniale Formulierung stammt von dem bekannten Rhetoriktrainer Mathias Pöhm)*
- *ab wann und wie viel man mit der Investition in Ihre Lösung verdienen kann – (hochrechnen)*
- *wie viel Zeit genau sich mit Ihrer Lösung einsparen lässt*
- *wie viel Geld genau man mit Ihrer Lösung einsparen kann (hochrechnen)*
- *wie gering die Investition ist (klein rechnen) und wie hoch dagegen der Gewinn (hochrechnen)*

Wichtig: Zum Schluss sollte immer eine stolze Euro-Zahl auf dem Flipchart stehen. Den Rechenweg nennen – aber einfach halten.

Himmlische Visualisierung: Der Engelskreis und andere Motivationsbilder

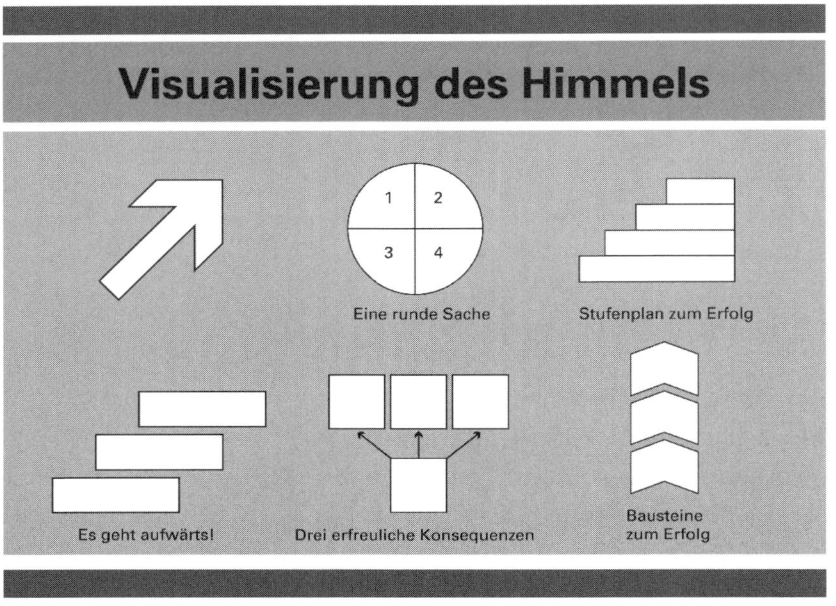

Abbildung 11: Visualisierung des Himmels

Wenn Sie Visualisierungen in der Himmel-Phase einsetzen, dann natürlich nur solche, die auf einen Blick Hoffnung auslösen. Optimal ist auch hier eine schrittweise Animation der einzelnen Bausteine. Stellen Sie auch hier nur ganz wenig Text auf die Folie. Sprechen Sie hoffnungsfroh, schauen Sie begeistert. Finden Sie auch hier **Himmel-Analogien** und visualisieren Sie sie.

Einige Beispiele:

- *Präzises Uhrwerk mit ineinander laufenden Rädchen – für reibungslose Prozesse*
- *einen dicken Fisch an der Angel – für lukrative Geschäfte*
- *ein Auto auf der Überholspur – für Gewinnen, Erster sein, Bester sein*
- *eine liebevolle Mutter, die den Arm um ihr Kind legt – für Geborgenheit, Zuneigung*
- *ein älterer Herr mit seinem Hund (der ihm möglichst noch ähnlich sieht) – humorvoll: für Treue und Loyalität*

Hier ist Raum für Ihre Überlegungen und Notizen:

Unsere tiefgreifendste Angst ist nicht,
dass wir ungenügend sind,
unsere tiefgreifendste Angst ist,
über das Messbare hinaus kraftvoll zu sein.
Es ist unser Licht, nicht unsere Dunkelheit,
die uns am meisten Angst macht.
Wir fragen uns, wer ich bin,
mich brillant, großartig, talentiert, phantastisch zu nennen
– aber wer bist Du, Dich nicht so zu nennen?
Du bist ein Kind Gottes.
Dich selbst klein zu halten, dient nicht der Welt.
Es ist nichts Erleuchtetes daran, sich so klein zu machen,
dass andere um Dich herum sich nicht unsicher fühlen.
Wir sind alle bestimmt, zu leuchten, wie es die Kinder tun.
Wir sind geboren worden, um den Glanz Gottes, der in uns ist, zu manifestieren.
Er ist nicht nur in einigen von uns, er ist in jedem einzelnen.
Und wenn wir unser Licht erscheinen lassen,
geben wir anderen Menschen die Erlaubnis, dasselbe zu tun.
Wenn wir von unserer eigenen Angst befreit sind,
befreit unsere Gegenwart automatisch andere.

Nelson Mandela

3. Keiner kauft Ihre Lösung ab. Lösungen wertvoll verkaufen und bei unterschiedlichen Denkstilen überzeugend positionieren

Inhaltsübersicht Kapitel 3

1. Die zehn häufigsten Fehler beim Präsentieren der Lösung

Keiner kauft Ihre Lösung ab: Lösungen wertvoll verkaufen

Die Forschungs- und Konstruktionsabteilung eines Unternehmens hatte einen neuen großen Kunden gewonnen. Dieser hatte den Zulieferer gewechselt, weil es mit dem alten viele Probleme gab. Der neue Zulieferer machte sich mit Feuereifer an die Lösung der vom Kunden(!) hausgemachten Probleme. 80 Konstrukteure und 20 Ingenieure tüftelten und testeten. Schließlich kam der Tag, an dem die Lösung dem Kunden präsentiert werden sollte. Sie war perfekt. Doch die Präsentation des verantwortlichen Projektleiter war ein Desaster. Danach meldete er sich ins Präsentations-Coaching an. Dort zeigte er mir eine technische Folie nach der anderen, sprach permanent von „kritischen Punkten" und „Problemen". Die Folien waren überladen. Animierte Pfeile blinkten auf, um auf weitere kritische Punkte aufmerksam zu machen. Die durchdachte Lösung ging komplett unter. Während der ganzen Phase sprach er monoton und ausdruckslos. Seine Körpersprache drückte fast schon Gleichgültigkeit aus. Es fehlte alles: das Problem des Kunden war nicht klar, der Soll-Zustand war nicht herausgearbeitet, die Lösung wurde nicht als Rettung am Problem des Kunden aufgehängt, es gab keinen Abschluss. Was in den Köpfen der Zuhörer hängen blieb, war: „Wir haben ein Problem!" statt „Sie haben ein Problem – und wir haben die optimale Lösung!" Schade, denn er hätte richtig stolz auf sein Projekt, seine Leute und auf sich sein können – denn sie hatten im Vorfeld richtig gute Arbeit geleistet.

Die rhetorische ungeschickte Präsentation von eigenen Ideen, Produkten oder Dienstleistungen ist eines der häufigsten Probleme von Präsentierenden:

Die zehn häufigsten Fehler beim Präsentieren der Lösung

1. Lösungen werden gleich am Anfang präsentiert
2. Lösung wird problematisiert, obwohl sie sehr gut ist
3. Die Lösung wird nicht in Bezug auf das Problem der Teilnehmer präsentiert
4. Die Einzigartigkeit der Lösung wird nicht deutlich
5. Die hohe Qualität der Lösung wird nicht deutlich
6. Der hohe Entwicklungsaufwand für die Lösung geht unter
7. Es werden nur die technischen Merkmale präsentiert – und kein Nutzen
8. Lösung wird rhetorisch nicht aufgewertet
9. Lösung wird nicht denkstilgerecht präsentiert
10. Der bevorzugte Lösungsweg wird ungeschickt platziert

2. Lösung bedeutet: Rettung

Erinnern Sie sich noch an die Superman-Comics? Wenn irgendwo ein Mensch in Schwierigkeiten kam, wurde aus dem braven Clark Kent Superman. Er schwang sich in die Lüfte und stürzt sich beherzt in die Tiefe. Er kam, er sah, er rettete – und er verschwand wieder. Er wurde wieder Clark Kent. Genau so ist das beim Präsentieren. Tüfteln Sie ruhig als Clark Kent an Ihrer Lösung im stillen Kämmerlein – aber wenn Sie diese Lösung dann vor Ihren Teilnehmern vorstellen – dann stellen Sie sich vor, Sie **sind** Superman!

Viele „sachliche Menschen", zum Beispiel Techniker und Ingenieure, haben Schwierigkeiten mit diesem rhetorischen Aspekt. Sie wollen keine „Show abziehen", „niemandem etwas aufschwätzen" oder gar „verkaufen". Sie glauben, dass allein die durchdachte Lösung für sich spricht. Sie glauben, sachlich vorgehen zu müssen und zählen nur technische Termini auf. Und sie glauben, sie müssen, der Objektivität wegen (die für sie einen sehr hohen Wert darstellt), auch die Schwachstellen und Nachteile ihrer Lösung mit aufzeigen. Wenn sie jedoch das Limbische Kommunikationsmodell kennen lernen, verstehen sie dank Ihres logischen Denkstils sehr schnell, dass sie die Lösung zuerst dem Limbischen System schmackhaft machen sollten, damit das rationale Großhirn sie später schluckt.

3. Verkaufen Sie Ihre Lösung wertvoll

Keiner kauft Ihre Lösung ab: Lösungen wertvoll verkaufen

Lösung erst zum Schluss präsentieren

Nur wenn dem Limbischen System deutlich gemacht wird, dass negative Gefühle gemieden und positive Gefühle möglich werden, wird Ihre Botschaft überhaupt erst als relevant eingestuft. Nur dann darf sie nach oben zum Großhirn, zur „Berechnung von möglicht vielen guten Gefühlen zu einem möglichst geringen Preis" (nach Häusel: 2003). Die Lösung vorher zu präsentieren ist sinnlos!

Präsentieren Sie die Lösung erst, wenn Ihre Teilnehmer wissen, welchen Zustand sie auf jeden Fall verändern möchten und welche Vorteile sie dann haben. Das Abwarten fällt den meisten Präsentierenden schwer. Doch es lohnt sich – wenn Sie bisher alles richtig gemacht haben, brennen Ihre Teilnehmer jetzt regelrecht darauf zu erfahren, was Sie vorschlagen oder mitgebracht haben.

Lösung positiv anmoderieren

Bevor Sie die Lösung verkünden – kündigen Sie sie zuerst in der Sprache Ihrer Teilnehmer an. Präsentieren Sie Ihre Lösung als:

A. Logisch (blau)	D. Experimentell (gelb)
◆ Durchdacht ◆ Sinnvoll ◆ Vernünftig ◆ Effektiv ◆ Beste ◆ Erstklassig ◆ Kostenneutralste ◆ Mit der besten Preis-Leistung	◆ Innovativ ◆ Genial einfach ◆ Flexibel ◆ Sensationell ◆ Langfristig ◆ Strategisch ◆ Visionär ◆ Exklusiv
B. Strukturiert (grün)	**C. Gefühlvoll (rot)**
◆ Qualitativ hochwertig ◆ Abstellmaßnahme ◆ Bewährt ◆ Solide ◆ Sicher ◆ Durchgeplant ◆ Getestet ◆ Garantiert ◆ Ausgereift ◆ Am meisten gewählt ◆ Sparsamste	◆ Für alle das Beste ◆ Kommunizierbar ◆ Menschlich ◆ Gerecht ◆ Gut ◆ Schön ◆ Bequem ◆ Einfach ◆ Beliebteste

Betonen Sie auch

- wie viel Know-how in der Lösung steckt
- wie aufwändig der Weg zur Lösung war
- welche Experten daran beteiligt sind
- wie viel Versuch und Irrtum nötig waren
- was nur Sie und kein anderer bietet
- welche Tests und Versuchreihen Sie ausgeführt haben

Erzählen Sie Anekdoten und Geschichten von Herausforderungen, Zufallsentdeckungen, witzigen Begebenheiten – aber immer so, dass ein gutes Licht auf Sie und Ihr Unternehmen fällt.

4. Nutzen der Lösung betonen und nicht nur Merkmale

Keiner kauft Ihre Lösung ab: Lösungen wertvoll verkaufen

Das Projekt-Team des Projektleiters aus dem vorherigen Beispiel hatte eine ganz hervorragende Lösung für den neuen Kunden erfunden. Der Kunde war im Premiumbereich tätig. Einerseits sollten die Qualität und das Design stimmen – anderseits mussten auch die Kosten und reibungslosen Produktionsabläufe beachtet werden. Genau das hatte das Team geschafft. Sie hatten einen einheitlichen Träger entwickelt auf den sich verschiedene Oberflächen und somit Designs anbringen lassen. Somit waren auf der einen Seite für den Kunden die Kosten und Prozesse im Griff – und die konnten wiederum ihren anspruchsvollen Kunden ein flexibles und individuelles Design anbieten. Der Projektleiter machte nun den Fehler, sich auf die technischen Merkmale dieses Trägers zu konzentrieren. Fast alle PowerPoint-Folien zeigten die – zugegeben beeindruckende – Konstruktion. Es ging um Materialien, Maße, Eckdaten usw. Aber an keiner Stelle wurde klar, wie viele Vorteile diese Lösung für seinen Kunden hatte. Es fehlte der Nutzen.

An dieser Stelle kommt meist der berechtigte Einwand: Ich muss ja technische Daten (oder Produktmerkmale oder Merkmale meines Vorschlags) präsentieren. Dafür werde ich bezahlt. Das stimmt! Und es handelt sich auch wirklich um den Kern der Präsentation. Das ist es, was Sie „verkaufen“! Das ist Ihre Welt. Hier kennen Sie sich aus. Hier haben Sie alle Details im Kopf. Sie wissen, welchen Nutzen Ihre Lösung für alle Beteiligten hat. Ihre Teilnehmer kommen jedoch aus einer anderen Welt! Sie kennen nicht alle Zusammenhänge, sie verstehen nicht alle Details und ihnen ist der Nutzen nicht auf Anhieb klar. Deshalb ist es Ihre Aufgabe in der Präsentation, diese Übersetzungsarbeit zu leisten. Das ist überhaupt der Sinn von Präsentationen – denn sonst könnten Sie ja Ihren Vorschlag per E-Mail verschicken.

Profi-Tipp: Hyperlink-Präsentation

Wenn Sie viele Informationen haben und nicht genau wissen, welche nachgefragt werden, dann produzieren Sie eine Hyperlink-Präsentation. Sie bereiten wenige Folien sichtbar vor. Wenn Nachfragen aus dem Publikum kommen klicken Sie auf den entsprechenden verlinkten Begriff auf Ihrer PowerPoint-Folie – es öffnet sich eine detaillierte und informative Hintergrund-Präsentation. Erstens wirken Sie dadurch fachlich kompetent. Zweitens zeigen Sie nur die Informationen, die wirklich von Interesse sind. Dadurch erhöhen Sie die Relevanz und Präzision Ihrer Präsentation. Und drittens halten Sie Ihre Vordergrundpräsentation schön schlank – denn Teilnehmer schätzen es, wenn Sie korrekt mit ihrer Zeit und Aufmerksamkeit umgehen. Aber überfordern Sie auch hiermit niemanden. Schicken Sie lieber Info-Material vorab oder geben Sie Ihren Teilnehmern ein Handout mit.

(Vorgehensweise siehe auch Kapitel 11)

Es geht also bei der Präsentation von Lösungen darum, Merkmale Ihrer Lösung mit (typgerechtem) Nutzen für Ihre Teilnehmer zu verbinden. Am besten gelingt das, wenn Sie Merkmal und Nutzen in einem Satz mit einem „Verkaufsverb" verbinden. Verkaufsverben sind beispielsweise: erhöhen, sichern, unterstützen, erweitern etc.

Wie sieht so ein Satz aus, der Merkmal und Nutzen verbindet?

Merkmal	Verkaufsverb	Nutzen
Nur ein Träger	*sichert* *ermöglicht*	*reibungslose Produktion* *flexibles Design für Ihre anspruchsvollen Kunden*
Das bekommen Sie nur von uns	*und das bedeutet*	*Vorsprung am Markt*
Genietet statt geschraubt	*strafft*	*Produktions-prozess, ein Arbeitsschritt am Band weniger Kosten um 3 Cent pro Stück. Auf die ganze Serie übertragen: 180.000 Euro*

Keiner kauft Ihre Lösung ab: Lösungen wertvoll verkaufen

In der Präsentation haben Sie die Gelegenheit diese Sätze nicht nur zu sagen, sondern auch zu belegen. Jetzt erst zeigen Sie Ihre perfekten technischen Folien, bringen ein Modell mit oder lassen die Teilnehmer Ihre Lösung ausprobieren.

Lassen Sie uns nun die Tabelle um die Kategorie des Belegs erweitern:

Merkmal	Verkaufsverb	Nutzen	Beleg
Nur ein Träger	*sichert* *ermöglicht*	*reibungslose Produktion* *flexibles Design für Ihre anspruchsvollen Kunden*	Test zeigen und mitgeben Am Modell zeigen oder Fotos mit Beamer
Das bekommen Sie nur von uns	*und das bedeutet*	*Vorsprung am Markt*	Die eigene Begeisterung (Körpersprache: leuchtende Augen etc.) Eventuell umständlich zeigen, was sonst üblich ist
Genietet statt geschraubt	*strafft*	*Produktionsprozess, ein Arbeitsschritt am Band weniger* *Kosten um 3 Cent pro Stück. Auf die ganze Serie übertragen: 180.000 Euro*	Zeigen am Modell: ein geschraubtes und ein genietetes mitnehmen. Vormachen ... Kalkulation zeigen und mitgeben

Mit solchen Sätzen und Demonstrationen stellen Sie sicher, dass Ihre Teilnehmer erkennen wie durchdacht, hochwertig und einzigartig Ihre Lösung ist.

Profi-Tipp: Alleinstellungsmerkmale (Was nur Sie bieten)

Heben Sie Alleinstellungsmerkmale immer ausdrücklich hervor. Gehen Sie nicht davon aus, dass Ihre Teilnehmer diese kennen. Sie sind das Tüpfelchen auf dem i des Überzeugungsprozess und geben vielleicht den Anstoß, sich für Sie und für Ihre Lösung zu entscheiden.

Profi-Tipp: Nutzen vom Zulieferer bis zum Endverbraucher suchen

Wenn Sie nach dem Nutzen Ihrer Lösung suchen und im Business-to-Business präsentieren, dann fragen Sie sich immer auch nach dem Nutzen für alle Beteiligten vom Zulieferer bis zum Endverbraucher. Denn Ihr Kunde hat wieder seine Händler im Blick und braucht für diese gute Argumente. Und der Händler braucht gute Argumente für den Endkunden. Fragen Sie sich auch, ob es noch Neben-Nutzer gibt. In der Automobilbranche zum Beispiel die Werkstätten und Wiederverkäufer.

5. Verbesserungen und Neuerungen präsentieren

Eine große Falle beim Präsentieren stellen Neuerungen und Verbesserungen dar, wenn eine Leistung oder ein Produkt von den Teilnehmern schon genutzt wird. Die Gefahr besteht, vor lauter Begeisterung über das Neue, das Alte schlecht aussehen zu lassen. Und somit stellt man entweder die Teilnehmer bloß, denn die besitzen ja das Alte. Oder auf den Präsentierenden fällt ein Schatten, hat er – so die implizite Botschaft – bisher Minderwertiges geliefert.

Wenn Sie Verbesserungen präsentieren, dann nur mit dem Komparativ. Der Komparativ ist die zweite Steigerungsform des Adjektivs:
(1) gut – (2) noch besser – (3) am besten.
Das Zauberwörtchen ist das „noch"!

Meiden Sie folgende Worte:
Alte Methode (impliziert: schlechte Methode)
Verbessert (impliziert: war vorher schlecht)

Formulieren sie besser so:
Die erste Technik ist bewährt – die jetzige ist „noch sicherer"
Durchdachtes Produkt – jetzt noch weitere technische Highlights
Kam sehr gut an – jetzt reißen sich die Kunden um ...

Profi-Tipp: Neues präsentieren
Präsentieren Sie vor strukturierten Teilnehmern jede Neuerung als sinnvolle Weiterentwicklung des Bisherigen. Denn sie setzen auf das, was sie kennen. Für diese Teilnehmer stellt „neu" einen Anti-Wert dar. Legen Sie den Fokus Ihrer Präsentation auf das, was gleich bleibt. Achten Sie bei Innovationen auf Kontinuität.
Ein passendes Zitat hierzu:
Tradition ist bewahrter Fortschritt, Fortschritt ist weitergeführte Tradition
(C. F. von Weizsäcker)

6. Für Umsetzung sorgen – oder: die Macht der Interaktion

Wenn es das Ziel Ihrer Präsentation ist, dass sich Abläufe und Strukturen für Ihre Teilnehmer ändern – haben Sie meist mit großen, inneren Widerständen zu rechnen. Es gibt eine gute Möglichkeit, schon während der Präsentation für tragfähige Lösungen und für Commitment zu sorgen: Lassen Sie die Teilnehmer selbst die Lösung finden. Diese Methode ist für Führungskräfte und Projektmanager in Bezug auf ihr Team geeignet.

Stellen Sie in der Ist-Phase das Problem dar, zeigen Sie in der Soll-Phase auf, welches das Ziel ist. Fragen Sie dann Ihre Teilnehmer: *Was ist Ihrer Meinung nach der beste Weg um von Ist nach Soll zu kommen?* Wenn das nicht möglich ist, dann lassen Sie zumindest den Umsetzungsplan von der Gruppe selbst erarbeiten. *Wer macht was, bis wann und wie, mit welchen Mitteln?* Machen Sie gleich ein Protokoll, kopieren Sie es und lassen Sie es noch vor Ort unterzeichnen. So sparen Sie Zeit und Nerven.

Mit dieser Methode erhöhen Sie die Selbstbestimmung der Menschen – die danken es Ihnen mit Verbundenheit, Respekt und hoher Motivation. Sie binden auch die ein, die sich gegen eine von oben diktierte Lösung aktiv oder passiv wehren würden. Sie stärken das lösungsorientierte Denken Ihrer Mitarbeiter – und haben bald ein cleveres Team. Und Sie sichern, dass wirklich etwas im Anschluss an eine Präsentation geschieht. Ihre Ideen werden in die Tat umgesetzt. Sie zeigen auch nach außen Führungsstärke.

Wenn Sie Erfahrung mit der Problemlöseformel haben, dann können Sie auch alle Phasen interaktiv gestalten (Ist-Phase: *Wo drückt der Schuh? Wo stehen wir? Was läuft nicht rund?* Soll-Phase: *Was wäre wünschenswert? Wo möchten wir hin?*)

7. Platzieren Sie Ihre Lösung strategisch

Die menschliche Wahrnehmung ist relativ. Wir nehmen Dinge in Relation zu anderen Dingen wahr, wir nehmen nur die Unterschiede wahr. Es gibt keine „gute Qualität an sich". Gute Qualität können wir nur in Relation zu besserer oder schlechterer erkennen (zum Beispiel feiner als ..., weicher als ...) Es gibt keinen „hohen Preis an sich". Auch hier bestimmt das Umfeld, wie ein Preis wahrgenommen wird. Diese Kontrasttechnik können Sie auch in der Präsentation nutzen, indem Sie das Umfeld für Ihre bevorzugte Lösung schaffen. Sie bestimmen den Kontext und setzten die Messlatte der Bewertung Ihrer Teilnehmer fest.

Bieten Sie Auswahl – die Alternativtechnik

Bestimmen Sie den Kontext der Entscheidung, indem Sie nicht nur eine Lösung anbieten sondern zwei, noch besser drei. Somit fokussieren Sie die Aufmerksamkeit Ihrer Zuhörer auf die Frage, **welche** Lösung für sie die Beste ist. Sie lenken von der Frage ab, **ob** sich die Zuhörer für Ihre Lösung entscheiden sollen oder nicht.

Lösung in die Mitte stellen, um sie vernünftig erscheinen zu lassen

Stellen Sie also zwei bis drei Möglichkeiten vor. Die Zahl drei ermöglicht es Ihnen, Ihre bevorzugte Lösung strategisch gut zu platzieren. Präsentieren Sie drei Lösungen. Eine sehr aufwändige/hochwertige/kostenintensive – eine mittlere – und eine schnelle/minderwertigere/preiswertere. Erstens beschäftigen sich Ihre Teilnehmer nicht mehr mit der Frage ob sie zustimmen sollen oder nicht. Ihre Teilnehmer beschäftigen sich jetzt eher mit der Frage welche Lösung ihnen mehr zusagt. Zweitens gehen die meisten Menschen nach folgendem Schema vor: Das Teuerste muss es nicht sein – das Billigste auch nicht – und entscheiden sich für die mittlere Lösung. Nehmen Sie also eine exklusive Lösung mit ins Programm (auch wenn Sie zum Ladenhüter wird) und nennen Sie diese zuerst. Sie wirkt in unserem Gehirn, so Hans Georg Häusel, als Gedächtnisanker. Die anderen Lösungen werden in Relation dazu gesetzt und erscheinen dann vernünftig. Auch wenn Sie Preise durchsetzten wollen, dann nennen Sie immer erst den höchsten Preis. Er dient dem Kunden als Anker. Alle anderen Preise werden in Relation zu diesem Preis gesehen und erscheinen nun kleiner.

Versuch und Irrtum – sich durchsetzen im Wettstreit der Anbieter und Meinungsgegner

Verwerfen Sie zwei Lösungswege als untauglich. Diese können auch die des Mitbewerbers sein (nennen Sie keine Namen und bleiben Sie respektvoll). Präsentieren Sie erst dann Ihren durchdachten und genialen Lösungsweg. Führen Sie Diskussionsrunden durch, nachdem Sie die Nachteile der Mitbewerber oder Meinungsgegner aufgezählt haben. So legen Sie den Fokus der Wahrnehmung auf deren Schwächen. Legen Sie eine weitere Diskussion fest, nachdem Sie die Vorteile Ihrer Präsentation erläutert haben. So legen Sie den Fokus auf die Wahrnehmung Ihrer Stärken.

Steuerungsimpulse für Ihre bevorzugte Lösungs-Variante

Wenn Sie eine Variante bevorzugen setzten Sie Techniken aus der Verkaufsrhetorik ein: zum Beispiel bevorzugte Variante zum Schluss nennen, bevorzugte Variante im Redestil der Zuhörer, die andere im konträren Stil. Oder sprechen Sie selbstbewusst Ihre Empfehlung als Experte für diese Variante aus. Zählen Sie bei der bevorzugten Variante nur die Vorteile auf und bei den beiden anderen Vor- und Nachteile.

8. Präsentieren Sie Ihre Lösung denkstilgerecht

Jeder Denkstil versteht etwas ganz anderes unter einer optimalen Lösung. Jeder Denkstil hat andere Entscheidungskriterien, um sich für eine Lösung zu entscheiden. Der logische Teilnehmer schätzt eine klare Matrix mit objektiven Kriterien. Er schätzt Varianten, die ihm mit Vor- und Nachteilen sachlich präsentiert werden. Der strukturierte Teilnehmer schätzt eine sichere und kontrollierbare Umsetzung Ihrer Lösung. Er mag Stufenpläne, Zeitschienen und Ablaufpläne. Der gefühlvolle Teilnehmer möchte ein gutes Gefühl bei der Lösung haben. Er schätzt es, wenn er weiß, dass er jederzeit Unterstützung von Ihnen bekommt. Er möchte eine für alle Beteiligten sinnvolle Lösung finden. Der experimentelle Teilnehmer will aus vielen Möglichkeiten auswählen. Er schätzt weitsichtige Lösungen, die möglichst viele Zusammenhänge berücksichtigen. Er schätzt eigenwillige und inspirierende Lösungen.

Jeder von uns ist einzigartig in der Bevorzugung, Nutzung oder Vermeidung bestimmter Denkstile. Diese Dominanz ist natürlich, teils angeboren, teils anerzogen und zunächst wertfrei: Es gibt keine „guten" und keine „schlechten" Profile. Aber unsere Dominanz hat Konsequenzen! Wie wir mir anderen umgehen, als Lebenspartner oder als Arbeitskollege, wie wir unseres Kreativität entfalten und wie wir lernen – alles das wird durch unser Muster an Bevorzugung und Vermeidung bestimmt. Wenn wir uns diese Muster bewusst machen, können wir sie gezielt einsetzen. Wir können uns aber auch ändern und das bedeutet: Wir können wachsen.

Roland Spinola

Die Tabelle auf der folgenden Seite stellt einige Anregungen für Sie bereit, wie Sie Ihre Lösungen für die unterschiedlichen Präferenzen aufarbeiten können:

A. Logisch (blau)	D. Experimentell (gelb)
• Varianten mit Pro- und Contra • Entscheidungsmatrix • Meilensteine • Begründete Empfehlung aus Ihrer Expertensicht • Versuch und Irrtum – (Warum alles außer Ihrer Lösung nicht funktionieren kann • Ihre Lösung als Vernünftigste präsentieren • Alle anderen als schwammig, nicht durchdacht etc. • Technischen Vorsprung hervorheben	• Möglichkeiten zur Auswahl • Viele Varianten • Alternativen vorstellen • Freiheit der Entscheidung lassen • Ihre Lösung als aufregend, phantastisch und zukunftstauglich ankündigen • Alle anderen Lösungen als mittelmäßig, einfallslos und rückständig darstellen • Spannung aufbauen • Showelemente einbauen (Lösung = Produkt, dann mit Tuch abdecken etc.) • Design und Neuartigkeit der Lösung hervorheben • Spannung: Verwerfen von Alternativen

B. Strukturiert (grün)	C. Gefühlvoll (rot)
• Stufenplan mit Absicherungen auf jeder Stufe • Ablaufpläne • Zeitschienen, genaue Termine • Organisatorische Fragen: Wer macht was, bis wann und wie? • Ihre Lösung als pragmatisch und umsetzbar präsentieren • Ihre Lösung als bewährt darstellen (von Referenzprojekten erzählen) • Alle anderen Lösungen als abgehoben und theoretisch präsentieren („Am Schreibtisch ausgedacht“) • Sicherheitsaspekte und Verlässlichkeit hervorheben • Lösung ausprobieren lassen	• Ihre persönliche Empfehlung aussprechen • Konkrete persönliche Handlungsanweisungen • Stufenplan • Wenige Varianten • Ihre Lösung als „für alle Beteiligten am vorteilhaftesten“ präsentieren • Alle anderen Vorschläge als den Menschen nicht entsprechend darstellen • Ihre Lösung als einfach und komfortabel darstellen • Wenig technische Features hervorheben • Lösung ausprobieren lassen • Fragen wie „Was brauchen Sie noch um ein gutes Gefühl bei dieser Lösung zu haben?“ stellen und beantworten

4. Der Abschluss ist schwach oder wird gar nicht erreicht: Abschlusstechniken, die funktionieren

Inhaltsübersicht Kapitel 4

1. Der Abschluss ist entscheidend!

Eine Präsentation ohne Abschluss ist eine erfolglose Präsentation – egal wie gut sie war! Ein Abschluss kann eine Zustimmung sein, er kann eine Auftragserteilung sein, er kann eine Vereinbarung sein.

Er kann die klare Aufforderung sein, sich Ihrer Meinung anzuschließen oder in Zukunft in Ihrem Sinne zu handeln. Ein Abschluss signalisiert eindeutig: Redeziel erreicht! Der Abschluss ist der Höhepunkt Ihrer Präsentation.

Zwölf Hindernisse auf dem Weg zum Abschluss

1. Die Angst des Präsentierenden vor einem „Nein"
2. Die Angst der Teilnehmer vor einem „Ja"
3. Die Zeit läuft davon
4. Der Entscheider muss gehen
5. Die Diskussion ufert aus
6. In der Diskussion werden Mauern statt Brücken gebaut
7. Es kommt zur Verhandlung ohne Ergebnis
8. Meinungsgegner gewinnen an Boden
9. Schluss ist schwammig: keiner weiß, was er tun soll
10. Schluss ist schwach: er hat keine Kraft, Entscheidungen herbeizuführen
11. Die Präsentation hat überhaupt kein eindeutiges klares Ziel
12. Es wird vertagt

Halten Sie den Schluss wörtlich auf dem Manuskript fest. Feilen Sie daran – er braucht Kraft und Klarheit! Wenn Sie merken, dass Ihnen die Zeit davon läuft: streichen Sie ganze Passagen – aber nie den Schluss! Sprechen Sie den Schluss eindringlich und wirkungsvoll. Halten Sie die Spannung bis zum Schluss ihrer Präsentation. Ein starker Schluss ist auch körpersprachlich wichtig! Erst wenn Sie wieder unbeobachtet sind, ist Ihre Präsentation zu Ende!

2. Hier und heute den Abschluss herbeiführen

Eine Präsentation ohne Ergebnis kostet Zeit, Nerven und Geld. Eine Präsentation ohne Ergebnis ist entmutigend, enttäuschend und erfolglos. Und zwar sowohl für den Präsentierenden als auch für die Teilnehmer! Das muss nicht sein. Bereiten Sie sich gut vor, gehen Sie mit dem Limbischen Kommunikationsmodell auf Ihre Teilnehmer ein – präsentieren Sie überzeugend. Und dann schließen Sie gleich beim ersten Mal beherzt ab. Sorgen Sie noch für die Umsetzung und wenden Sie sich neuen Themen oder Teilnehmern zu, die Sie interessieren und voranbringen.

Profi-Tipp: Setzten Sie sich hohe Ziele

Setzten Sie Ihr Maximalziel hoch an: *Ich werde heute die Unterschrift für den Auftrag xy haben.* Minimalziele wie: *Ich möchte mein Thema vorstellen und einen guten Eindruck machen* können Sie dann anpeilen, wenn das Maximalziel heute nicht erreichbar ist – obwohl Sie es versucht haben.

Viele Präsentierende gehen mit folgenden Glaubenssätzen und Vorannahmen in eine Präsentation: Die Teilnehmer brauchen Zeit zum Entscheiden! Man entscheidet nicht sofort! Gute Abschlüsse dauern ... Das ist wie beim Flirten ... usw. Das mag sein. Muss es aber nicht. Denn wenn Sie gut präsentieren, und zwar so, wie Sie es hier lernen, dann haben Sie alles getan, um Ihren Teilnehmern die Entscheidung zu erleichtern. Denn Sie haben ja die ganze Präsentation auf den Entscheidungskriterien Ihrer Teilnehmer aufgebaut. Sie haben genau die Gründe genannt, die für diese Teilnehmergruppe wichtig ist, Sie haben die Themen so aufbereitet, dass genau diese Gruppe sie einleuchtend findet. Also kann sich diese Gruppe auch entscheiden. Das ist der entscheidende Vorteil des Limbischen Kommunikationsmodells. Wenn Sie bisher alles richtig gemacht haben, dann brennen Ihre Teilnehmer darauf, Ihnen zuzustimmen, Sie zu buchen oder Ihre Leistung in Anspruch zu nehmen.

Ein kraftvoller Schluss besteht aus einer Aufforderung zur Tat und der Tat selbst:

Aufforderung zur Tat:

- Wiederholen Sie kurz und eindringlich die Kernaussagen
- Sagen Sie Ihren Hörern genau, was sie tun sollen

Höhepunkt: Die Tat „Tun Sie es!"

- Führen Sie hier und jetzt Entscheidungen herbei
- Seien Sie darauf gut vorbereitet (Listen, Verträge ...)
- Ihre Teilnehmer stimmen zu, unterschreiben, kaufen
- Sie haben Ihr Ziel erreicht!

Leiten Sie die Abschluss-Phase **explizit** als eine Phase der Entscheidung ein.

Beispiele:
Logisch: *Welche Fakten brauchen Sie noch, um eine Entscheidung zu treffen?*
Strukturiert: *Was kann ich noch erläutern, um Ihre Entscheidung abzusichern?*
Gefühlvoll: *Was brauchen Sie jetzt noch von mir, um mit einem guten Gefühl zu entscheiden?*
Experimentell: *Was kann ich Ihnen noch zeigen, damit Sie entscheiden können?*

Gehen Sie dann auf die Fragen und Wünsche ein, die noch offen sind. Suchen Sie sich dann aus den folgenden Empfehlungen einen Abschluss aus, der zu Ihnen, Ihrem Publikum und Ihrem Thema passt.

3. Zehn Möglichkeiten, kraftvoll anzuschließen

Kurz die zentralen Botschaften wiederholen

Wenn die Diskussion zu Ende ist und alle Fragen geklärt sind, ist es Zeit für den Abschluss. Stellen Sie sich auf einen zentralen Präsentationsplatz und wiederholen Sie noch einmal kurz Ihre Himmel-Kernbotschaften.
Wenn Sie für jeden Denkstil eine Kernbotschaft generiert haben, dann ordnen Sie sie von logisch über strukturiert zu gefühlvoll bis experimentell (= Limbischer Multicode). So fangen Sie nüchtern im Jetzt an und gehen dann schrittweise zum visionären Pathos der Zukunft des experimentellen Redestils.

Ein Beispiel mit dem Limbischen Multicode
Kundenorientierung, die sich an der Unterschiedlichkeit der Menschen orientiert und jeden Kunden so behandelt, wie er gerne behandelt werden möchte, erhöht Ihre Unternehmensgewinne und sichert Ihnen loyale Stammkunden und Empfehlungen. Sie macht zuerst Ihre Kunden glücklich und dankbar, dann Sie und zeigt langfristig den Weg in eine erfolgreiche Zukunft Ihres Unternehmens.

Klimax: Steigern Sie Ihre Formulierungen

Steigern Sie Ihre Kernbotschaften, um eine kraftvolle Wirkung zu erzeugen:

- vom Nutzen für den Einzelnen bis zum Nutzen für das Unternehmen oder die Gesellschaft
- von Heute über das bessere Morgen in eine glanzvolle Zukunft
- vom Kleinen über das Mittlere ins Große

Ein Beispiel mit Steigerung:
*Kundenorientierung, die sich an der Unterschiedlichkeit der Menschen orientiert und jeden Kunden so behandelt, wie er gerne behandelt werden möchte, sichert Ihr **Unternehmen** gegen Billiganbieter und Internet, verankert den **Fachhandel** positiv im Bewusstsein der Kunden und macht **Fußgängerzonen** in ganz Deutschland wieder attraktiv!*

Impliziter Abschluss: Lassen Sie den ersten Schritt absegnen – nicht das ganze Projekt

Die meisten Menschen haben Angst vor großen Entscheidungen. Unterstützen Sie Ihre Teilnehmer dabei, ihre Ziele zu erreichen und führen Sie sie zu einem Ergebnis. Fragen Sie deshalb nach einer Teilzustimmung, die, wenn sie bejaht wird, das „Ja" zum gesamten Projekt implizieren. Statt „Kommen wir ins Geschäft?" – besser „Wann wollen Sie starten?" Sagt der Teilnehmer „Ja" zum Termin – sagt er implizit ja zum Gesamtprojekt. (Saxer: 2004). Fragen Sie sich: Wenn meine Teilnehmer zustimmen würden, welches wäre dann der erste Schritt der Umsetzung? Formulieren Sie hieraus eine W-Frage: Wann, wie viel, wer, wo …

Beispiele:

- *Wann wollen Sie mit dem Projekt starten?*
- *Wann schicken Sie uns die Liste zu?*
- *Ab wann möchten Sie von unserem Angebot profitieren?*
- *Wie viele Maschinen brauchen Sie?*
- *Wohin sollen wir liefern?*
- *Wer soll das Formular gestalten?*
- *Wann treffen wir uns?*
- *Wo soll das Kick-off-Meeting stattfinden?*
- *Wer kümmert sich um die Agentur?*

Je schneller, desto besser-Technik

Welchen Vorteil hat Ihr Kunde, wenn er heute schon entscheidet? Formulieren sie diesen (denkstilgerechten) Nutzen so um:

- *je eher ... desto mehr ...*
- *je schneller ... desto früher ...*
- *je eher ... desto größer*
- *je eher ... desto gefahrloser*

Ein Beispiel:

Je eher wir den Prozess umstellen, desto schneller profitieren Sie von der Kostenreduktion

Auf Messen ist es üblich, Messerabatte zu geben. Das bedeutet, dass der Kunde profitiert, der sich noch auf der Messe zum Abschluss entschließt. Vielleicht können auch Sie einen Vorteil für schnelle Entscheider formulieren. Achten Sie darauf, dass dies moralisch vertretbar ist. Denn es empfiehlt sich nicht, mit Überrumpellungstaktiken zu arbeiten – schließlich wollen Sie ja noch weiter fair und partnerschaftlich mit Ihren Teilnehmern zusammenarbeiten. Bieten Sie diese Rabatte eher als Dankeschön für den gesunkenen Zeitaufwand an.

Selbstbewusst Empfehlung als Experte aussprechen

Natürlich dürfen Sie Ihre Teilnehmer auch direkt auffordern in Ihrem Sinne zu entscheiden. Sprechen Sie selbstbewusst eine Empfehlung als Experte aus:

- *Ich empfehle Ihnen ...*
- *Von Vorteil ist es aus meiner Sicht als Ingenieur ...*
- *Meine Erfahrung ist ...*
- *Sicherer ist es ...*
- *Ich wünsche mir ...*
- *Kommen Sie mit auf die Reise ...*
- *Kommen Sie mit auf die Entdeckungsreise ...*

Ein Beispiel
Aus Erfahrung mit vielen Service-Projekten empfehle ich Ihnen, zusammen mit Ihren Mitarbeitern in dieses Projekt einzusteigen. Es ist sinnvoll, mit einem gemeinsamen Workshop zu beginnen, um alle zu informieren, zu motivieren und für die gemeinsame Sache zu begeistern.

Tatsachen-Abschluss

Wiederholen Sie drei Tatsachen, die Ihre Teilnehmer während der Präsentation erlebt haben und auf die Sie mit „Ja" antworten. Schließen Sie daran den Abschlusssatz an:
Sie haben gehört, dass die Kosten um 30 Prozent sinken, Sie haben sich selbst überzeugt, dass die Qualität gleichwertig ist und Sie finden in den Unterlagen die Details, die Zahlen und die Zeitschiene. Freuen Sie sich jetzt schon über den Vorsprung gegenüber dem Wettbewerber, und entscheiden Sie sich heute schon für uns!

Starker Zusatznutzen

Heben Sie sich für den Schluss noch einen sehr starken Nutzen auf: Gut ist es, wenn es sich um einen zeitlich begrenzten Zusatznutzen handelt

- *Nutzen Sie die Steuervorteile, die es nur noch bis zum ...*
- *Profitieren Sie jetzt von dem schlechten Wetter*
- *Handeln Sie antizyklisch und nutzen Sie ...*

Appell zum Handeln oder Umdenken

Wenn Sie sich zum Beispiel für ethische Ziele einsetzen, dann sagen Sie Ihren Teilnehmern ganz genau, was sie tun können um Sie zu unterstützen:

Es wird Zeit zu handeln. Wenn auch Sie etwas tun möchten, dann bitte ich Sie: Spenden Sie! Werden Sie Mitglied! Bringen Sie Ihr Talent und Ihre Stärken zum Wohle der Kinder ein! (Verteilen Sie dann Listen und Spendenvordrucke)

Zitat, einprägsames Motto

Werden Sie zum Sammler von guten Sprüchen und Zitaten. Sie sind rhetorisch wertvoll, denn Sie werten ihr Thema auf. Man kann Sie auch verfremden – dann wirken sie lustig und kreativ.

Beispiele:

- *Es gibt nichts Gutes – außer man tut es! Also: Lasst uns beginnen!*
- *Früher hieß es: Die Schnellen fressen die Langsamen. Heute heißt es: Die Beweglichen fressen die Unbeweglichen. In diesem Sinne: Bleiben Sie beweglich!*
- *Henry Ford sagte einmal: Erfolg bedeutet, den Standpunkt des anderen zu verstehen und die Welt mit seinen Augen zu sehen.*
  Kommen Sie mit auf die Entdeckungsreise in die Welt der anderen, steigen Sie ein in den Zug in Richtung wahrer Kundenorientierung

Ringstruktur – steht mit Einleitung in Beziehung

Hier noch einmal die Einleitung Nr. 8 aus dem ersten Kapitel mit dem Tag am Meer.
Erinnern Sie sich an einen wunderschönen Ferientag am Meer? Die Sonne scheint, das Meer liegt blau und unendlich vor Ihnen, ein warmer Wind weht sanft … Möwen kreischen, Wellen brechen … Wir sind entspannt, zufrieden und glücklich … Ein Tag am Meer … Stellen Sie sich vor, Sie könnten Ihre Kunden genauso glücklich machen. Einkaufen wäre genauso entspannend und schön wie ein Tag am Meer. Wie Sie das erreichen – das ist Thema meiner Präsentation.

Der Schluss könnte so lauten:
Erinnern Sie sich noch einmal an einen wunderschönen Ferientag am Meer … Die Sonne scheint, das Meer liegt blau und unendlich vor Ihnen, ein warmer Wind weht sanft … Möwen kreischen, Wellen brechen … Wir sind entspannt, zufrieden und glücklich … Ein Tag am Meer … Sie können Ihre

Kunden genauso glücklich machen. Jeden auf seine Weise, jeden so, wie er es sich vorstellt und wünscht. Einkaufen bei Ihnen ist genauso entspannend und schön – wie ein Tag am Meer ...

Profi-Technik: Der Gedächtnisanker an Ihre Präsentation

Verteilen Sie zum Schluss ein ganz besonderes Geschenk: einen Gedächtnisanker. Verknüpfen Sie den Gegenstand mit einer Aufforderung: *Und freuen Sie sich, jedes Mal wenn Sie das Bild auf Ihrem Schreibtisch sehen, auf ... Und denken Sie jedes Mal, wenn Sie das Bild sehen ...* So bleiben Sie und Ihre zentrale Aussage noch lange lebendig bei Ihrem Publikum. Im oberen Beispiel könnten man den Teilnehmern ein maritimen Gedächtnis-Anker mitgeben: Muscheln, Düfte, Sand, ein Bild, eine Postkarte ...

4. Intelligent mit Absagen umgehen

Manchmal bekommen Sie den Zuschlag nicht – auch wenn Sie Ihr Bestes gegeben haben. Das kann politische oder verdeckte Gründe haben. Machen Sie das Beste aus Absagen. Fragen Sie Ihre Teilnehmer mutig, was Sie noch tun können, um sie doch noch zu überzeugen. Diese Technik heißt **„Brücke zum Nein"**. Hier einige Formulierungshilfen:

- *Was kann ich von meiner Seite noch tun, damit Sie zustimmen?*
- *Was brauchen Sie noch, um ganz sicher zu sein?*
- *Was kann ich noch tun, dass Sie ein gutes Gefühl dabei haben?*

Eventuell erfahren Sie jetzt die wahren, bisher verdeckt gehaltenen Einwände. Diese können Sie dann entkräften.

Wenn Sie keine Antwort erhalten, dann gehen Sie dazu über, Ihre **Minimalforderung** durchzusetzen: Testlauf, weiterer Besuch etc. Sagen Sie explizit, dass Ihre Tür immer weit offen steht.

Bitten Sie die Anwesenden charmant um Weiterempfehlung.

Sie sagten, Ihnen hat meine Präsentation sehr zugesagt, nur im Moment sind Ihnen die Hände gebunden. Wen kennen Sie, den mein Thema auch noch interessieren würde? (Herr Müller von ...) Ich bitte Sie, eine Empfehlung für mich bei Herrn Müller auszusprechen. Würden Sie das für mich tun?

5. Abschlüsse für die unterschiedlichen Präferenzen

Lassen Sie sich von der folgenden Tabelle inspirieren, um mit den richtigen Worten und Aktionen nachhaltig im Gedächtnis der Teilnehmer verankert zu werden oder Entscheidungen herbeizuführen:

A. Logisch (blau)	D. Experimentell (gelb)
• Kurze Wiederholung aller Himmel-Kernbotschaften • Aufforderung, eine vernünftigen Entscheidung zu treffen • Eine starke, zwingende Beweisführung zum Schluss • Das stärkste Argumente noch einmal wiederholen • „Profitieren Sie schon bald ...", „Nutzen Sie schon heute ..."	• Anschauliche Himmel ausmalen • Ausblick in die Zukunft – Vision • Kann mit Einleitung in Beziehung stehen (Ringstruktur) • „Nutzen Sie die Möglichkeiten ..." • „Nutzen Sie die Chance ..." • „Erleben sie schon bald ..."
B. Strukturiert (grün)	**C. Gefühlvoll (rot)**
• Appell zum Handeln • Termine festlegen • Umsetzung planen • Erste Schritte einleiten • Protokoll unterschreiben lassen • Zitat; einprägsames Motto; Sentenz • „Sichern Sie sich ...", „Bestimmen Sie also ..."	• besonders eindringlich formulieren • für den Schluss ein besonders starkes, gefühlvolles Argument, ein aufrüttelndes Beispiel aufheben • Bitte an das Publikum, in Ihrem Sinne zu entscheiden oder zu handeln • Appell an die Gefühle • Leidenschaftliches Plädoyer für die Sache • Appell an Gerechtigkeit • „Freuen Sie sich schon bald ...", „Genießen Sie schon bald ..."

5. Welches ist das beste Argument? 88 optimale Überzeugungsmittel für jeden Denkstil

Inhaltsübersicht Kapitel 5

1. Warum wir nicht überzeugen: Vorannahmen und Wahrnehmungsbrillen

Welches ist das beste Argument?

Welches sind die besten Überzeugungsmittel? Es sind nicht immer die, die Sie überzeugt haben. Und es sind auch nicht die, die Sie logisch finden. Die besten Überzeugungsmittel sind die, die Ihre Teilnehmer überzeugen. Unser bevorzugter Denkstil wirkt wie ein Wahrnehmungsfilter. Er ist uns nicht bewusst und deshalb so unsichtbar wie die Luft um uns herum. Er bestimmt unbewusst, was für uns wichtig ist, er lenkt unsere Aufmerksamkeit und er bestimmt, ob wir etwas positiv oder negativ bewerten. Er bestimmt unbewusst unsere Vorannahmen und Vorurteile. Unser bevorzugter Denkstil lässt uns unbewusst davon ausgehen, dass alle anderen genau gleich denken und fühlen wie wir. Und er ist verantwortlich für die vielen Missverständnisse und Konflikte, die wir mit anderen haben.

Wenn Ihre Präsentations-Präferenzen mit denen Ihrer Zielgruppe übereinstimmen, dann haben Sie gute Chancen, mit ein wenig Präsentationstechnik eine gelungene Präsentation zu halten. Weichen Ihre Präferenzen stark von denen Ihrer Teilnehmer ab, dann ist die Wahrscheinlichkeit sehr hoch, trotz höchster Qualifikation, bester Inhalte und neuester Präsentationstechnik zu scheitern – weil Sie auf einer ganz anderen Wellenlänge senden, als Ihre Zielgruppe empfangen kann. Sie wirken nicht überzeugend – obwohl Sie Ihr Bestes geben.

Anstatt Überzeugungsmittel ziellos anzuwenden, empfiehlt es sich, diese darauf abzuklopfen, ob sie bei einer bestimmten Zielgruppe wirken oder nicht. Hier setzt die gehirntypgerechte Topik an. Sie kann dem Präsentierenden helfen, genau die Mittel auszuwählen, die genau bei dieser Zielgruppe wirken und somit zum Ziel führen. Topos bedeutet griechisch Ort. Im rhetorischen System bedeutet Topos der Ort, an dem sich die Argumente verstecken. Die Topik ist eine Liste von allen möglichen Fundorten für Argumente. Sie ist ein Deklinationsraster für ein Thema, um möglichst schnell, viele und überzeugende Argumente zu generieren.

Welches ist das beste Argument?

Sie erhalten im Folgenden 88 Überzeugungsmittel, aufgefächert nach vier verschiedenen Kommunikationsstilen: logisch, strukturiert, gefühlvoll und experimentell, um Ihre Präsentation so auszurichten, dass die Präferenzen der Zielgruppe berücksichtigt werden. Dadurch werden Sie wirklich verstanden, können zielsicher überzeugen und kommen gut an.

2. Gehirntypgerechte Topik: 88 Fundorte für Überzeugungsmittel

Vorgehensweise

Sehen Sie sich zuerst die Listen mit den Überzeugungsmitteln ab Seite 141 an und stellen Sie sich dabei die Frage: Welches ist der eigene bevorzugte Präsentationsstil und welches ist der Ihrer Teilnehmer? Lesen Sie sich die Listen durch – Sie werden sehr schnell erkennen, zu welchen Denkstilen Sie neigen. Lassen Sie sich dann von den passenden Listen inspirieren. Sie zeigen Ihnen, welche Richtung Ihre Präsentation einschlagen sollte, um präzise Ihre Zuhörer zu erreichen. Suchen Sie sich anschließend die Überzeugungsmittel aus, die entweder zu Ihnen und zu Ihrem Thema passen, oder die, die stärkste Wirkung auf Ihre Zuhörer haben. Wenn Sie sich nicht entscheiden können, dann wählen Sie das Mittel, das bei gleicher Wirkung den niedrigsten Produktionsaufwand verursacht.

Überzeugungsmittel und Inszenierung denkstilgerecht auswählen

Zuerst wird das Profil der Zielgruppe analysiert, zum Beispiel als Pyramide. Dann wird die Präsentation **proportional** mit der gehirntypgerechten Topik auf das Profil der Zielgruppe abgestimmt.

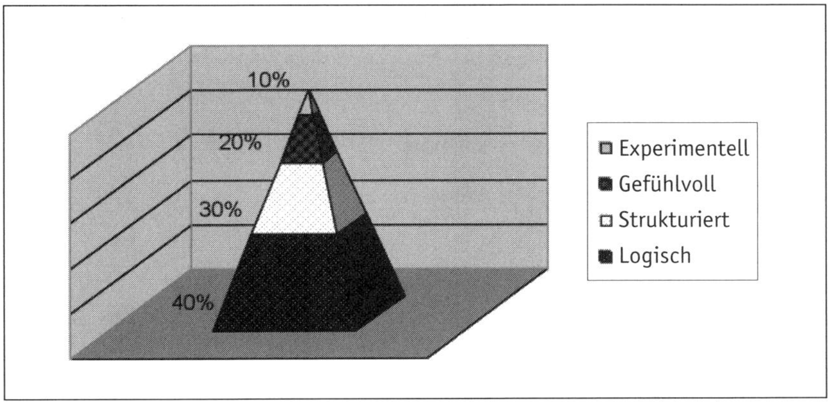

Welches ist das beste Argument?

Abbildung 12: Zuhöreranalyse

Ein Beispiel:
In diesem Fall würden fast die Hälfte der Überzeugungsmittel aus der Liste für den logischen Teilnehmer ausgewählt werden, der experimentelle Stil könnte fast vernachlässigt werden. Wenn Sie nicht wissen, wie Sie Ihre Teilnehmer einschätzen sollen, dann bereiten Sie alle vier Stile vor.

Situative Erweiterung des eigenen Denkstils

Betrachten Sie die Listen als Generator für Überzeugungsmittel und als Maschine für Inspiration: sie kurbeln Ihre Kreativität an, sie erweitern Ihre Denkgrenzen und sie entführen Sie in die verborgenen Denkwelten der unterschiedlichen Menschen. Entdecken Sie auf dieser abenteuerlichen Reise die Welt der anderen!

Die gehirntypgerechte Topik erhöht Ihre kommunikative Flexibilität – nicht nur in Präsentationen. Nutzen Sie sie auch für Gespräche, für alle wichtigen Texte, für den Verkauf, für Ihr Marketing und für die Unternehmenskommunikation. Testen Sie es gleich mit dem Trainingsbatt auf der nächsten Seite aus.

Sie können die Listen wie ein Bodybuilding-Programm für vernachlässigte Hirnregionen nutzen. Trainieren Sie nach und nach immer unbekanntere Zonen und erreichen Sie mental eine Balance der Denkstile. Wer alle wichtigen Aspekte menschlichen Daseins in seiner Kommunikation abdecken kann, der wirkt durchdacht und intelligent. Seine Ausführungen werden als „rund" wahrgenommen. Er erreicht mit einem Kommunikationsrundgang alle Teilnehmer.

Training: Überzeugungsmittel-Generator

Suchen Sie für ein Thema passende Überzeugungsmittel:

(entweder ein Produkt/eine Leistung/eine Lösung/Ihr Unternehmen/Ihre Person – oder für das, was Sie gerade präsentieren möchten.)

Überzeugungsmittel für die logischen Teilnehmer:

Überzeugungsmittel für die strukturierten Teilnehmer:

Überzeugungsmittel für die gefühlvollen Teilnehmer:

Überzeugungsmittel für die experimentellen Teilnehmer:

A. Überzeugungsmittel für logische Teilnehmer

Welches ist das beste Argument?

- **Folgen (= Kernbotschaften)**

Positive Konsequenzen; negative Konsequenzen. Die Limbischen Instruktionen des Dominanz-Profils ansprechen: noch erfolgreicher, noch besser, noch schneller, noch präziser ...

- **Genaue Zahlen**

Wie viel genau? Wie lang? Seit wann? Wie groß? Wie schwer? Wie schnell? Wie viel Pixel? Etc.
Inszenierung: Visualisierung mit Tabellen, Diagrammen, Reihenvergleichen

- **Technische Informationen**

Kurze, präzise Funktionsbeschreibungen; technische Merkmale und Abläufe; wohlklingende Tatsachen (hochwertige Materialien etc.)
Inszenierung: Visualisierung mit professionellen, technischen Darstellungen; Animationen, um Funktionen sichtbar zu machen; am Modell präsentieren; Prototyp zeigen; 3D-Animationen; Hyperlink-Präsentation – technische Detail-Präsentation öffnet sich auf Wunsch der Teilnehmer; Filmsequenzen; Vorführung

- **Finanzielle Aspekte**

Amortisationsberechnung; Return of Invest; Kalkulationen; Kennzahlen; Kostenberechnungen; Preistransparenz; kalkuliertes Risiko; Preisvergleiche
Inszenierung: Visualisierung mit Tabellen, Diagrammen, Reihenvergleichen; Entscheidungsmatrix; Bild-Struktur-Diagramme: zum Beispiel Kostenampel; Visualisierung des Ergebnisses am Flipchart

- **Kausalitäten (Tatsachen)**

Wenn ..., dann ...; Wenn ..., dann nicht ...; Kausalketten; Ausnahmen
Inszenierung: Visualisierung mit Strukturbildern, Zyklusdiagrammen, zum Beispiel Teufelskreis oder Engelskreis mit schrittweiser Animation

- **Schluss von der Ursache auf die Wirkung**
Warum ist die Situation so? Welche Ursachen gibt es? Welche Auswirkungen? Zum Beispiel drei Ursachen – eine Wirkung; eine Ursache – drei Wirkungen
Inszenierung: Visualisierung mit Strukturbild, zum Beispiel Pfeildiagramme

- **Markt-Dominanz hervorheben**
Größe und Stärke vermitteln
Inszenierung: Kuchendiagramm (zum Beispiel Umsätze, Marktanteile, Größe, Produktvielfalt), Säulendiagramm (zum Beispiel Umsatzsteigerung); Liniendiagramm (zum Beispiel Mitarbeiterzahl); Balkendiagramm (zum Beispiel Ranking: „Wir stehen oben"); Blasendiagramm (zum Beispiel Marktwachstumspotenzial für einzelne Sparten); Landkarten/Weltkarten (zum Beispiel Standorte); Flaggen (Internationalität); wichtige Meilensteine (zum Beispiel Expansion), Pfeile (zum Beispiel Aufwärtstrend); Treppen (Optimismus, „Es geht aufwärts"); Kreisdiagramme („Eine runde Sache")

- **Genaue Problem-Analysen**
Klare Definition; Zergliedern in Teilprobleme; Lokalisieren von Zusammenhängen; Herausarbeiten von Teil- und Nebenaspekten; Erkennen von Abhängigkeiten
Inszenierung: Visualisierung mit Strukturbild, Netzdiagrammen; Flussdiagrammen

- **Zielorientierung**
Klare Zielkriterien; Muss- versus Wunschkriterien; Ist-Soll-Abgleich Ergebnisse/Ziele betonen (erreichen, bekommen, vermehren ...), nicht mühsamen Weg dahin. Nicht das Problem in den Mittelpunkt stellen, sondern die Lösung.
Inszenierung: Visualisierung mit Matrix; Zieldiagramm; Entscheidungsmatrix; Diagramme; Fotos, die das Ziel visualisieren

Pro- und Contra – durchdachte Lösungen

Vor- und Nachteile verschiedener Lösungswege vorstellen
Inszenierung mit Entscheidungsmatrix, Tabelle

Schluss vom Ganzen auf das Teil

Wenn alle ..., dann auch hier ...; Wenn überall ..., dann auch in diesem Fall; Wenn im Allgemeinen, dann im Speziellen ...
Inszenierung: Visualisierung mit Strukturbild

Vergleiche

Was dort ..., so auch hier ...
Funktioniert wie ...; so groß wie ...; sieht aus wie ... (etwas aus der Welt des Gesprächspartners/der Zielgruppe (zum Beispiel Autos, Maschinen, Computer)
Inszenierung: Visualisierung mit Fotos/Bildern des zu Vergleichenden

Glaubwürdigkeits-Belege

Statistiken; Umfragen; Marktforschungen
Experimente; Forschungsergebnisse; Studien; Indizien
Inszenierung: Visualisierung mit Diagrammen; Screenshots der Quelle; Verteilen von Handouts mit der Studie; Produkte und Modelle zeigen und vorführen; Prototypen

Fokus auf das Wesentliche – Festlegung von Prioritäten

Wenig Details; „Das Wesentliche ist ...“ „Das Wichtigste ist ...“; Kurz und knapp argumentieren
Zentrale, griffige These; alle anderen Gedanken in logischen Zusammenhang bringen

Präzise Informationen

Wirklichkeiten beschreiben: Wirklichkeiten (W): Fakt ist: W1 ... W2 ... W3 ... Nur das, was eine Videokamera aufzeichnen könnte (keine Interpretation, keine Spekulation, keine Bewertung, keine Gefühle)
Inszenierung: Kurz und knapp präsentieren; genau sein; genaue Zahlen, statt Vermutungen

◆ **Klare Definitionen**
Zum Beispiel aus Lexika, Forschungsliteratur, eigene Definition, Definition des Meinungsgegners ad absurdum führen

◆ **Rhetorische Stärke signalisieren**
Gegenargumente vorweg nehmen; gut vorbereitet auf Einwände sein; Standing in Diskussion

◆ **Erfolgsgeschichten**
Eigene Erfahrungen als Geschichte mit Happy End; Erfolgsgeschichte aus ähnlichen Fällen (kurz und knackig)

◆ **VIP-Status versprechen/hervorheben**
Premium-Bereiche anbieten; „Chefbehandlung"; Sonderstatus; Referenzen großer und wichtiger Projekte nennen; akademische Titel; Publikationen; Preise und Auszeichnungen; Mitgliedschaften in einflussreichen Verbänden/Clubs

B. Überzeugungsmittel für strukturierte Teilnehmer

◆ **Folgen (= Kernbotschaften)**
Positive Konsequenzen; negative Konsequenzen. Die Limbischen Instruktionen des Balance-Profils (strukturierter Denkstil) ansprechen: noch sicherer, noch kontrollierbarer; weniger Krankheit ...

◆ **Beispiele als Beweis für Kernbotschaften**
Belegendes Beispiel: *„So können Sie zum Beispiel ganz sicher und einfach ..."*; Gegenbeispiel als Widerlegung von Meinungsgegnern oder Mitbewerbern
Inszenierung: erzählen, zeigen, vorführen, selber machen lassen;

◆ **Beispiele als Veranschaulichung der Kernbotschaften**
Konkrete Beispiele, praktische Beispiele; Fallbeispiele
Inszenierung: Zum Beispiel ganze Präsentation auf einem ganz konkreten Beispiel aufbauen

- **Schluss vom Teil auf das Ganze**
Viele Beispiele bringen und daraus die allgemeine Regel (= Theorie) ableiten
Inszenierung: Viele Beispiele erzählen und dann fragen: Was lernen wir daraus? Teilnehmer selbst die allgemeine Regel aussprechen lassen (Samenkornmethode – die Teilnehmer sprechen Ihre Kernbotschaft aus, wirkt viel überzeugender.)

- **Bewerten und Ausprobieren von Kernbotschaften**
Praktische Übungen, Experimente, Fallbeispiele, genau Beschreibung des konkreten Einzelfalls
Inszenierung: Teilnehmer selbst Theorie an einem Beispiel ausprobieren lassen („So einfach ist das!"); praktische Übungen für Teilnehmer; sie mit Produkten hantieren lassen; Proben verteilen; Testmöglichkeit geben

- **Fokus auf Problem und Lösung, nicht auf Ziel**
Problemstimmung vertiefen; die negativen Konsequenzen betonen; Lösung als Rettung; Fokus auf negativer Gefühlsargumentation: Verlust der Sicherheit, der Kontrolle, des Vorhandenen.

- **Pünktlich und organisiert präsentieren**
Abläufe festlegen und befolgen; rechtzeitige Einladungen; Tagesordnung bestimmen und einhalten; Tagesordnung visualisieren; Pünktlichkeit; Pausen ankündigen und sich daran halten; Spielregeln festlegen und sich daran halten; Hierarchien beachten; Konventionen beachten
Inszenierung: Ablauf visualisieren auf permanent sichtbares Medium (zum Beispiel Flipchart); Unterlagen und Vortrag stimmen überein; saubere und ausführliche Unterlagen; ordentlicher Präsentationsplatz; ordentliches Erscheinungsbild des Präsentierenden; sorgfältig auf Flipchart mitschreiben; Schritt für Schritt erklären; mit System vorgehen; in Ruhe erklären; Sicherheit geben „Fragen Sie jederzeit nach"

- **Checklisten**
Genau sagen, wie etwas zu tun ist; keinen Spielraum lassen; Checklisten; Normierungen; Ablauf

Inszenierung: Handout mit präziser Checkliste; Möglichkeit geben, sich im Internet Listen herunter zu laden; praktischer Tipp; laminierte Checklisten für die tägliche Arbeit damit

- **Methoden und Systeme**
Das perfekte System, die perfekte Struktur für die Präsentation finden – zum Beispiel gestern – heute – morgen; Prozessabläufe; Stufenprogramme; ein Thema Schritt für Schritt darlegen; Phasendiagramme etc.
Inszenierung: Ablaufdiagramme, Struktogramme, Aufzählungen, Reihungen, Hervorhebungen, Klassifikationen; gut strukturierte Handouts

- **Fokus auf Vorhersagbarem**
Abläufe präsentieren: „Wir werden zuerst ... und dann ..."

- **Fokus auf Kontrolle**
Sicherheitspläne, Notaustieg; Möglichkeiten einzugreifen; Absicherungen nach oben
Inszenierung: Ablaufpläne mit Sicherheitsalternativen; Zeitschienen mit Puffer; Mappen zum Nachlesen; Unterlagen mitgeben für die Vorgesetzten; Bilder die „alles im Griff haben" ausdrücken

- **Vertrauens-Belege**
Regeln, Gewohnheiten, Gesetze, Vorschriften, Verträge, Anweisungen; Aussagen aus der Vergangenheit; gelungene Projekte aus der Vergangenheit
Inszenierung: Genaue Zitate mit Quellenangabe in Handouts

- **Aussagen von anerkannten(!) Autoritäten**
Vorgesetzte, Geschäftsleiter, anerkannte Experten etc.
Inszenierung: Wenn möglich, genaue Zitate mit Quellenangabe in Handouts

- **Referenzen**
Ähnliche Projekte; Zitate zufriedener Kunden/Anwender, Empfehlungsschreiben; Weiterempfehlungen

Inszenierung: Handout mit wörtlichen Referenzen; eventuell Foto und Telefonnummer von Referenzgebern; Referenzgeber filmen und zeigen; vor Ort beim Referenzgeber präsentieren

- **Erfahrung und Tradition**

Tradition (handgearbeitet; seit 1819), Heimat (in Deutschland hergestellt; aus Bayern); Gewohnheit (alle; die meisten; schon immer); Berufserfahrung; Erfahrung mit ähnlichen Projekten

- **Testergebnisse**

Eigene Testreihen; Tests durch Aufträge an Institute; Fremdtests, zum Beispiel *Stiftung Warentest*

Inszenierung durch Visualisierung; Handouts mit kompletter Untersuchung

- **Siegel**

Verbandssiegel; Innungssiegel; Meistersiegel etc.

Inszenierung durch Visualisierung auf Unterlagen, Prospekten, Folien

- **Zertifizierungen**

ISO-Zertifizierung; Ausbildungszertifikate; Diplome etc.

Inszenierung durch Visualisierung: Kopien; Handouts; Kopien von Zertifikaten

- **Garantien**

Garantienachweise; Geld-zurück-Garantie; Möglichkeiten eines Testlaufs; kostenlose Testmöglichkeiten (Proben); Qualitätsstandards; Qualitätskriterien ; „Wir bürgen mit unserem guten Namen-Zertifikat", etc.

Inszenierung: Unterlagen und Proben, schriftliche Garantieerklärungen

- **Pläne – Fokus auf Umsetzbarkeit**

Pläne, Abläufe, Ressourcenverteilung: Wer macht was, bis wann und wie? Welche Regeln?

Inszenierung: Ablaufpläne, Projektpläne, Meilensteine, Organigramme, Protokolle

◆ **Fokus auf Bewährtes**
Bewährteste Lösung ist …; So machen es die anderen; So machen es die meisten …; Wird gerne genommen …; Machen wir seit Jahren …

◆ **Fokus auf Vergangenheit**
Standards; So wie immer …; So wie bisher …; So wie Generationen vor uns …

◆ **Fokus auf dem was Gleich bleibt**
Das gleiche wie … nur noch …; Folgende Gemeinsamkeiten …; Sinnvolle Evolution …

◆ **Fokus auf Details**
Details, die Sicherheit versprechen; die gleich bleiben; die einfach zu handhaben sind; die Sorgfalt zeigen; hohe Detaildichte im Vortrag
Inszenierung: Fotos von Details; Demonstrationen; Hyperlink-Präsentation: verlinkte Detail-Präsentation öffnet sich auf Nachfrage

◆ **Weisheit der Vergangenheit betonen:**
Lebensweisheiten; Zitate; Moralgeschichten; Fabeln und Anekdoten aus der Tradition/Vergangenheit

C. Überzeugungsmittel für gefühlvolle Teilnehmer

◆ **Folgen (=Kernbotschaften)**
Positive Konsequenzen; negative Konsequenzen. Die Limbischen Instruktionen des Balance-Profils (gefühlvoller Denkstil) ansprechen: menschlicher, gerechter, schöner, bequemer …

◆ **Gefühlshimmel und Gefühlshölle der Kernbotschaften**
Ins Gefühl gehen: „Wie ging es Ihnen damals/heute?“ (Gefühlshölle) „Wie wird es Ihnen erst gehen, wenn Sie meinem Vorschlag folgen?“ (Gefühlshimmel)
Inszenierung: Geplante Interaktion mit Teilnehmern

- **Persönliche Erfahrungen**

Wer bin ich? Was berechtigt mich, über dieses Thema zu sprechen?
Wie geht es mir mit meinem Thema? Warum bin ich persönlich dafür oder dagegen?
Inszenierung: Gefühl ausdrücken durch Körpersprache und Stimme

- **Kernbotschaft beweisen durch Beispiele mit Menschen**

In einer Beispielgeschichte erzählen, wie sich Ihr Thema auf andere Menschen ausgewirkt hat. Den Personen ein Gesicht geben.

- **Nach eigenen Erfahrungen der Teilnehmer fragen**

„Wie erleben Sie die Situation?" „Welche Wünsche haben Sie?" „Was brauchen Sie um ...?"
Inszenierung: Geplante Interaktion

- **Gefühlswahrnehmung- und Verbalisierung**

Auf das eigene Gefühl verweisen, es benennen und begründen
Ich-Botschaften senden; „Ich bin enttäuscht ..."
Welche Gefühle löst das Thema bei den Teilnehmern aus?
Welche Gefühle löst das Thema bei nicht anwesenden Betroffenen aus?
Welche Gefühle sind während der Präsentation bei den Teilnehmern?
Welche Gefühle lösen diese Gefühle in mir aus? Emotionen zulassen und in Worte fassen „Sie fühlen sich ..."; Emotionen sichtbar zeigen

- **Empathie und Einfühlung**

Sich ganz in die Teilnehmer hineinversetzen. Das aussprechen, was sie vermutlich erleben und denken.
Befürchtungen und Sorgen der Teilnehmer aufnehmen und zerstreuen.
Für die Sorgen und Nöte der Teilnehmer da sein.
Brückensätze und „streichelnde Worte"
Alle Beiträge der Teilnehmer würdigen: „Sehr schön!" „Prima!"
Positive Sprache: „gerne", „sehr schön", „danke" etc.
Redebeiträge der Teilnehmer positiv quittieren: „Gut, dass Sie das ansprechen ...", „Ein wichtiger Aspekt ...", „Sehr gute Anregung ..."
Auch auf Einwände mit einem Satz eine emotionale Brücke schaffen: „Danke für Ihre Offenheit, ..." „Das ist ein wichtiger Aspekt, ..."

Welches ist das beste Argument?

- **Ethische Aspekte**

Entspricht es den Werten der Teilnehmer?
Verspricht es Akzeptanz?
Ökologische Aspekte; Nachhaltigkeit
Ist es gerecht?

- **Altruistische Aspekte**

Können Ihre Teilnehmer damit anderen etwas Gutes tun?
Können sie als guter Mensch bestätigt werden?
Können sie anderen helfen?
Oder anderen eine Freude bereiten?

- **Menschliche Aspekte:**

Wie wirkt sich das Thema auf Team, Mitarbeiter, Kunden aus?
Wie kann es kommuniziert werden?
Wer ist dabei? Was sind das für Menschen?

- **Auswirkungen auf persönliches Wohlgefühl**

Wie betrifft es Ihre Teilnehmer persönlich?
Welchen persönlichen Nutzen haben Ihre Teilnehmer?

- **Erleichterung und Komfort**

Erleichtert es das Leben Ihrer Teilnehmer?
Hilft es ihnen, sich wohler zu fühlen?
Fühlt es sich gut an?
Inszenierung: Muster, Modelle, haptische Proben (Haptik=wie sich etwas anfühlt), ausprobieren lassen

- **Gemeinschaft des Denkens und Fühlens erzeugen**

Persönliche Begrüßung mit Namensnennung und persönlicher Note
Möglichkeiten zum kennen lernen und zum Austausch
Vorstellungsrunden: sich miteinander bekannt machen; neue Teilnehmer integrieren
Ein Gruppengefühl erzeugen mit Worten wie „wir", „alle", „gemeinsam"; Gemeinsam Lösungen suchen

Inszenierung mit Gruppenarbeit; Gespräche im Plenum; lockere Diskussionen; informelle Gespräche; Pausen; gemeinsames Essen; Rahmenprogramm; Kennenlern-Spiele

- **Positive Atmosphäre schaffen**

Jedem Teilnehmer zur Begrüßung die Hand geben; Lächeln, Blickkontakt; Freundlichkeit; Smalltalk; Namensschilder; Namensnennung; Getränke; bequeme Stühle; gelüfteter und geheizter Raum; Blumen; bunte Accessoires; Geschenke

- **Psychologische Aspekte: Die Logik der Psyche**

Hinter die Dinge schauen – wahre Motive suchen; die verborgene Logik der Gefühle; die scheinbare Irrationalität von Handlungen; hinter den Schein der Dinge schauen; Tiefe

- **Antiverkauf und Antipolitik**

Verkaufsabsichten in den Hintergrund stellen; als Freund beraten; politische Absichten in Hintergrund stellen; das Wohl der Gemeinschaft hervorheben

- **Schwächen schätzen**

Eigene Schwächen zugeben; Schwächen der Teilnehmer liebevoll tolerieren; rückhaltslose, eigene Offenheit; explizit jeden annehmen, so wie er ist

- **Wahrheiten aussprechen**

Auch unangenehme Wahrheiten aussprechen; tiefe Wahrheiten; verborgene Wahrheiten – bis hin zu esoterischen Wahrheiten;
Inszenierung: auch als Moralgeschichte oder Lebensweisheit eines spirituellen Lehrers; als eigene Lebensgeschichte; als Saulus-Paulus-Geschichte der Umkehr; als Fabel; als kommentierten Spruch; als Gedicht; ein Bild zeigen und kommentieren

- **Illustration mit Geschichten**

Geschichten von Menschen oder von Berühmtheiten; persönliche Geschichten; Märchen

◆ **Materialisierte Metapher**

Die Objekte mitbringen, von denen in der konkreten Metapher die Rede ist: „Unsere Arbeit ist ein Puzzle“ – dann wirkliches Puzzle mitbringen

◆ **Fokus auf Kinästhetik**

Kinästhetik = fühlen, spüren, bewegen, schmecken, riechen
Inszenierung: Alle Sinne ansprechen – zum Beispiel Poesie, Musik, Düfte, Getränke, Essen, Proben, Modelle, Materialmuster, Stoffmuster; Bewegung: Aufstehen, Gruppenarbeit; Räume wechseln; Aktivitäten; Körperaktivierungen; nach draußen gehen;

D. Überzeugungsmittel für experimentelle Teilnehmer

◆ **Folgen (=Kernbotschaften)**

Positive Konsequenzen; negative Konsequenzen. Die Limbischen Instruktionen des Stimulanz-Profils ansprechen: spannender, aufregender, mutiger, freier ...

◆ **Warum – Argumente**

Die Philosophie; das Konzept – der Sinn hinter den Dingen
Inszenierung: Plakate, Pyramiden-Schaubilder, visualisierte Metaphern (zum Beispiel ein Weg durch eine Landschaft mit Stationen steht für den neuen Weg mit Meilensteinen)

◆ **Wozu – Argumente**

Die Vision; die Strategie; das langfristige Ziel
Inszenierung: professionelle Bilder, Filme evtl. mit Musik hinterlegt; Fotos des langfristigen Ziels, Metapher, visualisierte Metapher

◆ **Das ist wie – Argumente**

Vergleich, Bild, Analogien, Metapher
Allegorie: die ganze Präsentation wird auf einer Analogie aufgebaut die durchgängig eingehalten wird.
Inszenierung: visualisierte Metapher; materialisierte Metaphern mitnehmen

◆ **Innere Bilder erzeugen**
Geführte Visualisierung; sehr anschauliche Beschreibungen

◆ **Hypothetische Argumente**
Probelauf in der Phantasie: „Stellen Sie sich einmal vor ... " „Angenommen ..." „Wie wäre es wenn ...?" „Was würden Sie sagen, wenn ...?"

◆ **Verschiedene Perspektiven**
„Aus Sicht von ... Aus Sicht von ... Aus Sicht von ..."
Inszenierung: Eventuell wie in einem Theaterstück die drei Perspektiven wie Rollen ausarbeiten (zum Beispiel: Die Sicht des Kunden – die Sicht des Verkäufers – die Sicht des Unternehmens); Interaktion mit den Teilnehmern: „Wie sieht das Ihrer Meinung nach der Kunde?)

◆ **Fokus auf Wirkung (Image)**
Wie wirkt es nach außen? Macht es einzigartig? Sieht es phantastisch aus? Ist es großartig? Ist es was ganz besonderes und einzigartiges? Erzeugt es Neid? Kann man damit angeben? (Nie direkt ansprechen)
Inszenierung: Superlative, Steigerungen, Vergleiche mit Großem; phantastische Bilder; sensationelle Referenzen; außergewöhnliche Beispiele; Geschichten, in denen von der tollen Wirkung erzählt wird; spezielle Modelle; Designaspekt zeigen oder mitbringen; Name-Dropping („Auch Michael Douglas ..."); Fotos, die die imagesteigernde Wirkung zeigen (zum Beispiel alle schauen neidvoll auf ...); von eigenen, spannenden Erlebnissen berichten

◆ **Fokus auf Zukunft**
Zukunftsszenarien; Soll-Zustände, langfristige Strategien – nicht zu kurz denken; neue, zukunftsorientierte Ideen: Trends auf dem Markt, auf Messen
Inszenierung: Prototypen; futuristische Studien; Fotos; Konstruktionen; Brainstorming mit den Teilnehmern machen

- **Systemische Aspekte**

Wie betrifft die Änderung eines Faktors das ganze System? Welche Auswirkungen auf andere Subsysteme sind zu erwarten? Welcher Preis wird langfristig gezahlt? Vernetztes Denken: Auswirkungen, an die man nicht sofort denkt

Inszenierung: Netzdiagramm, Flussdiagramm, Infografiken; Mind-Maps; Brainstorming mit Teilnehmern; geführte Visualisierungen in die Zukunft

- **Das große Ganze**

Tableau; Bild; Überblick; Zusammenhang; Verknüpfungsmöglichkeiten und Synergieeffekte; ganzheitliche Sichtweise; Disziplinen übergreifendes Denken;

Inszenierung: Infografiken, Struktogramme, Grafiken, Bilder, Netzdiagramm, Flussdiagramm; Plakate; visualisierte Analogien

- **USP (Unique Selling Proposition)**

Alleinstellungsmerkmal; innovative Merkmale; Einzigartigkeit

Inszenierung: Visualisierung mit Bildern; Modelle, Produkte, Prototypen

- **Wow! Anders als die anderen!**

Verblüffung

Bruch mit Regeln und Tradition

Originelle, neue Sichtweisen; neue Argumente

Avantgarde, Trendsetter, Individualität

Neue Medien, neue Bilder, neue Formen, neue Farben, neue Schnitte

Neue Strukturen, neue Abläufe; neue Veranstaltungsdramaturgie

Inszenierung: auch in Form und Design der Präsentation mit Tradition brechen

- **Außergewöhnliche Atmosphäre**

Zum Beispiel Show-Room, uriges bayrisches Lokal, schickes Hotel; noch unentdeckte Location; das radikal andere (zum Beispiel Hotel tief drin im Gotthard-Massiv)

Inszenierung: Raum der Präsentation außergewöhnlich gestalten; Anreise außergewöhnlich planen; besondere Events rund um die Präsentation planen; ungewöhnliche Einladung verschicken

- **Spannung und Abwechslung**

Rätselhafte Ankündigungen, Geheimnisse;
AHA-Erlebnisse: Ratespiele und Wettbewerbe; Quiz
Inszenierung: zum Beispiel Produkt erst am Ende zeigen – vorher abgedeckt; Ratespiel als Einstieg; Zahlen raten; Wettbewerbe inszenieren, die die eigene Kernbotschaft beweisen (zum Beispiel Zeitgewinn, höhere Qualität)

- **Humor, Lässigkeit und Flexibilität**

Keinen Druck ausüben; nachsichtig sein; Regeln zu Gunsten der Teilnehmer brechen; spontan auf Wünsche eingehen; spontan das Programm ändern auf Wunsch der Teilnehmer; lustig sein, etwas Verrücktes tun; spontan sein; lässig gekleidet sein

- **Die Kreativität der Teilnehmer ankurbeln**

Experimentelle Teilnehmer denken mit und haben selbst Ideen. Die können sie nicht lange für sich behalten und werden oft ungewollt „Co-Präsentatoren". Deshalb immer wieder interaktive Phasen mit lockeren Gesprächen oder Ideensammlungen einplanen. Loben und anerkennen der Ideen. Wertschätzung zeigen. Danken

- **Fokus auf visuellen Aspekten**

Modelle sehen lassen; Bilder; Fotos; Filme; Videos; Grafiken; Schaubilder; Stationen; Orte; Aspekte des Designs; Aussehen; Gestaltung

- **Stationen-Präsentation**

An unterschiedlichen Orten präsentieren; jede Kernbotschaft am passenden Ort (zum Beispiel: hohe Qualität – an der Werkbank; flexibles Design – im Show-Room, Fit für die Zukunft – bei den Entwicklern etc.)

6. Wie finde ich die optimale Gliederung?
Klar, präzise und strukturiert reden – die besten Gliederungen

Inhaltsübersicht Kapitel 6

1. Wirkungskiller und Aufmerksamkeitszerstörer

Aufmerksamkeit ist ein knappes Gut geworden. Information-Overload – Reizüberflutung durch Medien, Werbung, E-Mails, Telefone, Faxe, Mailbox, Besprechungen – und Präsentationen. Ihre Botschaften konkurrieren mit den professionellen, präzisen und perfekten Botschaften aus Werbeagenturen und Marketingabteilungen. Sich im geräuschvollen Konzert der Botschaften durchzusetzen ist schwer. Es ist oft schon ein Privileg, überhaupt präsentieren zu dürfen. Diese Chance zu nutzen – darauf kommt es an. Jetzt ist es wichtig, sich die Aufmerksamkeit zu sichern, einleuchtend zu präsentieren, im Gedächtnis zu bleiben und somit das Denken und Fühlen der Teilnehmer zu verändern.

Der beste Gedanke nützt Ihnen nur wenig, wenn andere Ihrer Argumentation nicht folgen können oder Ihnen nicht richtig zuhören. Gehen Sie im Geiste die letzten Präsentationen durch. Wie oft passiert es, dass Sie einer Präsentation nicht folgen können? Wie oft schweifen Ihre Gedanken zu schönen Tagträumen ab? Wie oft redet der Präsentierende Sie fast in Trance? Hier eine Liste der häufigsten Fehler:

Wirkungskiller und Aufmerksamkeitszerstörer

1. **Zu viele Information** – die Zuhörer sind überfordert und schalten ab
2. **Zu lange Sätze und Beiträge** – die Zuhörer können sich nicht so lange konzentrieren und schalten ab
3. **Um den heißen Brei** – die Zuhörer rätseln und schalten ab
4. **Die Erklärung der Erklärung der Erklärung** – Zuhörer fühlen sich wie Erstklässler und schalten ab
5. **Beliebigkeit** – Wichtiges wird gleichberechtigt neben Unwichtiges gestellt, Kernbotschaften gehen unter – die Zuhörer erschöpfen sich auf der Suche nach Schlüsselargumenten und schalten ab
6. **Hektisch und schnell reden** – den Zuhörern wir schwindelig und sie schalten ab
7. **Vom Hölzchen aufs Stöckchen** – sich in Details und Lieblingsthemen verlieren – die Zuhörer werden zermürbt und schalten ab
8. **Monotonie** – die Zuhörer fallen in Trance und schalten ab
9. **Langeweile** – keine Kontraste, keine Bilder, keine plakativen und griffigen Thesen – die Zuhörer langweilen sich und schaltet ab
10. **Selbstdarstellung** – „Ich, ich, ich" statt „Das bedeutet für Sie ..." – die Zuhörer denken: „Das ist für uns nicht relevant!" und schalten ab

2. Verstanden werden, im Gedächtnis bleiben, Wirkung erzielen

Wenn Sie mit Ihrer Präsentation nachhaltig Wirkung erzeugen möchten, ist es unerlässlich, die Präsentation an sich zu gliedern, wie Sie das bisher mit der Problemlöseformel getan haben. Es ist auch wichtig, die Präsentation auf das Publikum abzustimmen, so wie Sie das bisher mit dem Limbischen Kommunikationsmodell getan haben. Denn nur dann sind Ihre Inhalte relevant. Jetzt kommt es darauf an, *die einzelnen Statements Ihrer Präsentation, die Gliederungspunkte, wirkungsvoll auf den Punkt zu bringen.* Es geht jetzt darum, die eigene Kreativität mit bewährten rhetorischen Strukturen zu verknüpfen. Die folgenden Methoden unterstützen Sie dabei, Ihre Gedanken zu sortieren, strategisch anzuordnen und prägnant zu formulieren. Sie können diese Methoden nicht nur in Präsentationen nutzen, sondern auch in Besprechungen, in Interviews mit Pressevertretern, in wichtigen Gesprächen und Verhandlungen.

Die richtige Dosis an Information

Ein wirkungsvolles Statement besteht aus drei bis fünf Botschaften. Mehr kann sich unser Gehirn nicht merken – weniger ist nicht überzeugend. Außerdem gibt es einen schönen Rhythmus, wenn Sie alle Beiträge so gliedern. Unser kollektives Gedächtnis ist voll von Dreier- und Fünferstrukturen. Denken Sie beispielsweise an den Deutschaufsatz mit Einleitung – Hauptteil – Schluss oder an das klassische Drama mit den fünf Akten.

Beispiele: Dreierschritt
Gestern – Heute – Morgen
Meinung A – Meinung B – Kompromiss
Ist – Soll – Weg

Beispiele: Fünferschritt
Einleitung – Gestern – Heute – Morgen – Zielsatz
Einleitung – Meinung A – Meinung B – Kompromiss – Appell
Einleitung – Ist – Soll – Weg – Abschluss

Der Fünferschritt unterscheidet sich vom Dreierschritt **nicht** dadurch, dass er mehr Botschaften transportiert. Er hat lediglich einen einleitenden Satz und einen Schlusssatz mehr. Die Einleitung hat die Funktion, die drei Schritte anzukündigen. Der Schluss fasst sie noch einmal zusammen. Das erhöht die Chance, das Ihre Botschaft im Gedächtnis Ihrer Zuhörer verankert wird.

Wie finde ich die optimale Gliederung?

Beispiel: Fünferschritt

1. *Einleitung: Wie funktioniert unser flexibles Trägersystems? Drei Aspekte sind besonders wichtig: Aspekt x Aspekt y und Aspekt z.*
2. *Der erste Aspekt ist ... x*
3. *Der zweite Aspekt ist ... y*
4. *Und schließlich der dritte Aspekt ... z*
5. *Zusammenfassung: x, y, und z sind also für die Flexibilität verantwortlich. So funktioniert unser flexibles Trägersystem.*

Beispiel: Dreierschritt

Drei Aspekte definieren unser flexibles Trägersystem: Erstens Aspekt x, zweitens Aspekt y und drittens Aspekt z.

Wie lange die einzelnen Aspekte dann werden ist gar nicht mehr so wichtig. Sie können ganz kurz sein, manchmal sogar nur drei Wörter umfassen. Sie können aber auch ausgiebig die Aspekte beschreiben, Folien zeigen, Modelle mitbringen, Beispiele einfügen, Metaphern finden. Wichtig ist, dass Ihre Zuhörer Ihrer Struktur folgen können – weil Sie einen gehirngerechten roten Faden haben und den Fokus der Aufmerksamkeit nur auf die drei explizit genannten Aspekte lenken. Wenn möglich, steigern Sie die drei Gliederungsschritte vom Kleinen ins Große. Hören Sie immer mit dem Besten auf – denn das bleibt im Gedächtnis.

Er sagt es klar und angenehm, was erstens, zweitens und drittens käm

Wilhelm Busch

Profi-Technik: Mit der Körpersprache Strukturen verdeutlichen

Verdeutlichen Sie Struktur mit Körpersprache und Stimme

- Zählen Sie mit den Fingern mit
- Heben Sie die Gliederungspunkte hervor indem Sie sie laut und eindringlich ankündigen
- Machen Sie Wirkpausen nach einzelnen Schritten
- Kontrastieren Sie inhaltliche Gegensätze immer auch mit der Stimme (zum Beispiel langsam-schnell; besorgt-begeistert; laut-leise)

Der rote Faden: Tesa-Crepp für Inhalte

Suchen Sie sich einen, schon im Gehirn vorhandenen, roten Faden als Aufhänger für Ihre Inhalte aus. Die Kategorie der Zeit, die Kategorie des Raums, Zahlenreihen, Größenverhältnisse, Perspektiven, Kontraste, Denkmuster, Archetypen, kollektive Mythen und Bilder eignen sich als „Tesa-Crepp", an die Sie Ihre Botschaften kleben können. Dadurch haften diese viel besser und bleiben nachhaltig im Gedächtnis. Vergleichen Sie auch ihr Thema immer nur mit Bildern und Erlebnissen, die schon in den Köpfen Ihrer Teilnehmer drin sind.

Info-Box: Gehirnforschung und Reihenfolge

Hans Georg Häusel verrät in „Brain Script", dass auch Supermärkte sich die impliziten Kategorien des Gehirns zunutze machen, um das Gedächtnis Ihrer Kundschaft zu entlasten – und dadurch mehr verkaufen: Der rote Faden im Supermarkt bildet die Zeitschiene: Frühstück-Mittagessen-Abendessen. So wird die Ware dem Kunden in relevanten und bekannten Zusammenhängen präsentiert. Die Gemüseabteilung am Anfang ist eine Ausnahme – sie soll gleich am Anfang Frische suggerieren. Dieser Vorgang heißt in der Gehirnforschung „Priming". Das bedeutet, dass der erste Eindruck die Bahnen der Wahrnehmung über Assoziationen lenkt. Sind diese angenehm wird auch das Folgende als angenehm empfunden. Somit bestätigt die Gehirnforschung den rhetorischen Grundsatz: Der Anfang muss stimmen! Und vergessen Sie nicht: Es gibt keine zweite Chance für Ihren ersten Eindruck!

3. Zehn wirkungsvolle Gliederungen für Statements

Wie finde ich die optimale Gliederung?

Drei Zeiten

So können Sie immer gliedern. Es geht schnell, ist einfach und passt immer. Hier einige Möglichkeiten als Anregung:

- Gestern – heute – morgen
- In den Sechzigern – in den Achtzigern – heute
- Zuerst ... dann ... und zum Schluss
- Folgende Punkte stehen auf dem Programm: Sofort ..., im nächsten Quartal ..., im nächstes Jahr ...
- Als ich in dieses Unternehmen kam, habe ich das so vorgefunden ... Jetzt ist es so ... Das haben wir vor ...

Drei Aspekte

Auch diese Struktur passt immer. Versuchen Sie, die dem Thema inhärente Logik zu finden:

- Aspekt 1 – Aspekt 2 – Aspekt 3
- Erstens – Zweitens – Drittens
- Der neue Standort: Geographie, Wirtschaft, Lebensqualität
- Das neue Formular: Aussehen, Vorgehen, Archivieren

Es ist keine Kunst, etwas kurz zu sagen, wenn man etwas zu sagen hat

Georg Christoph Lichtenberg

Zwei Gegensätze

Erzeugen Sie Spannung indem Sie plakativ und kontrastreich sprechen. Hier handelt es sich um eine zweigliedrige Struktur. Wenn Sie noch ein persönliches Fazit anhängen wird sie dreigliedrig:

- Vorteil – Nachteil
- Theorie – Praxis
- Chancen – Risiken
- Vorurteil – in Wirklichkeit
- Wunschziel – Erreichbarkeit
- Beweglich – Unbeweglich

Vier Denkstile – Limbische Multicode

Geben Sie ein rundes Bild der Dinge und strukturieren Sie, indem Sie einmal einen Rundgang durch alle Denkstile machen. Die Reihenfolge ist wichtig: logisch, strukturiert, gefühlvoll und experimentell. Sie fangen mit dem nüchternen logischen Code an und steigern sich zum Ende hin bis zum visionären experimentellen Code:

- Was? – Wie? – Wer? – Wozu?
- Zahlen – Referenzen – Geschichten – Visionen
- Schneller – sicherer – einfacher – aufregender
- Technik – Prozesse – Menschen – Philosophie
- Theorie – Anwendung – Beispiel – Auswirkung
- Gewinn – Sicherheit – Menschlichkeit – Spaß

Drei Perspektiven

So wirkt Ihr Redebeitrag im Nu objektiv, durchdacht und intelligent:

- Perspektive 1 – Perspektive 2 – Perspektive 3
- Aus Sicht des Kunden – aus Sicht der Produktion – aus Sicht des Vertriebs
- Aus Sicht der Geschäftsleitung – aus Sicht des Betriebsrats – aus gesellschaftlicher Sicht
- Sicht der Konfliktpartei 1 – Sicht der Konfliktpartei 3 – Sicht eines Außenstehenden

Drei Größen

Klimax (Steigerung zum Großen) und Anti-Klimax (Verkleinerung) gehören zu dem grundlegenden rhetorischen Prinzip der Amplificatio: Mache die Vorteile groß und die Nachteile klein. Steigern Sie also Vorteile mit der Klimax, minimieren Sie nachteile mit der Anti-Klimax.

Klimax:

- Klein – mittel – groß
- Einzelner – Unternehmen – Gesellschaft
- Mitarbeiter – Abteilung – Unternehmen
- Gut – besser – am besten

Anti-Klimax:

- Preis für das Ganze, pro Monat, pro Tag

Drei Vorteile

Immer dann, wenn Sie etwas „verkaufen“, wenn Sie überzeugen und motivieren möchten:

- Das haben Sie davon: 1 ... 2 ... 3 ... (Das Beste zuletzt)
- Dieses Produkt kann: erhöhen ..., stärken ..., begeistern ...
- Sie bekommen 1 ... 2 ... 3 ...
- Sie vermeiden folgende Nachteile: 1 ... 2 ... 3 ...

Wie finde ich die optimale Gliederung?

Ist – Soll – Weg

In Kurzform lässt sich die Problemlöseformel auch für Statements sehr gut nutzen. Immer dann, wenn Sie etwas fordern, wenn Sie Neuerungen durchsetzten möchten oder für Ihren Weg werben möchten:

- Analyse Ist – Analyse Soll – Weg(e)
- Hölle – Himmel – Rettung
- Problem – Möglichkeiten – Weg(e)
- Lage – Ziel – Option
- Wo stehen wir? – Wo wollen wir hin? – Wie kommen wir dorthin?

Tritt fest auf! Mach's Maul auf! Hör bald auf!
Martin Luther

Vorteil – Nachteil – Fazit

Wenn Sie mehrere Wege/Lösungen präsentieren, dann eignet sich diese Struktur. Ordnen Sie taktisch an, je nachdem, welche Lösung Sie bevorzugen:

- Nachteile dieser Lösung – Vorteile dieser Lösung – Empfehlung
- Vorteile dieser Lösung – Nachteile dieser Lösung – Empfehlung

Position A – Position B – Fazit

Sie haben einen Meinungsgegner? Dann gehen Sie respektvoll auf seine Argumente ein, ohne Begründung. Dann nennen und begründen Sie Ihre Argumente. Zum Schluss ziehen Sie ein Fazit. Das kann entweder ein Kompromiss sein oder die begründete Zurückweisung der Gegenposition.

- Seine Meinung – meine Meinung – deshalb Zurückweisung seiner Meinung
- Seine Meinung – meine Meinung – Annäherung in folgenden Punkten
- Ihre Meinung – meine Meinung – Gemeinsamkeiten
- Ihre Meinung – meine Meinung – Überwindbare Unterschiede

These – Antithese – Synthese

Sehr intelligent und ein wenig intellektuell wirkt die hegelsche dialektische Formel. Das Eine ist nicht die Wahrheit – das andere ist nur hohler Schein, deshalb die Synthese – natürlich auf einer höheren „Bewusstseinsebene":

- Schwarz – weiß – „grau"
- Egoismus – Altruismus – Ausgleich
- Zielorientierung – Menschenorientierung – beides zugleich
- „Yin" – „Yang" – „Yin und Yang" (das eine ist im anderen)

Hier noch eine dialektische Formel zu unserem Thema „Redestruktur":
Mir geht es nicht darum, Sie zum Sklaven von starren Strukturen und Mustern zu machen. Doch wenn wir unseren Emotionen und Gedanken ganz freien Lauf lassen, verlieren wir die Kontrolle über ihre Wirkung. Struktur oder Freiheit? Muster oder Kreativität? Beides ist wichtig. Denn Kreativität braucht Struktur, um sich zu entwickeln. Ähnlich wie am Jahrmarkt die Zuckerwatte um den Holzstab gewickelt wird, so braucht unser Gehirn eine Struktur als Denkpflock, um den es die kreativen Gedanken wickeln kann. Ansonsten produziert es nur lose, unzusammenhängende und wirre Gedankenfäden – und Ihre Teilnehmer schalten ab …

Profi-Technik: Gliederungen sind Ihre rhetorische Allzweckwaffe

Info-Vorträge
Alle zehn Redestrukturen lassen sich zu einer Präsentation ausweiten, als Alternative zur Problemlöseformel. Sie können damit vor allem Info-Vorträge sinnvoll gliedern. Suchen Sie sich aus Kapitel 1 eine passende Einleitung und aus Kapitel 4 einen Schluss. Die oben vorgestellten Redestrukturen stellen dann die Phasen des Hauptteils dar.

Stehgreifreden
Alle Strukturen helfen Ihnen, wenn Sie spontan aufgefordert werden, einige Worte vor Publikum zu sagen. Zwei Strukturen möchte ich Ihnen besonders empfehlen:

Erstens die Zeitachse: *Gestern – Heute – Morgen. Zum „Gestern"* erzählen Sie, *wie es dazu gekommen ist, welche Entwicklungen es in der Vergangenheit gegeben hat, welche Herausforderungen gemeistert wurden.* Dann erzählen Sie etwas kürzer vom **„Heute"**: *wo Sie gerade stehen, was Sie gerade denken und fühlen, wie der Stand der Dinge ist usw.* Zum Schluss geben Sie noch einen kurzen Ausblick auf **„Morgen"**: *Wo soll die Reise hingehen? Was haben Sie vor? Welche Visionen leiten Sie?* Die zweite Struktur, die immer funktioniert ist der Limbische Multicode. Beantworten Sie der Reihenfolge nach die Fragen: Was? Wie? Wer? Wozu? (Zum Beispiel das neue Projekt: **Was?** *Nennen Sie Zahlen, Daten, Fakten, Nutzen und Ziele.* **Wie?** *Beschreiben Sie Methoden, Meilensteine, Phasen Abläufe.* **Wer?** *Erzählen Sie von Menschen. Wer ist am Projekt beteiligt? Wer wird davon profitieren? Wie verbessert es das Leben der Menschen?* **Wozu?** *Gehen Sie auf strategische Aspekte ein. Stellen Sie die Einzigartigkeit heraus. Heben Sie die Bedeutung für die Zukunft hervor.*

Gespräche, Diskussionen und Interviews
Alle zehn Gliederungen können Sie in Sitzungen, Meetings und Verhandlungen nutzen, um Ihren Standpunkt kurz zu präsentieren. Auch in Gesprächen mit der Presse und anderen Medien können Sie Ihre Beiträge so überzeugend und griffig auf den Punkt bringen. Gewöhnen Sie sich das disziplinierte Fünf-Satz-Sprechen in unverfänglichen Situationen, wie zum Beispiel am Telefon, an. Denken Sie immer daran: „Mund zu" nach dem letzten Satz – nichts „Überverkaufen" durch Langatmigkeit.

Einwände und kritische Nachfragen
Auch als Einwandbehandlung eignen sich diese Strukturen hervorragend. Nehmen Sie mit einem so genannten Brückensatz den Einwand auf und sprechen Sie dann mit den oben genannten Gliederungen weiter. (Brückensätze würdigen den Standpunkt des Gegenübers – mehr hierzu in Kapitel 18 und 19)

7. Wie formuliere ich wirkungsvoll? 30 rhetorische Wirkfiguren, um fesselnd, einleuchtend und wirkungsvoll zu formulieren

Inhaltsübersicht Kapitel 7

1. Blasse Bilder, kraftlose Sätze und langweilige Formulierungen

Warum hören wir manchen Präsentierenden gebannt zu, während wir bei anderen das Ende der Präsentation nicht abwarten können? Warum sind wir bei manchen regelrecht gefesselt, während wir uns bei anderen nur mühsam wach halten können? Warum leuchtet uns bei manchen alles sofort ein, während wir bei anderen rätseln und nach dem Sinn des Ganzen suchen? Dieses Kapitel verrät Ihnen die Geheimnisse von Top-Präsentatoren und Excellent-Speaker. Sie beherrschen wirkungsvolle Sprachmuster, die so genannten rhetorischen Wirkfiguren. Das sind die Profi-Werkzeuge im Werkzeugkasten der Rhetorik. Was sie bewirken und wie sie wirken zeigt anschaulich das folgende Beispiel:

Stellen Sie sich zwei Präsentierende vor. Beide sprechen über das gleiche Thema. Der eine, Herr Fesselnd, kennt das Geheimnis der rhetorischen Wirkfiguren. Der zweite, Herr Blass, kennt es nicht. Hier ein Auszug aus ihrer Präsentation. „Das neue Formular!" Das langweilige Thema ist bewusst ausgewählt. So beweisen wir gleichzeitig den rhetorischen Grundsatz: ***Es gibt keine langweiligen Themen, nur langweilige Präsentationen.*** *Und so entkräften wir den häufigen Einwand, dass nur ein interessanter Inhalt eine interessante Präsentation bedingen kann.*

Beide sprechen vor ihren Mitarbeitern, Sachbearbeiterinnen im Innendienst:

Lassen wir zuerst Herrn Blass zu Wort kommen:
Mit dem alten Formular gibt es immer wieder Komplikationen und die Fehlerquote ist sehr hoch. Wir haben Abstellmaßnahme als Vorkehrungen getroffen, um die Fehlerquote zu reduzieren. Das neue Formular ist nicht mehr so kompliziert. Es gibt eine Prozessoptimierung durch Hinterlegung von Eingaberastern. Sie müssen jetzt keine langen Zahlenreihen mehr eingeben (Jetzt folgen die Merkmale des Formulars als PowerPoint-Aufzählungsfolie)

Jetzt Herr Fesselnd:
Wann haben Sie sich mal wieder über das DIN-EUR0871123- Formular geärgert? Wann haben Sie mal wieder versucht, die endlosen Zahlenreihen zu erfassen? Und wann haben Sie mal wieder das Formular DIN-EUR0871123 entnervt zerknüllt?

DIN-EUR0871123 ist zu kompliziert und zu komplex. Ein Formular sollte wie ein guter Freund sein, ein Freund der uns bei der Arbeit hilft, sodass unsere Arbeit einfacher, leichter und schöner wird. Unser neues Formular ist so ein Freund. Wissen Sie, was er alles für Sie tut? (Jetzt folgen die Merkmale des Formulars als Eigenschaft von Freunden.)

Herr Fesselnd

Wann haben Sie sich mal wieder über das DIN-EUR0871123-Formular geärgert? **Wann haben Sie** mal wieder versucht, die endlosen Zahlenreihen zu erfassen? Und **wann haben Sie** mal wieder das Formular DIN-EUR0871123 entnervt zerknüllt?

DIN-EUR0871123 ist zu kompliziert und zu komplex Ein Formular sollte wie ein guter **Freund** sein, ein **Freund** der uns bei der Arbeit hilft, sodass sie **einfacher, leichter und schöner** wird. Unser neues Formular ist so ein **Freund**. Wissen Sie, was er alles für Sie tut? (Jetzt folgen die Merkmale des Formulars als Eigenschaft von Freunden.)

Analyse

Rhetorische Fragen: *Wann haben Sie sich …?* – regt Teilnehmer zum Nachdenken an, zieht die TN in die Präsentation hinein; fesselt; erzeugt Kopfkino

Direkte Ansprache der Teilnehmer: *Wann haben Sie* – erzeugt Interesse durch Relevanz; ist unterhaltsam

Ironie: DIN-EUR0871123 – belegt mit Augenzwinkern die Hölle-Kernbotschaft „zu kompliziert"; die Wiederholung steigert die ironische Wirkung, ist unterhaltsam

Anapher: Wiederholung des Satzanfangs: *Wann haben Sie … Wann haben Sie … Und wann haben Sie* – wirkt eindringlich, ordnend und prägnant; verbraucht weniger Dechiffrierungsenergie im Gehirn

Alliteration (gleicher Anlaut): *kompliziert und komplex; Formular ist ein Freund* – wirkt griffig und plakativ

Vergleich *Wie ein guter Freund:* Formular wird mit Freund verglichen

Metapher *Ist so ein Freund:* Formular wird mit gutem Freund gleichgesetzt – Kernbotschaft „hilfreich" anschaulich formuliert

Personifizierung Formular wird personifiziert – enthält menschliche Zügen; wirkt anschaulich und sympathisch. Kernbotschaft *einfacher, leichter, schöner* einleuchtend verpackt.

Wiederholungen Dreimal *Ein Freund* – Kernbotschaft wird eindringlich formuliert; bleibt lange im Gedächtnis haften. Die wörtliche Wiederholung im Nebensatz wie ein guter Freund sein, ein Freund betont Schlüsselworte

Dreierschritt *einfacher, leichter, schöner*

Antithese – wirkt plakativ, griffig, prägnant, logisch
Das Alte – das Neue
kompliziert, komplex – einfach, leicht

Herr Fesselnd	Analyse
(Fortsetzung)	**Definition** – gibt Sicherheit, wirkt bestimmt und machtvoll (Wer definiert, steckt sein Territorium ab) *Unser neues Formular ist so ein Freund.*
	Humor – verbindet und unterhält *Unser neues Formular ist so ein Freund. Wissen Sie, was er alles für Sie tut?* (Humorvoller Ton)

2. Rhetorische Wirkfiguren – Sprachmuster die dem Limbischen System gefallen

Rhetorische Wirkfiguren machen aus kraftlosen Sätzen Sätze, die etwas bewirken. Doch was genau bewirken Sie? Es überrascht Sie sicher nicht, dass die rhetorischen Wirkfiguren dem Limbischen System imponieren wollen – damit der strenge Wächter die Botschaft als relevant einstuft und so an das Großhirn weiterleitet. Das heißt, die rhetorischen Figuren verkleiden Ihre Botschaften so, dass sie den unterschiedlichsten Instruktionen sympathisch werden.

- Die Limbische Instruktion des logischen Denkstils steht auf klare, griffige und präzise Botschaften.
- Die Limbische Instruktion des strukturierten Denkstils bevorzugt geordnete Botschaften, die einen niedrigen Energieaufwand bei der Dechiffrierung versprechen.
- Die Limbische Instruktion des gefühlvollen Denkstils mag es, wenn Ihre Botschaften sinnlich und gefühlvoll gekleidet sind.
- Und die Limbische Instruktion des experimentellen Denkstils ist hingerissen von unterhaltsamen, originellen und spannenden Sprachkostümen.

Wenn Sie die *richtige* Botschaft auch noch *passend* einkleiden, erhöhen Sie Ihre Chancen, in der Flut der täglichen Informationen überhaupt wahrgenommen zu werden. Und Ihre Botschaften sichern sich einen Logenplatz im Gehirn der Teilnehmer. Im Limbischen System wird alles was wir erleben markiert: *bedeutend-unbedeutend, angenehm-unangenehm* usw. Diese Markierung geschieht unbewusst. Die Botschaften kommen mit dieser emotionalen Markierung im Großhirn an! Sorgen Sie also für die richtige Markierung. Das geht am besten mit einer gehirntypgerechten Auswahl, Inszenierung *und* Formulierung Ihrer Kernbotschaft! Denn nur so wird Ihre Präsentation vom Limbischen System als relevant und sympathisch eingestuft. Lesen Sie hierzu jetzt noch einmal das 2. Kapitel, vor allem die acht Himmel/Hölle-Beispiele ab Seite 87 mit der anschließenden Wirkanalyse.

Wirkpräferenzen der unterschiedlichen Denkstile

Es gibt keine richtige oder falsche Formulierung – es gibt nur eine passende. Die einen mögen es knapp und präzise – die anderen gefühlvoll und weitschweifig. Die einen lieben das Wortspiel – die anderen finden es nervtötend. *Stil,* so bemerkte einst der Philosoph Schopenhauer, *ist die Physiognomie des Geistes.* Wie Recht er hatte, wissen wir erst heute durch die Erkenntnisse der Gehirnforschung. Wenn Sie noch Schwierigkeiten haben, die einzelnen Denkstile und Persönlichkeiten zu erkennen, dann kommt jetzt der ultimative Erkennungs-Tipp: Hören Sie gut hin. Achten Sie nicht so sehr auf das „Was" sondern mehr auf das „Wie" von Kommunikationsbeiträgen. Denn Inhalte haben wir unter Kontrolle. Unseren Stil jedoch nie! Unser Redestil ist veräußerlichter Denkstil! So wie wir sprechen – so denken wir. Und so wie wir denken – so sind wir.

Logisch (blau):	Experimentell (gelb):
• Prägnant • Griffig • Plakativ • Logisch • Einleuchtend • Knapp • Stringent • Nüchtern • Machtvoll	• Originell • Unterhaltend • Spannend • Überraschend • Humorvoll • Verspielt • Anschaulich • Herausragend • Fesselnd

Strukturiert (grün):	Gefühlvoll (rot):
• Strukturiert • Ordentlich • Verständlich • Systematisch • Eingängig • Einfach • Rhythmisch • Detailliert	• Sinnlich • Melodiös • Harmonisch • Natürlich • Bewegend • Ausschweifend • Erzählend

Auch Sie können das Profi-Werkzeug der Rhetorik für Ihren Erfolg nutzen. Im Folgenden erhalten Sie zuerst die 30 wichtigsten rhetorischen Figuren mit

- Definition
- Wirkschwerpunkte
- Beispielen
- Bewertung, wie das Mittel auf die unterschiedlichen Denkstile wirkt: Skala: ++++ (optimal) bis ---- (unbedingt meiden)

Beispiel:

Logisch	Strukturiert	Gefühlvoll	Experimentell
++++ prägnant plakativ	+++ ordnend/einfach rhythmisch	+ melodiös	+++ interessant originell

Sie können gleich im Anschluss üben, um an Ihren Formulierungen zu feilen. Holen Sie Ihre Präsentation und etwas zu schreiben. Suchen Sie sich für den Anfang Ihre Kernbotschaften aus, um sie zu bearbeiten. Unterstreichen Sie die zentralen Aussagen, die sie gerne wirkungsvoller formulieren möchten. Eine gute Testfrage ist: Welche Botschaften sollen nach dieser Präsentation im Gehirn meiner Teilnehmer verankert sein? Rhetorische Wirkfiguren sind wie Salz. Wenn das Salz fehlt, schmeckt es fade. Ist zu viel Salz drin, schmeckt es versalzen. Eine Prise reicht in den meisten Rezepten. Setzten Sie rhetorische Wirkfiguren sparsam und **gezielt** ein.

Info-Box: Das System der Rhetorik

Die Rhetorik ist eine Wissenschaft, die seit 2.500 Jahren an Universitäten gelehrt wird. Ihre Geburtsepoche ist die Antike. Sie ist eng verbunden mit der Demokratie. Denn sie braucht zu Ihrer Entfaltung den freien Wettstreit der Interessen und Meinungen, was in einer Diktatur nicht möglich ist. Die Rhetorik ist eine empirische Wissenschaft, das bedeutet, sie beobachtet und analysiert zielgerichtete und wirkungsvolle Kommunikation. An der Universität Tübingen gibt es heute den einzigen Lehrstuhl für Allgemeine Rhetorik in Deutschland. Er wurde von Walter Jens gegründet und wird heute von Gerd Ueding geleitet. Spannend ist die Beobachtung, dass die wichtigsten Lehrbücher der Antike von Aristoteles, Cicero und Quintilian bis heute hohe Gültigkeit haben. Welche Wissenschaft kann das noch vorweisen? Das ist nur deshalb möglich, weil auch sie – ohne dass sie es wussten – die Wirkung von Sprache auf unser Limbisches System untersucht haben. Und das ist eine jahrmillionenalte, universelle evolutionäre Konstante. Gleichzeitig beschäftigt sich die wissenschaftliche Rhetorik immer auch mit der Frage der Ethik um einen Missbrauch der rhetorischen Mittel auszuschließen. Sie verankerte die Ethik in der Person des Redner als *vir bonus* (der anständige Mensch) der die Waffen der Rhetorik für die gute Sache einsetzt, nach dem Motto: *Wenn die Guten nicht kämpfen, siegen die Schlechten (Platon).*

Im Literaturverzeichnis am Ende dieses Kapitels finden Sie einen Abschnitt über antike Rhetorik und einen Abschnitt über wissenschaftliche Rhetorik.

3. Die 30 wichtigsten rhetorischen Wirkfiguren in alphabetischer Reihenfolge

Alliteration (Stabreim)

Definition: Gleicher Anlaut am Wortanfang

Wirkschwerpunkte: Wirkt plakativ, prägnant und präzise. Macht Ihre Botschaft griffig und einprägsam. Erhöht die sprachliche Sprachkraft. Zeugt von Originalität und Kreativität.

Beispiele:
- *Klare Kalkulation*
- *Profit! Pride! Pleasure!*
- *Null und nichtig*

Geeignet für:

Logisch	Strukturiert	Gefühlvoll	Experimentell
++++ prägnant plakativ	+++ ordnend/einfach rhythmisch	+ melodiös	+++ interessant originell

Analogie (Entsprechung/Gleichheit von Verhältnissen)

Definition: Abstrakte, komplizierte und unbekannte Aspekte Ihres Themas werden mit dem Publikum bekannten Aspekten ins Verhältnis gesetzt. Damit wird Ihr Thema in die Sprache und Lebenswirklichkeit Ihrer Zuhörer übersetzt.

Wirkschwerpunkte: Die Analogie hilft Ihnen, Ihr Thema einleuchtend darzustellen. Neben der übersetzenden Funktion macht die Bildhaftigkeit der Analogie Ihre Präsentation anschaulich und originell. Die Analogie eignet sich hervorragend, um komplexe naturwissenschaftliche, technische oder unsichtbare Prozesse so zu erklären, dass Ihr Publikum sie auch versteht. Beliebte Analogiefelder sind: *der Computer, das Auto, das Flugzeug, das Schiff, die Familie, das Sportteam, Fußball, Kochen, die Gartenarbeit, die Natur, das Wetter, die Reise, der Weg.* Diese Analogiefelder sind deshalb so beliebt, weil jeder sie kennt und Präsentierende sich so auf ihre Übersetzungs- und Wirkkraft verlassen können.

Beispiele:

- *Eine Beobachtung löst also in einem Menschen eine Art innerer Simulation aus. Das ist ähnlich wie im Flugsimulator: Alles ist wie beim Fliegen, sogar das Schwindelgefühl beim Sturzflug stellt sich ein, nur, man fliegt eben nicht wirklich. (so anschaulich erklärt Joachim Bauer das Phänomen der Spiegelneuronen in seinem Buch: Warum ich fühle, was du fühlst)*
- *Wenn Sie die Teile bei unseren Mitbewerbern in China bestellen, dann ist das so, als ob Sie direkt am Meer wohnen würden und statt fangfrischem leckeren Fisch tiefgefrorenen wässrigen, Fisch essen würden, der vorher um die halbe Welt gereist ist.*

Geeignet für:

Logisch	Strukturiert	Gefühlvoll	Experimentell
++ einleuchtend (aber auch misstrauisch gegenüber der scheinbaren Logik)	+++ einleuchtend verständlich einfach	+++ einleuchtend eventuell sinnlich	++++ einleuchtend anschaulich interessant eventuell originell

Anapher (Wiederholung des Satzanfangs)

Definition: Wiederholung eines oder mehrerer Wörter zu Beginn aufeinanderfolgender Sätze oder Satzteile.

Wirkschwerpunkte: Hebt wichtige Dinge hervor; erzeugt Prägnanz; plakativ; ordnend; eindringlich; einfach: reduziert Verarbeitungsaufwand bei Decodierung im Gehirn

Beispiel:

- *Wir brauchen Investitionen, wenn wir am Markt bestehen wollen.*
- *Wir brauchen Investitionen, wenn wir die Nummer eins bleiben wollen!*

Geeignet für:

Logisch	Strukturiert	Gefühlvoll	Experimentell
++++ eindringlich prägnant plakativ griffig geradlinig	+++ eindringlich ordnend einfach	++ eindringlich melodiös	++ eindringlich unterhaltend

Anglizismen (Englische Begriffe)

Definition: Englische Begriffe in deutschen Präsentationen.

Wirkschwerpunkte: Suggerieren weltweite Präsenz, Internationalität und Größe. Suggeriert nicht Geborgenheit, Verbundenheit und Tradition – deshalb meiden, wenn Sie vor strukturiert/gefühlvollen Teilnehmern sprechen. Hier lieber das passende deutsche Wort suchen.

Beispiele:

- *Powerselling*
- *Multimind*
- *Tools*

Geeignet für:

Logisch	Strukturiert	Gefühlvoll	Experimentell
++++ machtvoll	----	----	++++ beeindruckend originell

Ankündigungen

Definition: Sie sagen Ihren Teilnehmern im Voraus, was Sie erwartet.

Wirkschwerpunkte: Ankündigungen strukturieren Ihre Präsentation. Sie machen den Ablauf vorhersehbar und geben Ihren Teilnehmern Sicherheit. Sie erzeugen Spannung. Sie heben Wichtiges hervor und stellen Besonderes heraus. Sie wecken Interesse und steigern die Aufmerksamkeit. Sie helfen dem Gehirn komplizierte Botschaften häppchenweise zu verdauen. Sie portionieren einen unübersichtlichen Stoff mundgerecht. Sie sind das optimale Wirkmittel für den strukturierten Denkstil, da sie ihm das Gefühl vermitteln, die Kontrolle zu haben. Das erzeugt Sicherheit und Wohlbefinden.

Beispiele:

- *Drei Aspekte sind hervorzuheben: Sie erfahren zuerst … und dann … und zum Schluss …*
- *Ich werde Ihnen nun Schritt für Schritt die Methode vorstellen …*
- *Sieben Schritte sind zu unterscheiden: 1,2,3,4,5,6 und 7. Fangen wir mit …*
- *Ich komme nun zu Punkt drei …*
- *Und dies ist der Kern meiner Rede …*
- *Das Folgende ist besonders wichtig …*
- *Lassen Sie mich das anders ausdrücken …*
- *Ich wiederhole jetzt …*

Für den experimentellen Denkstil bauen Sie Rätsel und Geheimnisse ein: *Zum Schluss meiner Präsentation werde ich Ihnen verraten, wie …*
oder verkünden Sie metaphorisch: *Kommen Sie mit auf die Reise. Die erste Station ist … dann steigen wir um nach … und kommen schließlich am Hauptbahnhof an, wo wir …*

Geeignet für:

Logisch	Strukturiert	Gefühlvoll	Experimentell
+++ prägnant priorisierend relevant	++++ ordnend systematisch eindringlich einfach	+++ hilfreich eindringlich menschlich	++ eventuell spannend eventuell überraschend

Antiklimax (Negative Steigerung)

Definition

Sie führen (am besten) in drei Schritten

- vom Großen zum Kleinen
- vom Ganzen zum Detail
- von der Spitze zum Tiefpunkt
- vom Allgemeinen zum konkreten Einzelfall.

Wirkschwerpunkte: Im Gegensatz zum → Klimax ist der Anti-Klimax eher eine Denkfigur der strukturierten und gefühlvollen Teilnehmer, da der Fokus im letzten Schritt auf das Detail, auf das Problem und auf den konkreten Einzelfall gelegt wird.

Beispiele:

- *Das schadet nicht nur der deutschen Volkswirtschaft, das schadet auch den Unternehmen und schließlich schadet es uns selbst.* Gut geeignet für alle Hölle-Kernbotschaften. *Zuerst kommen weniger Kunden. Dann sinkt der Umsatz. Und schließlich verschwinden sie vom Markt.*
- Ebenfalls gut geeignet, um den Standpunkt des Gegners zu erschüttern (während es vorteilhaft ist, den eigenen Standpunkt durch eine Klimax zu vertreten): *Ich gebe zu bedenken: wem ist damit wirklich geholfen, wer kann das praktisch anwenden und vor allem: wer soll das bezahlen?*

Geeignet für:

Logisch	Strukturiert	Gefühlvoll	Experimentell
++ logisch prägnant	++++ eindringlich Fokus auf Detail ordnend	++++ eindringlich Fokus auf Einzelfall bewegend	++ originell

Antithese (Gegensätze)

Definition: Parallel im Satzbau/gegensätzlich im Inhalt.

Wirkschwerpunkte: Vermeidet Schwammigkeit – spricht Klartext; ist pointiert. Erzeugt Prägnanz und Eindringlichkeit; polarisiert; zeigt Licht- und Schattenseiten auf und erzeugt eine Spannung. Hilft Entscheidungen herbeiführen.

Beispiele:

- *Hart in der Sache, weich in der Form*
- *Wollen wir eine langfristige, vernünftige Entscheidung oder wollen wir nur kurzfristige Erfolge?*
- *Grundlagenforschung: unnötiger Luxus oder sinnvolle Notwendigkeit?*

Geeignet für:

Logisch	Strukturiert	Gefühlvoll	Experimentell
++++ dialektisch plakativ prägnant	+++ systematisch einfach ordnend	+	++ spannend kontrastreich interessant

Beispiele

Definition: Ein Beispiel ist ein konkreter Einzelfall

Wirkschwerpunkte: Es belegt entweder eine These und macht sie glaubwürdig. Oder sie machen Ihre Präsentation anschaulich, lebendig und interessant. Ist Ihr Thema komplex, dann machen konkrete Beispiele Ihre Präsentation einleuchtend und verständlich. Die meisten Menschen verstehen Beispiele besser als abstrakte Theorien. Achten Sie in diesem Fall darauf, die Beispiele aus der Erfahrungswelt und dem Wertesystem des Publikums stammen. Passen Sie den Inhalt an Ihr Zielpublikum an.

Beispiel:
Schauen Sie sich hierzu die kursiven Stellen dieses Buchs an, es handelt sich fast immer um Beispiele oder Fallbeispiele

Geeignet für:

Logisch	Strukturiert	Gefühlvoll	Experimentell
++ logisch (beweisend)	++++ verständlich konkret einfach detailliert	++++ verständlich eventuell menschlich	++ unterhaltsam eventuell originell

Brevitas (Kürze)

Definition: Knapper Erzählstil mit kurzen Sätzen, reduziert auf das Wesentliche.

Wirkschwerpunkte: Wirkt prägnant und präzise. Starke Fokussierung auf den Inhalt. Nicht geeignet in der Kommunikation mit gefühlvollen Teilnehmern. Entspricht auch nicht dem großflächigen und ganzheitlichem experimentellen Denkstil. Hervorragend für den logischen Denkstil geeignet.

Beispiel:
Es geht um Ziele. Es geht um Wege. Es geht um Entscheidungen.

Logisch	Strukturiert	Gefühlvoll	Experimentell
++++ prägnant präzise	++ einfach	----	-

Concessio (Bewilligung)

Definition: Scheinbar auf das gegnerische Argument eingehen.

Wirkschwerpunkte: Wirkt kompetent und professionell; objektiv und sachlich; einleuchtend und überzeugend. Vor allem, wenn es im Publikum starke, unausgesprochene Vorbehalte oder Vorurteile gibt, ist dieses Vorgehen unbedingt empfehlenswert. Nimmt den Meinungsgegnern den Wind aus den Segeln. Wirkt glaubwürdig und erzeugt Vertrauen.

Beispiele:
- *Ich gebe zu dass ..., gleichzeitig ...*
- *Dieser Einwand (...) ist sehr berechtigt. Und ich ...*
- *Man könnte jetzt einwenden, dass ... Richtig. Gleichzeitig ...*

Geeignet für:

Logisch	Strukturiert	Gefühlvoll	Experimentell
++++ logisch objektiv durchdacht kritisch	+++ gemäßigt ausgeglichen	++ menschlich	+++ einleuchtend spannend ganzheitlich perspektivisch

Dilemma (Zwangslage)

Definition: Wahl zwischen zwei unangenehmen Dingen. Redner diskutiert Vor-/Nachteile mit sich selbst.

Wirkschwerpunkte: Wirkt neutral, sachlich, dialektisch. Erscheint ganzheitlich. Vor allem bei der Präsentation von Lösungen und Varianten sehr gut geeignet. Hilft Entscheidungen zu fällen. Wirkt aber auch zutiefst menschlich: Ach, zwei Seelen wohnen in meiner Brust ...

Beispiel:
Einerseits hat das neue System den Vorteil ... andererseits müssen wir damit rechnen dass ...; bleiben wir beim alten System, haben wir den Vorteil dass ...; doch auch hier gibt es gravierende Nachteile ...

Geeignet für:

Logisch	Strukturiert	Gefühlvoll	Experimentell
++++ logisch objektiv durchdacht	+++ ordnend detailliert systematisch	++ menschlich	++ spannend ganzheitlich

Dreierfigur

Definition: Worte, Sätze, Elemente werden in Dreiergruppen angeordnet

Wirkschwerpunkte: Wirkt eindringlich und einleuchtend, da kompatibel mit Gedächtnisleistung; schließt an das kollektive Gedächtnis an, wo der Dreierschritt fest verankert ist. Wirkt rhythmisch und melodiös. Erzeugt prägnante und griffige Botschaften.

Beispiele:
- *Mehr Kompetenz, mehr Service, mehr als Sie erwarten!*
- *Was brauchen wir? Was wünschen wir? Was lieben wir?*

Geeignet für (je nach Limbischem Inhalt):

Logisch	Strukturiert	Gefühlvoll	Experimentell
++++ eindringlich eventuell logisch prägnant	++++ ordnend rhythmisch vertraut einfach	++++ melodiös vertraut	++++ unterhaltsam spannend eventuell originell

Emphase (Nachdrücklichkeit)

Definition: Akustische Markierung eines wiederholten Wortes durch leidenschaftliche Überbetonung mit der Stimme.

Wirkschwerpunkte: Hebt Kernbotschaften und Schlüsselworte hervor

Beispiel:
Es ist angenehm mit diesem System zu arbeiten, sehr angenehm (Stimme: weich, tiefer)

Geeignet für:

Logisch	Strukturiert	Gefühlvoll	Experimentell
++ prägnant	+++ eindringlich	++++ gefühlvoll bewegend	++ herausragend

Evidentia (Vor Augen stellen)

Definition: Beschreibt dem Publikum detailliert ein Bild. So, als ob Sie ein Foto beschreiben. Erzeugt Kopfkino.

Wirkschwerpunkte: Vorteil gegenüber einem realen Foto: jeder Teilnehmer füllt das Bild mit seinen Vorstellungen aus, das wirkt überzeugender. Wirkt anschaulich, spannend, detailliert. Macht Ihre Präsentation auch einleuchtender, da Sie dem Publikum ein detailliertes Bild vor Augen stellen. Auch wenn Geschehen in der Vergangenheit oder in der Zukunft spielt: im Präsens und in kurzen Sätzen erzählen.

Beispiel:
München 2020. Ein Vormittag im Januar. Ein Großraumbüro. Beschwingt und heiter die Stimmung. Wir sehen hier konzentriert arbeitende Menschen, dort ein gemeinsam schaffendes Team und weiter hinten eine Insel der Entspannung in farbenfroher und großzügiger Gestaltung …

Geeignet für (je nach Limbischem Inhalt):

Logisch	Strukturiert	Gefühlvoll	Experimentell
++ plakativ	++ einleuchtend detailliert konkret	++ einleuchtend sinnlich-konkret eventuell menschlich	++++ anschaulich spannend unterhaltsam verspielt originell überraschend

Euphemismus (Beschönigung)

Definition: Statt Worte zu benutzen, die im Gehirn Ihrer Teilnehmer negative Assotiziationen und Gefühlen anregen – werden die Worte gewählt, die mit positiven Assoziationen und Gefühlen verknüpft sind.

Wirkschwerpunkte: Demonstriert Stärke. Wird gerne vom logischen Denkstil verwendet, da Schwächen nicht eingestanden werden müssen. Problemorientierten Menschen fällt es eher schwer, im Problem die Chance zu erkennen. Fragen Sie sich: Welches ist die Chance in der Krise? Welches positive Potenzial hat der vermeintliche Nachteil?

Beispiele:

- *Freisetzung statt Entlassung*
- *Nullwachstum statt Stagnation*
- *Suboptimal statt fehlerhaft*
- *Verbesserungspotenzial statt Katastrophe*
- *Investitionen statt Kosten*
- *Meinungsfindungsprozess statt Konflikt*
- *Nur 100 Euro statt 100 Euro*
- *Ab Montag wieder lieferbar statt bis Montag nicht vorrätig*

Geeignet für (je nach Limbischem Inhalt):

Logisch	Strukturiert	Gefühlvoll	Experimentell
++++ machtvoll	+	+	+++ kreativ originell

Geschichten (Storys, Anekdoten, Fabeln)

Definition: Zentrale Botschaften oder Beweise werden als Geschichte erzählt.

Wirkschwerpunkte: Geschichten verbinden, sie vermitteln Sinn, sie sind spannend. Mit Geschichten werden Werte und Anti-Werte einer Gruppe transportieren. Geschichten stimmen das Publikum positiv. Sie wirken unterhaltsam und spannend. Wenn die Geschichte von einer berühmten Persönlichkeit handelt, dann ist es eine Anekdote. Handelt sie von Tieren, so ist sie eine Fabel. Geschichten können selbst erlebt sein oder auch nicht. Erzählen Sie über gelungene Projekte, Erfolge, Siege: sowohl eigene als auch die des Teams, des Projekts, des gesamten Unternehmens. Erzählen Sie Geschichten von anderen, dem Teilnehmerkreis ähnlichen Menschen – das schafft Verbundenheit. Erzählen Sie Geschichten von zufriedenen Kunden und glücklichen Anwendern. Sie können auch einfach so zur Auflockerung eine Geschichte erzählen. Dazu fällt mir eine Geschichte ein ...

Beispiel:

Ein psychologischer Test: Einstellungstest bei einem großen Unternehmen. Der Betriebspsychologe untersucht den ersten Bewerber. Er zeichnet einen langen senkrechten Strich auf ein Blatt Papier, schiebt es zu dem jungen Mann hin und fragt: "Was ist das?" Der Bewerber: "Eine nackte Frau, die steht." Als nächstes zeichnet der Psychologe eine waagerechte Linie: "Und das hier?" Der Bewerber mustert die Zeichnung und sagt: "Eine nackte Frau, die liegt." Der Psychologe malt einen nach unten offenen Bogen, wie ein U, das auf dem Kopf steht. "Und das?" Der Bewerber nimmt das Blatt, kneift die Augen zusammen und verkündet schließlich: "Eine nackte Frau, die etwas vom Boden aufhebt." Der Psychologe ist entsetzt: "Ja, sagen Sie mal, Sie haben wohl nur nackte Frauen im Kopf?!" Der Bewerber schüttelt energisch den Kopf: "Wieso denn ich?! Ich kann doch nichts dafür, Sie haben doch die schweinischen Bilder gemalt!" (aus Nöllke: 2002)

Geeignet für (die passenden Limbischen Werte und Inhalte auswählen):

Logisch	Strukturiert	Gefühlvoll	Experimentell
+++ nur wenn: kurz griffig prägnant nützlich	+++ nur wenn: einleuchtend konkret vertraut nützlich	++++ menschlich weitschweifig bewegend erzählend	++++ spannend unterhaltsam eventuell originell

Klimax (Positive Steigerung)

Definition: Steigerung von Worten, Elementen, Argumenten zum Schluss hin. Auf die Spitze treiben.

Wirkschwerpunkte: Macht Kleines groß; vernetzt die Zusammenhänge; visionär; pathetisch; zielgerichtet; gut geeignet, um Himmel-Kernbotschaften zu verpacken.

Beispiele:
- *Es geht um reibungslose Zusammenarbeit: im Team, im Betrieb, im gesamten Unternehmen.*
- *Wir haben neue Kunden gewonnen: nicht 10, nicht 50, sondern 100!*
- *Wir haben Ideen. Viele Ideen. Überraschende Ideen.*

Geeignet für (je nach Limbischem Inhalt):

Logisch	Strukturiert	Gefühlvoll	Experimentell
++++ zielgerichtet eventuell logisch prägnant	+++ ordnend eindringlich rhythmisch	+++ melodiös eindringlich	++++ visionär pathetisch herausragend

Lexem/Akronym/Hitliste

Definition: Eine Aufzählung, die beim Lexem das Alphabet als Ordnungssystem benutzt und beim Akronym die Anfangsbuchstaben, bei der Hitliste das Ranking (Platz 1-n).

Wirkschwerpunkte: Wirkt ordnend und erhöht – nach dem Prinzip der Eselsbrücke – die Merkfähigkeit. Gut geeignet, um alle Kernbotschaften zusammenzufassen.

Beispiele:
- *Ihre Vorteile von A-Z (A ... B ... C ...)*
- *Das Wert-Modell: **w**irkungsvoll, **e**rtragreich, **r**elevant und **t**ragfähig*
- *Ziele sollten SMART sein: **s**pezifisch, **m**essbar, **a**ttraktiv, **r**elevant und **t**erminiert.*
- *Die Top-Ten der besten Gesundheits-Tipps: ... (wenn Sie mit Platz 10 anfangen wird es für Ihre Zuhörer spannend. Sie können sich sicher sein, dass sich jeder Platz 1 merkt. Hier immer die zentrale Kernbotschaft positionieren.)*

Geeignet für:

Logisch	Strukturiert	Gefühlvoll	Experimentell
+++ griffig prägnant	++++ ordnend eindringlich einfach	+	+++ unterhaltend eventuell originell

Metaphern und Vergleiche

Definition: Die Metapher hat die Funktion, etwas durch etwas anderes zu ersetzen. Das zu Vergleichende wird nicht explizit genannt. Der Vergleich hat dieselbe Funktion, hier wird das zu Vergleichende jedoch explizit genannt.
Die Brücke zum Kunden (=Metapher)
Unser Service ist wie eine Brücke zum Kunden (=Vergleich)

Die Metapher erfordert einen höheren Dechiffrierungs-Aufwand, ist dafür aber spannender. Meistens ersetzt sie etwas:
- Abstraktes durch etwas Konkretes: Der Markt ist ein Boxring. Gewinnen kann immer nur einer.
- Unbekanntes durch etwas Bekanntes: Den Plan haben die Handlungsneuronen, die intelligenten Asterix-Nervenzellen. Die konkrete Ausführung erfolgt durch die Bewegungsneuronen, die Obelix-Nervenzellen. (J. Bauer erklärt die Spiegelneuronen in: Warum ich fühle, was du fühlst)

Wirkschwerpunkte: Metapher und Vergleich machen ein Thema einleuchtend dank ihrer Übersetzungsfunktion. Sie vereinfachen komplexe Sachverhalte. Sie machen Ihren Vortrag anschaulich, spannend und interessant. Sie erhöhen die Merkfähigkeit beim Publikum, da für die Verarbeitung einer Metapher viel mehr Gehirnareale am Werk sind als für nicht-metaphorische Formulierungen. Die Metapher macht uns die unsichtbare Welt sichtbar, und sie macht uns das Fremde vertraut. Sie transportiert Erkenntnis. Sie vermittelt oft zwischen den verschiedenen Denkstilen. Deshalb ist es von großer Bedeutung, den Vergleich aus der Erfahrungswelt des Publikums zu finden.

Mit folgenden Sätzen können Sie Metaphern und Vergleiche finden:
- *Funktioniert wie ...*
- *So groß wie ...*
- *Sieht aus wie ...*

Beispiele:
- Hier ein Beispiel für logische Teilnehmer:
  Erfolg = Schifffahrt, Navigation, Winde nutzen, auf Erfolgskurs, Steuer fest in der Hand, Ziel vor Augen
- Das gleiche Beispiel für experimentelle Teilnehmer
  Erfolg = Schatztruhe, Land der Möglichkeiten, Kartenspiel, Ass im Ärmel
- Für den gefühlvollen Teilnehmer:
  Erfolg = Garten: blühen, wachsen, erfreuen, genießen
- Für den strukturierten Teilnehmer:
  Erfolg = Fundament, Säulen, Dach

Geeignet für (je nach Limbischen Inhalt):

Logisch	Strukturiert	Gefühlvoll	Experimentell
++++ einleuchtend	++++ einleuchtend konkretisierend einfach	++++ einleuchtend sinnlich-konkret	++++ einleuchtend anschaulich originell interessant unterhaltend

Paradoxon (Scheinbarer Widerspruch)

Definition: Widersprüchliche Aussagen ergeben einen neuen Sinn

Wirkschwerpunkte: Regt zum Nachdenken an, wirkt provozierend und steigert so die Aufmerksamkeit.

Beispiele:
- *Wenn Du es eilig hast, gehe langsam*
- *Schillernde Bescheidenheit*

Geeignet für:

Logisch	Strukturiert	Gefühlvoll	Experimentell
+	+	+	++++ provokant besonders originell unterhaltsam

Parallelismus (Gleicher Satzbau)

Definition: Zwei bis drei Sätze oder Satzglieder werden grammatikalisch gleich formuliert, nur der Inhalt ändert sich. Dadurch benötigt unser Gehirn weniger Energie beim Dechiffrieren der Botschaften.

Wirkschwerpunkte: Es erleichtert die Erkennbarkeit des Gedankengangs. Ihre Kernbotschaften werden eingängiger, einprägsamer und verständlicher.

Beispiel:
Nur glückliche Mitarbeiter haben das Potenzial, Kunden glücklich zu machen.
Nur glückliche Kunden haben den Wunsch zu bleiben.
Nur Kunden die bleiben, haben die Möglichkeit zu kaufen.

Geeignet für (je nach Limbischem Inhalt):

Logisch	Strukturiert	Gefühlvoll	Experimentell
+++ prägnant griffig plakativ	++++ ordnend eindringlich einfach	+++ eindringlich	++

Personifizierung (Vermenschlichung von Dingen)

Definition: Bei der Personifizierung werden unbeseelte Vorgänge beseelt.

Wirkschwerpunkte: Dadurch wird Ihr Vortrag anschaulich, originell und dynamisch. Außerdem kann man zum Beispiel Organe in direkter Rede sprechen lassen – und schon ist der Vortrag lebendig und amüsant. Es ist eine der wirkungsvollsten Sprachmuster für den gefühlvollen Denkstil. Das ist die Sprache die er kennt und liebt.

Beispiel:
Das weibliche Auge sieht einen breitschultrigen Mann und übermittelt die Botschaft an den Hypothalamus: 'Hallo, da draußen sitzt ein potenzielles Opfer für die Eheanbahnung.' Der benachrichtigt die Hypophyse, die sofort einen Hormoncocktail mixt und allen anderen beteiligten Hormondrüsen den Marschbefehl erteilt. Sie bittet die Eierstöcke um ein bisschen Testosteron, das die Libido lockt. Sie befiehlt der Niere: 'Schnell, einen Schuss Adrenalin.' Es lässt den Blutdruck steigen, Pupillen weiten sich. ..." (so der Arzt und Motivator Ulrich Strunz, in „Die Diät")

Geeignet für:

Logisch	Strukturiert	Gefühlvoll	Experimentell
+ einleuchtend	+ einleuchtend	++++ menschlich lebendig anschaulich humorvoll bewegend sympathisch	++ originell unterhaltsam spannend

Personenevokation (Erfinden einer Person)

Definition: Eine fiktive Person wird erfunden. Sie tritt wie ein Schauspieler innerhalb Ihrer Präsentation auf und spielt unterschiedliche Szenarien durch.

Wirkschwerpunkte: Auch diese Wirkfigur ist hervorragend für den gefühlvollen Denkstil geeignet. Verpacken Sie so dessen Kernbotschaft. Wirkung: anschaulich, menschlich, bewegend, nachvollziehbar, einleuchtend. Macht Ihre Präsentation schnell sehr lebendig und unterhaltsam

Beispiele:

- *Stellen Sie sich einen Menschen vor …*
- *Stellen Sie sich zwei Redner vor. Der eine, Herr Blass … der andere Herr Fesselnd …*
- *Lassen wir mal einen typischen Kunden zu Wort kommen …*
- *Wie sieht das Zeiterfassungssystem aus Sicht unserer Mitarbeiter aus? Begleiten wir einmal einen Mitarbeiter, nennen wir ihn Herrn Müller, einen Tag lang … Und wie sieht das aus Sicht eines Vorgesetzten, nennen wir ihn Herr Meier, aus? Fangen wir auch hier mit Schichtbeginn an …*

Geeignet für:

Logisch	Strukturiert	Gefühlvoll	Experimentell
+	+	++++ menschlich lebendig anschaulich humorvoll bewegend sympathisch	+++ originell unterhaltsam spannend perspektivenreich ganzheitlich

Prolepsis (Einwandvorwegnahme)

Definition: Sie benennen und entkräften während der Präsentation mögliche Einwände. Danach folgt eine überraschende Wendung in der Argumentation zu Ihren Gunsten. Dies hat den Vorteil, dass Sie Einwände schon in der Vorbereitung gut und wirkungsvoll entkräften.

Wirkschwerpunkte: Sie wirken souverän und werden in der Diskussion unangreifbar. Wirkt kritisch und intelligent und erhöht die Glaubwürdigkeit und das Vertrauen. Dies ist vor allem dann empfehlenswert, wenn Sie wissen, dass der Widerstand groß ist oder Vorurteile gegenüber Ihrem Thema herrschen. Je kritischer und gebildeter ein Publikum umso mehr sollten Sie diese Technik anwenden. Achten Sie nur darauf, keine schlafenden Hunde zu wecken. Es geht darum, bissige Hunde, die schon wach sind, an die Leine zu legen.

Beipiele:
- *Jeder Fachmann weiß natürlich, ...*
- *Kritiker werden einwenden, dass ...*
- *Es gibt immer wieder Ingenieure, die glauben ...*

Geeignet für:

Logisch	Strukturiert	Gefühlvoll	Experimentell
++++ dialektisch objektiv sachlich kritisch	++ ausgeglichen	+	+

Reizworte

Definition: Reizworte sind die Limbischen Anti-Werte Ihrer Teilnehmer, möglichst in übertriebener Form (Hölle-Worte). Starke negative Limbische Markierung der Worte, die zu negativen Gefühlen im Zuhörer führen.

Wirkschwerpunkte: Abwertend, polarisierend, aufrüttelnd. Überzeugend. Gut geeignet für alle Hölle-Kernbotschaften, um gegnerische Argumente zu entkräften oder um nicht favorisierte Lösungen vorzustellen.

Beispiele:
- *Wert: Gewinner – Anti-Wert: Verlierer – Reizwort: Flasche*
- *Wert: Extravagant – Anti-Wert: Gewöhnlich – Reizwort: primitiv*
- *Wert: menschlich – Anti-Wert: unmenschlich – Reizwort: abgebrüht*
- *Wert: beständig – Anti-Wert: unbeständig etc. – Reizwort: flatterhaft*

Lieblingswerkzeug von Politikern, vor allem wenn es darum geht, die gegnerische Position anzugreifen.

- *Bandenkrieg auf St. Pauli ist Bubenstreich im Vergleich zu den Intrigen und Ränken in der CSU (J. Trittin)*
- *Mit der Erhöhung kommt ein Preistsunami auf Bürger zu.*

Geeignet für (je nach Limbischem Inhalt):

Logisch	Strukturiert	Gefühlvoll	Experimentell
++++ griffig plakativ machtvoll aggressiv	+	+	++ provokant originell unterhaltsam

Rhetorische Frage (Scheinfrage)

Definition: Sie stellen sich selbst eine Frage, die Sie entweder selbst beantworten oder offen stehen lassen.

Wirkschwerpunkte: Fragen haben die Eigenschaft, in den Köpfen Ihrer Teilnehmer nach Antworten zu suchen. Sie steuern daher die Gedanken Ihrer Zuhörer, sie synchronisieren die Gedanken der unterschiedlichen Teilnehmer und schaffen so ein „Wir-Gefühl". Sie steigern die Aufmerksamkeit und die Merkfähigkeit. Sie machen Ihren Vortrag lebendig und spannend, indem Sie das Mitdenken anregen.

Beispiele:

- *Was sind denn unsere Ziele am Markt?*
- *Wollen wir zu den Gewinnern gehören?*
- *Wie können Sie Ihren Umsatz um 20 Prozent erhöhen?*

Geeignet für (je nach Limbischem Inhalt):

Logisch	Strukturiert	Gefühlvoll	Experimentell
+++ machtvoll griffig	++ ordnend (hier: Erst Frage – dann Antwort) eindringlich	++++ dialogisch lebendig	++++ anregend spannend unterhaltsam

Sprichworte und Zitate

Definition: Kernsätze und plakative Thesen aus der Geschichte oder von heutigen berühmten Persönlichkeiten.

Wirkschwerpunkte: *Wer sich neben Großes stellt wird selber groß* – dieses Sprichwort fasst die Wirkung von Zitaten und Sprüchen plakativ zusammen. Sie können durch Name-Dropping glänzen, sich in eine lange Tradition einreihen und den Wert Ihrer Aussage steigern. Sie borgen sich Autorität von berühmten Menschen oder machen Anleihen aus dem langjährigen menschlichen Erfahrungsschatz. Sie erhöhen Ihre Glaubwürdigkeit und steigern das Vertrauen. Sie wirken gebildet und distinguiert, vor allem wenn Sie lateinisch zitieren. Wählen Sie jedoch solche Worte aus, die die Werte und das Niveau Publikums widerspiegeln.

Beispiele:

Hier einige Sprichworte und Zitate für die logischen Teilnehmer:

- *Wer aufgehört hat besser zu werden, hat aufgehört gut zu sein*
- *Probleme sind gute Gelegenheiten zu zeigen was man kann (Duke Ellington)*
- *Das komische am Leben ist: wenn man darauf besteht, nur das Beste zu bekommen, dann bekommt man es auch.(W. S. Maugham)*
- *Künftig werden im Wettbewerb nicht die Großen die Kleinen fressen, sondern die Schnellen die Langsamen. (Bernhard Jagoda)*

Geeignet für (je nach Limbischem Inhalt):

Logisch	Strukturiert	Gefühlvoll	Experimentell
+++ plakativ machtvoll	++++ traditionell vertraut	++++ lebendig menschlich bewegend gefühlvoll	++ eventuell verfremden – dann: originell kreativ unterhaltsam

Verzicht

Definition: Ausdrücklich sagen, worüber man nicht sprechen wird, um es erst recht hervorzuheben.

Wirkschwerpunkte: Eignet sich gut um die gegnerische Position zu erschüttern. Wirkt bescheiden und anständig.

Beispiele:
- *Hier soll nicht die Rede sein, wie fragwürdig … Auch nicht davon …*
- *Ich möchte nicht behaupten, dass das Produkt unserer Mitbewerber schlecht ist.*
- *Niemand behauptet, die andere Methode sei rückständig.*
- *Ich möchte nicht über die vielen anderen Vorteile meiner Methode wie … sprechen.*

Geeignet für (je nach Limbischem Inhalt):

Logisch	Strukturiert	Gefühlvoll	Experimentell
++++ machtvoll dialektisch clever	++++ anständig bescheiden	++++ menschlich	++ eventuell ironisch unterhaltsam strategisch

Wiederholung

Definition: Wiederholung von Schlüsselwörtern, Kernsätzen oder zentralen Passagen.

Wirkschwerpunkte: Die Wiederholung ist eine der wirksamsten rhetorischen Figuren. Was oft genug wiederholt wird, wird irgendwann geglaubt. Durch die Wiederholung prägen sich Botschaften ein; durch die Wiederholung werden Botschaften vertraut, durch das Vertraute werden Botschaften glaubwürdig, durch das Glaubwürdige werden Botschaften überzeugend. So funktioniert auch Werbung, Propaganda und Meinungssteuerung. Wiederholung hämmert Kernbotschaften und Schlüsselworte in die Köpfe Ihrer Teilnehmer. Wiederholt werden können Worte, Sätze, ganze Sequenzen. Es kann am Anfang, in der Mitte oder am Ende eines Satzes wiederholt werden. Wiederholen Sie vor allem Ihre Kernbotschaften oder Ihre zentrale These. Denken Sie an Martin Luther Kings: I have a dream! Wiederholungen machen Ihre Präsentation rhythmisch und melodisch – und somit ästhetisch ansprechender.

Beispiel:
*Das System ist nicht nur **einfach** zu lernen, es ist auch **einfach** in der Anwendung – denn nur was **einfach** ist, wird **gern genutzt** und nur was **gerne genutzt** wird, wird auch gekauft.*

Geeignet für (je nach Limbischem Inhalt):

Logisch	Strukturiert	Gefühlvoll	Experimentell
++++ prägnant griffig plakativ	++++ ordnend eindringlich einfach rhythmisch	++++ melodiös eindringlich bewegend	+

Wörtliche Rede

Definition: Zitiert die Aussagen anderer Menschen wörtlich und in direkter Rede

Wirkschwerpunkte: Das wirkt lebendig, spannend und unterhaltsam. Außerdem erscheint es authentischer und erhöht die Beweiskraft einer Aussage. Dies schafft Vertrauen und Glaubwürdigkeit. Wörtliche Rede wirkt immer unterhaltsam, vor allem wenn Sie schauspielerisches Talent haben und ganz in die Rolle schlüpfen können.

Beispiel:
Neulich sagte ein glücklicher Anwender zu mir „Wenn ich gewusst hätte wie einfach und bequem die neue Software ist, ich hätte ich nicht so lange mit der Einführung gewartet!"

Geeignet für:

Logisch	Strukturiert	Gefühlvoll	Experimentell
++ belegend	++ vertrauens- würdig	++++ lebendig menschlich authentisch natürlich dialogisch	+++ originell unterhaltsam

Hier ist Raum für Ihre Überlegungen und Notizen:

8. Wie formuliere ich denkstilgerecht? Limbisches Wörterbuch: Das treffende Wort für jeden Denkstil

Inhaltsübersicht Kapitel 8

1. Letztendlich sind es die einzelnen Worte, die wirken

Stellen Sie sich vor, Sie müssten morgen Ihr ganzes Unternehmen von einer neuen Arbeitsmethode überzeugen. Wohl und Wehe Ihres Betriebs hängen davon ab, dass alle hoch motiviert mit dieser neuen Methode arbeiten. Sie wissen auch, dass Menschen nicht gerne alte, vertraute und bekannte Wege verlassen und dass die inneren Widerstände gegen Veränderungen groß sind. Jetzt kommt es darauf an den richtigen Ton zu treffen. Sie machen sich nun auf den Weg durch die Abteilungen und Hierarchien.

Zuerst sprechen Sie mit der Geschäftsleitung:
Unsere anspruchsvolle Methode optimiert die Leistung Ihrer Mitarbeiter, sodass Aufgaben schneller, besser und effektiver durchgeführt werden.

Danach wenden Sie sich an die Werksleiter und das mittlere Management:
Unsere zuverlässige Vorgehensweise reguliert die Abläufe so, dass Aufgaben strukturierter, systematischer und zweckmäßiger ausgeführt werden.

Dann wenden Sie sich an die Mitarbeiter:
Unsere Empfehlungen zur Arbeitserleichterung unterstützen Sie dabei reibungsloser zu arbeiten, entlastet Sie bei der Arbeit und vereinfacht die einzelnen Schritte.

Und zum Schluss besuchen Sie die Marketingabteilung:
Unser fantastisches neues Konzept ist eine herausragende Möglichkeit den Arbeitsplatz inspirierend zu gestalten, damit kreative Gedanken fließen und die Experimentierfreude gedeiht!

Was glauben Sie, würde diese sprachliche Differenzierung Ihre Chancen erhöhen, alle von Ihrer neuen Methode zu begeistern? Ich bin mir sicher, dass es beim Überzeugen darauf ankommt, letztendlich das treffende Wort auszuwählen. Doch die meisten Präsentierenden versuchen nur mit denjenigen Worten zu überzeugen, die sie selbst überzeugt haben. Sie mögen jetzt vielleicht einwenden, dass man spontan gar nicht so schnell von einem Sprachstil in den anderen wechseln kann. Das ist richtig. Doch beim Präsentieren handelt es sich nicht um ein spontanes Geschehen. Das ist der große Vorteil einer Präsentation. Sie können zu Hause oder im Büro an Ihrer Präsentation feilen! Gerade wenn es darauf ankommt, lohnt es sich nach dem treffenden Wort zu suchen. Denken Sie immer daran, welche Vorteile Sie haben wenn Sie Ihr Präsentationsziel erreichen: Sie bekommen einen neuen Auftrag, Sie erhalten mehr Ressourcen oder Sie verändern die Welt nach Ihren Vorstellungen. Es lohnt sich!

Ziel des Limbischen Kommunikationsmodells ist es, Sie dabei zu unterstützen mit Ihrer Präsentation möglichst viele Menschen zu überzeugen und für sich zu gewinnen. Indem Sie aus einer Vielfalt von Möglichkeiten genau das Wort, das Argument, die Aktion aussuchen, die Ihre ganz konkreten Teilnehmer brauchen, um Sie zu verstehen, um Sie glaubwürdig zu finden und um Ihnen vertrauensvoll zu folgen. In diesem Kapitel finden denkstilgerechte Beispiele, Sie erhalten Anregungen, worauf Sie achten sollten und Sie lernen Thesaurus kennen – Ihren unerlässlichen Partner wenn es darum geht, schnell und einfach das treffende Wort zu finden.

Noch ein Beispiel: In einem Seminar übt Mathias, ein Verhaltenstrainer mit seinen Teilnehmern ein Rollenspiel. Nachdem das Rollenspiel beendet ist, stellt er sich vor seine Teilnehmer und motiviert enthusiastisch: „Lassen Sie uns ein wenig sammeln ... Was war hilfreich ... was nicht ...?" Seine Begeisterung sinkt schnell auf den Tiefpunkt als er in zehn leere Augenpaare blickt. Da Mathias sich schon mit gehirntypgerechter Rhetorik beschäftigt hat, erkennt er schnell, dass die Worte "Lassen Sie uns ein wenig sammeln ..." und „hilfreich" zwar seinen bevorzugten Werten und seiner bevorzugten Art zu kommunizieren entsprechen – aber ganz bestimmt nicht denen seiner Zielgruppe, Managern aus Produktion und Logistik.
Mathias erinnert sich daran, in der Sprache seiner Teilnehmer zu präsentieren. Er zieht zwei Flipcharts heran und schreibt auf den einen: „Zielführende Techniken" und auf den anderen: „Nicht zielführende Techniken". Als er sich umdreht sind alle Teilnehmer hellwach, aufmerksam und beteiligten sich rege an der Reflektion (passender in diesem Fall: „Auswertung") des Rollenspiels (passender: „Simulation mit Optimierungsfeedback"). Was war geschehen? Mathias präsentiert in dem Code, den seine Teilnehmer bevorzugen. Er kann so viel mehr bewirken und seine eigenen Ziele schneller, einfacher und präziser erreichen.

In unserem Beispiel hat der Präsentierende aus einer Vielfalt von Worten dann diejenigen ausgesucht, die genau für diesen Teilnehmerkreis am wirkungsvollsten sind. In einem anderen Fall wäre vielleicht seine ursprüngliche Form zielführender und wirkungsvoller gewesen. Was meinen Sie, vor welchen Limbischen Zielgruppen hätte Mathias damit Erfolg gehabt?

Das bedeutet für Ihre Präsentation: Wenn Sie die Limbischen Programme Ihrer Teilnehmer nicht kennen, werden Sie erst in den Gesichtern Ihrer entweder gelangweilten oder begeisterten Teilnehmer erkennen, ob das, was Sie sagen, für Ihre Zuhörer glaubwürdig, bedeutsam und nachvollziehbar ist. Kennen Sie die Limbischen Instruktionen, dann können Sie schon vorher Ihre Präsentation (aber auch Ihre Internetseite, Broschüre, Ihr Verkaufsgespräch ...) genau auf Ihre Zielgruppe(n) ausrichten. Sie können so sprechen oder texten, dass Ihre Worte positive Emotionen in Ihren Teilnehmern auslösen. Sie können Ihre Teilnehmer so viel leichter gewinnen. Sie können sie sogar begeistern, faszinieren – eben weil Sie genau die Tasten auf der Klaviatur der Motive und Emotionen treffen, die sich über die mächtigen, jahrtausende alten Belohnungssysteme des Limbischen Systems wie Schwingungen der Musik ausbreiten und für gute Gefühle in uns sorgen.

2. Nichts geht ohne Ihren Helfer Thesaurus

Dieses Kapitel geht davon aus, dass auch Sie das Office-Paket von Windows benutzen und mit Word arbeiten. Sollte das nicht der Fall sein, dann erhalten Sie am Ende des Kapitels Ihre eigenen Helfer. Für alle, die mit Word arbeiten, eine gute Nachricht: Sie sind im Besitz eines hervorragenden Synonymwörterbuchs! Sein Name ist Thesaurus. Synonyme sind unterschiedliche Bezeichnungen für den gleichen Sachverhalt. Haben Sie sich schon einmal gefragt, warum die Sprache Synonyme benötigt? Warum reicht nicht ein einziges Wort? Jetzt wissen Sie die Antwort. Weil die unterschiedlichen Limbischen Persönlichkeiten die Dinge aus ihrer Perspektive sehen, durch ihren Wertefilter und mit ihrer Denkbrille. Wen wundert es, dass sie so auch ganz verschiedene Bezeichnungen für die gleichen Dinge und Sachverhalte finden!

Schließlich können wir alle Wörter unserer Sprache auf ihre Limbische Instruktion hin untersuchen. Die Differenzierung findet also in den Synonymen statt. Das ist der Grund, warum wir für ein und denselben Vorgang, ein und dieselbe Erscheinung, oft viele unterschiedliche Wörter kennen – und wir natürlich die am häufigsten benutzen, die unbewusst unseren Instruktionen und somit Werten entsprechen.

Ein Beispiel: *Wir geben das Wort „Plan" in das Synonymwörterbuch Thesaurus von MS-Word ein und erhalten folgende Synonyme:*

1. *Anweisung*
2. *Formblatt*
3. *Zielsetzung*
4. *Gerippe*
5. *Pflicht*
6. *Anordnung*
7. *Soll*
8. *Grundriss*
9. *Wegweiser*
10. *Übersicht*
11. *Entwurf*
12. *Skizze*
13. *Projekt*
14. *Vorhaben*
15. *Darstellung*
16. *Entschluss*
17. *Vorschlag*

Die Spannbreite der Bedeutung ist groß: Auf der einen Seite haben wir diejenigen Menschen, für die ein Plan eine **Pflicht und Anordnung** ist. Auf der anderen Seite gibt es die, die in einem Plan eine **Skizze, eine erste Übersicht** sehen. Die Zusammenarbeit dieser beiden Menschen in einem Projekt lässt sich lebhaft vorstellen. Ist das Prinzip einmal erkannt, ist es ganz einfach, Worte und Formulierungen für die entsprechenden Persönlichkeitstypen zu finden. Meine Empfehlung: Arbeiten Sie mit dem Thesaurus, dem Synonymwörterbuch Ihres Computers.

Vorgehensweise:
Markieren Sie das Wort, dass Sie ersetzten möchten, zum Beispiel das Wort:

fehlerfrei

Gehen Sie nun auf „Extras“ → „Sprache“ → “Thesaurus“
Sie erhalten dann eine Liste von 12 Synonymen:

Abbildung 13: Synonyme

Sie können hier das treffende Wort markieren, um das vielleicht noch treffendere nachzuschlagen. Wenn wir jetzt zum Beispiel das 6. Wort „korrekt“ markieren und auf „Nachschlagen“ klicken, dann erhalten wir folgende Vorschläge:

Abbildung 14: Auswahl „richtig“

Wie formuliere ich denkstilgerecht?

Jetzt könnten wir unsere Kernbotschaft „fehlerfrei" Limbisch formulieren.

Welche Worte entsprechen den Werten Ihrer logischen Teilnehmer? Welche den Werten Ihrer strukturierten oder gefühlvollen oder experimentellen Teilnehmer?
Versuchen Sie es zuerst selbst. Starten Sie Word und experimentieren Sie ein wenig. Tragen Sie dann das treffende Wort für „fehlerfrei" zum dazugehörigen Denkstil ein:

Denkstil	Treffendes Wort für „fehlerfrei"
Logisch	
Strukturiert	
Gefühlvoll	
Experimentell	

Hier verrate ich Ihnen, welche Worte ich ausgewählt habe:

Denkstil	Treffendes Wort für „fehlerfrei"
Logisch	*akkurat*
Strukturiert	*korrekt*
Gefühlvoll	*vollkommen*
Experimentell	*brilliant*

Hören Sie den Unterschied auch? Die beiden ersten Worte sind durch die Konsonanten k, t und r viel härter – und spiegeln sogar auf phonetischer Ebene das Wertesystem ihrer Adressaten wider. Bei den beiden letzten Worten ist vor allem das Wort „vollkommen" weich, warm und harmonisch – und spiegelt die Werte des gefühlvollen Denkstils wider.

Profi-Technik: Hölle-Worte finden mit Antonymen

Antonyme sind die Worte, die das Gegenteil des Begriffs bedeuten, zum Beispiel fachmännisch-dilettantisch. Manchmal zählt Thesaurus zum Schluss der Liste die Antonyme mit auf – und Sie finden schnell und einfach die treffende Hölle-Kernbotschaft, das treffende Hölle-Schlüsselwort. Wenn nicht, dann gibt es auch ein Antonym-Wörterbücher.

Profi-Tipp: Synonymwörterbücher

Jetzt der Tipp für alle, die nicht mit Word arbeiten: kaufen Sie sich ein gutes Synonymwörterbuch. Das bekannteste und beste ist neben dem Synonymwörterbuch der Duden-Redaktion der „Wehrle": Wehrle-Eggers: Deutscher Wortschatz, ein Wegweiser zum treffenden Ausdruck. Sehr empfehlenswert ist auch das Buch „Texten wie ein Profi" von Hans-Peter Förster (2000), das mit dem Limbischen Kommunikationsmodell kompatibel ist. Er arbeitet mit vier Sprachstilen: dem nüchternen (logisch), dem konservativen (strukturiert), dem erlebnisreichen (experimentell) und dem emotionalen (gefühlvoll).

3. Adjektive sind das Limbische Bestechungsmittel

Das Herzstück einer denkstilgerechten Kommunikation sind die Adjektive. Adjektive be**wert**en Aussagen! Sie färben sie emotional ein. Wenn nun Ihre Botschaft den Wächter vor dem Großhirn also das Limbische System passieren möchte, muss es zuerst von diesem als relevant anerkannt werden. Die Dominanz-Instruktion wird die Botschaften durchlassen, die ihr Größe und Stärke versprechen. Die Balance-Instruktion wird die Botschaften passieren lassen, die ihr Sicherheit und Verbundenheit versprechen. Und die Stimulanz-Instruktion wird die Botschaften als interessant einstufen und zum Großhirn durchlassen, die ihr Spannung, Abwechslung und Abenteuer versprechen.

- *Die **erstklassige** Methode (besticht die Dominanz-Instruktion des logischen Denkstils)*
- *Die **ausgereifte** Methode (besticht die Balance-Instruktion des strukturierten Denkstils)*
- *Die **abgestimmte** Methode (besticht die Balance-Instruktion des gefühlvollen Denkstils)*
- *Die s**ensationelle** Methode (besticht die Stimulanz-Instruktion des experimentellen Denkstils)*

Hier noch einmal die Werte-Tabelle von Häusel (2002) als Erinnerung:

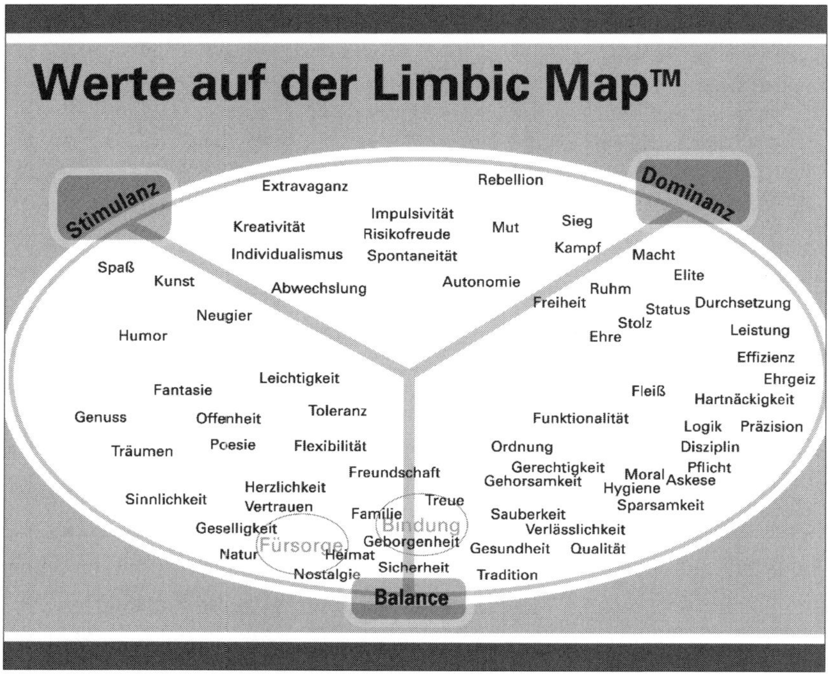

Abbildung 15:
Werte auf der Limbic Map™

Adjektive sind also Be*wert*ungen, das heißt, sie spiegeln Werte wider. Sie wenden sich somit direkt an das Bewertungssystem der Limbischen Instruktionen. Sie sind sprachlicher Ausdruck der emotionalen Markierung und Bewertung von Sinneseindrücken und Erlebnissen im Limbischen System (angenehm/unangenehm; sicher/unsicher; wichtig/unwichtig usw.)

Noch ein Beispiel:

Paul, der experimentelle Vertriebsleiter mit ausgeprägter Stimulanz-Instruktion, sucht nach einem Titel für seine Präsentation vor der Geschäftsleitung. Sein Limbisches System bewertet alles ***Neue****, Originelle, Revolutionäre positiv, da es seine evolutionäre Aufgabe ist, für den Fortbestand unserer Art mit Entdeckung neuer Lebensräume und Nahrungsquellen zu sorgen. Deshalb liebt er auch Visionen und somit denkt er oft an* ***Strategien*** *und wie er diese in Zukunft erreichen kann. Unbewusst nennt Max deshalb seine Präsentation „****Neue*** *Verkaufs****strategien****“, da er glaubt, dass alle anderen* *ein ähnlich erforschendes Limbisches Programm besitzen und ist enttäuscht, dass die Geschäftsleitung so distanziert und kritisch bleibt – wo er doch so sensationelle Begeisterungsstrategien konzipiert hat.*

Nachdem er seinen unbewussten Denkstil kennen gelernt und das Profil seiner Zielgruppe analysiert hat, wählt er nun treffende Adjektive, Verben und Formulierungen aus. Deshalb nennt er seine Präsentation nun vor hauptsächlich logischen Denkern: „Effektive Wege der Marktdurchdringung". Er spricht deren unbewusstes Limbisches Programm an: Macht und Dominanz. Denn deren evolutionäre Aufgabe lautet, Territorien zu erobern und Konkurrenten zu besiegen.

4. Verben spiegeln die bevorzugten Limbischen Tätigkeiten wider

Werfen wir nun einen Blick auf Verben. Deren Aufgabe im Sprachsystem ist es, Zustände oder Handlungen zu beschreiben. Auch in ihnen spiegeln sich die bevorzugten Werte und somit die evolutionären Aufgaben wider und zwar als bevorzugte Handlungen Ihrer Zielgruppe:

Ein Teilnehmer mit ausgeprägter Balance-Instruktion, dessen evolutionäres Programm „bewahren und sichern" lautet, wird versuchen, sich möglichst nicht auf neue Territorien zu begeben. Also werden Verben der Zielerreichung (erreichen, erlangen) und der Erforschung (erneuern, aufbrechen, entwickeln) ihn eher abstoßen. Verben, die sich auf Erhaltung, Vermeidung und Absicherung beziehen, werden ihm gefallen und ihn positiv stimmen: erhalten, vermeiden, begrenzen, beschützen, sichern …

Wichtig in diesem Zusammenhang sind die so genannten Verkaufsverben, die Sie schon in Kapitel 5 kennen gelernt haben, als es darum ging, Merkmale mit Nutzen zu verbinden. Verkaufsverben sind beispielsweise: *erhöhen, sichern, unterstützen, erweitern, ermöglichen, helfen, straffen, senken etc.*

5. Nutzen Sie Substantive für die richtigen Projektionen

Und was ist mit den Substantiven? Es gibt konkrete und es gibt abstrakte Substantive. Die Konkreten sind die, die man „in einen Schubkarren packen" könnte: Tisch, Hund, Dackel, Telefon, Baum, Hai ... Die abstrakten sind die, die man „nicht in einem Schubkarren packen" könnte: Freiheit, Liebe, Organisation, Regulierung. Der bildhafte Gehalt der Konkreten ist viel höher. Und jeder Teilnehmer wird sein eigenes Bild von Tisch, vom Hund, vom Telefon etc. haben – je nach Lebenserfahrung. Das heißt, sie wirken nicht so sehr auf die universelle Limbische Tastatur ein, sondern aktivieren eher sehr persönliche Erlebnisse, Assoziationsfelder und emotionale Bedeutungen. Wir haben sie also „Limbisch" weniger im Griff. Je abstrakter ein Substantiv, umso leerer die universelle Bedeutung. Was verstehen Sie unter Freiheit? Unter Liebe? Was bedeutet für Sie Organisation? Wenn Sie solche leeren Worthülsen benutzen, dann machen Sie sich klar, dass jeder Limbische Typ sie mit seinen Werten und Erfahrungen auffüllen wird. Das heißt: Freiheit wird für einen strukturierten Teilnehmer etwas ganz anderes bedeuten als für einen Experimentellen. Was genau können wir nur hypothetisch konstruieren – Kontrolle über die Bedeutung haben wir nicht.

Die positive Nachricht: Wer leere Worthülsen benutzt spricht per se „ganzhirnig". Denn jeder Limbische Persönlichkeitstyp füllt sie mit seiner eigenen Bedeutung auf. Diese Technik nutzen vor allem Politiker. Denn sie müssen meistens eine breit angelegte Kommunikation führen, um möglichst die ganze Bevölkerung zu erreichen. Also benutzen sie abstrakte Substantive, die uns allen eine leere Projektionsfläche für unsere Wünsche, Ziele, Sorgen und Ängste bieten. Wenn Sie diese Technik nutzen möchten, zum Beispiel wenn Sie vor der ganzen Belegschaft sprechen oder eine Sonntagsrede halten – hier ein Beispiel:
*Lassen Sie uns unsere ganze **Erfahrung**, unser ganzes **Wissen** dazu benutzen, **Wachstum** zu produzieren und **Entwicklungen** voranzutreiben.*

Die fettgedruckten Wörter bezeichnen keine Dinge, sondern sind Abstraktionen. (Test: Kann ich sie in einen Schubkarren packen?) Deshalb kann und muss jeder sie mit seinen Inhalten auffüllen. Und, liebe Politiker und Strategen, unterschätzten Sie einen ganz großen Vorteil nicht: wer kann Sie nach diesen großen Worten festnageln? Keiner! Schließlich haben Sie schön geredet und viel versprochen – nur eben nichts Konkretes!

Profi-Technik: Kunstvoll vage sprechen – Die Milton-Rhetorik

Die Kunst, möglichst viele Menschen abzuholen (zu spiegeln), besteht darin, möglichst vage zu bleiben. So kann jeder das vage Wort mit den Inhalten und Vorstellungen füllen, die für ihn passen. Diese Art der Rhetorik beherrschen vor allem Politiker, Priester und die Werbung. Sie alle wollen möglichst viele unterschiedliche Menschen mit ihrer Botschaft erreichen. Diese Art zu sprechen heißt, nach dem Psychotherapeuten Eric Milton. Milton-Rhetorik oder Hypno-Rhetorik™, ein Begriff den Roman Braun geprägt hat und in seinem Buch „Die Macht der Rhetorik" vorgestellt hat. Diese Vagheit erreichen Sie mit:

Nominalisierungen

*Lassen Sie uns unsere ganze **Erfahrung**, unser ganzes **Wissen** dazu benutzen, **Wachstum** zu produzieren, **Entwicklungen** voranzutreiben.*

Diese Wörter bezeichnen keine Dinge, sondern sind Abstraktionen. (Test: Kann ich sie in einen Schubkarren packen?) Deshalb kann und muss jeder sie mit seinen Inhalten auffüllen.

Ungenauen Verben

*Es ist so einfach zu **lernen** und zu **wachsen**, und Sie werden **erkennen**, dass es umso leichter ist zu **wachsen**, je mehr wir **lernen**.*

Wer lernt was und wie viel und von wem? Und wie hängt das mit Wachstum zusammen? Und was ist überhaupt Wachstum? Diese Wörter lassen mehr Fragen offen, als sie Antworten geben. Unbewusst ergänzten Ihre Zuhörer die Inhalte mit ihren eigenen Vorstellungen. Erstens sind sie dann mit ihrer Präsentation beschäftigt (und nicht mit ihren eigenen Tagträumen) und zweitens steuern Sie ihr Kopfkino.

Vergleichen ohne Partner

*Und wir werden **größer** und **größer**. Wir arbeiten jetzt **effizienter**, unsere Kunden sind deutlich **treuer**, unser Service hat sich **verbessert**. Unsere Devise lautet: **schneller, besser, größer.***

Größer als wer? Effizienter als wann und wie? Wie viel genau treuer, besser, schneller? ...

Das Gesagte bleibt offen – und bindet wieder die Gedanken Ihrer Zuhörer an Sie ...

Sprechen ohne Subjekt

Auch wenn in der Vergangenheit Fehler gemacht ***wurden*** *– es ist wirklich gut, sich Großes vorzunehmen. Damit wird vieles möglich, und Hindernisse erscheinen im Verhältnis klein. Damit wird die Vision Wirklichkeit. Und ich wünsche uns allen viel Erfolg dabei!*

Wer hat den Fehler gemacht? Wer trägt die Verantwortung? Für wen ist es gut, sich Großes vorzunehmen? Wie erzeugen Sie unpersönliches Sprechen: Mit Passiv-Konstruktionen, „es“, „man“, „manche Menschen“, „einige“, „viele“, „amerikanische Wissenschaftler“, „Manager“ …

6. Beispiele für treffende Adjektive, Verben und beliebte Wendungen

A. Das treffende Wort für den den logischen Redestil – Beispiele

Adjektive	anspruchsvoll berechenbar differenziert durchdacht eckig effizient ehrlich einflussreich einsichtig energisch erfolgreich ergebnis- orientiert ernst erstklassig exakt faktisch fest finanziell fortschrittlich	frisch führend funktional gegenwärtig genau glatt groß großzügig hart heftig heraus- fordernd hoch hochwertig ideal inbegriffen intelligent kalkuliert kantig klar	klug kompetent konkret konzentriert kraftvoll leistungsstark logisch mächtig männlich mutig nüchtern nützlich objektiv parallel perfekt pragmatisch präzise produktiv quadratisch rational	realistisch reich rein repräsentativ robust sachlich sauber schnell schlicht selbstständig souverän stabil stark vernünftig wertvoll zahlungskräftig zielbewusst zweckdienlich

Verben	erreichen, erlangen, ermöglichen, erweben, bekommen, profitieren, lösen, aufschlüsseln, optimieren, durchdringen, durchdenken, untersuchen, ergründen, durchleuchten, prüfen, abwägen, damit rechnen, darauf zählen, kalkulieren, zählen, veranschlagen, durchsetzen, debattieren, diskutieren, forcieren, beschleunigen, aktivieren, straffen, technisieren, einsparen, rationalisieren
Beliebte Wendung	Fakt ist ... Rechnet sich; zahlt sich aus; unter dem Strich; bringt Ihnen; sparen Sie ...; Klare Kalkulation Bis ins kleinste Detail durchgerechnet Im Wesentlichen ... Lassen Sie mich kurz ... Klare Formensprache Klare Designersprache und Reduktion aufs Wesentliche Mit einem Minimum an Kosten und Zeit Für unsere anspruchsvollen Kunden Vernünftige Art Schnellere, kürzere Wege Sie können in der Zeit Wichtigeres erledigen Sie gewinnen ... Profitieren sie schon bald von ... Entscheiden Sie selbst! Kritische Analyse Logische Erklärung Das funktioniert

B. Das treffende Wort für den strukturierten Denkstil – Beispiele

Adjektive	anerkannt angepasst angemessen ausdauernd ausgereift bedenkenlos belegbar besonnen beständig bewährt bewiesen dauerhaft ehrbar ehrlich erfahren erprobt ewig fach-männisch festgelegt förmlich gediegen genormt	geordnet gepflegt geplant geprüft gesund getestet gewissenhaft gründlich gut handlich heimatlich historisch höflich klassisch kontinuierlich kontrolliert konventionell korrekt ländlich maßvoll national neutral	nutzerfreund-lich objektiv ordentlich organisiert pflichtbewusst planerisch praktisch regelmäßig ruhig sachlich schematisch schlicht sequenziell seriös sicher solide sparsam stabil standardisiert standhaft	stilvoll strukturiert systematisch traditionell üblich ursprünglich verbreitet verlässlich verschwiegen vertraulich verwurzelt vorsichtig vorzüglich weit verbreitet würdevoll qualitätvoll zeitgerecht zeit-genössisch zuverlässig zweckmäßig
Verben	abwenden, abbiegen, zuvorkommen, abwehren, vorbeugen, vorsorgen, eindämmen, bekämpfen, steuern, hemmen, mäßigen, begrenzen, einfassen, abstecken, fixieren, festsetzen, bestimmen, anordnen, abmachen, instruieren, erklären, anleiten, regulieren, stabilisieren, sparen, sammeln, fertigen, herstellen, schaffen, organisieren, planen, behalten, bewahren, beschützen, sichern, erhalten, sicherstellen			
Beliebte Wendung	Die Dinge in Ruhe Schritt für Schritt gemeinsam durchgehen Zwei Dinge sind jedoch sicher ... Hochwertige Materialien Vorschriftgemäß Einen Schritt nach dem anderen Da gehen Sie auf Nummer sicher ...			

Beliebte Wendung (Fortsetzung)	Von hier Wir garantieren Ihnen ... Die meisten nehmen ... Ausgereiftes Modell Meistverkauft Stabile Bauweise Traditionelle Linienführung Wird gern genommen Wird allen gefallen Entspricht voll der Norm/Entspricht der DIN-Norm Es gibt ihn seit Jahren Er hat sich stets bewährt Da machen Sie nichts falsch Wie selbstgemacht Gibt Ihnen Sicherheit im Umgang mit ... Von Experten geprüft, bei unseren Kunden bewährt Im Grunde das Gleiche, aber Sie haben mehr ... Sinnvolle Erweiterung (statt: neu) In den Griff bekommen

C. Das treffende Wort für den gefühlvollen Denkstil – Beispiele

Adjektive	abgerundet angenehm anziehend attraktiv bedürfnis-orientiert behutsam bequem bescheiden besonnen beteiligt elegant emotional empfindlich entgegenkom-mend	entspannend familiär feinfühlig festlich formschön fraulich freundlich friedlich fürsorglich geborgen geduldig gefühlvoll geliebt gemeinsam gemütlich	genüsslich geschmackvoll gestaltend glücklich gütig großherzig harmonisch herzlich hilfreich hilfsbereit lieblich menschlich mitteilsam musisch nah	natürlich offenherzig ökologisch oval partnerschaft-lich persönlich problemlos romantisch rund sanft schön sensibel

Adjektive (Fortsetzung)	sensorisch sinnlich sympathisch übereinstimmend umgänglich	vermittelnd verständnisvoll warm weich	wohlproportioniert wohltätig wohltuend zart	zärtlich zufrieden zugehörig zwischenmenschlich
Verben	beteiligen, vereinigen, dazugehören, vereinfachen, helfen, bestärken, erleichtern, entlasten, aufheitern, lindern, behagen, beleben, bestärken, verschönern, beseelen, strahlen, freuen, lieben, geben, aufatmen, entspannen, sonnen, freuen, erleichtern, ergötzen, beglücken, ausruhen, loslassen, entspannen, empfinden, fühlen, ermutigen, besänftigen, mitfühlen, stärken, wohlfühlen			
Beliebte Wendung	Der Mensch im Mittelpunkt Wir nehmen uns Zeit für Sie Da fällt mir eine Geschichte ein ... Ich persönlich ... Gemeinsam Für das ganze Team/für Ihre Familie Austausch suchen Bestens aufgehoben Familiäre Atmosphäre Persönliche Ansprache Abgestimmtes Angebot Einfühlsamer Ansprechpartner Im Einklang mit .../In Harmonie mit ... Umweltschonende Oberflächenveredlung möglich Angenehme Farbe Elegante Rundungen Mit sehr viel Liebe hergestellt Liebevoll ausgewählte Ausstattung Naturbelassenes Holz Sanfte, glatte Oberfläche Warmer Ton Weiche Verarbeitung Ganz natürlich Feminin, sehr schön Fühlt sich gut an Strahlt Wärme aus			

D. Das treffende Wort den experimentellen Denkstil – Beispiele

Adjektive	abwechslungsreich aktiv aktuell aufgelockert aufgeschlossen ausdrucksstark beeindruckend beliebt berühmt beweglich bunt dynamisch eigenständig enthusiastisch erfindungsreich erforschend experimentell fantastisch	kreativ flexibel fortschrittlich frei freigiebig freizügig gelassen geschickt glänzend großzügig großräumig hell individualistisch individuell initiativ innovativ inspirierend intuitiv jugendlich konzeptbildend kühn	künstlerisch lässig lebhaft leicht locker luftig lustig mobil modebewusst modern modisch möglich motivierend neu neugierig offen optimistisch originell pfiffig fantasievoll positiv progressiv prominent	quirlig rastlos revolutionär risikobereit sagenhaft schnell schwungvoll selbstbewusst selbstsicher sonnig spontan städtisch sorglos tolerant transparent unkonventionell zwanglos
Verben	bezaubern, inspirieren, verschönern, entzücken, hinreißen, erheitern, blenden, aufsehen, imponieren, brillieren, anregen, gefallen, faszinieren, aufregen, erforschen, schöpfen, ausdehnen, aufbrechen, veredeln, vergolden, erschaffen, bewirken, überzeugen, motivieren, inspirieren, formen, ausdehnen, expandieren, entwickeln, erneuern, umwandeln, reformieren, ändern			
Beliebte Wendung	Unbegrenzte Alternativen Freiheit der Wahl – flexible Ausstattung Einzigartige Prägung Herausragende Persönlichkeit			

Beliebte Wendung (Fortsetzung)	Es ist ein einmaliges, außergewöhnliches Ereignis Verwandlung und Weiterentwicklung Nicht jeder hat einen Blick für das Besondere Die anderen werden staunen Nur wenige sind dazu geeignet Ganzheitliche Lösungen möglich, da alle Abläufe ineinander greifen Unsere individuellen Objekte sind in der Gegend einzigartig Knüller – Konzeptionell – Mit einer Idee spielen Das große Ganze Phantasievolle Gestaltung Zukunftsbewusster Betrieb Kreative Visionen entwickeln und umsetzen Sie sind der Erste, dem wir dieses Produkt anbieten Das ausgefallene Design unterstreicht den besonderen Charakter Auch in grellem Rot erhältlich Lässt individuelle Wünsche offen Ästhetischer in Farbe und Form Details: individuell veränderbar Verschiedene, außergewöhnliche Formen möglich Kreativ gestaltbare Ausgefallenes Modell Hat nicht jeder – Anders als alle anderen

Der Unterschied zwischen dem richtigen Wort und dem beinah richtigen Wort ist der gleiche, wie der zwischen dem Blitz und dem Glühwürmchen.

Mark Twain

Hier ist Raum für Ihre Überlegungen und Notizen:

9. Woran erkenne ich den Denkstil meiner Teilnehmer? Checkliste: Um welchen Limbischen Persönlichkeitstyp handelt es sich?

Inhaltsübersicht Kapitel 9

1. Willst Du ein guter Redner sein, schau erst in dich selbst hinein

Woran erkenne ich den Denkstil meiner Teilnehmer?

Wenn ich in meinen Seminaren das Limbische Komunikationsmodell vorstelle dann ist die erste Frage meiner Teilnehmer: woran erkenne ich die einzelnen Limbischen Typen. Meine Antwort ist dann: Noch viel wichtiger als die Frage, wie die anderen ticken ist zuerst die Frage – wie ticke ich? Wen spreche ich intuitiv an, wer ist von mir begeistert – und wer findet mich unsympathisch oder unglaubwürdig?

In einem Seminar erklärte mir ein logischer Denker: „Was ich ablehne, sind gefühlvolle Stimmen. Da kann der Präsentierende noch so perfekt sein – bei mir ist er unten durch, ich höre gar nicht mehr hin!"

Sie können promoviert haben, tausende von Euros für PowerPoint-Folien und Muster ausgeben, Sie können die optimalste Präsentation präsentieren – wenn Sie diese – liebe Frauen – mit gefühlvoller Stimme präsentieren, dann haben Sie verloren. Diese Ungerechtigkeit ist auf den ersten Blick schwer auszuhalten. Doch das Limbische Dominanz-Wertesystem lehnt alles Weiche und Gefühlvolle (in seinen Augen „gefühlsduselige") ab. Natürlich gibt es auch Männer mit weicher Stimme. Die werden dann genauso abgelehnt. In diesem Fall mit der gefühlvollen Stimme trifft es aber überproportional oft die Frauen. Vielleicht finden Sie hier die Erklärung, warum Sie bei manchen Zielgruppen nicht punkten – und vielleicht nie punkten werden. Dann schauen Sie sich lieber nach Ihresgleichen um und werden Sie für diese Zielgruppe der optimale Problemlöser! Spitz auf den Markt zu gehen ist eine erfolgreiche Marketing-Strategie.

Das ist leider nicht immer möglich. Wenn Sie im Vertreib arbeiten, wenn Sie mit vielen Menschen zu tun haben, wenn Sie Führungskraft sind, wenn Sie ein Unternehmen leiten – dann bleibt Ihnen gar nichts anderes übrig, als sich mit der Unterschiedlichkeit der Menschen auseinander zusetzen. Wenn Sie es schaffen multimodal zu kommunizieren, haben Sie weniger Konflikte mit Mitmenschen, Sie steigern Ihre Abschluss-Quoten und erhöhen auf alle Fälle Ihre Umsätze. Es kann sein, dass Sie mit bestimmten Menschen immer noch nicht dicke Freunde werden, aber Ihre Kommunikationsvorlieben werden nicht mehr dazu führen, mit diesen Menschen dauernde Kleinkriege im Büro zu führen oder mit Ihnen keine Abschlüsse machen zu können. *Diversity-Management* lohnt sich also und ist eine Kulturtechnik die immer wichtiger wird.

Erst im zweiten Schritt ist es wichtig, die Teilnehmer zu analysieren. Werden Sie neugierig, stellen Sie Fragen. Wie Sie Ihre Empathie steigern können, erläutert das nächste Kapitel. Experimentieren Sie im Freundeskreis. Analysieren Sie Kultserien im Fernsehen – die leben von der Spannung unterschiedlicher Limbischer Charaktere. Analysieren Sie Werbespots. Jeder gute Werbespot hat eine Limbische Instruktion als Haupt-Adressaten (zum Beispiel *Becks* die Stimulanz-Instruktion – *Jever* die Balance-Instruktion). Machen Sie einen Wettbewerb mit Ihren Partnern und Ihren Kindern, denen Sie natürlich vorher das Modell erklärt haben.

Üben Sie die multimodale Kommunikation erst in der Vorbereitung Ihrer Präsentation und dann in der Live-Durchführung. Überfordern Sie sich nicht. Kein Mensch hat ein Blatt auf der Stirn, auf dem geschrieben steht: Ich bin ein Experimenteller! Und das ist auch gut so, denn sonst wären wir ja gläsern und somit manipulierbar.

2. Wie das Innere und das Äußere zusammenhängen

Widmen wir uns nun der spannenden Frage, woher der Präsentierende im Vorfeld schon wissen kann, welche Limbischen Persönlichkeitstypen vor ihm sitzen. Die Antwort ist einfach: Beobachten Sie genau, Recherchieren Sie gründlich. Lernen Sie die äußeren Zeichen als Hinweise auf die inneren Denkstile zu lesen. Da sich der Denkstil über die unbewussten Instruktionen des Limbischen Systems im Verhalten und im Auftreten äußert, kann vom **offensichtlichen Äußeren** (Beruf, Umgebung, Aussehen, Körpersprache, Kommunikationsstil) auf **verborgenes Inneres** (die unbewussten Programme im Gehirn) geschlossen werden. Experimentelle Teilnehmer lassen sich an Zeichen erkennen, die auf Einmaligkeit, Individualität schließen lassen (da ja der dazugehörige Mensch unbewusst seinen Instruktionen folgt: *Sei anders als die anderen!*). Es wird sich um neugierige, offene und risikofreudigen Menschen handeln (Limbische Instruktion: Entdecke Neues!) und sie werden sich von ganz bestimmten Berufen angezogen fühlen, wie Unternehmer, Werbe- oder Marketingstratege, Entwickler, Designer, konzeptionell arbeitender Dienstleister, Branchen-Trendsetter *(Suche Abwechslung! Entdecke und erforsche!)*.

Woran erkenne ich den Denkstil meiner Teilnehmer?

In meinen Seminaren frage ich die Teilnehmer, nachdem sie ihr Denkstil-Profil erhalten haben, wer Mercedes fährt und ***ob es sich um ihr Wunschauto handelt****. Da ich ihre Profile kenne, kann ich ihnen nun sagen, für welche Ausstattung sie sich entschieden haben: AMG beziehungsweise Sportpaket, Classic, Elegance oder Avantgarde. Und jedes Mal ordne ich die passenden Autos den richtigen Menschen zu. Für die Teilnehmer grenzt es an Zauberkunst. Doch das Prinzip dahinter ist ganz einfach. Denn ich muss nur das passende Autoprofil dem passenden Menschenprofil zuordnen.*

- *AMG oder Sportpaket: sportlich, leistungsstark; spricht die Limbische Instruktion Dominanz an (logischer Teilnehmertyp).*
- *Classic: traditionell, bewährt; spricht die Limbische Instruktion Balance an (strukturierter Teilnehmertyp).*
- *Elegance: Wohlfühlaspekte, Haptik; spricht die Limbische Instruktion Balance an (gefühlvoller Teilnehmertyp).*
- *Avantgarde: „Dem Zeitgeist um eine Wagenlänge voraus"; modernes, trendiges Design; spricht die Limbische Instruktion Stimulanz an (experimenteller Teilnehmertyp).*

An diesem Beispiel lässt sich sehr gut erkennen, wie Inneres und Äußeres zusammenhängen. Denn wir entscheiden uns für bestimmte Dinge, weil sie uns gefallen. Und sie gefallen uns, weil sie in uns positive Gefühle auslösen. Wir möchten sie haben, weil wir uns von ihnen erhoffen, dass sie uns schneller und stärker als die anderen machen. Oder weil wir uns mit ihnen sicherer und geborgener fühlen. Oder weil wir mit ihnen glänzen können. Die Liste ließe sich beliebig (Limbisch) ergänzen. Es ist ganz einfach, die Limbischen Profile von Objekten zu bestimmen. Denn sie wurden von Menschen mit einem bestimmten Profil geschaffen und sie wenden sich immer an eine bestimmte Zielgruppe. Schauen Sie sich Ihren Bürostuhl an. Ist er groß, schwarz und aus Leder? Oder eher stabil, ergonomisch und getestet? Oder einfach nur himmlisch bequem und schön? Oder vielleicht etwas ganz Besonderes? Wenn Sie in sich selbst ausgewählt haben und er Ihnen gefällt

Woran erkenne ich den Denkstil meiner Teilnehmer?

– dann sagt er sehr viel über Ihre Präferenzen und Denkstile aus. Und hier sind wir auch beim kritischen Punkt des Zeichenlesens in der äußeren Welt: Vielleicht hat ja Ihr Chef den Stuhl ausgesucht oder der Innenarchitekt oder weil er Ihnen momentan zu teuer ist, haben Sie sich nicht Ihren Favoriten geleisten. Und auch bei der Kleidung und den Accessoires: Sie können freiwillig ausgewählt sein, gefallen und somit Erkennungszeichen sein. Sie können aber auch der Dresscode des Unternehmens sein. Sie können auch unter dem heute immer stärker werdenden Konformitätsdruck ausgesucht worden sein. Das heißt: Erst die Summe der Äußeren Zeichen lässt eine sichere Prognose(!) zu, um welchen Teilnehmertyp es sich handelt.

Von welchen äußeren Zeichen lassen sich auf innere Prozesse schließen? Sicherlich ist der Beruf und die Position ein starkes Kriterium. Denn bestimmte Berufe und bestimmte Positionen ziehen bestimmte Profile an. Und Berufe prägen den Denk- und Verhaltensstil eines Menschen. Dann ist es die Art und Weise, wie jemand kommuniziert. Und auch wenn Menschen ihre Inhalte kontrollieren, die Art und Weise wie sie kommunizieren ist ihnen oft unbewusst. Ein weiters Kriterium ist die Körpersprache. Sie ist die Sprache der Emotionen und somit die direkte Sprache des Limbischen Systems. Die Art, *wie* jemand sich bevorzugt kleidet gibt ebenfalls Auskunft – und natürlich alle Accessoires und Statusobjekte. Denn sie werden ja aufgrund einer bestimmten Limbischen Instruktion angeschafft. Es lohnt sich auch die Umgebung der Teilnehmer in Augenschein zu nehmen.

Profi-Tipp: Produktentwicklung

Auch Unternehmen, Produkte, Marken, Internetseiten – alles vom Menschen erschaffene – hat ein bestimmtes Limbisches Profil. Je präziser, direkter und je umfassender Limbische Instruktionen angesprochen werden, umso erfolgreicher und begehrlicher wirken diese Objekte auf uns (Häusel, 2003: Seite 165).

3. Gibt es das untrügliche Erkennungszeichen überhaupt?

Woran erkenne ich den Denkstil meiner Teilnehmer?

Je besser Sie Ihre Zielgruppe kennen, umso präziser kennen Sie deren Probleme, Vorlieben und Erwartungen. Tun Sie deshalb alles, um Ihre Teilnehmer so gut wie möglich kennen zu lernen. Fragen Sie viel, beobachten Sie genau und hören Sie richtig hin. Hören Sie die Werte heraus und achten Sie auf die Performance. Es gibt nicht **das** Erkennungszeichen. Zum Glück. Denn sonst wären wir für die anderen wie ein offenes Buch. Nur wer sich die Mühe macht und seine Mitmenschen wahrnimmt, wer nachfragt und zuhört – nur dem öffnen sie sich und er kann sie klar erkennen. Dies erfordert eine vorurteilsfreie und respektvolle Annäherung. Dies erfordert ein sich einlassen können auf andere, einen respektvollen Umgang mit dem anderen, eine Wertschätzung der Differenz.

Kommen Sie mit auf Entdeckungsreise in fremde Denkwelten

Denken Sie daran, dass die 92 Prozent der Menschen multidominant sind – also eine Mischung aus zwei oder drei Präferenzen besitzen. Die höchste Dominanz prägt das Verhalten. Erkennung ist ein Puzzlespiel: es gilt aus allen Zeichen wie in einem Puzzle das Bild zu vervollständigen:

Nur wer den Menschen liebt, wird ihn verstehen. Wer ihn verachtet, wird ihn nicht einmal sehen.

Christian Morgenstern

- Beobachten Sie Ihre Teilnehmer
- Lernen Sie sie so gut wie möglich kennen
- Stellen Sie Fragen nach Prioritäten, Zielen und Problemen
- Hören Sie gut zu
- Achten Sie auf Einwände – denn Einwände sind Wünsche/Werte
- Recherchieren Sie genau
- Lesen Sie die Internetseiten und Broschüren
- Geben Sie den Namen der Entscheider in die Suchmaschinen ein

Profi-Tipp: Recherche

Internet-Recherche
Informieren Sie sich so gut wie möglich über Ihre Teilnehmer. Lesen Sie die Internetseiten der wichtigsten Teilnehmer bzw. des Unternehmens.

Suchmaschinen
Geben Sie die Namen der wichtigsten Teilnehmer in die Suchmaschinen ein. Sie werden erstaunt sein, wie viel Sie über einen Menschen so erfahren. Auch Hobbys, soziales Engagement, Verbandstätigkeiten, Publikationen – alles wertvolles Wissen für Ihre Präsentation.

Presse-Stelle
Lassen Sie sich Info-Material von Pressestellen oder der Firmenzentrale zuschicken.

Fachpublikationen der Zielgruppe
Lesen Sie Fachpublikationen Ihrer Zielgruppe. Hier erfahren Sie „wo der Schuh drückt" und welche Sprache gesprochen wird. Sie werden präziser, wenn Sie sich nicht nur auf die Informationen im Wirtschaftsteil der Zeitungen verlassen.

Kundendatei
Fragen Sie die Kollegen, die im Vorfeld mit diesen oder ähnlichen Menschen zu tun hatten. Lesen Sie die Informationen in Ihrem Kundendatei-System.
Tipp: Schreiben Sie immer auch die Werte und Anti-Werte mit.

Prioritätenabfrage
Wenn möglich, rufen Sie vorher bei Ihren Teilnehmern an, eventuell um Organisatorisches zu klären. Flechten Sie geschickt Fragen nach Zielen, Werten, Problemen, Vorlieben ein: Wobei können wir Sie unterstützen? Worauf legen Sie ganz besonders wert? Worauf noch? Was sollte auf keinen Fall sein? Was meinen Sie, wie wird Frau x den Vorschlag aufnehmen?

Ähnliche Zielgruppen befragen
Rufen Sie gemeinsame Bekannte an oder unterhalten Sie sich mit Menschen, die ähnlich sind wie Ihre Teilnehmer oder die sie kennen.

Vor Ort-Recherche
Schauen Sie sich das Firmengebäude an, die Menschen die dort arbeiten. Nutzen Sie die Recherche auch als Problemanalyse für die Präsentation Ihrer Lösung.

Wenn Sie die oben genannten Möglichkeiten nicht haben, dann lassen Sie sich von den vier Tabellen ab Seite 238 inspirieren und stellen Sie aufgrund des Berufs, der Branche, Position, der Architektur eine Hypothese auf. Wenn Sie gar nicht wissen wer kommt oder wenn Sie vor vielen Menschen sprechen oder wenn Ihre Teilnehmer sehr heterogen sind: Bereiten Sie alle vier Stile vor!

Profi-Tipp: Gehen Sie auf Entdeckungsreise in die Welt Ihrer Teilnehmer

Schärfen Sie Ihre Wahrnehmung. Denn:

Wer viel spricht, erfährt nichts!

- Wer die richtigen Fragen stellt – erhält die wichtigen Antworten
- Wer gut zuhört – hört Werte und Wünsche heraus
- Wer genau hinsieht – dem erzählt die ganze sichtbare Welt von verborgenen Zusammenhängen

Wer seine Teilnehmer nicht kennen lernt, zieht den Kürzeren

- Wer seine Zielgruppe nicht in der Vorbereitungsphase analysiert – kann auch seine Ziel nicht treffen.
- Wer nur frontal präsentiert – kann die Richtung nicht überprüfen
- Wer mit seinen Teilnehmer gezielt interagiert – kann seine Präsentation abstimmen und das Ziel präzise erreichen

Wer bewertet, wertet ab.

- Wertfreies Wahrnehmen von Unterschieden ist ein Erfolgsgarant im Umgang mit Menschen
- Lernen Sie, sich selbst zurückzuhalten.

Hören Sie während Ihrer Präsentation genau auf die Einwände Ihrer Teilnehmer. Denn Einwände sind versteckte Wünsche und Werte. Beobachten Sie das Umfeld Ihrer Teilnehmer, ihre Sprache, ihr Auftreten, das Design usw. Dies sind alles wichtige Informationen, um Ihre Präsentation beim nächsten Mal bei dieser oder bei einer ähnlichen Zielgruppe noch präziser abzustimmen.

Woran erkenne ich den Denkstil meiner Teilnehmer?

4. Einwände sind das sicherste Erkennungszeichen

In den Einwänden äußern sich auf indirekte Art die Wünsche und Werte eines Menschen – also das, was ihm wichtig ist. Sie erfahren ohne Umschweife, was für Ihre Teilnehmer Bedeutung hat. Wenn jemand einwendet: *„Wie oft haben sie die Methode schon angewendet?“* dann meldet sich hier die sicherheitsbewusste Balance-Instruktion zu Wort und verteidigt mit jedem Einwand ihren evolutionären Auftrag. Die unterschiedlichen Limbischen Instruktionen sind seit Jahrmillionen so erfolgreich, weil sie alle Aspekte abdecken, die für ein erfolgreiches Überleben wichtig sind. In den Einwänden, so könnte man salopp sagen, stellt die Evolution ihr Qualitätsmanagement sicher. Indem die Dominanz-Instruktion beispielsweise fragt *„Rechnet sich das? Bringt uns das voran?“*, sichert sie genauso unser

Überleben als wenn die Stimulanz-Instruktion fragt: *„Was gibst Neues?"*. Die eine verteidigt und die andere erweitert unseren Lebensraum.

Es gibt keine wertvolleren Informationen als Einwände! Freuen Sie sich über jeden Einwand. Fragen Sie sich: Welches ist der heimliche Wunsch dahinter und erkennen Sie die positive Absicht der Limbischen Instruktion an, die diesen Wunsch äußert. Würdigen Sie laut den Einwand: „Das ist ein wichtiger Aspekt" oder „Gut, dass Sie danach fragen".

Hier einige Beispiele:

Einwand: Das ist totes Kapital!
Wert: Wunsch nach Rendite, Gewinnsteigerung
Limbische Instruktion: Dominanz – logischer Denkstil.

Einwand: Das haben wir schon immer so gemacht!
Wert: Wunsch nach Kontinuität (Bewahren)
Limbische Instruktion: Balance – strukturierter Denkstil.

Einwand: Das kann ich meinen Leuten nicht vermitteln!
Wert: Wunsch nach Verbundenheit
Limbische Instruktion: Balance – gefühlvoller Denkstil.

Einwand: Das ist 08/15-Main-Stream!
Wert: Wunsch nach Herausragendem, nach Avantgarde
Limbische Instruktion: Stimulanz – experimenteller Denkstil.

Auch die Art und Weise, wie jemand Einwände verpackt oder auf unfaire Dialektik zurückgreift, sagt auch sehr viel über seinen Denkstil aus:

Logisch (blau)	Experimentell (gelb)
• Direkter Angriff • Kompetenz anzweifeln • Logik der Argumentation angreifen • Rolle angreifen • Ironie bis Zynismus • Distanz/Kühle/Liebesentzug • Nonverbale Dominanzgesten	• Verwirren • Ausweichen • Sich nicht festlegen • Häufig den Bezugsrahmen wechseln • Nebenschauplätze eröffnen • Grandiose Selbstdarstellung • Blenden

Strukturiert (grün)	Gefühlvoll (rot)
• Gefühlvoll • Killerphrasen • Negativworte (Reizworte) • Namedropping • Sich auf Autoritäten berufen • Immer weiter ins Detail gehen • Zermürbungstaktik • Verschleppung • Grundsätzlich dagegen sein	• Auf persönliche Ebene wechseln • Schmeicheln • An Gefühle appellieren • Tränendrüse • Beleidigt sein • Indirekt agieren • Verdeckte Angriffe • Freundlich obwohl wütend

Woran erkenne ich den Denkstil meiner Teilnehmer?

Im Kapitel „Einwandbehandlung" werden diese Taktiken näher erläutert und Sie erhalten Ideen und Methoden mit ihnen souverän umzugehen. An dieser Stelle sollen Sie Ihnen als Indikator für die unterschiedlichen Profile dienen. Lesen Sie die Kapitel 18 und 19. zum Thema Einwandbehandlung und unfaire Angriffe.

Woran erkenne ich den Denkstil meiner Teilnehmer?

5. Checklisten: Erkennungszeichen

A. Erkennungszeichen, die eher auf eine logische Präferenz schließen lassen

(erweitert nach Ned Herrmann/Herrmann International Deutschland)

	Zeichen
Beruf/ Position	Chemiker, Mathematiker, Techniker, Ingenieur, Geschäftsführer/Manager im finanziellen und technischen Bereich, manche Juristen und Wirtschaftswissenschaftler in wissenschaftlichen Tätigkeiten; Tätigkeiten im Finanzwesen
Arbeitsumfeld	Business-like; technisch hochwertige Ausstattung; zeitsparende Tools; schnörkelloses Design; wenig Persönliches, Lieblingsauto zur Zeit: Audi („Vorsprung durch Technologie“)
Körpersprache	Bestimmtes Auftreten; eher kühl und distanziert; gerade Haltung; feste Stimme; fester Händedruck; wenig Mimik; Kleidung: korrekt – aber wenig Aufwand (zeitsparend)
Typische Formulierungen	"Fakt ist ..."; "Das Wesentliche ist ..."; „Kommen Sie zur Sache ...“; „Nennen Sie mir harte Fakten“; „Machen Sie es kurz ...“
Interaktion	Fordernd, sachorientiert, ergebnisorientiert; versucht Führung zu übernehmen; stellt selbst Fragen, kurz und knapp; ist vorinformiert
Stärken	Finanzielle Aspekte Formeln anwenden Logisches Vorgehen Situationen analysieren Technische Aufgaben Einen Fall diagnostizieren Daten/Berichte analysieren Numerische Ziele erreichen Projekte zum Laufen bringen
Schwächen	Übersieht die (unlineare) Logik der Psyche; wenig Menschenkenntnis; wenig Empathie
Ziele	Unabhängigkeit; Vorankommen; Gewinnen

B. Erkennungszeichen, die eher auf eine strukturierte Präferenz schließen lassen

(erweitert nach Ned Herrmann/Herrmann International Deutschland)

Woran erkenne ich den Denkstil meiner Teilnehmer?

	Zeichen
Beruf/ Position	Berufe in der Verwaltung; Buchhaltung; Betriebsleiter, Meister, Vorarbeiter, mittleres Management; Berufe im Sicherheitswesen (Polizei, Militär etc); Produktion
Arbeitsumfeld	Formal, nüchtern, organisiert, traditionelles beziehungsweise klassisches Design; Handbücher und Informationen griffbereit; geordnet; Lieblingsauto zur Zeit: Toyota (Testsieger, sparsam, nachhaltig)
Körpersprache	Kontrolliert, wenig Mimik; wenig modulierte Stimme; Kleidung: dezent, so wie die meisten (modisch), sehr ordentlich
Typische Formulierungen	„Wir sind bisher gut damit gefahren"; „Ein Schritt nach dem anderen.." ; „Das ist Vorschrift „
Interaktion	Terminiert, pünktlich; kontrollierend; macht Pläne und fordert, dass alle sich daran halten; hält sich an Abmachungen und Regeln; ist vorinformiert und kommt mit schriftlichen Fragen; liest Testergebnisse und fragt nach Referenzen; geht geordnet und schrittweise vor; fragt nach Details
Stärken	Etwas zusammenbauen Aufgaben pünktlich abschließen Dinge in Ordnung bringen Die Kontrolle behalten Sich um Details kümmern Abläufe und Strukturen planen Verwaltungsaufgaben Verantwortlich sein Sicherheitsaspekte Schreibaufgaben
Schwächen	Passt sich Neuem nur schwer an, unflexibel
Ziele	Vorhersagbarkeit, Sicherheit, Kontrolle

C. Erkennungszeichen, die eher auf eine gefühlvolle Präferenz schließen lassen

(erweitert nach Ned Herrmann/Herrmann International Deutschland)

	Zeichen
Beruf/ Position	Berufe im Personalwesen; Berufe im sozialen Bereich, helfende und pflegende Berufe; Musiker, Lehrer, Lebensberater, Psychologen, geistliche Berufe
Arbeits-umfeld	Warm, freundlich, komfortabel, Familienfotos, Pflanzen, Stapel vom Papieren; da sie emotional an Dingen hängen: oft voller Schreibtisch; Lieblingsauto: egal; die Beziehung zum Auto zählt; hat oft einen Namen und wird wie ein Freund angesprochen (Designpräferenz: eher rund und weich)
Körper-sprache	Ausdrucksstark, zeigt Gefühle, melodisches Stimmmuster. Kleidung: farbenfroh, leger
Typische Formulie-rungen	„Wie geht es Ihnen?“; „Wie fühlen Sie sich?“; „Was brauchen Sie noch?“; „Austausch suchen“; „Persönliches Wachstum“
Inter-aktion	Eher Fragen als Behauptungen; erzählt gerne und hört einfühlsam zu – auch persönliche Themen
Stärken	Bei persönlichen Problemen helfen Mit Menschen zusammenarbeiten Funktionierende Teams aufbauen Unterrichten/Ausbilden Kommunikatives Arbeiten Menschen überzeugen Zuhören und verstehen Beziehungen aufbauen Beraten und fördern Konflikte austragen Ideen verbreiten
Schwächen	Kann sich schlecht abgrenzen; empfindlich; nimmt vieles persönlich: manchmal emotional unkontrolliert
Ziele	Harmonie, Beziehungen, Wohlbefinden

D. Erkennungszeichen, die eher auf eine experimentelle Präferenz schließen lassen

(erweitert nach Ned Herrmann/Herrmann International Deutschland)

	Zeichen
Beruf/ Position	Unternehmer, Unternehmensberater, Top-Führungskräfte, verkaufsorientierte Führungskräfte; Marketing; Entwicklung; Strategen; Designer; Künstler; Futuristen; konzeptionelle Dienstleister
Arbeitsumfeld	originell; es ist viel los; arbeitet an vielen Projekten gleichzeitig; deshalb Schreibtisch oft sehr voll Lieblingsauto: Hauptsache anders als die anderen
Körpersprache	ungezwungen, locker, freundlich; oft charismatisch Kleidung: originell bis extravagant; auch unangepasst; eigener Stil
Typische Formulierungen	„Mit einer Idee spielen!"; „Lass uns einfach anfangen"; „Das große Ganze"; „Wir umgehen einfach die Regelung"
Interaktion	Unkonventionell; sucht Spaß und Aufregung; sprudelt vor Ideen; ist amüsant und anregend; steht gerne im Mittelpunkt; sehen und gesehen werden ist wichtig
Stärken	Visualisieren Kreativ arbeiten Ideen entwickeln Einer Vision folgen Freiraum für Risiko Spielerisch vorgehen Formschön gestalten Veränderungen bewirken Lösungen/Zukunft voraussehen Ein Gesamtkonzept im Auge
Schwächen	Verzettelt sich; Phantast; fehlende Umsetzung der Ideen; Übersehen von Details; unstrukturiert
Ziele	Individualität; ein aufregendes Leben; Anerkennung

10. Woher soll ich wissen, wie meine Teilnehmer denken und fühlen? Erfolgsfaktor Empathie

Inhaltsübersicht Kapitel 9

1. Erfolgsfaktor Empathie

Woher soll ich wissen, wie meine Teilnehmer denken und fühlen?

Nur wer versteht, wie Menschen denken, fühlen und sprechen und was für sie Bedeutung hat, kann mit seiner Präsentation überzeugen. Sich situativ auf andere Kommunikationsstile einlassen zu können ist die Grundvoraussetzung, um wirklich verstanden zu werden, um gekonnt zu überzeugen und um möglichst viele Teilnehmer zu begeistern. Und das sind die Grundlagen für langfristigen Erfolg, nicht nur als Vortragender, sondern auch als Verhandler, Verkäufer, Berater, Führungskraft, als Elternteil, als Partner, als Bürger – also als Kommunikator in allen Lebenssituationen. Henry Fords Erkenntnis, dass Erfolg darauf beruht, den Standpunkt des anderen zu verstehen und die Dinge mit seinen Augen zu sehen ist inzwischen im Kommunikationsalltag angekommen. Doch wie genau andere die Dinge sehen und wie genau Sie die Dinge vom Standpunkt des anderen in Worte, Bilder und Aktionen fassen – zum ersten Mal bekommen Sie mit dieser gehirntypgerechten Rhetorik präzise Antworten darauf.

Erfolg beruht darauf, den Standpunkt des anderen zu verstehen und die Dinge mit seinen Augen zu sehen

Henry Ford

Profi-Technik: Erfolg wird berechenbar

Sie sind umso erfolgreicher, je genauer Sie die Probleme Ihrer Teilnehmer kennen und wirklich verstehen. Sie sind umso erfolgreicher, je genauer Sie verstehen, welche Zielbilder und Sehnsüchte Ihre Teilnehmer motivieren. Sie sind umso erfolgreicher, je präziser die Lösung, die Sie anbieten genau diese Probleme löst und hilft, genau diese Ziele zu erreichen. – Sie sind umso erfolgreiche, je besser Sie die Sprache Ihrer Teilnehmer sprechen, indem Sie einleuchtend argumentieren, treffend formulieren und passend inszenieren.

Was Sie hierfür vor allem benötigen ist Empathie, Einfühlungsvermögen. Und viele Mythen ranken sich um dieses Thema. Empathie wird als etwas intuitives angesehen, das man eben hat oder nicht hat. Es gibt Menschen, die glauben sehr empathisch zu sein. Doch gerade diese sind es oft ganz und gar nicht. Sie sind mitfühlend – doch das bedeutet noch nicht, dass sie wirklich verstehen was in dem anderen vorgeht! Und dann gibt es Menschen, die sind gar nicht einfühlsam – und trotzdem hochempathisch. Sie haben gelernt, sehr genau zu beobachten, feinste Details wahrzunehmen und die richtigen Fragen zu stellen.
Lassen Sie uns einen Blick auf die überraschenden Erkenntnisse der Forschung werfen und entzaubern wir den Mythos Empathie.

Woher soll ich wissen, wie meine Teilnehmer denken und fühlen?

2. Die Entdeckung der Spiegelneuronen

Der Neurobiologe Giacomo Rizzolatti von der Universität Parma entdeckte 1996 durch Zufall die Spiegelneuronen. Diese sind verantwortlich für unsere Empathie. Sie reagieren auf die Körpersprache anderer Menschen und lassen Simulationsprogramme ablaufen, die es dem Beobachter ermöglichen, unmittelbar mitzuerleben, was in den Köpfen anderer vor sich geht. Sie befähigen den Menschen sich in andere Menschen hineinzuversetzen und Gefühle anderer mitzuerleben. Der Psychiater und Psychotherapeut Professor Joachim Bauer hat diesem Thema ein sehr aufschlussreiches Buch gewidmet: *Warum ich fühle was du fühlst – Intuitive Kommunikation und das Geheimnis der Spiegelneuronen: „Bei anderen wahrgenommene Handlungen rufen unweigerlich die Spiegelneuronen des Beobachters auf den Plan. Sie aktivieren in seinem Gehirn ein eigenes motorisches Schema, und zwar genau dasselbe, welches zuständig wäre, wenn er die beobachtetet Handlung selbst ausgeführt hätte. Der Vorgang der Spiegelneuronen passiert simultan, unwillkürlich und ohne jedes Nachdenken."*

So entsteht erstmal Mitgefühl: Ich fühle mit einem trauernden Menschen mit, ich verstehe die Enttäuschung meiner Kollegin, ich lasse mich von der Begeisterung meiner Kinder anstecken. Das ist aber noch lange nicht wahre Empathie. Denn es handelt sich um die eigenen Neuronen, die simultan feuern. Und somit rufen sie nur ab, was man selbst gespeichert hat, was man selbst erlebt hat, wie man es selbst empfinden würde. Es entstehen einseitige, durch bestimmte Vorerfahrungen geprägte Interpretationsschemata. Joachim Bauer bemerkt treffend: *„Intuition ist eben nicht alles. Wo sie versagt, kann und muss der Verstand helfen!"*

Wer sich nur auf seinen Verstand verlässt, kann genauso in die Irre geleitet werden. Denn unser Verstand ist langsam und er kann schlicht falsche Schlüsse ziehen. Nur wenn Bauch und Kopf zusammenarbeiten und sich ergänzen können wir wahrhaft empathisch sein. Joachim Bauers Fazit: *„Intuition und rationale Analyse können sich nicht gegenseitig ersetzen. Beide spielen eine wichtige Rolle und sollten gemeinsam zum Einsatz kommen. Die Wahrscheinlichkeit, dass wir eine Situation richtig bewertet haben, ist am größten, wenn Intuition und kritische Reflektion zu ähnlichen Ergebnissen* *kommen und sich ergänzen."* Eine herausragende Rolle übernimmt hierbei die Sprache, vor allen Dingen das klärende Gespräch.

Woher soll ich wissen, wie meine Teilnehmer denken und fühlen?

Profi-Tipp: Klärendes Gespräch im Vorfeld

Versuchen Sie, vor wichtigen Präsentationen im Vorfeld ein Gespräch zu führen. Stellen Sie hier genau die Fragen, die Ihnen helfen, Ihre Teilnehmer wirklich zu verstehen. Leiten Sie die Fragephase immer mit einer Vorteilsbegründung ein: *„Damit ich Ihnen die beste Lösung präsentiere, möchte ich Ihnen kurz einige Fragen stellen. Ist das für Sie in Ordnung?"*. Stellen Sie dann Ihre durchdachten und *vorbereiteten* Fragen. Hören Sie ganz aufmerksam zu. Wiederholen sie Schlüsselworte (Werte/Anti-Werte). Schreiben Sie mit. Fassen Sie zusammen. Hinterfragen Sie so lange, bis Sie ein Gefühl für die Situation entwickeln.

Wie erfahre ich die Werte meiner Teilnehmer?

Es ist für einen gelungenen Überzeugungsprozess sehr wichtig, die Werte (=Entscheidungskriterien) eines Menschen herauszuhören und die Argumentation darauf abzustimmen. Diese Werte können wir auf drei Wege herausbekommen:

1. Beobachten: Körpersprache, Verhalten, Umgebung (vergleiche vorheriges Kapitel)
Welche Werte spiegeln sich in der Kleidung wider (Business/salopp; korrekt/lässig)?
In der Körperhaltung (zum Beispiel Distanz/Nähe; Härte/Weichheit?)
Im Sprachstil (nüchtern/phantasievoll; sachlich/persönlich).

2. Werte-Fragen: Stellen Sie sie schon im Vorfeld oder gezielt in der Interaktion während der Präsentation:

- *Was ist Ihnen ganz besonders wichtig?*
- *Gibt es noch etwas, worauf Sie Wert legen?*
- *Worauf möchten Sie nicht verzichten?*
- *Was ist Ihnen das Wichtigste?*
- *Wenn X das i wäre, was wäre das i-Tüpfelchen?*
- *Was möchten Sie erreichen?*
- *Was ist Ihr Ziel?*
- *Was genau haben Sie sich vorgestellt?*
- *Wozu möchten Sie das?*

Woher soll ich wissen, wie meine Teilnehmer denken und fühlen?

- *Wobei kann ich Ihnen helfen?*
- *Was muss sein, damit es perfekt ist?*
- *Woran erkennen Sie, dass es perfekt ist?*
- *Welche Wünsche haben Sie an mich bezüglich der ...?*
- *Was ist besonders zu berücksichtigen?*
- *Was muss ich jetzt noch wissen, bevor ich anfange?*

3. Genauigkeitsfragen:

Sie lernen das Kopfkino Ihrer Zielgruppe/Gesprächspartner kennen – es unterscheidet sich meist sehr von unseren eigenen Vorstellungen.

- *Was genau meinen Sie mit ...?*
- *Welche Vorstellungen haben Sie von ...?*
- *Habe ich Sie richtig verstanden ...?*
- *Woran machen Sie das fest?*
- *Was bedeutet das genau für Sie?*
- *Was genau stört Sie?*
- *Können Sie mir ein Beispiel nennen?*
- *Kennen sie einen konkreten Fall?*

Profi-Technik: Goldene Regel der Rhetorik

Erst fragen – dann verstehen – dann sagen!

Denken Sie daran: Andere denken anders, fühlen anders und haben andere Entscheidungskriterien. Finden Sie sie durch gezielte Fragen im Vorfeld, in Interaktionen und durch präzises Beobachten während der Präsentation heraus!

Wenn es schnell gehen muss oder Sie Ihre Zielgruppe nicht beobachten/befragen können: **Hypothesen** aufstellen, um was für einen Persönlichkeitstyp es sich handelt. (Vergleiche hierzu auch Kapitel 5 und 9)

Dieses ist der wichtigste strategische Schritt Ihrer Präsentation. Es handelt sich einerseits um recherchierte Informationen aber auch um Vermutungen, die Sie aufgrund Ihrer Erfahrung auf diese Situation übertragen. Die Energie, die Sie in dieses ganz genaue Verstehen investieren, rechnet sich später vielfach und erhöht die Zielgenauigkeit Ihrer Präsentation:

- Sie sparen nachher Zeit, weil Sie viel weniger Material sinnlos sammeln und bearbeiten

- Sie erkennen mögliche Widerstände schon jetzt. Dadurch können Sie sich auf Einwände und Gegenargumente so gut vorbereiten, dass diese erst gar nicht entstehen oder Sie sie souverän beantworten
- Sie erreichen Ihre Ziele präziser, einfacher und schneller

Woher soll ich wissen, wie meine Teilnehmer denken und fühlen?

3. Eine Übung zur Steigerung Ihrer empathischen Fähigkeit

Auch wenn Sie es im Business-Kontext mit einem unternehmerischen Geschehen zu tun haben – es sind immer noch die einzelnen, ganz konkreten Menschen mit ihren Zielen, Ambitionen und Ängsten, die Sie überzeugen müssen. Je mehr Sie über deren Persönlichkeit wissen, umso leichter können Sie sie gewinnen. Nicht immer haben Sie die Möglichkeit hinter die Kulissen Ihrer Teilnehmer zu sehen. Aber das Beschäftigen mit dem Limbischen Kommunikationsmodell bringt Ihnen einen entscheidenden Vorteil. Welche Limbische Instruktion steuert das Verhalten Ihrer Teilnehmer? Diese steuern ja unbewusst auch deren Interessen. **Und da Sie selbst Inhaber aller Limbischen Instruktionen sind**, können Sie sich auch ganz gut in die unterschiedlichen Positionen hineinversetzten. Probieren Sie es aus – Sie werden staunen, was Sie alles erfahren werden! Versetzen Sie sich so gut wie möglich in Ihren eigenen „Logiker". Sprechen Sie dann so, als ob Sie Ihr logischer Teilnehmer wären. Wechseln Sie dann den Stuhl bis alle vier Instruktionen zu Wort gekommen sind.

Natürlich sind es Ihre eigenen Gedanken, Bilder und Gefühle, die durch diese Übung aktiviert werden. Ergänzen Sie die Informationen durch eine sachliche Recherche, wie sie in diesem und dem vorherigen Kapitel 9 vorgestellt wurde.

Vier-Stühle-Übung

Stellen Sie sich vier Stühle vor sich hin: einen für den logischen, einen für den strukturierten, einen für den gefühlvollen, einen für den experimentellen Denkstil.

Setzten Sie sich dann der Reihe nach auf die Stühle.

Versetzen Sie sich ganz in den jeweiligen Denktyp und sprechen Sie aus seiner Perspektive dessen Probleme und Ziele und dessen Erwartungen und Befürchtungen an diese Präsentation aus. (Sprechen Sie in Ich-Form/Wir-Form aus der Perspektive Ihrer Teilnehmer)

Dann wechseln Sie den Stuhl und gehen der Reihe nach alle Denkstile durch.

Zum Schluss haben Sie viele wertvolle Informationen für Ihre Präsentation gewonnen.

Außerdem merken Sie schnell, wenn Sie Ihre Teilnehmer nicht kennen. Jetzt haben Sie noch die Zeit, die fehlenden Informationen zu recherchieren.

Ein Beispiel:
Verena ist Unternehmensberaterin und möchte ihr Service-Konzept vorstellen: Sie versetzt sich ganz in den ***logischen Teilnehmer****: „Investitionen müssen sich rechnen. Ich sorge dafür, dass unser Budget nicht überzogen wird. Ich achte darauf, dass die Kalkulation transparent ist und dass wir ein hervorragendes Preis-Leistungs-Verhältnis erreichen. Wichtig ist mir, dass das Projekt reibungslos und effektiv abgewickelt wird. Lange Ausfälle können wir uns nicht erlauben. Ich werde einen guten Preis aushandeln und bereite mich auf die Preisverhandlung systematisch vor. Wir dürfen den technischen Anschluss nicht verpassen. Die Beraterin sollte was hermachen – Professionalität, Größe und Stärke sind mir wichtig."*
Dann wechselt Verena den Stuhl und versetzt sich in den ***strukturierten Teilnehmer****. Sie hat sofort ein Bild eines konkreten Teilnehmers vor sich: „Eigentlich brauche ich gar kein neues Konzept, es funktioniert alles noch einigermaßen. Auf der anderen Seite sind die neuen Einkaufsmöglichkeiten und das unkontrollierbare Verhalten der heutigen Kunden schon beängstigend. Aber wenn ich schon das Wort „Konzept" oder „Kick-Off" nur höre… Ich mag keine außergewöhnlichen Lösungen oder Lösungen die am Schreibtisch erdacht werden. Ich bevorzuge praktische Lösungen, die gut durchdacht sind. Am liebsten arbeite ich mit Leuten zusammen, die einen Plan haben. Dann weiß man, was man wann zu tun hat und kann sich darauf einstellen.*

Ich mag es gar nicht überrumpelt zu werden. Wenn man mir ruhig, Schritt für Schritt alles gut erklärt gehen ich auch neue Wege."

Woher soll ich wissen, wie meine Teilnehmer denken und fühlen?

Wieder wechselt Verena den Stuhl und nimmt Kontakt mit ihrem ***gefühlvollen Anteil*** *auf: „Ich freue mich auf die Atmosphäre wenn wir gemeinsam nach Lösungen für unsere schöne Innenstadt suchen ... Ich möchte eine Lösung die auf meine Kunden passt, die meine Kunden glücklich macht. Hoffentlich komme ich gut in Kontakt mit meinen Kollegen und es gibt Möglichkeiten uns zu einigen und gemeinsam zu arbeiten. Da vertritt ja jeder auch immer seine Einzelinteressen. Hoffentlich ist die Beraterin sympathisch und ich komme gut mit ihr zurecht. Mir ist es sehr wichtig, dass sie auf meine persönlichen Bedürfnisse eingeht und gerechte Lösungen findet."*

Zum Schluss setzt sich Verena auf den Stuhl für den ***experimentellen Teilnehmer****: „Endlich geschieht wieder etwas! Es war auch Zeit, das Alte muss weg. Was sollen unsere Kunden denken, wenn sie zu uns in die Innenstadt kommen. Ich wünsche mir ein Umfeld, dass mich inspiriert, das meine Kreativität anregt. Es muss speziell sein und mich widerspiegeln. Wichtig ist mir Flexibilität, Leichtigkeit und Transparenz. Die Beraterin soll meine Ideen aufnehmen und umsetzten. Zum Schluss soll es phantastisch sein Die Kunden werden staunen – und alle anderen auch. Wir werden zum Vorreiter der Region."*

Die Fähigkeit, Empathie und Mitgefühl so auszudrücken, dass sie von anderen als angemessen empfunden wird, scheint eines der Geheimnisse einer sympathischen Ausstrahlung zu sein.

Joachim Bauer

11. Wie erreiche ich mit einer Präsentation alle Teilnehmer? Die Multilevel-Präsentation und der Limbische Multicode

Inhaltsübersicht Kapitel 11

1. Der Kampf mit der Hydra: Wenn unterschiedliche Interessen Ihre Teilnehmer steuern

Wie erreiche ich mit einer Präsentation alle Teilnehmer?

Eine der spannenden Erkenntnisse, wenn man sich mit dem Thema Präsentieren beschäftigt, ist die Tatsache, dass wir immer einzelne Menschen überzeugen und nicht die Gesamtheit der Teilnehmer als solche. Eine Ausnahme bildet die Beeinflussung von großen Menschenmengen die sich über Spiegelungen zu einem einzigen „Wir" vereinigen. Hier spielen noch andere Faktoren eine Rolle. Doch in normalen Business-Präsentationen läuft es meistens so ab:

Carmen ist Innenarchitektin. Sie lernt in einem Business-Netzwerk für Frauen die Personalchefin eines Unternehmens kennen. Sie bittet diese um einen Präsentationstermin, obwohl die Personalchefin noch gar nicht die richtige Ansprechpartnerin ist. Carmen überzeugt diese mit einer Präsentation, die der Personalchefin demonstriert, wie Architektur mit Leistung und Mitarbeitermotivation zusammenhängt. Die Personalchefin wird zum Verfechter von Carmens Interessen in ihrem Unternehmen. Sie arrangiert eine Präsentation mit der Geschäftsleitung. Der Geschäftsführer schickt jedoch seine Vertreter – möchte dann aber doch selbst entscheiden. Auch diese Hürde meistert Carmen, indem sie zuerst seine Assistenten überzeugt und denen dann noch die passenden Argumente und Dokumente für den Chef mitgibt. Mit Beharrlichkeit bekommt sie Wochen später einen echten Präsentationstermin. Der Entscheider hat diesmal Teile der Geschäftsleitung als Berater dabei: den Finanzmanager, den Facillitymanager, einen Vertreter des Betriebsrats und sogar seine Ehefrau – weil die in Punkto Design und Einrichtung für das Familienunternehmen verantwortlich ist. Wieder muss Carmen unterschiedliche Interessen, Menschen und Positionen in einer Präsentation vereinen. Es geht ihr wie dem tapferen Herakles in seinem Kampf mit der neunköpfigen Hydra: kaum hatte er einen Kopf der Hydra zerschlagen, so wuchsen dieser anstatt des einen Kopfes zwei neue nach.

Was also tun? Erfahrene Präsentierende entwickeln im Laufe der Zeit ihre ganz eigenen Strategien über die beliebte aber nicht effiziente „trial and error" Methode. Junge und unerfahrene Präsentierende scheitern meist an diesen vielen Hürden und „nachwachsenden" Köpfen. Beide möchte dieses

Kapitel unterstützen, damit sie wie der starke Herakles sieg- und ruhmreich diese verzwickte Aufgabe bestehen.

Die Lösung ist viel leichter und einfacher als Sie vielleicht denken. Mit dem Limbischen Kommunikationsmodell können Sie diese komplexe Situation nahezu mühelos meistern. Denn so unterschiedlich die einzelnen Interessen in der realen Welt auch sein mögen – gesteuert werden sie von den vier Ihnen schon vertrauten Limbischen Instruktionen. Warum wird jemand Unternehmer? Warum wird jemand Finanzvorstand? Warum Betriebsrat? Weil er unbewusst seiner dominanten Limbischen Instruktion folgt. Hier, genau in diesem Beruf und auf dieser Position, kann er seinen evolutionären Auftrag am besten ausleben. Das bedeutet für Sie: Packen Sie Ihren „Präsentationskoffer" während der Vorbereitungsphase so, dass für jede Limbische Instruktion eine präzise und überzeugende Kurz-Präsentation dabei ist, die genau ins Motiv- und Wertesystem der einzelnen Persönlichkeiten trifft und die positive Entscheidungen herbeiführt.

Noch ein Vorteil hat diese Methode: die meisten Menschen sind multidominant. Ned Hermann verweist in seinem Buch *„Das Ganzhirn-Konzept für Führungskräfte"* (Herrmann: 1997, Seite 218) darauf, dass gerade Menschen, die in der Hierarchie weit oben stehen, ausgewogene Profile haben. Denn nur, wem alle Denkstile zur Verfügung stehen, kann alle Anforderungen und Hindernisse meistern, die ihm auf dem Weg nach oben gestellt werden. Natürlich dürfen Sie bei einer „Multilevel-Präsentation" auch proportional vorgehen, das heißt der im Publikum vorherrschenden Instruktion den größten und hellsten Raum zugestehen.

Wie erreiche ich mit einer Präsentation alle Teilnehmer?

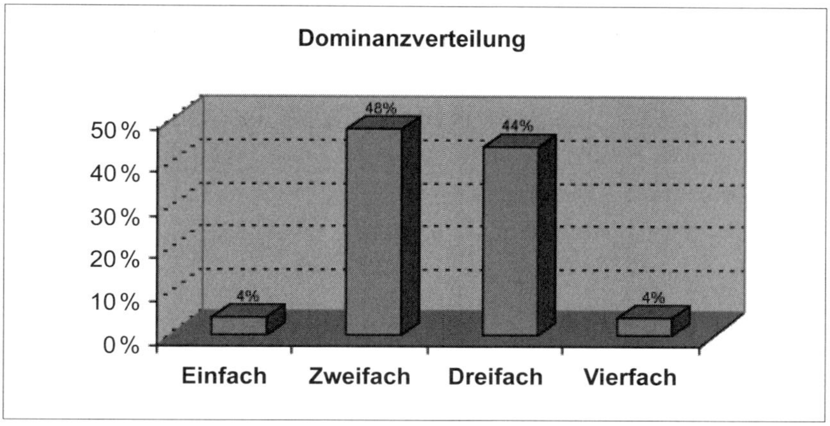

Abbildung 16: Dominanzverteilung (Quelle: Herrmann International Deutschland)

2. Vier auf einen Streich – Die Multi-Level-Präsentation

Die Multilevel-Präsentation bereitet also für jede Limbische Instruktion im Vorfeld eine Kurz-Präsentation vor. Dies führt zu einem sicheren und souveränen Umgang mit dem Limbischen Kommunikationsmodell. Denn hier spielen Sie einen impliziten Vorteil von Präsentationen aus: die *Vorbereitungsphase*, die jeder Präsentierende im Vorfeld einer auch noch so anstrengenden Präsentation hat, um seine Präsentation zu produzieren! Mit dem Limbischen Kommunikationsmodell führt diese Phase zu noch präziseren und perfekteren Präsentationen. Es genügt *eine* denkstilgerechte inszenierte Kernbotschaft *pro Teilnehmer-Typ*. Feilen Sie daran, üben Sie vor den passenden Kollegen oder Freunden so lange, bis auch die Stile sitzen, die Ihnen eher fremd sind. Dieses ist die wichtigste und beste Empfehlung die ich Ihnen mitgeben kann: Nehmen Sie sich einmal die Zeit und packen Sie „vierfach"!

Profi-Tipp: Präsentation kommt von „Präsent" – der vollständig gepackte Präsentationsrucksack

Stellen Sie sich Ihre **Präsentation** wie Weihnachten vor. Sie sind der Weihnachtsmann und Ihre Teilnehmer die Beschenkten. So wie Sie Ihrer Schwiegermutter auch etwas anderes schenken als Ihrer Liebsten oder Ihrem Liebsten – so bereiten Sie für die unterschiedlichen Limbischen Persönlichkeiten ihr passendes, denkstilgerechtes **Präsent** vor.

Wie erreiche ich mit einer Präsentation alle Teilnehmer?

Wenn Sie präsentieren, verteilen Sie die Geschenke der jeweiligen Limbischen Zielgruppe und markieren das auch mit Ihrer Körpersprache, indem Sie sich genau diesen *vermehrt* zuwenden. Ist eine Zielgruppe nicht vorhanden, dann packen Sie das Geschenk nicht aus oder lassen Sie es gar im Rucksack. Wer weiß, vielleicht freut sich die nächste Teilnehmerrunde. So sind Sie immer hundertprozentig auf alle Eventualitäten Ihres rhetorischen Lebens vorbereitet.

Auch wenn Sie nicht genau wissen, wer kommt, wenn Sie Ihre Teilnehmer nicht kennen oder wenn Sie vor sehr vielen Menschen sprechen, empfiehlt sich diese Methode. Wenn Sie dann vor Ort sind, können Sie sich schnell ein Bild von den Teilnehmern machen und Ihre Präsentation danach ausrichten. Sie haben ja vier Kernbotschaften produziert und überzeugend inszeniert. Jetzt präsentieren Sie nur diejenigen die passen. Verlassen Sie sich hierbei auf Ihre Beobachtungsgabe und Ihre Intuition.

Profi-Tipp: Eine runde Sache

Sehr ausgeglichen, rund und intelligent wirkt Ihre Präsentation, wenn sie **alle vier Codes** benutzen. Ihre Präsentation wird dadurch logisch, strukturiert, lebendig und inspirierend zugleich. Sie bedenken nicht nur die Zahlen und Fakten, Sie präsentieren umsetzbare und geplante Lösungen, sie vergessen nicht die menschlichen Aspekte und Sie heben sich wohltuend von langweiligen Präsentationen ab. Sie persönlich wirken dadurch auf Ihre Zuhörer sehr durchdacht und gewinnen schnell deren Vertrauen und Sympathie. Diese Vorgehensweise empfiehlt sich für Präsentationen vor unbekannten oder vielen Teilnehmern. Denn im letzten Fall können Sie davon ausgehen, dass alle Denkstile vorhanden sind. Bei allen anderen empfiehlt es sich **proportional** vorzugehen, wie in Kapitel 9 mit der Pyramide skizziert.

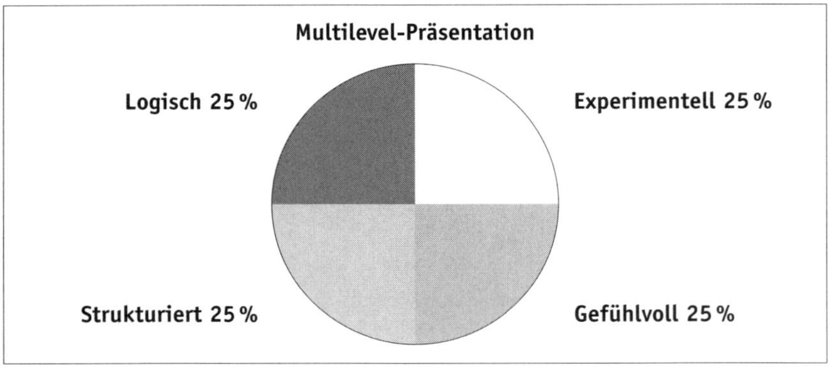

Abbildung 17: Multilevel-Präsentation

Profi-Technik: Das gemischte Doppel

Eine einfache und sehr wirkungsvolle Möglichkeit „rund" zu werden und alle anzusprechen ist das Präsentieren zu zweit. Zwei sich ergänzende Denkstile präsentieren gemeinsam. Bewährt haben sich folgende Kombinationen:

Mann – Frau

Jung, dynamisch – erfahren, weise

Verkäufer – Techniker

Verkäufer – Experte

Machen Sie sich das Prinzip der selektiven Wahrnehmung zunutze. Menschen sind besonders aufmerksam, wenn ihr bevorzugter Präsentationsstil dran ist und hören eher weg, wenn etwas für sie keine Relevanz hat (wenn zum Beispiel ihre Werte nicht angesprochen werden, wenn nicht in ihrem Denkstil gesprochen wird oder wenn ihre Sorgen und Wünsche nicht im Mittelpunkt stehen). So können Sie in einer Präsentation sogar *gegensätzliche* Denkstile ansprechen. Wenden Sie sich mit Ihrer Körpersprache vorwiegend denjenigen zu, für die die Botschaft konzipiert ist. Dann wenden sie sich der nächsten Kernbotschaft zu und sprechen den nächsten (passenden) Personenkreis an usw. Geben Sie dem Stil des Entscheiders den größten und hellsten Raum – vernachlässigen Sie die anderen Stile jedoch nicht. Entscheider lassen sich beraten – deshalb nehmen sie Berater mit. Sie wollen ein „rundes Bild", wollen verschiedene Meinungen hören. Deshalb ist es meist nicht sinnvoll, sich nur auf den Entscheider zu konzentrieren. Sprechen Sie alle Berater passend an.

Wie erreiche ich mit einer Präsentation alle Teilnehmer?

Ein Ausschnitt für dieses Vorgehen aus den „7 Schritten der Vorbereitung“:

Rhetorik / Persönlichkeit	Schritt 3 Kern-Botschaften	Schritt 4 Überzeugungsmittel	Schritt 6 Formulierung (z. B. Adjektive)	Schritt 7 Inszenierung
Logisch	Logisch Leistung Gewinn Effektivität	Zahlen Fakten Definitionen Kausalketten	durchdacht, effektiv, erfolgreich ...	Balken-Torten-diagramm, Tabellen; 3D Darstellungen;
Strukturiert	Sicherheit Kontinuität Qualität Stabilität	Beispiele Verträge Tests Garantien	ausgereift, bewährt, dauerhaft ...	Struktogramme, schrittweise animiert; Fotos von sorgfältigen Details; Checklisten
Gefühlvoll	Wohlbefinden Zufriedenheit Sinnlichkeit Harmonie	Gefühls-Verbalisierung Empathie und Verständnis; Fühlen	angenehm, belebend, bequem, formschön ...	Modelle, Muster, Farben, Proben, Haptik, Geruch, Geschmack, Musik, Bilder, die Emotionen wecken
Experimentell	Freiheit Begeisterung Inspiration Innovation	Kreativität Wozu-Argumente: Strategie; visuelle Argumente	abweichend, abwechslungsreich, auffallend ...	Medienvielfalt; Innovation; Interaktionen; Überblickdarstellungen

Spielen Sie auf der Klaviatur der Emotionen die passenden Tasten und nicht nur die, die zu Ihrer eigenen Präferenz gehören – wechseln sie öfters von Dur zu Moll, von Jazz zu Klassik, von Klassik sogar zur Volksmusik oder Schlager – je nach Publikum.

Wie erreiche ich mit einer Präsentation alle Teilnehmer?

A. Logisch (blau)	D. Experimentell (gelb)
• **Glaubwürdigkeit** (erzeugen zum Beispiel über Fakten, Zahlen, Belege, Nüchternheit, Sachlichkeit) • **Siegergefühle** (über Größe, Erfolg, Status) • **Durchsetzungskraft** (über Körpersprache, Auftreten, Kleidung) • **Stolz** (Leistungen/Stärken ihrer Zuhörer würdigen) • **Hoffnung/Optimismus** auf Stärke, Gewinn ... (über positive Konsequenzen und starke Zielbilder)	• **Faszination** (über Andersartigkeit) • **Spannung** (über Geheimnisse, Andeutungen, Überraschungen) • **Begeisterung** (über Körpersprache, Stimme) • **Staunen und Prickeln** (über ausgefallene Dramaturgie) • **Motivation** (über Visionen) • **„Magische Momente“** – noch nie da gewesenes, das radikal andere • **Unbeschwert** (schwungvoll, leicht, lockerer Stil)

B. Strukturiert (grün)	C. Gefühlvoll (rot)
• **Sicherheit** vermitteln (über Bewährtes, Erfahrung; Kontrolle über Abläufe) • **Besorgnis** erregen/Angst erzeugen (über negative Konsequenzen) • **Beruhigung** (über pragmatische Lösungen, schrittweises Vorgehen, Unterstützung ...) • **Vertrauen** aufbauen (als Fachmann, über Körpersprache und Auftreten) • **Seriosität** (Nachdenklichkeit, introvertierte Signale) • **Zuversicht** (über pragmatische Lösungen; Lösungen der kleinen Schritte)	• **Freude** (über Geschenke, kleine Gesten, Komplimente) • **Verbundenheit** (über Dialog, gemeinsame Aktionen, Schulterschluss) • **Wärme** (über Körpersprache, Stimme, Empathie) • **Harmonie** (über Farben, Dramaturgie, Musik ...) • **Sympathie** (über Körpersprache, Verständnis, Gefühle aussprechen) • **Betroffenheit** (über Geschichten, Menschen)

Profi-Tipp: Abwesende Entscheider

Versuchen Sie immer, direkt vor den Entscheidern zu präsentieren. Wenn das nicht möglich ist, überzeugen Sie zuerst seine Berater in deren Sprachstil. Wenn Sie diese auf Ihrer Seite haben, dann fragen Sie sie direkt: *„Was darf ich Ihnen für Ihren Vorgesetzten mitgeben? Was brauchen Sie von mir, um ihn zu überzeugen?"* Geben Sie den Mitarbeitern dann eine perfekte Präsentationsmappe – auf den Entscheider abgestimmt – mit. Legen Sie Ihre Visitenkarte dazu mit persönlichen (evtl. handschriftlichen) Worten. Fordern Sie ihn auf, sich jederzeit mit Fragen oder Wünschen bei Ihnen zu melden.

Training: Mein vollständig gepackter Präsentationsrucksack

Nehmen Sie sich jetzt die Zeit und bereiten Sie vier unterschiedliche Himmel- und vier unterschiedliche Limbische Hölle-Kernbotschaften vor. Die Überzeugungs- und Wirkkraft Ihrer Präsentation wird um bis zu 75 Prozent steigen – je nachdem wie viele Stile Sie bisher benutzt haben. Das bedeutet: mehr Aufträge, mehr Ressourcen – ein besseres und selbstbestimmteres Leben. Es lohnt sich also. Lesen Sie hierzu noch einmal Kapitel 2 und 5:

Kernbotschaft (Hölle)	**Überzeugungsmittel (abgestimmt auf Denkstil)**
Logisch	
Strukturiert	
Gefühlvoll	
Experimentell	

Kernbotschaft (Himmel)	**Überzeugungsmittel (abgestimmt auf Denkstil)**
Logisch	
Strukturiert	
Gefühlvoll	
Experimentell	

Inszenieren Sie Ihre **Lösung** professionell. Suchen Sie Varianten für jeden Limbischen Typ. Holen Sie sich Anregungen aus Kapitel 3:

Denkstil	**Lösung:**
Logisch	
Strukturiert	
Gefühlvoll	
Experimentell	

Finden Sie im Kapitel 4 die passenden Abschlüsse:

Denkstil	**Abschluss:**
Logisch	
Strukturiert	
Gefühlvoll	
Experimentell	

Suchen Sie sich vier Einstiege aus, die Sie flexibel einsetzen können. Im ersten Kapitel können Sie aus 15 Einstiegen auswählen:

Denkstil	**Einstieg:**
Logisch	
Strukturiert	
Gefühlvoll	
Experimentell	

Feilen Sie an Ihrer Präsentation mit den Kapiteln 6, 7, 8, 12, 13, 15, 16, 17.

(Der Einstieg wird immer zum Schluss produziert – da er eine Hinführung ist. Und nur wenn die Präsentation fertig ist, wissen Sie genau, wohin die Einleitung hinführen soll.)

Wie erreiche ich mit einer Präsentation alle Teilnehmer?

Wenn von dieser Präsentation viel abhängt, dann arbeiten Sie mit Profis zusammen. Trainieren Sie mit einem guten Rhetorik-Coach und lassen Sie die Folien von professionellen Agenturen gestalten. Kaufen Sie sich gutes Bildmaterial. Lassen Sie Ihre Kollegen oder Mitarbeiter Prototypen und Modelle entwerfen. Und dann packen Sie Ihren Präsentationsrucksack vollkommen. Dieses ist die beste Empfehlung die ich Ihnen mitgeben kann. Sie bringt am Anfang viel mehr als die Frage: „Wie kann ich vorausschauend herausbekommen, um welche Teilnehmertypen es sich handelt." Mit der Zeit wird Ihnen auch hierauf die Antwort immer leichter fallen – denn Sie werden immer präziser beobachten und wahrnehmen lernen. Zum Schluss genügt ein Hinweis und Sie wissen ganz genau, in welche Richtung die Reise geht.

Profi-Tipp: Interaktiver Einstieg

Wenn Sie es genau wissen möchten, wer Ihnen gegenüber sitzt, dann wählen Sie den interaktiven Einstieg. Stellen Sie die richtigen Fragen – nämlich die nach den Werten und nach den Anti-Werten (zum Beispiel *Was ist Ihnen wichtig? Was wünschen Sie sich von …? Was darf auf keinen Fall passieren?*) Der Vorteil: Jetzt spekulieren Sie nicht mehr, jetzt wissen Sie wie Ihre Teilnehmer gestrickt sind. Präsentieren Sie dann entlang der Antworten – dazu brauchen Sie jedoch einen vollen und vollkommen gepackten Präsentationsrucksack.

3. Sesam Öffne dich! – Die Hyperlink-Präsentation

PowerPoint bietet eine äußerst effektive Möglichkeit, Ihre Präsentation denkstilgerecht zu präsentieren: Die Hyperlink-Präsentation. Der logische und der experimentelle Denkstil lieben das großflächige Präsentieren: den Überblick, die Eckdaten, das Wichtigste, die Kürze, die Grundlogik, die Philosophie. Beide Denkstile lehnen Details ab und finden diese ermüdend. Der strukturierte und (in Maßen) auch der gefühlvolle Denkstil lieben und brauchten Details! Was also tun, wenn man nicht eine der beiden Gruppen gegen sich aufbringen möchte?

Bewährt hat sich die Hyperlink-Präsentation. Sie bereiten wenige Überblicks-Folien sichtbar vor. Wenn Nachfragen aus dem Publikum kommen, klicken Sie auf den entsprechend verlinkten Begriff auf Ihrer PowerPoint-Folie – es öffnet sich eine detaillierte und informative Hintergrund-Präsentation. Erstens wirken Sie dadurch fachlich kompetent, zweitens zeigen Sie nur die Informationen, die wirklich von Interesse sind. Dadurch erhöhen Sie die Relevanz und Präzision Ihrer Präsentation. Und drittens halten Sie Ihre Vordergrundpräsentation schön schlank – denn Teilnehmer schätzen es, wenn Sie korrekt mit ihrer Zeit und Aufmerksamkeit umgehen. Eine interessante Beobachtung aus meiner praktischen Erfahrung: Wenn Sie einmal einen verlinkten Begriff geöffnet haben und die strukturierten Teilnehmer Ihre „Detail-Kompetenz" abgeklopft haben, werden auch diese Sie nie wieder bitten, einen verlinkten Begriff zu öffnen. Schließlich unterliegt auch deren Aufmerksamkeit den Grenzen unseres Gehirns.

Vorgehensweise:

1. Produzieren Sie die komplette Präsentation mit allen Folien, auch den Detailfolien. Die Detailfolien sollten Sie immer ganz ans Ende stellen. Also hinter Ihre Abschlussfolie der Vordergrundpräsentation. So stören sie nicht, wenn sie nicht gebraucht werden.
2. Bestimmen Sie, welche Folien gezeigt werden (Vordergrundpräsentation) und welche nur auf speziellen Wunsch gezeigt werden (Hintergrundpräsentation).
3. Markieren Sie auf den Vordergrundsfolien die Begriffe, die Sie verlinken möchten. Gehen Sie auf Menü: → Einfügen → Hyperlink

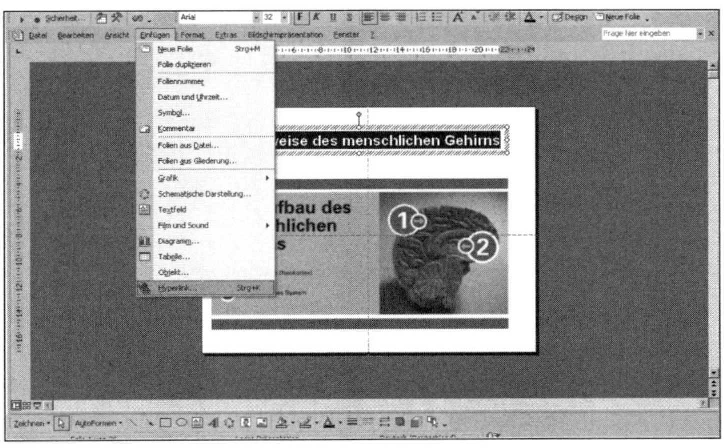

Abbildung 18: Verlinken von Folien

4. Wählen Sie „Aktuelles Dokument" aus und klicken Sie auf die ausgewählte Hintergrundfolie. Bestätigen Sie mit „O.K."

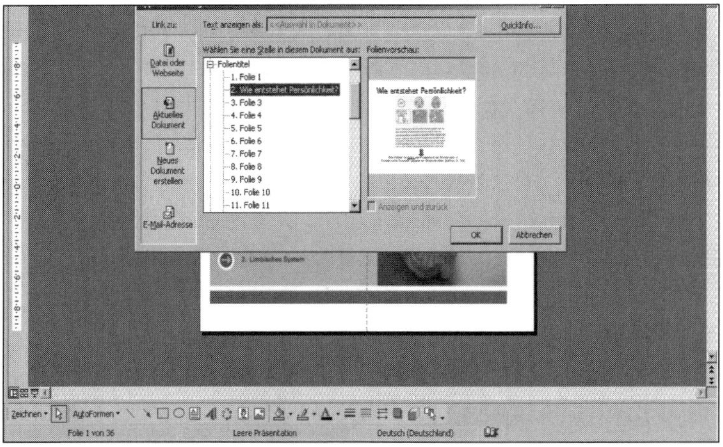

Abbildung 19: Hintergrundfolie auswählen

5. Der verlinkte Begriff ändert nun seine Farbe (meist wird er hellblau). Sie können die Farbe des Hyperlinks im Foliendesign ändern (Menü: Format → Foliendesign → Farbschemas → Farbschemas bearbeiten)

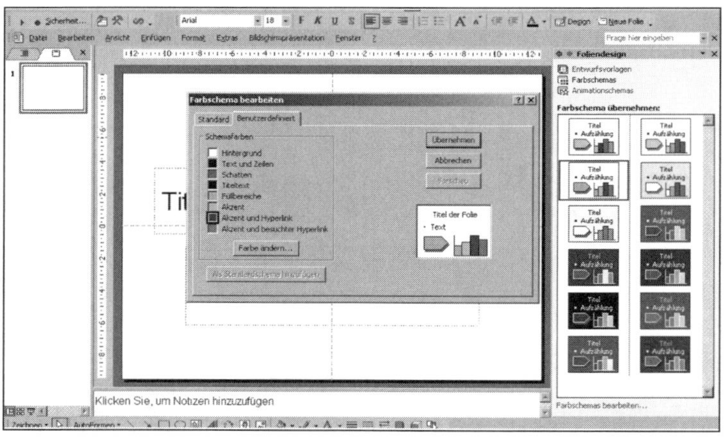

Abbildung 20

6. Wenn nun Nachfragen während der Präsentation kommen, dann öffnen Sie die Hintergrundspräsentation, indem Sie mit der rechten Maustaste auf den verlinkten Begriff klicken:

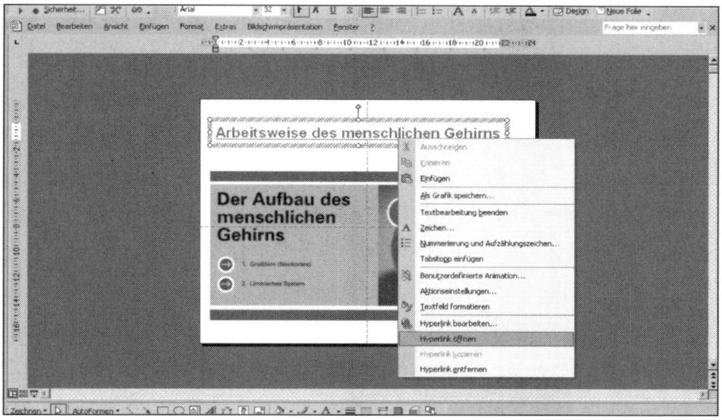

Abbildung 21

Verlinken können Sie vor allem viele weitere Überzeugungsmittel:

- Wissenschaftliche Erkenntnisse
- Statistiken
- Zahlen, Tabellen
- Bildern von technischen Details
- Animationen (zum Beispiel wie etwas ganz genau aufgebaut ist)
- Funktionsdarstellungen
- Abläufe
- Zeitschienen
- Referenzen
- Quellenangaben

Regel: Sie zeigen die Hintergrundpräsentation nur auf Wunsch der Teilnehmer oder wenn Ihre Intuition Ihnen dazu rät. Halten Sie die Vordergrundpräsentation schlank und griffig. Sie sollte auch ohne die Hintergrundfolien funktionieren.

4. Der Limbische Muliticode, um alle mit nur einem Satz zu motivieren

Während Sie für jeden Teilnehmertyp die passende Präsentation mitnehmen und diese dann in der Live-Durchführung wie ein Präsent überreichen, verlieren Sie eventuell die Aufmerksamkeit der anderen. Das ist nicht weiter schlimm – denn die denken jetzt über Ihr Thema nach oder hängen ihren eigenen Gedanken nach. Wenn Sie sie schnell wieder ins Boot holen möchten, gibt es ein sprachliches Muster, das hundertprozentig funktioniert. Es ist derartig stark und machtvoll, das ich Ihnen empfehle dieses Sprachmuster immer und immer wieder in Ihre Präsentation einzubauen.
Bewährt hat sich im Limbischen Kommunikationsmodell der Limbischen Multicode: Sie sprechen in einem Satz kurz die zentralen Limbischen Werte Ihrer Teilnehmer an. Die Reihenfolge ist wichtig: logisch – strukturiert – gefühlvoll – experimentell. Denn so fangen Sie nüchtern im Jetzt an und gehen dann schrittweise zum visionären Pathos des experimentellen Redestils.

Beispiele für den Multicode:

Begrüßung:
Sie erfahren heute, wie Sie mehr Umsatz machen, wie Sie Sicherheit im Umgang mit Entscheidern gewinnen, wie Sie mit möglichst vielen Menschen gute Beziehungen halten können und wie Sie mit einer einzigartigen Methoden bewundernswerte Wirkung erzielen.

Himmel:
So erhalten Sie Höchstleistungen, halten sicher die DIN-Vorschriften ein, machen Ihre Mitarbeiter glücklich und heben sich vom Wettbewerb auf erfrischende Weise ab!

Hölle:
Wir brauchen umweltverträgliche Geräte. Entwickeln wir sie nicht, produzieren wir am Markt vorbei und bleiben auf der Produktion sitzen, wir gefährden die Arbeitsplätze genauso wie die natürlichen Ressourcen unseres Planeten und wirken auf unsere Kunden unzeitgemäß und rückschrittlich.

Abschluss:
Carmen, die Innenarchitektin, könnte vor gemischtem Publikum so abschließen: Unsere kurze Reise durch die Welt der Bürogestaltung hat es bewiesen: Unternehmen können durch effektives Bürodesign tatsächlich höhere Geschäftsergebnisse erreichen, Kosten reduzieren und Arbeitsprozesse erleichtern. Und die Mitarbeiter freuen sich täglich und fühlen sich wohl. Unternehmen können durch besseres Bürodesign Ihre Kreativität ankurbeln, die Trends Ihrer Branche bestimmen und Ihre Visionen als Unternehmen sichtbar machen.

Wie erreiche ich mit einer Präsentation alle Teilnehmer?

Der Limbische Multicode oder Regenbogensatz eignet sich dafür, während der gesamten Präsentation immer wieder in einem Satz oder kurzen Abschnitt alle Teilnehmer zu motivieren. Er wirkt sehr rund, ausgeglichen und durchdacht. Probieren Sie es gleich aus! Ich gebe Ihnen noch einen kleinen Motivationsschub mit dem Multicode:

Üben Sie! Nur dann haben Sie die Nase vorn, nur so bekommen Sie Sicherheit, nur dann macht es Ihnen Freude und nur so können Sie zeigen, was in Ihnen steckt!

Limbischer Multicode: Meine Regenbogen-Sätze

Formulieren Sie Ihre eigenen Limbischen Multicodes in der Reihenfolge: logisch – strukturiert – gefühlvoll – experimentell:

Stellen Sie sich vor:

Stellen Sie Ihr Thema vor:

Himmel:

Hölle:

Aufforderung:

Abschluss:

Hier ist Raum für Ihre Überlegungen und Notizen:

12. Wie visualisiere ich wirkungsvoll und denkstilgerecht? Möglichkeiten der Visualisierung

Inhaltsübersicht Kapitel 12

Stellen wir uns folgendes Szenario vor: Schon damals hätte es PowerPoint gegeben und Martin Luther King hätte zur Verdeutlichung seiner Botschaften auf einem riesigen Bildschirm seine Kernaussagen mit PowerPoint unterstützt. Das hätte dann in etwa so aussehen können:

Wie visualisiere ich wirkungsvoll und denkstilgerecht?

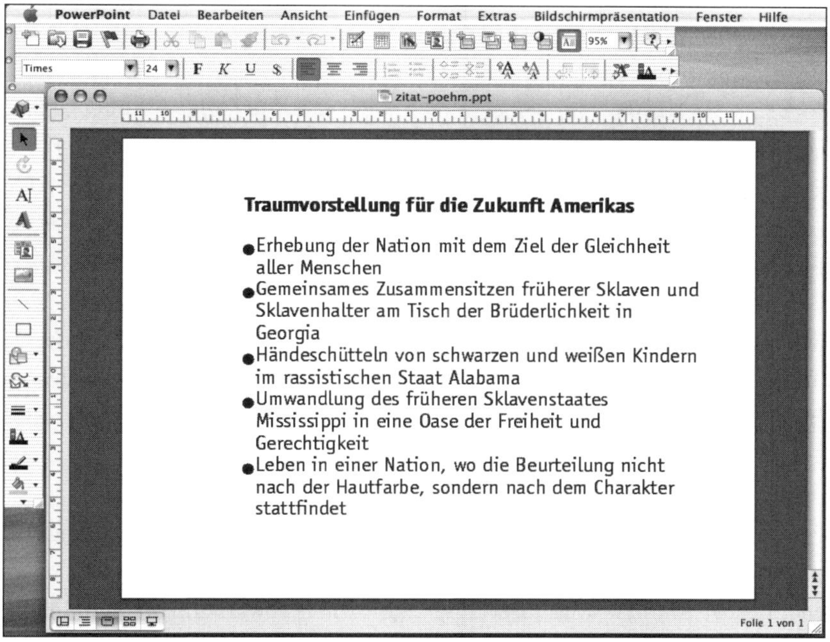

Abbildung 22:
Martin Luther King in PowerPoint
(nach Matthias Pöhm)

1. Warum PowerPoint Aufmerksamkeit zerstört, Wirkung vernichtet und Überzeugungskraft verhindert

Alexander ist seit einem halben Jahr selbständig. Er bietet individuelle IT-Lösungen an und präsentiert sein Unternehmen regelmäßig vor potenziellen Kunden. Wieder einmal kommt er enttäuscht von einem Termin zurück. Dabei hatte er sich mit seiner PowerPoint-Präsentation so viel Mühe gegeben: auf 30 Folien zählt er alle Vorteile einer Zusammenarbeit auf. Die Folien sind sogar animiert – der Text blendete sich langsam aus oder fliegt von links und rechts ins Bild. Von einer renommierten Werbeagentur hat er sich in Bezug auf Farben und Design beraten lassen, die Bilder kommen von einer professionellen Bildagentur. Doch kaum leuchtet hinter ihm die erste Folie mit „Herzlich willkommen" auf, sinken die Teilnehmer schon in bequeme Kinostellung, verschränkten die Arme vor der Brust und nutzen die Zeit für ein kleines Nachmittagsnickerchen um sich von ihrem anstrengenden Berufsalltag zu erholen. Alexander steht vorne und liest die Textfragmente gleichzeitig von der Wand ab, sodass er unabsichtlich seinen Zuhörern immer wieder den Rücken zukehrt. Hier ein kleiner Ausschnitt aus seiner Präsentation: „Wir bieten Ihnen ein qualifiziertes Know-how (der Text fliegt ins Bild), eine optimale Steuerung Ihrer Projekte (der Text fliegt ins Bild) und individuelle und maßgeschneiderte Konzepte (der Text fliegt ins Bild)". Er nennt auf diese Weise noch viele weitere Vorteile, mit anscheinend hohem Nutzen für seine potenziellen Kunden. Trotz dieser auf den ersten Blick beeindruckenden Darstellung ist die Diskussion mit der Geschäftsleitung danach hart: kritische Fragen werden laut, Vorbehalte werden geäußert, die Entscheidung wird fadenscheinig „vertagt". Auf den ersten Blick sieht es so aus, als hätte Alexander alles richtig gemacht. Und trotzdem hat er wieder nicht überzeugt. In einer Zeit, in der hart um Entscheidungen, Ressourcen und Auftraggeber gekämpft wird, kann sich das niemand mehr leisten.

PowerPoint-Orgien sind out. Eine Technik, die ursprünglich dazu diente, den Präsentierenden das Leben zu erleichtern, hat sich – vielleicht genau aus diesem Grund – verselbständigt. Sie öffnen PowerPoint und zählen in Stichworten alles auf und gliedern es ein wenig. Das geht schnell und ist einfach – und deshalb so verlockend. Doch kaum ein Medium eignet sich besser dazu, seine Zuhörer in Trance zu versetzen als das Duo Beamer und PowerPoint. Präsentierende öffnen PowerPoint und rattern die Vorteile anhand so genannter Bullet-Charts (was bezeichnenderweise Gewehrkugel-Einschuss-Folien bedeutet) herunter. Sie bombardieren ihre Teilnehmer mit unzähligen Vorteilen in Satzhäppchen-Formulierung. Sie schlagen Folienschlacht um Folienschlacht. Doch Folienschlachten kann keiner gewinnen. Kaum ein Medium eignet sich besser dazu Aufmerksamkeit zu zerstören, Wirkung zu vernichten und Überzeugungskraft zu verhindern wie PowerPoint. Da sich in letzter Zeit viele Foren, Experten und sogar Microsoft kritisch zu einseitigen PowerPoint-Aufzählungs-Präsentationen geäußert haben, stellt sich die Frage, wie man es besser machen kann. Denn schließlich beabsichtigen wir mit unseren Präsentationen etwas ganz Bestimmtes:

Wir wollen Entscheider von unseren Vorstellungen überzeugen, Kunden gewinnen, oder vielleicht verfolgen wir sogar das Ziel, die Welt ein bisschen mehr nach unseren Vorstellungen zu gestalten.

Matthias Pöhm, der zurzeit leidenschaftlichste PowerPoint-Gegner, bringt PowerPoint-Anhänger gerne mit diesem Beispiel zum Nachdenken: 1963. Martin Luther King spricht vor dem Kapitol in Washington vor 250.000 Menschen. Mit flammender Stimme beschreibt er sein Amerika der Zukunft, eingeleitet durch den immer selben Satzanfang „I have a dream". Sie können sicher sein, so Mattias Pöhm, dass sich mit PowerPoint die Wirkung einer der größten Reden der Menschheit um den Faktor Zehn verschlechtert hätte! Und er vermutet, nach so einer mit PowerPoint unterstützten Rede hätten wir wahrscheinlich noch heute die Rassentrennung in den USA.

Am wichtigsten ist es, den *Automatismus* „PowerPoint" zu durchbrechen und den Blick zu weiten auf die vielen anderen, herausragenden Möglichkeiten, Botschaften spannend, überzeugend und wirkungsvoll zu präsentieren. Dazu mehr im nächsten Kapitel: „Alternativen zu PowerPoint". Es geht mir nicht darum PowerPoint komplett zu verbannen, sondern es intelligent und sinnvoll einzusetzen. Es zeigt sich, dass das Präsentationsprogramm ein genialer und vielseitiger Assistent sein kann, wenn es um die Produktion der Präsentation geht. Während der Durchführung der Präsentation darf es sich nie in den Mittelpunkt drängen! Sie sind der Mittelpunkt – und PowerPoint nur ihr eifrigster Assistent!

Zehn Gründe, die gegen PowerPoint sprechen

1. Die große Leinwand und der kleine Mensch
2. Abdunkeln und leises Summen vertiefen die Trance
3. Nur Kontakt verpflichtet – nicht die Technik oder ein sprechender Rücken
4. Nicht alle Menschen sind Augentiere
5. Wenn der Zuhörer den Text gleichzeitig lesen und zuhören muss; die Visualisierung von Banalitäten
6. Satzfragmente verleiten zu Nominalstil und akademischen Worthülsen
7. Es lebe das Gießkannenprinzip
8. Monotonie und Gleichartigkeit – keine Höhepunkte und keine Spannung
9. Information-Overload!
10. Erinnerungen an den Kindergarten: Fliegende Texte, kreisende Bilder, grelle Farben und geschmacklose Master

Wozu dann überhaupt noch PowerPoint? Hier die zehn wichtigsten Gründe, auf die wir zum Schluss dieses Kapitels genauer eingehen werden:

Zehn Gründe die für PowerPoint sprechen

1. Der zuverlässigste Stoffsammler
2. Der sicherste Weg, um Ihre Präsentation vom Chef absegnen zu lassen
3. Die effektivste Zusammenarbeit mit dem Team
4. Das perfekteste und schnellste Handout
5. Das müheloseste Verschicken per E-Mail
6. Der effizienteste Weg, um Ihre Präsentation in Umlauf zu bringen: Sie ins Netzt stellen
7. Die sinnvollste Grundlage für neue Präsentationen
8. Die glaubwürdigste Sammlung an Überzeugungsmitteln
9. Die geniale Möglichkeit spontan auf Teilnehmerbedürfnisse einzugehen
10. Die einfachste Manuskripttechnik

2. Zehn Gründe, die gegen PowerPoint sprechen

Schauen wir uns die einzelnen Punkte, die PowerPoint zum Wirkungskiller machen noch einmal genauer an:

1. Die große Leinwand und der kleine Mensch

Immer wieder beeindruckt mich das Größenverhältnis von Mensch und leuchtender, großer PowerPoint-Projektionsfläche. Wie winzig der Mensch wird! Wie schnell alle Augen sich auf die leblose und kalte Wand richten. Wie unbedeutend die Person des Präsentierenden wird! Gleichzeitig bestätigt uns die moderne Gehirnforschung eindringlich, dass nur menschliche Bindungen Überzeugungs- und Lernprozesse in Gang bringen können. Es sind die Menschen, die uns überzeugen – und nie die Technik! 93 Prozent der Wirkung gehen laut wissenschaftlichen Untersuchungen von der Person des Präsentierenden aus!

2. Abdunkeln und leises Summen vertiefen die Trance

Nachdenklich stimmt folgende Beobachtung: Sobald der Beamer aufleuchtet fallen die Menschen in ihre Sessel zurück, verschränken die Arme vor der Brust und schalten auf „Berieselung" um. Es ist, als ob sich die Zuhörer bereit machen, sich zu erholen, mit Ihren Gedanken abzuschweifen und das Business-Kino an sich vorbeirauschen zu lassen. Auch wenn moderne Beamer hohe Lumen-Werte und einen niedrige Geräuschpegel haben, wird immer noch gerne leicht abgedunkelt. Das leise Summen und die angenehme Verdunkelung gepaart mit der meist monotonen Folien-*Ablese*stimme des Präsentierenden führen schnell in ein angenehmes Nickerchen am Arbeitsplatz.

3. Nur Kontakt verpflichtet – nicht die Technik oder ein sprechender Rücken

Die wenigsten Präsentierenden sind so professionell, dass Sie kurz auf die Folie zeigen und dann eindringlich mit Blickkontakt weitersprechen. Die meisten drehen sich um – und bleiben mit dem Blick auf die Folie an der Wand hängen. Somit präsentieren sie den Zuschauern ihren „sprechenden" Rücken. Das hat viele Nachteile. Es kommt keine Beziehung zustande, denn nur Blickkontakt erzeugt Kontakt, nur Kontakt erzeugt Gefühle und nur über Gefühle entsteht eine Beziehung. Ein weiterer Nachteil eines „sprechenden Rückens": der Präsentierende hat sein Publikum nicht mehr im Blick. Er kann die feinen Nuancen der Zustimmung oder Ablehnung nicht wahrnehmen – und kann seine Präsentation nicht auf sein Publikum abstimmen. Er verfehlt sein Ziel! Es hagelt Absagen und Niederlagen!

4. Wenn der Zuhörer den Text gleichzeitig lesen und zuhören muss oder: Die Visualisierung von Banalitäten

Irgendjemand hat den Irrtum in die Welt gebracht, dass sich die Behaltequote erhöht, wenn man die *gleiche* Botschaft auf zwei Kanälen präsentiert bekommt. Das stimmt nicht (es wurde auch noch nie bewiesen). Im Gegenteil. Der Medienforscher Professor Richard Meyer hat wissenschaftlich nachgewiesen, dass die Doppelung von Text und Bild zu Informations- und Aufmerksamkeitsverlust führt und rät eindringlich dazu, *Text nie zu visualisieren* – sondern nur passende Bilder zum Text! Es gibt noch eine Unart, zu der PowerPoint dank seiner Einfachheit verleitet: Die Visualisierung von Banalität. Visualisierungen haben die Aufgabe, Komplexes einleuchtend zu machen, Emotionen zu erzeugen oder Kernbotschaften anschaulich zu beweisen. Deshalb werden nur ganz bestimmte Elemente visualisiert! Doch was tun die meisten Präsentierenden? Sie visualisieren Banales, Unwichtiges und Dinge, die definitiv nicht im Gedächtnis verankert werden sollen – manche visualisieren sogar angreifbare schwache Argumente! Den Todesstoss geben aber die Folien, die so beziehungsintensive Formulierungen wie „Herzlich willkommen!" „Sehen Sie das auch so?" „Auf Wiedersehen!" auf die Wand projizieren.

5. Nicht alle Menschen sind Augentiere

Wenn wir uns die unterschiedlichen Limbischen Persönlichkeiten mit ihren unterschiedlichen Denkstilen ansehen, wird schnell deutlich: nicht alle Menschen sind visuell dominant veranlagt. Das bedeutet: nicht bei allen ist das Auge der bevorzugte Sinneskanal. Gefühlvolle Teilnehmer verlassen sich mehr auf kinästetische (tiefensensible) Aspekte, strukturierte Teilnehmer bevorzugen im Überzeugungsprozess das beispielhafte, konkrete und praktische Erleben. Aber auch der eher visuelle, experimentelle Denkstil kann mit an die Wand geworfenen Textsplittern und Satzhäppchen nichts anfangen! Er braucht Bilder. Der logische Denkstil vielleicht? Immerhin ist PowerPoint seine Erfindung und sein Lieblingsmedium beim Präsentieren. Die Antwort ist einfach. Der logische Denkstil schätzt die Effektivität von PowerPoint – **als Präsentator**! Aber wenn er im Publikum sitzt, langweilt er sich genauso wie alle anderen! (Ich habe es sehr oft beobachtet!)

6. Satzfragmente verleiten zu Nominalstil und akademischen Worthülsen

Sprechen Sie im normalen Leben so?

- Optimierung der Nutzkapazität von Bestandsflächen
- Flexibilisierung der Arbeitsprozesse
- Optimierung der Schnittstellen im Workflow
- Effektive Transaktionen und Teamkonstellationen

Warum sprechen wir dann so, sobald PowerPoint an ist? Weil man uns jahrelang gesagt hat, wir sollen die Texte auf der Folie kurz halten! Und das geht am besten mit Nominalisierungen (Verb plus „ung" am Wortende), den blutleeren Lieblingsworten deutscher Bürokratie. Das ist falsch! Texte gehören gar nicht auf die Folie. Texte werden gesprochen – nur Bilder, Grafiken, Videosequenzen werden gezeigt! Die Bilder haben nur drei Funktionen: beweisen, verdeutlichen oder emotionalisieren! Die Texte werden so gesprochen wie Menschen reden: in „mündlichem Deutsch“: kurze Sätze, viele Verben; im Präsenz; wenig Nebensätze; Satzabbrüche; Pausen usw.

7. Es lebe das Gießkannenprinzip!

Weil PowerPoint so schnell geht und so einfach ist, werden massenhaft Folien produziert und auf diese wird Vorteilsargument um Vorteilsargument gequetscht! Das kann aus vielen Gründen nicht überzeugen! Viele Argumente wirken beliebig, sie lenken ab, sie gehen unter. Unter vielen Argumenten ist immer auch ein Schwaches dabei! Viele Argumente verleiten zur Aufzählung und nicht zur überzeugenden Inszenierung. Unter vielen Argumenten ist immer auch eines dabei, dass die Anti-Werte der Zuhörer trifft. Sie bringen somit das Publikum gegen sich auf! Es sind k.o.-Kriterien. Viele Argumente wirken monoton und langweilig! Nach so viel Gießkannenprinzip sitzt das Publikum meist da wie ein begossener Pudel – überzeugt und begeistert ist es bestimmt nicht! Typisch für diese Situation ist der Satz: „Wir müssen uns das in Ruhe durch den Kopf gehen lassen. Sie hören dann von uns.“ Zu viele Argumente machen Ihre Zuhörer entscheidungsunfähig!

8. Monotonie und Gleichartigkeit – keine Höhepunkte, keine Spannung, keine Emotionen

Wenn Sie sich die Problemlöseformel aus Kapitel 2 vor Augen halten dann erkennen Sie, dass es sich um ein psychologisch raffiniertes Konstrukt handelt. Ein Konstrukt das eine Spannung auf die Lösung erzeugt, strategisch auf die Erreichung des Präsentations-Ziels ausgerichtet ist und geschickt auf der Klaviatur der Emotionen spielt: Angst, Furcht und Bedrohung wechseln sich ab mit Sehnsucht, Hoffnung und Zuversicht. Vertrauen und Glaubwürdigkeit, Sympathie und Begeisterung sind unerlässlich um Menschen für sich zu gewinnen. Wie soll das PowerPoint alleine schaffen? Das schaffen nicht einmal begnadete Redner nur mit PowerPoint – sie brauchen dazu alternative Inszenierungen (wie sie im nächsten Kapitel beschrieben werden).

9. Information-Overload!

Ich habe in meinem Leben schon sehr viele PowerPoint-Vorträge gesehen. Und ich kann von beeindruckenden Zahlen berichten. Ein Teilnehmer hatte eine 200 Seiten starke Präsentation im Coaching dabei! Auch wenn es das Maximum darstellt, 30, 40, 50 Folien sind keine Seltenheit! Und dann die Folien selbst. Überladen. Zu viel auf einer Folie: zu viel Text, zu undurchsichtige Grafiken, zu viele Bilder. Zu viel von allem! Auch hier verleitet die Architektur von PowerPoint zu dieser Maßlosigkeit – es ist so einfach aus dem Internet Bilder runter zu laden, es geht so schnell noch ein paar Folien aus einer anderen Präsentation einzufügen. Und Bullet-Charts? Die kann jeder innerhalb von Minuten produzieren! Der Zuhörer schaltet angesichts der Informationsflut ab, sein Gehirn streikt – und seine Emotionen? Die richten sich höchstens gegen das Ganze: ihm ist langweilig, er fühlt sich verwirrt, er ist verunsichert. Das sind keine guten Voraussetzungen um Menschen zu gewinnen! Zeigen Sie wenig! Und zeigen Sie sinnvoll: entweder um Ihre Kernbotschaften zu beweisen, um sie einleuchtend zu machen oder um Emotionen zu erzeugen. Wenig – aber wirkungsvoll visualisieren.

10. Erinnerungen an den Kindergarten: Fliegende Texte, kreisende Bilder, grelle Farben und geschmacklose Master

Bisher bin ich immer davon ausgegangen, dass die Charts professionell und ästhetisch ansprechend gestaltet sind und habe PowerPoint trotzdem eine vernichtende Wirkung attestiert. Was aber, wenn PowerPoint nicht einmal professionell eingesetzt wird? Wenn geschmacklose Farbschematas unsere Augen beleidigen? Wenn billige Cliparts plötzlich zu Winken anfangen? Wenn Bilder sich im Kreis drehen und Schriften einen Karneval in Rio aufführen? Das ist dann nicht nur ein Wirkungsvernichter – das ist die beste Möglichkeit, um Glaubwürdigkeit zu verspielen und Vertrauen zu vernichten.

3. Visualisieren bedeutet: beweisen, verdeutlichen, emotionalisieren

Wie also weiterhin mit PowerPoint arbeiten? Wie in Zukunft PowerPoint sinnvoll einsetzten? Wie weiterhin von der Effektivität der Technik profitieren ohne den hohen Preis der Wirkungsvernichtung zu bezahlen? Als Leitlinien dienen drei Regeln:

Die drei goldenen PowerPoint-Regeln

1. Visualisieren Sie nur Bilder, nie Texte
2. Fragen Sie sich bei jedem Bild:
   - Beweist es meine Kernbotschaft?
   - Verdeutlicht es mein Anliegen?
   - Erzeugt es förderliche Emotionen?
3. Visualisieren Sie wenig – das aber professionell, wirkungsvoll und denkstilgerecht

Gehen Sie einmal mit diesen drei Regeln Ihre Präsentationen durch. Entscheiden Sie anhand der drei Kriterien, ob Sie die Folien zeigen oder nicht. Wenn nicht, gibt es eine schöne Funktion bei PowerPoint: Gehen Sie in der Ansicht „Gliederung" mit der rechten Maustaste auf die überflüssigen Folien und klicken Sie auf „Folie ausblenden". Die Folie bleibt Ihnen so für Ihr Manuskript oder Handout erhalten – in der Live-Durchführung bleibt sie jedoch ausgeblendet. Eine andere Möglichkeit: verlinken Sie eine schlanke Vordergrundpräsentation mit Hintergrundfolien, wie im vorigen Kapitel ab Seite 265 beschrieben und zeigen Sie die Hintergrundfolien nur auf ausdrückliche Nachfragen Ihrer Teilnehmer.

In vorigen Abschnitt wurde immer wieder betont, dass Visualisierungen nur drei Funktionen haben: **zu beweisen, zu verdeutlichen und zu emotionalisieren**! Außerdem wurde immer wieder darauf verwiesen, dass es noch viele andere spannende Möglichkeiten der Visualisierung gibt – nicht nur PowerPoint!

Denken Sie nur an:

- Spontane Skizzen auf dem Flipchart

- Vorbereitete Blätter für das Flipchart
- Tisch-Flipcharts
- Tafelaufschriebe und Skizzen
- Multi-Media-Boards
- Objekte auf einem Overheadprojektor
- Video; DVD
- Fotos; Plakate
- Gestaltete Moderationswände
- Unterlagen für Teilnehmer
- Körpersprache: etwas zeigen, etwas vormachen (zum Beispiel Hand drehen bei Wendeltreppe)
- Modelle; Objekte; Produkte
- Besichtigungen (Präsentation vor Ort halten; Stationen-Präsentation)
- Innere Bilder erzeugen: Stellen Sie sich vor ..., Metaphern, Vergleiche, Analogien

Unter Visualisierung verstehe ich weiterhin alle Bilder – nie Text (außer in Tabellen und zur Beschriftung von Grafiken und Diagrammen)

- Fotos
- Grafiken
- Diagramme
- Struktogramme
- Tabellen
- Symbole
- Cliparts
- Screenshots
- Videos
- Simulationen
- Animationen

Schrittweise Textfolien nach und nach ersetzten

Sie müssen die Textfolien nicht von heute auf morgen aus Ihrem Repertoire entfernen. Das würde zu Überforderungen auf allen betrieblichen Ebenen führen. Suchen Sie nach und nach andere Überzeugungsmittel, wechseln Sie nach und nach Text-Folien gegen andere Inszenierungen aus. Wählen Sie das Tempo aus, das Ihnen und Ihrer Branche entspricht.

Info-Box: Visualisierung

1. Suche nach überzeugenderen Alternativen

Stoppen Sie den Automatismus PowerPoint. Halten Sie kurz inne. Ist es in diesem Fall wirklich das beste Transportmittel für Ihre Botschaft? Vielleicht eigenen sich folgende Methoden viel besser: eine Erfolggeschichte lebendig erzählen; einen glücklichen Anwender wörtlich zitieren; eine Analogie finden (zum Beispiel den Maßanzug für das maßgeschneiderte Konzept); ein Quiz inszenieren (Ratespiel: Was schätzen Sie – wie hoch sind die Einsparungen mit unserem Konzept?); ein beeindruckendes Modell oder einen Prototypen mitbringen; die Teilnehmer etwas selbst ausprobieren lassen (zum Beispiel Ihre Kernbotschaft: einfache Bedienung); gezielte Gespräche mit den Teilnehmern. (Lesen Sie hierzu auch Kapitel 13)

2. Wenn PowerPoint, dann wirkungsvoll

Texte werden nie visualisiert! Sie werden von Ihnen synchron zum Chart gesprochen. Visualisiert werden nur Bilder: Fotos, Grafiken, Diagramme, vielleicht kurze Videosequenzen. Jede Folie veranschaulicht eine einzige Aussage. Sie sollte auf einen Blick erfassbar sein und unmittelbar einleuchten, denn das ist ihre Funktion. Überprüfen Sie immer wieder in der Ansicht: „Gliederung“, ob Ihre Präsentation in mundgerechte Häppchen portioniert ist. Lieber eine Folie mehr einbauen als Folien überladen

3. Blickkontakt und Engagement überzeugen

Sie stehen vor Ihren Teilnehmern und sprechen mit Blickkontakt und engagierter Stimme und Körpersprache. Kündigen Sie die Visualisierung an. Im Hintergrund erscheint das Chart. Drehen Sie sich im 45-Grad-Winkel um, zeigen Sie mit der flachen Hand darauf und geben Sie einen Überblick. Drehen Sie sich dann wieder zu Ihren Zuhörern und erklären Sie die Zusammenhänge auf der Folie.

4. Abwechslung erfreut

Wechseln Sie öfter (aber sinnvoll) die Medien und den Stil. Vom Beamer zum Flipchart, vom Flipchart zu einem vorbereiteten Plakat; vom Plakat zur Tafel. Setzten Sie sich kurz hin und erzählen Sie eine passende Geschichte. Stehen Sie wieder auf und holen sie Ihre Teilnehmer zu einem Modell. So präsentieren Sie immer spannend, interessant und wirkungsvoll.

5. Bilder unterstützen Ihre zentralen Aussagen

Visualisierungen haben auch die Funktion, Ihre Kernbotschaften zu belegen. Wenn Sie über die Vorteile Ihrer Lösung berichten, dann zeigen Sie positive Bilder: eine Erfolgstreppe oder einen Kreis („eine runde Sache"), Fotos von glücklichen Menschen, blühende Landschaften etc. Wenn Sie Ihre Teilnehmern darauf aufmerksam machen, was geschieht, wenn Ihrem Vorschlag nicht gefolgt wird, zeigen Sie pessimistische Bilder: abwärts gerichtete Pfeile, bedrohliche Teufelskreise, Fotos von besorgten Menschen, ausgedörrte Landschaften.

6. Visualisierung ist nicht gleich Visualisierung

Gefühlsmenschen können Sie mit Zahlendiagrammen erschlagen – Zahlenmenschen werden Sie dafür lieben. Pragmatiker mit strukturiertem Denkstil lieben Ablaufpläne, Zeitschienen und Stufendiagramme. Kreative Menschen mit experimentellem Denkstil lieben Metaphern, Analogien und inspirierende und originelle Bilder. Und gefühlvolle Menschen lieben Bilder von Menschen. Analysieren Sie Ihre Teilnehmer im Vorfeld und wählen Sie die passende denkstilgerechte Visualisierung!

7. Animationen mit Sinn

Animationen veranschaulichen Ihren Text. Sie werden nicht spielerisch eingesetzt. Jedes einzelne visuelle Element, das animiert auf der Folie auftaucht, wird von Ihnen kommentiert. Wenn zum Beispiel drei Pfeile nacheinander erscheinen, da sie drei Phasen darstellen, dann zeigen Sie nur die Pfeile und erklären deren Bedeutung mündlich. Animation und Erklärung werden synchron präsentiert und nicht sukzessive.

8. Keine Schnörkel auf dem Master

Der Master ist das Grunddesign Ihrer Präsentation. Er darf nicht von der zentralen Aussage Ihrer Botschaft ablenken – sonst zerstört er deren emotionale Wirkung. Deshalb: Leerer Folienhintergrund, kein Logo, kein Datum. Kein Textlayout. Nichts, außer einem Platzhalter für Titel und einem Platzhalter für Visualisierungen.

9. Keine sich selbst erklärenden Folien

Lassen Sie die Visualisierung bewusst minimalistisch reduziert. Dann haben Sie als Präsentierender die Aufgabe sie zu kommentieren. Dadurch entsteht Spannung. Eine sich selbst erklärende Folie ist langweilig, macht Sie arbeitslos und ist meist überladen.

10. Verlinken Sie

Bewährt hat sich die Hyperlink-Präsentation. Sie bereiten wenige Folien sichtbar vor. Wenn Nachfragen aus dem Publikum kommen, klicken Sie auf den entsprechenden verlinkten Begriff auf Ihrer PowerPoint-Folie – es öffnet sich eine detaillierte und informative Hintergrund-Präsentation. Erstens wirken Sie dadurch fachlich kompetent. Zweitens zeigen Sie nur die Informationen, die wirklich von Interesse sind. Und drittens halten Sie Ihre Vordergrundpräsentation schön schlank – denn Teilnehmer schätzen es, wenn Sie korrekt mit ihrer Zeit und Aufmerksamkeit umgehen (siehe auch Kapitel 11)

4. Professionell, wirkungsvoll und denkstilgerecht visualisieren

Wie visualisiere ich wirkungsvoll und denkstilgerecht?

Vorgehensweise: Visualisierung einer Präsentation

Erster Schritt: die Strategie entwerfen

Bevor Sie mit der endgültigen Gestaltung Ihrer Visualisierungen beginnen ist es wichtig über die Strategie nachzudenken:

- **Verdeutlichen:** Welche komplexen Zusammenhänge wollen Sie anschaulich darstellen? Wo brauchen Sie ein Bild, um Ihre Botschaft einleuchtend zu machen?
- **Beweisen:** Wo können Sie Bilder als Argumente einsetzen? (Ihre Teilnehmer können *sehen*, dass Ihre Kernbotschaft stimmt.) Welche Überzeugungsmittel wollen Sie visualisieren?
- **Emotionalisieren:** Welche emotionalen Aussagen Ihrer Kernbotschaften können Sie über Bilder emotional verstärken?

Zweiter Schritt: das Konzept skribbeln

Skribbeln Sie Ihr Konzept. Skribbeln ist ein Begriff aus der Werbung und bedeutet mit Bleistift Ideen auf Papier festzuhalten. Wählen Sie das passende Medium.

Beispiele:

- *Flipchart: wirkt dynamisch und spannend, vor allem wenn Sie spontan zeichnen*
- *Tisch-Flip: schafft Nähe; funktioniert auch wenn Technik versagt (zum Beispiel Stromausfall, kein Beamer) oder wenn Ihre Teilnehmer keine Beamerpräsentation wünschen*
- *Moderationswand: wirkt strukturiert und ordentlich*
- *Plakate: wirken professionell und verankern Botschaft im Gedächtnis*
- *PowerPoint: wirkt professionell; kann Abläufe animieren; kann ins Internet*

Es gibt Medien, mit denen Sie Ihre Botschaften für die gesamte Dauer der Präsentation visualisieren. Das sind zum Beispiel Flipcharts, Plakate, Moderationswände. Die eignen sich für die Botschaften, die **permanent** sichtbar sein sollen, zum Beispiel Tagesordnungspunkte oder sehr wichtige Zusammenhänge. Dann gibt es flüchtige Medien wie zum Beispiel Beamer, Overheadprojektor. Diese zeigen Ihre Botschaft nur für kurze Dauer (ohne zu stören). Beachten Sie auch hier: Was sollten Sie permanent sichtbar visualisieren und was nicht?

Dritter Schritt: die fertigen Folien gestalten

Dann erst gestalten Sie oder ein Grafiker die endgültigen Anschauungsmittel so, wie Ihre Teilnehmer sie sehen werden. Wählen Sie **ein einheitliches Design pro Kernbotschaft** – schließlich schätzen unterschiedliche Limbische Codierungen auch unterschiedliche Formen und Farben. Welcher Redestil schätzt welche Visualisierungen? (Schauen Sie sich hierzu noch einmal die Liste der 88 Überzeugungsmittel aus dem 5. Kapitel an)

A Logisch (blau)	**D Experimentell** (gelb)
• Balkendiagramm • Säulendiagramm • Kreisdiagramm • Blasendiagramm • Tabellen • Matrixdarstellungen (zum Beispiel Entscheidungsmatrix • Netzdiagamme • Funktionsdarstellungen • 3D-Animationen • Video • Teufelskreis; Engelskreis (Logik)	• Mindmaps • Symbole (Text-Bildkoppelungen) • Fotos oder Grafiken von Analogien (zum Beispiel Tachometer für Kundenzufriedenheit) • Überblicksdarstellungen (Tableau) • Kreative/neue Bilder, neue Sichtweisen • Video, 3D
B Strukturiert (grün)	**C Gefühlvoll** (rot)
• Organigramm • Ablaufdiagramm • Struktogramme (Zyklus, Pyramide, Radial etc.) • Schrittweise animierte Phasen • Phasendiagramme (zum Beispiel Zeitstrahl als mehrere Pfeile etc.) • Teufelskreis; Engelskreis (Gefühl)	• Fotos mit positiven Assoziationen (Gefühle) • Humorvolle Bilder • Bilder von Menschen • Bilddiagramme • Zeichnungen • Cliparts

Profi-Tipp: PowerPoint und Denkstil

Die Tabelle zeigt eines sehr deutlich: Richtig gemachte PowerPoint-Charts bieten sich vor allem in Präsentationen vor logischen und eingeschränkt vor strukturierten Teilnehmern an. Experimentelle und gefühlvolle Teilnehmer erreichen Sie mit gefühlvollen und spannenden Alternativen zu PowerPoint, wie im nächsten Kapitel beschrieben.

Visualisierungen sind sichtbar gewordener Denkstil

Interessant ist auch die Beobachtung, dass vor allem Diagramme/Struktogramme genauso aussehen wie der unsichtbare Denkstil ihrer Benutzer. Wie der Mensch denkt, so visualisiert er! Oder anders herum: Wenn Sie verstanden werden möchten, dann visualisieren Sie so, wie Ihre Teilnehmer denken!

- Den geordneten und systematischen Denkstil des strukturierten Denkers spiegeln Sie am besten, indem Sie exakt seine Denkarchitektur sichtbar visualisieren: als Ablauf- oder Phasendiagram, als Struktogramm.
- Den präzisen mathematisch-zahlenorientierte logischen Denkstil spiegeln Sie mit Säulen-, Balken- und Kuchendiagrammen. Seine Dominanzinstruktion spiegeln Sie am besten in Visualisierungen wider, die Kraft und Größe verraten wie Globus, Weltkarten, Säulendiagramme mit Ranking usw.
- Der vernetzte, ganzheitliche und großflächige Denkstil des experimentellen Typs erreichen Sie mit Überblicksdarstellungen. Seinen zentralen Wert: „Sei anders als die anderen" spiegeln Sie durch ungewöhnliche Motive, Farben und Schnitte.
- Den gefühlvollen Denkstil erreichen Sie mit emotionalen Bildern – am besten mit Menschen darauf.

Beispiel: Visualisierung einer Multilevelpräsentation

Erinnern Sie sich noch an Alexander (siehe Seite 275), der IT-Lösungen so präsentiert: „Wir bieten Ihnen ein qualifiziertes Know-how (der Text fliegt ins Bild), eine optimale Steuerung Ihrer Projekte (der Text fliegt ins Bild) und individuelle und maßgeschneiderte Konzepte (der Text fliegt ins Bild)". Wie könnte er seine Präsentation überzeugender und sinnvoller visualisieren? Nehmen wir an, er präsentiert vor allen Denkstilen.

Teilnehmer	Kernbotschaft	Visualisierung
Logisch	Mit unserem qualifiziertem Know-how gewinnen Sie Zeit und Geld	**Kuchendiagramm:** Zeigt, **wo genau** sich die Zeitersparnis befindet **Balkendiagramm:** Zeigt, wie viel Geld **genau** gewonnen wird
Strukturiert	Optimale Steuerung Ihrer Projekte	**Phasendiagramm:** Zeigt fünf animierte Pfeile für Phasenkonzept: Analyse, Beratung, maßgeschneiderte Konzeption, Umsetzung, Nachkontrolle Beispiel einer **Zeitschiene** aus einem ähnlichen Referenzprojekt (vermittelt Sicherheit über Ablaufplan und über Referenz)
Gefühlvoll	Persönlicher Nutzen der Mitarbeiter	**Foto:** zeigt glückliche und somit hoch motiviert arbeitende Menschen
Experimentell	Philosophie und Architektur	**Überblicksdarstellung:** Zeigt Vernetzungsmöglichkeit und erklärt ganzheitliche, zukunftstaugliche und wettbewerbsstarke Lösung Speziell geschnittene **Fotos** von tollen Features; kurze Videosequenz

Wie visualisiere ich wirkungsvoll und denkstilgerecht?

Styling für Ihre Folien: Designpräferenzen der Denkstile

(erweitert nach Häusel: 2004, Seite 179 ff):

Design für den logische Redestil:
„professionell und kraftvoll"

- Klare geometrische Formen, auf die Funktion reduziert
- Keine Abweichung von der Minimalform (keine Schnörkel)
- Mit einem Ausdruck von Kraft und Stärke
- Farben: rot/schwarz/blau/grau/matt glänzendes Metall
- Wenige, aufeinander abgestimmte Farben
- Fotos: Bilder, die sein Limbisches Emotions- und Wertesystem spiegeln (Stärke, Urbanität, Status, Hightech)

Design für den strukturierten Redestil:
„Tradition und Konvention"

- Gewohnte Farb- und Formenwelt
- Das, was gerade modern ist
- Farben: grün/braun/gedämpft/was gerade in ist – aber nicht flippig
- Solide Materialien
- Klassisch – gediegen – stilvoll
- Einfach – praktisch – schlicht
- Fotos: Bilder, die sein Limbisches Emotions- und Wertesystem spiegeln (zum Beispiel Bilder von Details die Sorgfalt und Sicherheit ausdrücken; Fotos von allen Generationen, zum Beispiel der Gründer mit dem Enkel auf dem Schoß; vorher Hölle – nachher Himmel – Fotos)

Design für den gefühlvollen Redestil:
„Wärme und Menschlichkeit"

- Weichere, rundere, verspielter Formen
- Warme Farben: warmes rot, gelb, orange, braun
- Kleine verspielte Accessoires
- Wohlproportioniertes; harmonische Formen und Maße
- Stilvoll schön; geschmackvoll; ansprechend
- Fotos: Bilder, die sein Limbisches Emotions- und Wertesystem spiegeln (mit sympathischen Menschen, das ganze Team, Natur, Humor)

Design für den experimentellen Redestil:
„ Anders als die anderen!"

- Ungewöhnliche Farben, Formen, Stile kreativ mixen
- Individualität, Einzigartigkeit
- Neue Trends; Außergewöhnliches
- Laute, starke ausgefallene Formen
- Farben: spezielle Kombinationen, eher schrill
- Fotos: Bilder, die sein Limbischen Emotions- und Wertesystem spiegeln (originelle Motive; eigenwillige Schnitte; ausgefallene Perspektiven)

Wichtig: Wechseln Sie nicht innerhalb einer Kernbotschaft das Design. Wählen Sie zum Beispiel entweder Cliparts oder Fotos aus. Wenn Sie sich für Fotos entscheiden, dann nur aus einer Serie.

Profi-Tipp: Lassen Sie sich von Profis helfen

Grafiker
Nur die wenigsten Menschen haben ein Auge für wirkungsvolle Farbkombinationen und professionelle Gestaltungen. Lassen Sie sich von einem ausgebildeten Grafiker in der Wahl der Farben, Formen und Schriften beraten.

Bücher mit fertigen PowerPoint-Vorlagen
Sehr empfehlsenwert ist unter anderem das Buch „PowerPoint – Das Ideenbuch" von Dieter Schiecke. Auf der mitgelieferten CD-Rom erhalten Sie wunderschöne und hochprofessionelle Beispiele, Vorlagen und Musterfolien für den Soforteinsatz.

Download-Portale für PowerPoint-Folien
Es gibt Dienstleister die sich auf die Produktion, Optimierung und den Verkauf von PowerPoint-Folien spezialisiert haben, zum Beispiel www.presentationsload.de

Bildarchive
Im Internet finden Sie auch gute und preiswerte Bildagenturen wie: www.piqelquelle.de; www.fotolia.de; www.photocase.de; www.istockphoto.de.

Profi-Tipp: Bildarchive als Ideenanreger für die eigene Präsentation

Nutzen Sie die Suchkriterien der oben genanten Bildarchive um sich Visualisierungs-Ideen für Ihre Präsentation zu holen. Wenn Sie Fotos oder Grafiken suchen, die Emotionen verstärken, dann geben Sie die gesuchte Emotion in die Suchmaschine des Archivs ein (zum Beispiel Erfolg) und schon erhalten Sie hunderte professionelle und ansprechende Erfolgsbilder. Auch wenn Sie Analogien suchen, eignet sich diese Suchmethode – denn Fotografen machen ja auch über das Sichtbare das Unsichtbare sichtbar.

5. Zehn Gründe die für PowerPoint sprechen: Ihr bester Assistent vor und nach einer Präsentation

PowerPoint ist ein Computerprogramm das uns dabei unterstützen soll, schneller, einfacher und mit mehr Freude Präsentationen herzustellen. Und hier erweist es sich auch wirklich als effektiver und professioneller Helfer. Die meisten Präsentierenden benutzten PowerPoint um Charts an Leinwände zu projizieren. Somit nutzen sie nur ein Bruchteil des Programms. Um möglichst viel von PowerPoint zu haben empfiehlt es sich, mit den unterschiedlichen Ansichten und Druckoptionen zu arbeiten.

1. Unterschiedliche Ansichten:

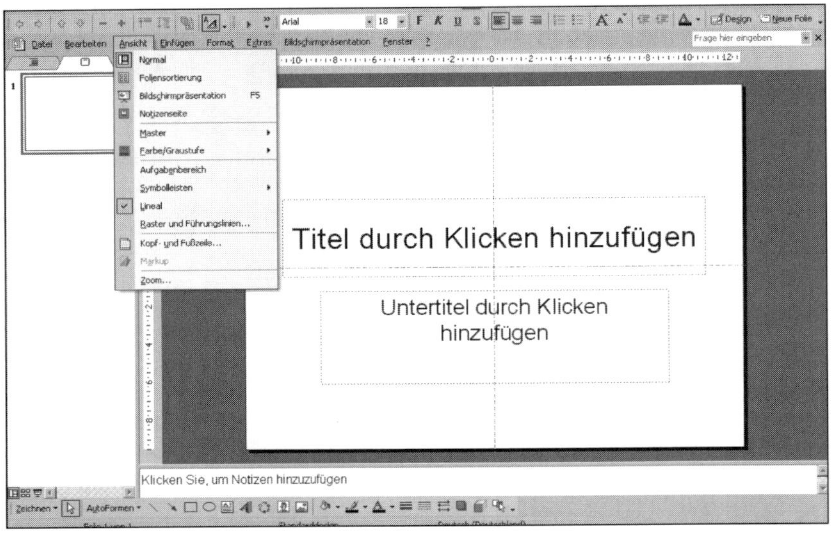

Abbildung 23

- In der Ansicht „Normal“ produzieren und gestalten Sie Ihre Charts für die Beamer-Präsentation.
- In der Ansicht „Foliensortierung“ gliedern Sie Ihre Präsentation mit der Problemlöseformel (vergleiche Seite 79)
- In der Ansicht „Bildschirmpräsentation“ präsentieren Sie Ihre Präsentation mit dem Beamer
- In der Ansicht „Notizenseiten“ schreiben Sie Ihr Manuskript und/oder Unterlagen für Ihre Teilnehmer

2. Unterschiedliche Druckoptionen (unter → Datei → Drucken):

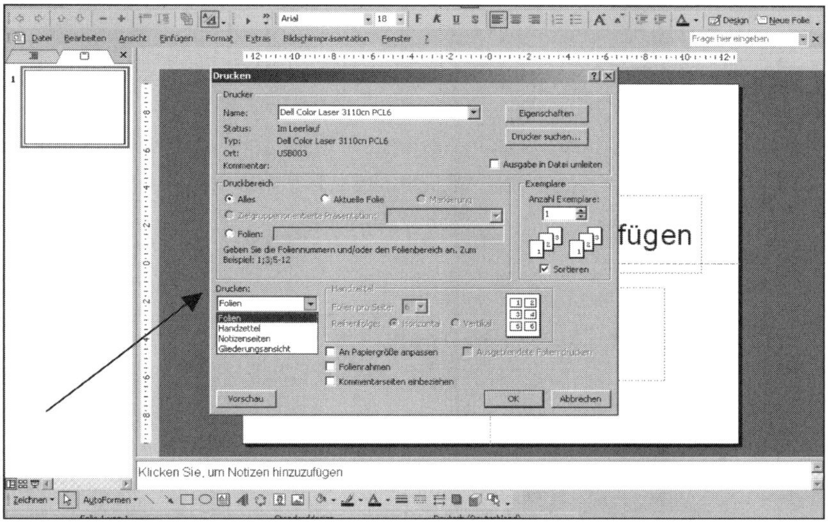

Abbildung 24

- Mit der Druckoption „Handzettel“ drucken Sie Handouts für ihre Teilnehmer aus, wenn Sie nur die Folien weitergeben möchten
- Mit der Druckoption „Notizenseiten“ drucken Sie Ihr Manuskript oder ausführliche Handouts für Ihre Teilnehmer aus
- Mit der Druckoption „Gliederung“ drucken Sie das Inhaltsverzeichnis beziehungsweise eine grobe Gliederung Ihrer Präsentation aus. Wenn Sie das Thema sicher beherrschen, reicht Ihnen diese Druckoption auch als Manuskript (für die Tarzanmethode – von Stichwort zu Stichwort hangeln).

Im Folgenden erhalten Sie die zehn Gründe, die für PowerPoint sprechen:

1. Der zuverlässigste Stoffsammler

Sammeln Sie präsentationsfähiges Material direkt in PowerPoint. Wenn Ihnen eine überzeugende Zahl begegnet – visualisieren Sie sie gleich als PowerPoint-Chart. Wenn Sie von einem Kunden eine tolle Referenz erhalten – sammeln Sie sie in PowerPoint. Wenn Sie ein Buch zum Thema lesen: halten Sie das Wichtigste gut aufbereitet auf PowerPoint-Charts fest. So haben Sie ein breit gefächertes Portfolio für Ihre Präsentationen. Und wenn Sie einmal schnell oder spontan präsentieren müssen, sind Sie immer gut vorbereitet.

2. Der sicherste Weg, um Ihre Präsentation vom Chef absegnen zu lassen

Die fertige Präsentation können Sie nun schnell und einfach Ihrem Chef schicken oder sie direkt mit ihm besprechen und sich das O.K. abholen. Für viele Vorgesetzte bedeutet Präsentation immer noch: einzig und allein PowerPoint zählt.

3. Die effektivste Zusammenarbeit mit dem Team

Jeder hat und jeder kennt PowerPoint. Folien lassen sich leicht einfügen, Texte sind schnell geändert. Präsentationen sind schnell per E-Mail verschickt und Kollegen im entfernten Ausland können daran arbeiten. Nutzen Sie deshalb PowerPoint, um im Team Präsentationen gemeinsam herzustellen.

4. Das perfekteste und schnellste Handout

Mit der Ansicht „Notizenseiten" zaubern Sie im Handumdrehen anschauliche und informative Unterlagen. Wenn Sie diese auf hochwertiges Papier ausdrucken und eventuell binden lassen, haben Sie gleich ein beeindruckendes Handout für Ihre Teilnehmer.

5. Das müheloseste Verschicken per Mail

Da fast jeder PowerPoint hat, können Sie Ihren Teilnehmern auch nach Abschluss der Präsentation diese zuschicken oder sie ihnen auf CD-ROM gebrannt mitgeben. So können sich die Teilnehmer Ihr Thema noch einmal in Ruhe genau ansehen.

6. Der effizienteste Weg, um Ihre Präsentation in Umlauf zu bringen: sie ins Netz stellen

Es ist schade, gute Vorträge in die Schublade zu stecken. Wenn es strategisch sinnvoll ist, stellen Sie doch Ihre ausgezeichneten Vorträge auf Ihre Internetseite – oder Teile davon. Vielleicht stößt die Presse darauf, ein interessierter Kunde oder ein Kongressveranstalter.

7. Die sinnvollste Grundlage für neue Präsentationen

Die meisten Präsentationen bauen auf schon gehaltenen Präsentationen auf. Fast immer können Sie Teile von alten Präsentationen in neue Präsentationen einbauen. Mit der Funktion „Folie aus Datei" können Sie schnell Ihre Präsentationen ausschlachten.

8. Die glaubwürdigste Sammlung an Überzeugungsmitteln

„Zeigen Sie nur wenige Folien" lautet eine meiner Empfehlungen an Sie. Das heißt aber nicht, dass in Ihrer Präsentation wenige Folien vorhanden sind. Sammeln Sie ruhig Statistiken, Grafiken, Bilder. Wenn Sie in der Diskussionsphase auf ganz bestimmte Interessen stoßen oder mit kritischen Fragen konfrontiert werden, dann zaubern Sie Ihre detaillierten, belegten und wasserdichten Hintergrundsfolien hervor. Das wirkt!

9. Die geniale Möglichkeit, spontan auf Teilnehmerbedürfnisse einzugehen

Auch hier machen Sie sich das Prinzip von schlanker Vordergrundpräsentation und informativer und detaillierter Hintergrundpräsentation zunutze. Wenn Ihre Teilnehmer bestimmte Wünsche haben, können Sie spontan und unkompliziert auf sie eingehen. Wenn zum Beispiel ein logisch-strukturierter Teilnehmer wissen möchte, wie sich der Preis genau zusammensetzt – dann zeigen Sie Ihre Hintergrundsfolie mit der detaillierten und präzisen Kalkulation.

10. Die einfachste Manuskripttechnik

Mit der Ansicht *Notizenseiten* haben Sie ein Tool, um Ihr Manuskript einfach herzustellen. Schreiben Sie im unteren Bereich Ihr Manuskript – im oberen Teil sind die Visualisierungen oder die Regieanweisungen.

Folgende Möglichkeit haben Sie nun:

1. Wenn Sie damit zurechtkommen, dann nehmen Sie diese Seiten mit.
2. Drucken Sie es auf 160-Gramm-Papier aus. Schreiben Sie die Regieanweisungen neu und zwar so, dass Sie gut damit zurechtkommen. Lassen Sie es im DIN-A4-Format

3. Möchten Sie lieber ein DIN-A5-Format? Dann drucken Sie ebenfalls die Notizen-Seiten auf 160-Gramm-Karton. Schneiden Sie das Manuskript in der Mitte durch. Die Visualisierungen und die Regieanweisungen legen Sie vor den dazugehörigen Text. Nummerieren Sie die Karten mit der Hand durch.

Allgemein gilt für ein Manuskript:

- durchnummerieren (es könnte Ihnen zu Boden fallen)
- einseitig beschriften
- gelesene Seiten nach links mit dem Gesicht nach oben verschieben – nicht unter den Stapel
- große Schrift
- viele Gliederungshilfen (Einrückungen/Markierungen etc.)

Abschließende PowerPoint-Regeln:

Sammeln Sie viel – zeigen sie wenig!
Sammeln Sie in der Vorbereitungsphase viel Material, legen Sie viele Charts an – zeigen Sie jedoch Ihren Teilnehmern nur wenige! Nur auf speziellen Wunsch oder bei kritischen Nachfragen zeigen Sie die passenden Detail-Folien!

Kernbotschaften beweisen statt aufzählen
Setzen Sie die Folien ein, um Ihre Kernbotschaften zu beweisen und zu verdeutlichen – und nicht um Sie aufzuzählen! Eine Folie demonstriert, dass Ihre Kernbotschaft schlüssig ist. Wenn Ihre Kernbotschaft lautet „einfache Bedienung“ – dann ersetzen Sie die Textfolie „einfache Bedienung“ mit einer kurzen Video- Sequenz, in der gezeigt wird, wie im Handumdrehen aus einem Arbeitsplatz ein Konferenztisch wird.

Hier ist Raum für Ihre Überlegungen und Notizen:

13. Was gibt es außer PowerPoint? Überzeugende Alternativen zu PowerPoint

Inhaltsübersicht Kapitel 13

1. Nicht alle Menschen sind Augentiere

Worum geht es in Präsentationen? Es geht darum, die Gunst der Stunde zu nutzen und Teilnehmer und Entscheider für sich, seine Ideen oder Leistungen zu gewinnen. Wer mit heutigen Business-Strukturen vertraut ist, der weiß, dass es sich oft schon um ein Privileg handelt, überhaupt präsentieren zu dürfen. Viel Arbeit und Kraft hat der Weg bis hierher schon im Vorfeld gekostet, sei es der anstrengende Prozess der Neukundengewinnung, der langatmige Weg des Empfehlungsmarketing vor Kunden oder sei es der harte Weg auf der Karriereleiter vor internen Entscheidern.

Was dem einen Nahrung, ist dem anderen vielleicht ein schlimmes Gift.

Lucretius

Versetzen Sie sich in die Lage von Entscheidern in Präsentationen. Was würden Sie brauchen, um sich schnell und sicher zu entscheiden? Was müsste jemand tun, um Sie zu überzeugen? Aufgrund welcher Kriterien haben Sie Ihre letzte größere Entscheidung getroffen? Welches war das ausschlaggebende Argument? Was war ganz besonders überzeugend? Was hat der Präsentierende (Verkäufer/Manager/Mitarbeiter) anders als die anderen gemacht?

Reflektion: Meine Entscheidungskriterien

Wenn ich diese Übung in meinen Seminaren mache, kommt es immer wieder zu einem erstaunlichen Ergebnis: Fast alle Antworten beziehen sich auf die Menschen – die Person des Präsentierenden steht im Mittelpunkt, Emotionen wie Vertrauen, Glaubwürdigkeit, Sympathie und persönliche Begeisterung werden genannt. Die Teilnehmer erzählen immer von Momenten "magischer" Interaktion – plötzlich wurde aus der monologischen

Vortragssituation ein Dialog, ein echtes Gespräch. Über diese Öffnung entsteht eine Bindung, eine Verbindung – eine Geschäftsbeziehung. Das ist auch nicht verwunderlich. Denn in Präsentationen geht es primär um Beziehungen – und sekundär um Fakten. Fakten lassen sich heute viel schneller und präziser per E-Mail in großen Datenmengen austauschen, Videokonferenzen sind günstiger und Telefonate effektiver.

Trotzdem greifen wir immer noch gerne auf dieses uralte Ritual der Begegnung, des sich Beschnupperns, des „Können wir miteinander?" zurück. Von Angesicht zu Angesicht will sich der Entscheider oder die Entscheiderin vergewissern, ob man Ihnen trauen kann, ob Sie genug Energie haben, ob Sie anpacken können. *Sich gegenseitig beschnuppern, begreifen, nachfassen, sich herantasten, ein Gefühl füreinander bekommen* ... unsere Sprache ist voller Redewendungen, die das fühlbare Erleben einer Präsentation in den Vordergrund stellen. In einer immer virtueller werdenden Welt wird das Erleben, das Greifbare und das Sinnliche immer wertvoller. Hier liegt noch heute Ihre Chance

- sich vom Wettbewerb zu unterscheiden
- Kernbotschaften begreifbar zu machen
- angenehm im Gedächtnis zu bleiben

Nicht alle Menschen sind bevorzugt Augentiere. Manche brauchen zwar Bilder um sich zu überzeugen – andere jedoch verlassen sich mehr auf die feinen Signale ihres Bauchgefühls, wieder andere müssen etwas ausprobieren um es zu glauben; wieder andere wollen hören, dass es schon in anderen Situationen funktioniert hat. Welche Sinneskanäle lassen sich in eine Präsentation „einbauen", um Überzeugungkraft zu generieren?

Sinneskanal	Nimmt wahr:	Umsetzung in der Präsentation:
Auge (visuell)	Bilder	Beamerpräsentation Plakate Flipchart Film Moderationswände
	Innere Bilder	Inneres Kopfkino (Stellen Sie sich vor ...), Metaphern, Vergleiche, Analogien, geführte Visualisierungen
	Modelle Muster Prototypen	Modelle zeigen Muster zeigen Prototypen zeigen
	Kleidung Auftreten Körpersprache Accessoires	Bewusstes Erscheinungsbild und zielgerichtete Körpersprache (vgl. Kapitel 15-17)
	Präsentationsraum Architektur Unterlagen Broschüren	Bewusste Raumauswahl und Gestaltung Professionelle Unterlagen und Broschüren
Ohr (auditiv)	Zuhören	Vortrag
	Selber sprechen der Teilnehmer	Interaktion Pausen/Stille Offenes Gespräch Dialog Übungen Quiz
	Innerer Dialog der Teilnehmer	Rhetorische Fragen; Zeit zum Nachdenken (gezielte Pausen)
	Stimme des Präsentierenden	Bewusster Stimmeinsatz
	Einspielungen	Hörbeispiele, Musik
	Geräusche von Produkten	Akustische Belege (sattes „plopp" für hohe Qualität)
	Geräusche von Medien	Hochwertige, leise Medien

Was gibt es außer PowerPoint?

Tastsinn/ Gefühl/ Bewegung (kinästhetisch)	Haptik: Modelle Muster Prototypen	Ausprobieren lassen (kinästetischer Beleg – zum Beispiel für Kernbotschaft „einfache Bedienbarkeit“) Muster, Modelle und Prototypen fühlen lassen (haptische Belege, zum Beispiel für Kernbotschaft „hohe Qualität“)
	Bewegung	Bewegung in die Präsentation bringen (Stationenpräsentation, Showrooms einrichten etc.)
	Inneres Gefühl	Dialoge über Gefühle Gefühle über Körpersprache (Spiegelneuronen) Gefühle über Stimme Gefühlsargumente
	Haptik der Sitzgelegenheit, Tische Unterlagen	Haptik der Einrichtung, Unterlagen und Broschüren beachten (Sitzen die Teilnehmer bequem? Wie fühlt sich die Firmenbroschüre an?)
Nase/Geruch (olfaktorisch)	Geruch Produkt	Riechen lassen wenn möglich olfaktorische Belege (zum Beispiel Ledergeruch für Kernbotschaft „hochwertig“)
	Geruch Showroom oder Präsentationsraum	Duftmarketing-Strategien
Mund (gustatorisch)	Schmecken Probieren	Probieren lassen wenn möglich (Aber auch: Getränke, Essen, Kekse ...)

PowerPoint ist nur eine Möglichkeit Ihre Botschaften ins Gehirn der Empfänger zu senden. Es gibt noch weitere herausragende, überzeugende und spannende Methoden. Trauen Sie sich ruhig, die eine oder andere zu benutzen. Erstens hat es sich herumgesprochen, dass PowerPoint alleine out ist. Zweitens heben Sie sich von den langweiligen Folienschlachten ab. Und drittens: Hier findet wahre Überzeugung statt!

Profi-Tipp für PowerPoint-Freaks: Evolution statt Revolution

Zu Recht werden jetzt einige von Ihnen einwenden, dass es nun mal in Deutschland üblich ist, mit PowerPoint zu präsentieren, dass die Entscheider das so gewohnt sind und dass es aufwändiger ist, multimodal zu präsentieren. Es setzt ein wenig mehr rhetorisches Geschick beim Präsentierenden voraus. Gehen Sie ganz pragmatisch an die neuen Möglichkeiten heran, überfordern Sie sich nicht. Ersetzen Sie nach und nach die Textfolien. Suchen Sie sich zuerst eine Alternative zu PowerPoint und probieren Sie sie aus: nehmen Sie ein Muster mit; zeigen Sie einen Prototypen; wenn Sie Dienstleistungen anbieten, demonstrieren Sie kurz Ihr Können; benutzen Sie zum Beispiel beim rhetorisch-mathematischen Rechnen von Seite 93 den Flipchart usw.

2. Zwanzig Alternativen zur Aufzählungsfolie

Hans-Georg Häusel schreibt in Brain Script (2004: Seite 186)
Weiches Leder und warmes Holz am Lenkrad schmeicheln den neuronalen Rezeptoren in der Handfläche und den Bewertungszentren im Limbischen System. Drehschalter, die sich präzise und genau einschalten lassen, sprechen das Motiv- und Emotionsfeld „Disziplin/Kontrolle" an. (...) Abgestufte Druckwiderstände in Knöpfen signalisieren ein genaues Einrasten der Schalter. (...) Die Drehschalter laufen extrem ruhig und fühlen sich satt und mächtig an. (...) Das ruhige Laufen begeistert das Balance-System, das satte und mächtige Gefühl das Dominanz-System. (...)Viel zuwenig wird meist beachtet, wie das Gehirn des Kunden diese Informationen verarbeitet. Sein Gehirn generalisiert nämlich gerne. Die Sinneseindrücke eines Sinnes-Kanals werden auf andere Bewertungsdimensionen unbewusst übertragen (Cross-modales Cueing).

Was das für Ihre Präsentation bedeutet? Nutzen Sie alle Sinneskanäle um das Limbische System Ihrer Teilnehmer zu verführen. Im Verkauf weiß man es längst: Kunden, die ein Produkt anfassen, kaufen es mit viel höherer Wahrscheinlichkeit. Auch unsere Alltagssprache erkennt den Zusammenhang zwischen etwas greifen und etwas begreifen.

Was gibt es außer PowerPoint?

Statt Kernbotschaften nur mit PowerPoint aufzuzählen und schlecht zu visualisieren (Satzfragmente auf Folie verdienen den Namen „Visualisierung" kaum), geht es nun darum, zu demonstrieren und zu beweisen – und zwar denkstilgerecht – warum Ihre Kernbotschaft schlüssig ist.

Ein Beispiel: *Alternative Inszenierung der Kernbotschaft „Gute Qualität"*
Statt lebloser, blutleerer Satzfragmente auf Folie könnte der Präsentierende Folgendes tun:

20 Alternativen zur Aufzählungsfolie „Sie erhalten hohe Qualität"

Auditiv (hören)

1. Er vergleicht seine Qualität mit etwas Höherem („Das ist vergleichbar mit der S-Klasse")
2. Er zitiert Referenzen von zufriedenen Anwendern
3. Er beruft sich auf Autoritäten („Auch der Geschäftsführer von ...")
4. Er beruft sich auf gesicherte Tests (Qualitäts-Siegel, Testreihen)
5. Er beschreibt die Qualität eindrücklich und verwendet dabei rhetorische Wirkfiguren: Anapher, Klimax, Dreierschritt, Metaphern, Wiederholungen, Antithesen (vgl. Kapitel 7)
6. Er benutzt himmlische (solide, stabil, getestet) und höllische Worte (wacklig, schwankend, unbeständig) für hohe bzw. niedrige Qualität
7. Er lässt seine Teilnehmer über ihre Erfahrung mit schlechter Qualität reden – er lässt seine Teilnehmer über ihre Erfahrung mit guter Qualität reden
8. Er erzählt Geschichten (Horrorgeschichten für schlechte und Erfolgsgeschichten für gute Qualität)
9. Er verspricht Garantien, zum Beispiel bei Unzufriedenheit völliges Rückgaberecht – vertraglich zugesichert

Visuell (sehen)

10. Er zeigt in einem visualisierten Teufelskreis die fatalen Folgen von schlechter Qualität auf
11. Er zeigt in einem visualisierten Himmelskreis die positiven Folgen von guter Qualität
12. Er zeigt Berichte aus der Presse über die hohe Qualität
13. Er arbeitet mit dem Vorher – Nachher – Prinzip und zeigt zum Beispiel Fotos: „Bevor wir mit dieser hohen Qualität gearbeitet haben (Hölle)" – „Nachdem wir damit gearbeitet haben (Himmel)".
14. Er vermittelt mit seinem Auftreten Qualität: Er ist selbst hochwertig gekleidet, seine Utensilien sind hochwertig. Sogar seine ganze Körpersprache vermittelt „hohe Qualität" – wenn er über sein hochwertiges Produkt spricht.

Kinätshetisch (fühlen)

15. Er demonstriert gute und schlechte Qualität (zum Beispiel Druck ausüben: wann bricht schlechte, wann gute Qualität).
16. Er nimmt ein altes und ein neues Muster mit und lässt es die Teilnehmer vergleichen
17. Er lässt die Teilnehmer einmal mit schlechter und einmal mit guter Qualität arbeiten
18. Er stellt ein kostenloses Testprojekt vor, in dem sich seine Teilnehmer von der Qualität überzeugen können
19. Er verteilt zum Schluss qualitativ hochwertige Proben und verschenkt sie
20. Er lässt seine Teilnehmer die hochwertige Haptik spüren

(Der gustatorische und olfaktorische Sinneskanal sind in diesem Fall vernachlässigbar – ein gut gelüfteter, repräsentativer und schöner Präsentationsraum, feiner Kaffee und hochwertige Kekse könnten auf dieser Ebene Qualitätsbewusstsein vermitteln, wenn die Präsentation bei ihm im Haus stattfindet.)

In PowerPoint lastigen Präsentationskursen animiere ich die Teilnehmer zum Follow-up-Training mit wenigstens einer Alternative zu PowerPoint zu kommen. Erst ist die Skepsis groß – doch dann kommen mir strahlende Teilnehmer entgegen – meist voll bepackt mit Modellen, Plakaten, Prototypen usw. Das Feedback der Kollegen ist danach einhellig: der von mir geforderte Medienmix macht Präsentationen besser, spannender und vor allem viel überzeugender. Es ist für alle ein Gewinn: die Teilnehmer langweilen sich nicht mehr, werden Zeuge von tollen Präsentationen und die Präsentierenden sind wie ausgewechselt: lebendig, begeistert und hochmotiviert.

Was gibt es außer PowerPoint?

Suchen Sie je eine alternative Inszenierung für eine Ihrer Kernbotschaften:

Sinneskanal	Alternative
visuell	**Testfrage:** Wie können meine Teilnehmer sich sehend davon überzeugen, dass meine Kernbotschaft stimmt/schlüssig ist
auditiv	**Testfrage:** Wie können meine Teilnehmer sich hörend davon überzeugen, dass meine Kernbotschaft stimmt/schlüssig ist
kinästehtisch	**Testfrage:** Wie können meine Teilnehmer fühlen und erleben, dass meine Kernbotschaft stimmt/schlüssig ist
olfaktorsich	**Testfrage:** Wie können meine Teilnehmer sich riechend davon überzeugen, dass meine Kernbotschaft stimmt/schlüssig ist
gustatorisch	**Testfrage:** Wie können meine Teilnehmer sich schmeckend davon überzeugen, dass meine Kernbotschaft stimmt/schlüssig ist

3. Interaktionen – das Geheimnis der Profis

Lassen Sie unbedingt viel Zeit für Interaktionen mit Ihren Teilnehmern. Verschieben Sie diese nicht nur auf den Schluss Ihrer Präsentation. Denn eine gezielte und geplante Interaktion, in der Sie die richtigen Fragen stellen, sind das GOLD einer jeden Präsentation. Hier erfahren Sie – wenn Sie es geschickt anstellen – die Entscheidungskriterien Ihrer Teilnehmer; Sie erfahren wo der Schuh drückt; Sie erfahren die Wünsche und Sehnsüchte. Vor allem wenn Sie im Vorfeld keine Gelegenheit hatten, mit Ihren Teilnehmern zu sprechen ist eine kurze Interaktion am Anfang unerlässlich. Nur so können Sie Ihre Präsentation auf Ihr Zielpublikum abstimmen.

Profi-Tipp: Interaktion

- Steigen Sie so früh wie möglich in die Interaktion ein – am besten schon in der Einleitung
- Bereiteten Sie Interaktionen minutiös vor – vor allem die Fragen, die Sie an Ihre Teilnehmer stellen (vgl. auch „Interaktiver Einstieg" Seite 48)
- Wenn Sie eine Multilevelpräsentation (vergleiche Kapitel 11) vorbereitet haben entscheiden Sie jetzt, welcher Kernbotschaft Sie den größten Raum zugestehen und welche Sie eventuell gar nicht auspacken
- Ermuntern Sie Ihre Teilnehmer jederzeit Fragen zu stellen. Geben Sie Ihren Teilnehmern überall und immer die Gelegenheit sich einzubringen

Sie können Interaktionen sogar in Vorträge vor großem Auditorium einbauen. Ihr Publikum wird es Ihnen danken. Arbeiten Sie zum Beispiel mit Hand-Hoch-Szenarien, entwerfen Sie ein Quiz; befragen Sie einzelne Menschen nach deren Meinung (Freiwillige vor und immer noch mal laut wiederholen, damit alle informiert sind), bauen Sie sinnvolle und lehrreiche Spiele ein.

In meinen Vorträgen vor großem Auditorium erkläre ich das Limbische Kommunikationsmodell interaktiv mit einem Spiel. Der Lerneffekt ist groß, die Zuhörer machen begeistert mit und schon manchen Auftrag verdanke ich genau diesem Spiel. Die Begründung meine Kunden: Erst bei diesem Spiel hat es „Klick" gemacht, erst da gab es in den meisten Köpfen ein erhellendes „Aha-Erlebnis". Sie haben verstanden, worum es wirklich geht und welche immensen Vorteile das Konzept für sie hat.

Profi-Technik: Denkstile laminieren mit Interaktionen

Interaktionen laminieren oft in einer Aktion alle Denkstile. Somit können Sie mit einer Aktion alle Teilnehmer auf einmal überzeugend ansprechen. Im oberen Beispiel überzeugt die logischen Teilnehmer die Logik des Spiels (Immer dann wenn x, dann y). Den strukturierten Teilnehmern leuchtet das System ein; die experimentellen machen begeistert mit und erleben was Neues, die gefühlvollen kommen in Kontakt mit dem Referenten und freuen sich, dass aus dem anonymen Publikum plötzlich ein „Wir" wird. Die Atmosphäre danach ist immer positiv, energiegeladen und angeregt.

Interaktionen haben so viele Vorteile, dass ich mich immer wieder frage, wie Präsentierende ohne sie auskommen:

- Sie bekommen ein Gefühl für Ihre Teilnehmer
- Sie erfahren die Entscheidungskriterien
- Sie erfahren die Probleme
- Sie erfahren Ziele und Prioritäten
- Sie bekommen Angaben zum Bedarf
- Sie erhalten ein Feedback zu Ihrem Vorgehen
- Sie merken schnell, wenn Ihre Teilnehmer etwas nicht verstehen
- Sie können gezielt die Folien zeigen, die nachgefragt werden
- Sie bauen eine Beziehung auf und wirken sympathisch
- Sie haben Zeit zum Überlegen
- Sie können steuern
- Die Teilnehmer langweilen sich nicht
- Sie heben sich vom Wettbewerb wohltuend ab
- Sie können sich kleine „Jas" abholen
- Zum Schluss gibt es viel weniger Widerstand
- Die Diskussionsrunde wird nicht zur Konfrontation
- Sie können Einwände häppchenweise zerstreuen
- Ihnen freundlich gesinnte Teilnehmer übernehmen oft den Part die kritischen zu überzeugen

Sie können nach jeder Phase der Problemlöseformel eine Interaktion einlegen – Sie können aber auch die ganze Problemlöseformel interaktiv gestalten. Dies empfiehlt sich vor allem im Schulungskontext, aber auch wenn Führungskräfte ihr Team von einem neuen Weg überzeugen möchten. Diese Methode heißt dann Samenkornmethode – weil der Präsentierende nur die Fragen stellt. Die Frage geht dann wie ein Samenkorn im Kopf der Teilnehmer auf.

Was gibt es außer PowerPoint?

Phasen der Problemlöseformel	Fragen für die Interaktion (Samenkornmethode):
Einleitung:	Vorstellungsrunden Abfragen der Erwartungen (strukturierter Redestil) Abfragen von Zielen (logischer und experimenteller Redestil) Abfragen von Wünschen (gefühlvoller Redestil) – Visualisierung auf dem Flipchart (Siehe auch „Interaktiver Einstieg" Seite 48)
Problem-Phase:	**Experimentelle Teilnehmer** selbst das Problem schildern lassen: *Wie erleben Sie die Situation? Welche Ursachen sehen Sie?* **Strukturierte Teilnehmern** nach den negativen Konsequenzen befragen: *Was passiert, wenn wir so weitermachen?* **Logische Teilnehmer** nach Beweisen und Belegen suchen lassen: *Wo lässt sich das festmachen?* **Gefühlvolle Teilnehmer** nach den emotionalen Konsequenzen fragen: *Wie wird es uns gehen, wenn wir so weitermachen?*
Vergewisserung:	**Logisch:** *Wie beurteilen Sie die Situation?* **Strukturiert:** *Welche Erfahrungen machen Sie?* **Gefühlvoll:** *Wie erleben Sie die Situation?* **Experimentell:** *Wie sehen Sie die Lage?*
Ziel-Phase:	**Experimentelle Teilnehmer:** *Wie könnte es idealerweise aussehen?* **Strukturierte Teilnehmer:** *Was haben wir davon?* **Logische Teilnehmer:** *Was spricht dafür? Was dagegen?* **Gefühlvolle Teilnehmer:** *Wie werden Sie sich fühlen wenn ...?*
Lösungs-Phase:	**Experimentelle Teilnehmer:** *Welche Möglichkeiten sehen Sie?* **Logische Teilnehmer:** *Welche Vor- und welche Nachteile gibt es? Welche Kriterien der Auswahl?* **Strukturierte Teilnehmer:** *Wie können wir das umsetzten? Wer macht was bis wann und wie?* **Gefühlvolle Teilnehmer:** *Wie geht es Ihnen mit der Lösung? Wo haben Sie ein gutes Gefühl?*

Schluss:	Wenn Sie mit einer Flipchart-Abfrage der Erwartungen angefangen haben, dann haken Sie jetzt gemeinsam alle Kriterien ab, die Ihre Lösung erfüllt; Abstimmungen; Hand-Hoch-Szenarien

Bereiten Sie eine interaktive Präsentation genau gleich vor wie einen kompletten Vortrag. Nur dann können Sie das Geschehen lenken. Sind Sie nicht vorbereitet, entgleiten Ihnen die Zügel. Zum Beispiel antworten die Teilnehmer kontraproduktiv für Ihre Zwecke oder äußern Erwartungen, die Sie nicht erfüllen können. Wenn Sie es sich noch nicht zutrauen ein Geschehen loszulassen und gleichzeitig zu lenken, dann verzichten Sie lieber auf Interaktion. Dennoch gibt es kaum ein wirkungsvolleres Überzeugungsinstrument. Für Anfänger geeignet: Fangen Sie mit einer einzelnen, gut geplanten Interaktion an und steigern Sie sich langsam. Wenn Sie Präsentationen im Schulungs-Kontext nutzen (Trainer, Führungskräfte etc.), können Sie alle Phasen der Problemlöseformel an die Teilnehmer delegieren – Sie führen dann nur mit Fragen durch den Prozess. Vorteil: Ihre Teilnehmer lernen durch eigenes Denken mehr, als durch passives Konsumieren und es gibt keinen Widerstand gegen das Konzept.

Profi-Tipps:

Positiv quittieren: Quittieren Sie die Antworten Ihrer Teilnehmer immer positiv. „Richtig!“, „Guter Aspekt!“ usw. Damit erreichen Sie eine rege Beteiligung. Wiederholen Sie dann laut und deutlich die Antwort Ihrer Teilnehmer. So stellen Sie sicher, dass alles akustisch verstanden wird.

Kleine „Jas“ abholen: Holen Sie sich immer wieder Vergewisserungen von Ihren Teilnehmern ab: „Sehen Sie das auch so?“ „Sind das auch Ihre Erfahrungen“ – so sichern Sie die Prämissen Ihrer Argumentation ab und überprüfen, ob die Richtung Ihrer Präsentation noch stimmt.

Hier ist Raum für Ihre Überlegungen und Notizen:

14. Ich bin so aufgeregt! Lampenfieber gehört dazu – machen Sie es zu Ihrem besten Freund

Inhaltsübersicht Kapitel 14

1. Warum Lampenfieber nützlich ist

Ich bin so aufgeregt!

Es scheint so, als sei der Kraftort der Präsentation nur denjenigen vorbehalten, die mutig ihre Komfortzone verlassen und sich der herausgehobenen Situation als Präsentierender stellen. Wenn wir präsentieren, begeben wir uns aus dem wohligen Schutz der Masse hinaus, wir sind nicht mehr die, die beobachten, sondern die, die beobachtet werden. Wir stellen uns, wir machen uns angreifbar, wir werden verletzlich, wir können grandios scheitern. All das ist möglich. Deshalb hat die Natur so etwas Großartiges wie das Lampenfieber erfunden! Denn das Lampenfieber erinnert uns schon Tage vorher daran, uns vorzubereiten. Es erinnert uns daran, zu üben und zu trainieren. Es erinnert uns daran, unser Bestes zu geben.

Es sind nicht die Dinge an sich, die den Menschen beunruhigen, sondern das, was er über diese Dinge denkt.

Epiktet

Ich kann und will Ihnen das Lampenfieber nicht nehmen – es gehört dazu. Von Cicero ist die Anekdote überliefert, dass er mit zunehmender Erfahrung sein Lampenfieber verloren habe. Doch statt mehr Prozesse zu gewinnen, merkte er, dass seine rhetorische Beflissenheit ihn zu weit weg vom normalen rhetorischen Niveau der Richter und Zuhörer entfernte. Er war ihnen zu glatt und erzeugte Misstrauen. Was also unternahm Cicero? Er spielte Lampenfieber – und siehe da, er konnte die Richter und Zuhörer wieder für sich gewinnen. Die antike Rhetorik gibt den Rednern den Rat, sich am Anfang einer Rede etwas nervös zu zeigen, denn ein Redner mit Lampenfieber ist menschlich. Er ist so wie wir alle, er ist einer von uns. Lampenfieber signalisiert Ihrem Publikum, dass es Ihnen wichtig ist, dass Ihnen dieser Termin wichtig ist, dass Sie voll und ganz bei der Sache sind.

Vielleicht kennen Sie diese Situation aus Ihrer Ausbildung: Je länger ein Lehrer oder Professor im Amt ist, je gekonnter er sein Wissen herunterspulte umso langweiliger werden die Vorlesungen. (An dieser Stelle können dann junge, engagierte Präsentierende den Bonus der Erfahrung aushebeln.)

Lampenfieber macht, dass Sie leistungsfähig werden. Lampenfieber macht Sie sympathisch und Lampenfieber zeigt Wertschätzung – all dies macht Lampenfieber zu Ihrem Freund und nicht zu Ihrem Feind, den es zu bekämpfen gilt. Freuen Sie sich über Ihr Lampenfieber – es spornt Sie zur Höchstleistung an!

Es wird nur dann gefährlich, wenn es Sie nicht mehr anspornt, sondern lähmt. Dann wird aus dem positiven Freund ein negativer, destruktiver Miesmacher. Im schlimmsten Fall überzeugt er Sie, die Präsentation nicht zu halten oder er sabotiert Ihre Vorhaben subtiler.

Vielleicht haben Sie das Lampenfieber schon erkannt, es ist ein alter Bekannter. Erinnern Sie sich noch an die Limbische Balance-Instruktion? Zur Erinnerung:
Das **Balancesystem** meidet jede Gefahr und strebt nach Ruhe und Sicherheit. Folgt der Mensch den Limbischen Instruktionen „Vermeide jede Gefahr!" „Vermeide Änderungen!" „Baue auf Gewohnheiten!", „Erhalte Bewährtes!", „Vergeude nicht nutzlos Energie!" – dann wird er mit positiven Emotionen wie Sicherheitsgefühl und Geborgenheit belohnt. Befolgt er die Instruktionen des Balance-Systems nicht, erlebt er Angst, Furcht oder Panik.

Das Lampenfieber ist also ein Kind der Balance-Instruktion. Da das Limbische System keine Sprache kennt, gibt es über Körperempfindungen (somatische Marker) seine Informationen an uns weiter. Mit den somatischen Markern *weiche Knie, flaues Gefühl im Magen, Eisenring um die Lunge* will es uns sagen: „Es ist gefährlich! Pass auf! Geh nicht nach vorne! Bleibe in der Deckung der Gruppe!" In der Steinzeit (und auch heute in vielen Situationen) hat diese Instruktion eine wichtige positive Aufgabe, nämlich uns zu beschützen, denn im Schutz der Gruppe war (ist) man sicherer.

Ist die Balance-Instruktion eines Präsentierenden stark ausgeprägt, wird diese Stimme lauter sein, als bei denjenigen, die mehr Dominanz- und Stimulanzanteile haben. Denn die folgen den Anweisungen: „Setze dich durch!" „Hebe dich hervor!" – Instruktionen die geradezu nach vorne auf den machtvollen und exklusiven Präsentationsplatz drängen! Und da wir Besitzer aller Instruktionen sind, können Sie sich jetzt den Kanon der Stimmen vor einer Präsentation vorstellen: hin und her gerissen zwischen Angst und Hoffnung, zwischen Anpassung und Durchsetzung zwischen Komfortzone und Risiko. Doch es gilt auch hier: No risk – no fun! Also lassen Sie uns nach Strategien suchen, um eine zu laute Balance-Instruktion etwas leiser und wohlwollender zu stimmen!

2. Verhandeln mit dem Lampenfieber

Ich bin so aufgeregt!

Je weniger wertschätzend Menschen mit ihrem Lampenfieber (ihrer Angst) umgehen, umso stärker setzt es ihnen zu. Es ist, als ob es sich für diese Undankbarkeit, für dieses Verkennen rächen würde. Deshalb noch einmal meine Empfehlung an alle, die unter starkem Lampenfieber leiden: schließen Sie wirklich Freundschaft. Bedanken Sie sich bei ihm. Reden Sie mit Ihrem Lampenfieber und verhandeln Sie mit ihm! Ja, Sie haben richtig gelesen – es lässt mit sich verhandeln.

Info-Box: Das innere Team

Die Gehirnforschung und die Psychologie gehen heute nicht mehr von einem konsistenten „Ich“ aus. Vielmehr ist es so, dass unser Ich eine Vielzahl von „Ichs“ aufweist, die manchmal sogar konträre Interessen haben können (zum Beispiel Geld sparen – in Urlaub fahren). Jeder einzelne innere Anteil meint es gut und hat eine so genannte „positive Absicht“ (Geld sparen gibt Sicherheit – in Urlaub fahren ist erholsam, aufregend und gibt Energie). Wenn immer der gleiche innere Anteil siegt, verkümmert der andere immer mehr. Der Mensch wird um eine Lebensoption ärmer oder der verdrängte innere Anteil „rächt“ sich und kommt an unpassender Stelle zur Geltung. Innere Klärungsprozesse sind oft Verhandlungsprozesse zwischen diesen inneren Anteilen. Psychotherapie und Coaching machen sich dieses Klärungsprinzip zunutzte.

Das Lampenfieber, Kind der Balance-Instruktion, will Sie also beschützen. Deshalb wird es gerne Aufgaben übernehmen, die Sie beschützen. Sie können es direkt fragen, wie und wo es sich nützlich machen möchte. Mein Lampenfieber hat bei mir immer darauf geachtet, dass ich während der Präsentation genug Luft bekomme und dass ich ruhig, gerade und aufrecht stehe. Eine gute Verhandlung besteht aus Geben und Nehmen. Mein Lampenfieber wollte als Gegenleistung dafür, dass es mich „souverän nach vorne lässt“, dass ich mich gewissenhaft vorbereite und dass ich es wertschätze. Wir sind inzwischen dicke Freunde, mein Lampenfieber und ich, und haben schon manche herausfordernde Situation vor Menschen zu sprechen gemeinsam gemeistert!

Verhandeln mit dem eigenen Lampenfieber

(Bitte diese Übung nur dann machen, wenn Sie wirklich starkes Lampenfieber haben – und es auch gerade fühlen)

- Begrüßen Sie Ihr Lampenfieber und kommen Sie mit ihm in Kontakt:

  Wie sieht es aus?

  Wie fühlt es sich an?

  Was sagt es?

  Wenn Sie ihm einen Namen geben müssten, wie würde es heißen?

- Fragen Sie es, aus welchen Gründen es gerade anwesend ist. Fragen Sie es, welche positive Absicht es für Sie verfolgt:

- Wenn es Ihnen die Luft zum Atmen nimmt, Ihre Knie schlottrige macht usw., fragen Sie es, wie es Sie stattdessen konstruktiver beschützen möchte: *Worauf möchtest du stattdessen Acht geben?*

  (Angebote: dass ich genug Luft bekommen, dass in meinem Bauch Ruhe ist, dass meine Haltung gerade ist, dass meine Füße ruhig und geerdet sind; das meine Hände ruhig und kühl bleiben usw. Wünschen Sie sich das, was Ihnen gut tun würde.)

- Fragen Sie das Lampenfieber, was es im Gegenzug von Ihnen erwartet: *Was brauchst du von mir, damit wir die Präsentation sicher meistern?*

- Verhandeln Sie so lange, bis alle inneren Anteile zufrieden sind.

(PS: Verhandlungen mit inneren Teammitgliedern führen in der inneren Welt zu Klarheit – und in der äußeren Welt zu hohem Verhandlungsgeschick!)

3. Weitere hilfreiche Strategien

Ich bin so aufgeregt!

Positiver Ankersatz

Jeder Mensch hat seine ganz persönlichen Erfahrungen mit dem Thema „vor Menschen sprechen“ – und es sind nicht immer die Besten. Standen auch Sie während Ihrer Schulzeit vor der ganzen Klasse mit hochrotem und leider leerem Kopf? Haben auch Sie vielleicht an Weihnachten beim Krippenspiel Ihren Hirtentext vor der ganzen Gemeinde vergessen? Solche und ähnliche Situationen prägen sich tief in unser emotionales Gedächtnis ein. Und wenn wir dann später vor Menschen stehen, dann erleben wir genau diese schlechten Gefühle noch einmal, ob wir wollen oder nicht. Warum das so ist? Unser Gedächtnis hat die gesamte Situation (Bild/Gefühl/Gedanken/Gehörtes/Geruch/Geschmack) gemeinsam abgespeichert und wenn wir dann an die morgige Präsentation denken (Gedanke) wird das Bild erinnert (hochroter Kopf, lachende Mitschüler) und automatisch kommt das mitgespeicherte unangenehme Gefühl mit. Die Psychologin Maja Storch (2007) empfiehlt: Suchen Sie sich einen neuen Satz, der die Situation genauso beschreibt – der in Ihnen jedoch ausschließlich Freude und Motivation erzeugt.

Der Optimist weigert sich nicht, die negativen Seiten einer Situation zur Kenntnis zu nehmen. Er weigert sich lediglich, sich diesen Seiten zu unterwerfen.

N.V. Peale

Mein positiver Ankerssatz lautet:
Endlich darf ich mit einem interessierten Publikum mein ganzes Wissen teilen! (Statt: Ich muss morgen vor 100 Menschen sprechen ...)
Auf der Skala der positiven Gefühle von Null bis 100 erzeugt der erste Satz eine glatte 100 – der zweite eine glatte Null!

Finden auch Sie Ihren positiven und motivierenden Ankersatz. Suchen Sie so lange die richtige Formulierung, bis jedes Wort in Ihnen nur gute Gefühle auslöst und keinerlei schlechte.

Mein positiver Ankersatz:

„Schwätzer, Blender, Schaumschläger" – negative Glaubenssätze umformulieren

Es lohnt sich heute in allen Lebenslagen rhetorische Kompetenz zu besitzen. Je mehr die Produktion automatisiert wird, je ähnlicher sich Produkte werden und je austauschbarer Leistungen – umso mehr zählt die kommunikative Vermittlungsleistung. Mit guter Rhetorik kommen Sie weit im Leben und das Sprechen vor (vielen) Menschen gehört dazu. Sollten Sie hier negative Glaubenssätze haben, dann formulieren Sie diese in unterstützende um. Gerade fachlich hervorragende und ethisch gefestigte Menschen haben ein sehr gespanntes Verhältnis zum Thema „Rhetorik" und zum Thema „Verkaufen". Je besser jemand präsentiert, umso einhelliger ihr Urteil, dass es sich um einen Schaumschläger handelt. Rhetorikkurse werden innerlich abgelehnt und Selbstdarstellung ist verpönt. Es ist sehr wichtig hier eine entspannte Haltung zu diesen Themen zu finden. Sie müssen ja nicht gleich zum Starverkäufer werden. Es reicht, wenn Sie sich vornehmen, die Rhetorik sinnvoll und positiv einzusetzen. Denken Sie daran: Wenn die Gescheiten und die Guten die Rhetorik nicht nutzen, dann siegen die Schlechten und die Dummen!

Formulieren Sie jetzt gleich Ihre negativen Glaubenssätze um: *zum Beispiel: Rhetorik kann mir helfen, meine guten Ideen zur Umsetzung zu bringen und die Welt ein bisschen besser zu machen.*

Profi-Tipp für Schüchterne:
Denken Sie nicht so viel daran, wie Sie auf andere wirken und was andere über Sie denken. Allen Menschen recht getan ist ein Ding das keiner kann. Nehmen Sie Ihre Wirkung auf andere nicht so wichtig, sondern denken Sie mehr an die Botschaft, die Sie vermitteln wollen. Sachlich und folglich gelassener werden.

Reden lernt man nur durch Reden

Das sagt einer, der es wissen muss, nämlich Cicero, der große Redner und Rhetoriklehrer der Antike. Je mehr Erfahrung Sie haben, umso sicherer werden Sie. Verlassen Sie in kleinen Schritten die Komfortzone – nur außerhalb findet Wachstum und Reichtum statt. Suchen Sie sich zuerst kleine Herausforderungen und steigern Sie sich. Reden Sie in Besprechungen mit; lassen Sie sich in Vereinen zum Sprecher wählen; übernehmen Sie kleine repräsentative Aufgaben. Suchen Sie aktiv diese Situationen und denken Sie daran: Dort wo die Angst ist, dort geht es weiter! Sie werden reich belohnt: mit mehr Selbstbewusstsein, mit Stolz, mit innerem Wachstum. Verlassen Sie die Komfortzone – es ist heute gefährlicher sitzen zu bleiben!

Ich bin so aufgeregt!

Magnetisches Zielbild

Stellen Sie sich bildhaft vor, wie Sie Ihr Präsentationsziel erreichen. Sie sehen das wohlwollende Nicken der Entscheider, Sie hören den Applaus der Teilnehmer, Sie fühlen die anerkennende Hand auf Ihren Schultern. Wie fühlt sich das an? Was sagen Sie zu sich selbst? Was sagen die anderen zu Ihrem Erfolg? Machen Sie dieses Bild ganz bunt und groß, leuchten Sie es aus. Welche positiven Konsequenzen hat es für Sie, wenn Sie das Präsentationsziel erreichen?
Wie werden Sie sich belohnen?
Sie sehen, es lohnt sich, die Komfortzone zu verlassen.

Das menschliche Gehirn ist eine großartige Sache. Es funktioniert vom Moment der Geburt an – bis zu dem Zeitpunkt, wo du aufstehst, um eine Rede zu halten.

Marc Twain

Der Erfolg begünstigt den vorbereiteten Menschen

Glauben Sie keinem hervorragenden Präsentierenden, dass er sich nicht vorbereitet! Erfolg ist zu 90 Prozent Transpiration und nur zu 10 Prozent Inspiration. Im Wort Erfolg steckt das Wort: folgen. Das heißt, der Erfolg folgt erst im zweiten Schritt. Zuerst muss gesät werden – nur dann können wir ernten. Bereiten Sie sich vor. Auch wenn es nach Schule klingt: Üben Sie Ihren Vortrag bis er sitzt. Das gibt Ihnen ein gutes, sicheres Gefühl und die nötige Souveränität. Gut ist es, wenn Sie mit lauter Stimme üben. Noch besser ist es, wenn Sie mit lauter Stimme vor Ersatzpublikum üben. Und am besten ist es, wenn Sie mit lauter Stimme vor Ersatzpublikum und mit allen Medien üben. Dann sind Sie auf der ganz sicheren Seite und haben die größtmögliche Kontrolle über das Geschehen.

Sicherheit und Gelassenheit mit ausformulierten Manuskript

„Der deutsche Vorstand trennt sich eher von seiner Frau, als von seinem Manuskript" sagt treffend Olaf Henkel, der ehemaligen Arbeitgeberpräsident. Formulieren auch Sie Ihr Manuskript aus, vor allem wenn Sie noch wenig Erfahrung mit Präsentationen haben. Das Manuskript in Ihren Händen gibt Ihnen die notwendige Sicherheit und Gelassenheit für Ihre Live-Präsentation.

Allgemein gilt für ein Manuskript:
- durchnumerieren (es könnte Ihnen zu Boden fallen)
- einseitig beschriften
- gelesene Seiten nach links mit dem Gesicht nach oben verschieben – nicht unter den Stapel
- große Schrift
- viele Gliederungshilfen (Einrückungen/Markierungen etc.)

Schreiben Sie im Konversations-Ton, so, als ob Sie sich mit Ihren Teilnehmern *mündlich* unterhalten würden. Schreiben Sie kurze, aktive Sätze. Benutzen Sie Verben statt Substantivierungen und Bilder statt Abstraktionen. Wenn Sie von den Vorteilen eines fertigen Manuskripts profitieren wollen, dann lohnt es sich, die Nachteile so gering wie möglich zu halten. Ein unprofessioneller Umgang mit dem Manuskript bedeutet: der Präsentierende schaut das Papier statt seine Teilnehmer an; er hält es verkrampft in den Händen und diese zittern leicht; er liest mit monotoner Stimme ab; die Sätze sind lang und undurchsichtig. Üben Sie damit so lange, bis Sie es mit soviel Blickkontakt und so lebendig wie möglich vortragen. Lernen Sie professionelle Manuskript-Techniken wie die 3-A-Technik:
1. A-Ablesen (vorausschauend, noch während Sie den letzten Satz aufsagen)
2. A-Aufschauen
3. A-Aufsagen

Da im Business-Kontext die meisten Menschen ihre Inhalte beherrschen (sie beschäftigen sich täglich damit), wird es Ihnen nicht schwer fallen. Probieren Sie es gleich aus. Wohin bei der Live-Durchführung mit dem Manuskript? Es gibt eine Möglichkeit die immer gut funktioniert weil es überall Tische gibt. Achten Sie darauf, dass neben Ihnen ein Tisch steht. Stellen Sie diesen Tisch leicht schräg – sodass er Sie nicht verdeckt – dass aber eine Ecke in Ihrem Blickfeld ist. Legen Sie das Manuskript auf diese Ecke. Sie sollten es jetzt stehend gut lesen können. (Falls nicht, ändern Sie die Schriftgröße, eventuell neue Folien einfügen um den Text auf mehrerer Seiten zu verteilen). Stehen Sie jetzt frei vor Ihrem (imaginären) Publikum – kein Tisch, kein Rednerpult verdeckt Sie – und wenden Sie die 3-A-Technik an. Üben Sie diese Technik.

Sichern Sie die Technik im Vorfeld ab

Die Dramaturgie Ihrer Präsentation sollte auch dann funktionieren, wenn die Technik versagt. Was tun Sie bei Stromausfall? Oder wenn keine Ersatzlampe für den Beamer aufzufinden ist?

Folgende Absicherungen können Sie einbauen:

- Drucken Sie Ihr Manuskript oder Teile davon als Unterlagen für Ihre Teilnehmer aus
- Drucken Sie die Visualisierungen auf Overhead-Folien aus. Einen Overheadprojektor finden Sie fast immer.
- Drucken Sie Ihre Folien auf Papier und bestücken Sie einen Tisch-Flipchart damit

Überfordern Sie sich nicht – geben Sie einfach Ihr Bestes

Perfektionismus ist ein in unserer Gesellschaft positiv besetzter Begriff. Doch wer Übermenschliches von sich selbst erwartet, kann diese Erwartungen nie erfüllen – schließlich ist er ja nur ein Mensch. Und Menschen machen Fehler. Je reger, je aktiver und je mutiger jemand ist – umso größer die Wahrscheinlichkeit, Fehler zu machen. Wer den Mut hat, nach vorne zu gehen und tapfer zu präsentieren, kann Fehler machen und macht sie auch. Wer nur sitzen bleibt, macht auf den ersten Blick keinen. Auf den zweiten einen großen. Denn wahrgenommen werden nur die Mutigen. Spätesten bei der nächsten Beförderung erhalten sie die Quittung. Also freuen Sie sich auf alle Fehler die Sie dank Ihrem Mut und Ihrer Leidenschaft machen werden. Gehen Sie milde mit sich um, wenn Sie einen Fehler gemacht haben. Kasteien Sie sich nicht, sondern stellen Sie sich liebevoll die Frage, wie Sie es beim nächsten Mal besser machen wollen. Schreiben Sie die Antwort schriftlich auf. Sie werden erleben, diesen Fehler machen Sie nicht noch einmal und Ihre Präsentationen werden von Mal zu Mal besser. Lernen Sie aus Fehlern – denn Fehler sind die effektivsten Lehrmeister des Lebens. Wenn Sie mal wieder in die Perfektionismusfalle tappen, dann verhandeln Sie doch mit Ihrem perfektionistischen Anteil. Er ist das gemeinsame Kind der Dominanz- und der Balance-Instruktion. Auch er hat eine positive Absicht, auch er braucht eine konstruktive Aufgabe und auch ihm können Sie etwas anbieten, damit er konstruktiv wird.

Die passenden Kleider geben Schutz

Kleider haben viele Funktionen. In einer Präsentation sind sie Ihre schützende Hülle. Suchen Sie sich die Kleider aus, von denen Sie hundertprozentig wissen, dass Sie sich darin wohl fühlen. Wenn Sie sie anziehen, dann legen Sie sie wie ein Ritter seine Schutzrüstung an. Kleider sollten bei einer Präsentation immer ein wenig hochwertiger sein, als die der Teilnehmer – das zeigt Ihre Wertschätzung dem Publikum gegenüber und unterstreicht Ihre Position. Hier noch ein ganz pragmatischer Tipp: Gehen Sie einmal zu einer guten Stilberatung. Sie erfahren, welche Farben, Schnitte und Stoffe Ihnen stehen. Die passenden Farben lassen ein Gesicht frisch, gesund und um Jahre jünger aussehen als die falschen Farben. Kaufen Sie sich lieber wenig Kleider – die dafür aber abgestimmt, passend und hochwertig. Unser Gehirn generalisiert nämlich gerne, das bedeutet, es schließt von einem (äußeren) Detail auf das Gesamte Ihrer Person. Hochwertige Accessoires und Kleider vermitteln Qualität und Professionalität. Dies wird unbewusst auf Sie und auch auf Ihr Thema übertragen. Noch ein praktischer Tipp für Frauen: Sie bekommen mehr Sicherheit, wenn Sie keine allzu hohen Schuhe anhaben. Denken Sie nur an die Doppeldeutigkeit von „Standfestigkeit", „Standing zeigen". In einer immer noch männlich dominierten Business-Welt gibt ein Anzug mehr Schutz, außerdem spiegeln Sie mit einem Anzug die Kleidung Ihrer männlichen Teilnehmer wider und kommen schneller und einfacher in eine gute Beziehung. Gleiche Kleider signalisieren: *Ich komme vom gleichen Stamm.* Deshalb haben Männer auf der ganzen Welt Anzug-Uniformen an – nichts soll den schnellen Geschäftsabschluss behindern.

Sport und Entspannung

Wer abgehetzt ist und kaum noch Zeit zum Auftanken findet, fühlt sich schnell angegriffen. Keine guten Voraussetzungen um die herausfordernde Situation der Präsentation zu bestehen. Ich weiß, die heutigen Zeiten fordern viel von denjenigen, die einen Arbeitsplatz oder ein Unternehmen haben. Ich weiß auch, dass die Arbeit, die Sie heute alleine machen, gestern noch drei Kollegen beschäftigt hat. Und trotzdem sollten Sie sich immer wieder kleine Inseln der Erholung und des Auftankens suchen. Wer angeschlagen aussieht wird härter „getestet" als ein erholter Presenter. Unbewusst werden die Teilnehmer testen, was sie ihm (noch) zutrauen können Suchen Sie sich einen Sport aus, der Ihnen wirklich Spaß macht und machen Sie ihn regelmäßig. Die Psychologin Maja Storch (2007: Seite 56 ff.) rät auch hier die Technik der somatischen Marker als Motivation zu nutzen. Der Satz: *Ich muss joggen gehen* löst in mir nur negative somatische Marker der Unlust aus. Der Satz: *Endlich gönne ich meinem Körper, meinem Geist und meiner Seele freien Auslauf* motiviert mich jedes Mal meine Laufschuhe anzuziehen und in der freien Natur zu laufen, weil er nur positive somatische Marker der Freude und Freiheit in mir auslöst.

Geben Sie schlechten Gefühlen keine Chance

Ohne Antonio Damasios Verdienst als Gehirnforscher gäbe es dieses Buch wahrscheinlich nicht. Er ist es, der einer breiten Öffentlichkeit die Bedeutung der Gefühle, der Emotionen und des Körpers wieder bewusst gemacht hat, nachdem die Aufklärung und der Rationalismus sie als störendes und vernachlässigbares Beiwerk abgeschrieben haben. Gefühle, so die neue Sicht, sind überlebensnotwendig und sind Informationen unseres Unbewussten, die genauso wertvoll für Entscheidungsfindungen sind, wie rationales Abwägen. In ihnen ist unsere Erfahrung gespeichert. Gefühle brauchen den Körper um sich bemerkbar zu machen, sie repräsentieren sich durch somatische Marker. Sind wir deprimiert, lassen wir die Schultern hängen. Sind wir ängstlich, ziehen wir den Kopf ein. Sind wir verärgert, wird unser Mund zum schmalen bitteren Strich. Verharren wir in diesen Körperbildern, dann bleiben die schlechten Gefühle. Eine einfache Technik hilft: Stellen Sie sich wie ein Sieger hin und Sie werden erleben: bald fühlen Sie sich wie ein Sieger. Lächeln Sie eine Minute lang – und Ihre Laune wird steigen. Stehen Sie aufrecht und gerade, heben Sie die Brust und blicken Sie nach vorne – die Angst geht und Zuversicht kommt.

Finden Sie Ihr eigenes kraftvolles Körperbild

Stehen Sie auf und probieren Sie es so lange aus, bis Sie sich gut fühlen. Merken Sie sich dieses Bild und nehmen Sie es immer ein, wenn Sie Kraft und positive Energie brauchen.

Markieren Sie das Territorium

Ein bekanntes Territorium gibt mehr Sicherheit als ein unbekanntes. Seien Sie also rechtzeitig am Ort der Präsentation. Laufen Sie ein paar Mal quer durch den Raum und eignen Sie ihn sich an. Richten Sie sich den Raum so ein, dass Sie sich wohlfühlen. Nehmen Sie nichts als gottgegeben hin. Machen Sie sich das Fremde vertraut. Ändern Sie alles, was Ihnen nicht passt. Prüfen Sie die Medien auf ihre Funktion. Lassen Sie sich Ersatzbirnen geben und die Nummer des Haustechnikers. Stellen Sie ein Glas Wasser vor sich hin. Begrüßen Sie jeden Teilnehmer mit Handschlag und tiefen Augenkontakt – Sie schaffen einen guten Kontakt und zu den Einzelnen. Das ist viel weniger beängstigend als plötzlich vor einer Masse zu stehen!

Distanzieren Sie sich von schlechten Gefühlen

Wenn negative Gefühle in uns entstehen, haben wir die Wahl: entweder ganz ins Gefühl zu gehen (uns assoziieren) oder Distanz zu dem Gefühl einzunehmen (sich dissoziieren). Werden Sie beim Lampenfieber eher Beobachter des eigenen Erlebens, sehen Sie sich von außen, schalten Sie lieber Ihre Gedanken ein oder öffnen Sie den Angst-Tunnelblick und nehmen ganz bewusst Dinge mit Ihren Augen wahr. Gehen Sie auf Distanz zu dem Gefühl. Sagen Sie laut und deutlich „Stopp" wenn das Gefühl Sie ganz zu beherrschen droht. Ein Gefühl ist nur ein Gefühl, eine biochemische Zusammensetzung von Botenstoffen und Hormonen und gibt uns Hinweise. Reflektieren Sie diese Hinweise wie im Verhandeln mit dem Lampenfieber beschrieben. Assoziiert, also *ganz* bei sich, sollten Sie jedoch während Ihrer Präsentation sein. Nur so können Sie die Emotionen verkörpern, die sie auf Ihr Publikum übertragen möchten. Nur wenn Sie wirklich an Ihr Thema glauben und dies auch *verkörpern* wird Ihr Publikum Ihnen Glauben schenken. Nur wenn Sie Freude empfinden und Freude *verkörpern,* wird Ihr Publikum sich mitfreuen. Ein Presenter, der dissoziiert – also weit weg von den eigenen Gefühlen ist, wirkt immer hölzern, unpersönlich, blutleer. Er sagt zwar laut „Ich freue mich, dass Sie so zahlreich erschienen sind " – doch sein Körper drückt keine Freude aus. Lassen Sie also, wie in der nächsten Technik beschrieben, Ihren Gefühlen Zeit, sich zu entfalten.

Vergessen Sie sich nicht auf dem Platz

Lampenfieber führt dazu, dass wir alles ganz schnell machen wollen. Die Logik dahinter: „Wenn ich schnell anfange, schnell spreche, schnell zeige – dann ist die stressige Situation vor Menschen zu stehen auch schneller vorbei und ich bin schneller wieder auf meinem sicheren Platz!" Das ist zwar logisch richtig – nur rhetorisch leider falsch. Die Nachteile sind so groß, dass wir diesem Drang auf alle Fälle widerstehen sollten. Erstens zerstört die Hektik die Wirkung der Präsentation, die Teilnehmer schalten ab. Zweitens wirken hektischen Menschen nicht souverän, das Publikum spürt das Unwohlsein und die Unsicherheit – das Vertrauen schwindet. Und drittens führt diese Hektik dazu, dass die Vortragenden sich selbst „auf dem Platz vergessen". Was ist damit gemeint? Wir sollten als ganzer Mensch anwesend sein, wenn wir vor Menschen sprechen. Unsere Gedanken und unsere *Gefühle* sollten uns zugänglich sein. Denn nur wenn wir Zugang zu unseren eigenen Gefühlen haben, können wir die so wichtigen Emotionen über Spiegelneuronen (Bauer: 2006) in unseren Teilnehmern erzeugen. *Gefühle brauchen Zeit.* Deshalb hetzen Sie nicht von Ihrem Sitzplatz nach vorne.

- Schreiten Sie langsam und souverän dahin.
- Machen Sie unbedingt eine lange Pause bevor Sie zu sprechen anfangen.
- Sammeln Sie sich, spüren Sie sich und kommen Sie ganz zu sich.
- Sehen Sie in Ruhe das Publikum an und nehmen Sie die *einzelnen* Menschen wahr.
- Nehmen Sie zuerst nur freundliche Gesichter wahr.
- Kommen Sie in Kontakt mit Ihren positiven Emotionen, die Ihnen Kraft und Energie geben.
- Warten Sie, bis Ihr Atem sich beruhigt hat; atmen Sie tief aus.
- Sprechen Sie erst, wenn Sie fühlen, dass Sie soweit sind. Das wirkt souverän. Denn nach außen signalisieren Sie: „Ich nehme mir die Zeit, die ich brauche!"

Ich bin so aufgeregt!

Magic Moment: Energiebündelung

Präsentieren ist, wie vieles im Leben, ein Geben und Nehmen. Sie geben Ihren Teilnehmern Energie und Sie bekommen Energie von Ihren Teilnehmern zurück. Stellen Sie sich als Präsentierender am Anfang immer auf einen zentralen, energetisch hohen Platz. Sprechen Sie so lange nicht, bis alle Blicke auf Sie gerichtet sind. Nehmen Sie den Energieschub dieser Bündelung an und genießen Sie die erhöhte Aufmerksamkeit, die gespannte Stille. Geben Sie nun Ihren Teilnehmern die Energie in Form einer lebendigen und interessanten Präsentation zurück. Im Wort Präsentation steckt das Wort *Präsent*, Geschenk. Ihre Teilnehmer schenken Ihnen ihre Zeit, ihr Wohlwollen und ihre Aufmerksamkeit – schenken Sie ihnen wichtige Informationen und hilfreiche Lösungen. Wenn Sie die Präsentation auf den *Werten* Ihrer Zuhörer aufgebaut haben, wie im Limbischen Kommunikationsmodell beschrieben, dann können Sie sicher sein, dass das, was sie vorbereitet haben für Ihre Teilnehmer *wert*voll ist.

Es läuft nicht rund: Meta rettet Sie immer

Kennen Sie das Lied „Über den Wolken" von Reinhard Mey? Dort scheint immer die Sonne und die Freiheit ist grenzenlos. Genauso ist es bei Ihrer Präsentation. Über der Ebene des realen Geschehens gibt es eine weiter, höher Ebene – die Metaebene. Meta heißt im Griechischen: oben, drüber. Diese Ebene steht uns in jeder Kommunikation zur Verfügung. Es ist die Ebene der Kommunikation über die Kommunikation. Diese Ebene ist dann wichtig, wenn es auf Ebene 1 zu Schwierigkeiten kommt. Steigen sie dann beherzt aus.

Wenn auf Ebene 1 (unten, in Ihrer Präsentation) etwas schief geht – dann steigen Sie einfach aus und gehen auf Ebene 2 (oben, Meta, Ebene der Kommunikation über die Kommunikation).

Lassen Sie mich das an Beispiel erläutern:

- *Ebene 1 (Ebene des Geschehens): Ihre Teilnehmer unterhalten sich statt Ihnen zuzuhören*
- *Ebene 2 (Metaebene, Kommunikation über Kommunikation): „Ich sehen regen Unterhaltungsbedarf. Wollen wir eine Diskussionsrunde einlegen?"*

- *Ebene 1: Teilnehmer signalisieren durch Stirnrunzeln, Awehrgesten und sichtbare Fußsohlen, dass Sie Ihnen nicht zustimmen*
- *Ebene 2: „Ich sehen Skepsis. Wie bewerten Sie die Situation?" (Interaktion einlegen – Präsentation neu justieren)*

Erste Hilfe Koffer für Pannen

Lassen Sie sich nicht aus der Ruhe bringen, delegieren Sie perfekt und lösen Sie Probleme schnell und unkonventionell! Hier eine „Erste Hilfe" um souverän, gelassen und lösungsorientiert zu agieren:

Ähmmmm ... oder: Was tun bei Blackouts?

Erste Hilfe

- Bezug zur Gliederung wiederherstellen
- Durchatmen, kleine Denkpause
- Betont langsam weitersprechen
- Zusammenfassung des bisher Gesagten
- Letzte Folie nochmals auflegen und aufgreifen
- Offen zugeben, dass Sie den Faden verloren haben
- Eine Frage an die Zuhörer/innen stellen
- Zum nächsten Themenpunkt übergehen
- Kaffeepause machen

Wie sag ich's nur ... oder: Was tun bei Versprechern?

Erste Hilfe

- Gar nichts; weiterreden – nicht entschuldigen
- Wenn Ihnen ein Wort nicht einfällt: Fragen Sie das Publikum „Wie soll ich es sagen?"
- Sie haben einen Satz angefangen und wissen nicht, wie Sie ihn zu Ende führen sollen? Formulieren Sie um: „Lassen Sie es mich mit anderen Worten sagen ..."

Licht aus ... oder: Was tun bei technischen Pannen?

Erste Hilfe

- Gut vorbereitet sein: Ihre Rede sollte immer auch „unplugged" funktionieren
- Wenn Panne eingetreten ist: Ruhe bewahren
- Wenn möglich: Kaffee-Pause für Teilnehmer ankündigen
- Delegieren: Freund/Bezugsperson unter den Teilnehmern bitten, das Problem zu lösen
- Souverän weitermachen

Gemurmel, Zu-spät-Kommer, Zu-früh-Geher ...
oder: Was tun bei Störungen?

Erste Hilfe

- Unruhe: Verbalisieren „Ich sehe, Sie haben Diskussionsbedarf. Welche Fragen beschäftigen Sie?" „Es ist ziemlich unruhig. Brauchen Sie eine Pause, oder gibt es Ideen Ihrerseits?"
- Zwei führen Nebengespräche: „Ich sehe, es gibt Diskussionsbedarf. Was beschäftigt Sie gerade?" „Welche Dinge sind noch unklar?"
- Zu-spät-Kommer: kurz zunicken, ihnen einen Platz zuweisen, weitersprechen
- Zu-früh-Geher: souverän bleiben, weitermachen

Sonstige peinliche Pannen

Oder was tun bei Kaffeeflecken, Stolperern und anderen peinlichen Pannen

Erste Hilfe

- Verlieren Sie auf keinen Fall Ihren Humor. Lachen Sie, machen Sie einen Scherz. Es ist nur eine Panne und keine Katastrophe!
- Werden Sie dann wieder ernst und kündigen Sie ganz ruhig eine Pause an. Lösen Sie anschließend das Problem.
- Wenn das nicht möglich ist, bauen Sie die Panne in den Vortrag ein. Schlagen Sie eine Brücke vom Geschehen zu Ihrem Inhalt: *Pannen passieren – so ist das auch in großen Projekten. Deshalb haben wir fünf Absicherungen eingebaut. Erstens ...*
- Running Gag: Ab jetzt können Sie die Panne immer einbauen, wenn Sie über das verknüpfte Thema sprechen (in oberen Beispiel: Absicherung). So haben Sie die Lacher auf Ihrer Seite und Ihr Vortrag wird lebendig, originell und souverän

Hier ist Raum für Ihre Überlegungen und Notizen:

15. Wie stehe ich? Wie gebe ich mich? Wie wirke ich? Punkten mit Körpersprache, Blick und Stimme

Inhaltsübersicht Kapitel 15

1. Das Dilemma mit der Körpersprache

**Wie stehe ich?
Wie gebe ich mich?
Wie wirke ich?**

Es war einmal ein wundervoller Tausendfüßler. Anmutig bewegte er seine tausend Füße über die grüne Wiese. Die anderen Tiere bewunderten ihn sehr. Eines Tages fragten sie ihn: „Tausendfüßler, wie machst du das nur, dass du deine tausend Füße anmutig und würdevoll bewegst. Verrate uns dein Geheimnis?" Der Tausendfüßler hielt kurz inne und dachte zum ersten mal darüber nach, wie er es anstellt, welche Technik er benutz und welche Tricks es gibt. "Wartet" verkündete er stolz „ich zeige es euch!". Doch im nächsten Moment stolperte er, seine tausend Füße verhedderten sich heillos und vorbei war es mit Anmut, Würde – und Bewunderung.

Das erste Dilemma: Wirken *wollen* verhindert Wirkung

Genau so wie unserem Tausendfüßler geht es Präsentierenden, wenn sie über Körpersprache nachdenken, wenn sie ihre Körpersprache bewusst einsetzen oder gar verändern möchten. Plötzlich wirkt sie aufgesetzt, unpassend – nicht authentisch. Plötzlich sind sie mehr mit der Wahrnehmung ihrer eigenen Wirkung beschäftigt, mit der Kontrolle ihrer Wirkung auf andere – kurz mit sich selbst, statt mit ihrem Thema, ihrer Mission und ihrem Publikum.

Das zweite Dilemma: Professionell trainiert oder unprofessionell authentisch?

Körpersprache muss natürlich, echt, authentisch, scheinbar unbewusst sein, damit sie uns in ihren Bann zieht. Nichts wirkt unglaubwürdiger und unsympathischer als eine antrainierte Körpersprache. Doch ist sie nur natürlich und authentisch wirkt sie oft naiv, unbeholfen, unprofessionell, im schlimmsten Fall unglaubwürdig, unsicher und unsympathisch. Was also tun?

Das dritte Dilemma: Ein Körperbild, das den einen Teilnehmer anzieht stößt den anderen gleichzeitig ab

Bestimmte Denkstile bevorzugen bestimmte Körperbilder und lehnen andere leidenschaftlich ab – gleichzeitig sitzen im Publikum fast immer gemischte Denkstile. Bestimmte Unternehmenskulturen erwarten ein bestimmtes Körperbild – das falsche kann zum K.O.-Kriterium werden.

Wie also den einen gewinnen ohne den anderen abzustoßen?

Das Viertes Dilemma: Echt sein und sich wohlfühlen oder anpassen und sich verbiegen?

Der Denkstil prägt die Körpersprache. Eine stark ausgeprägte Balance-Instruktion äußert sich auch in der Haltung, den Bewegungen, der Mimik, der Gestik ihres Besitzers. Was dem einen Präsentierenden steht, wirkt beim anderen lächerlich. Allgemeine Regeln wie „zeigen Sie Standing" „stehen Sie ruhig, aufrecht und symmetrisch" sind zwar richtig, können aber dazu führen, dass ein Präsentierender sich damit vorne nicht wohlfühlt, weil das Körperbild nicht seinen Werten entspricht. Bleibt er wie er ist, verstößt er eventuell gegen die bevorzugten Werte seiner Teilnehmer – passt er sich an, verbiegt er sich. Was tun?

Das fünfte Dilemma: Allgemeine Empfehlungen sind nutzlos – doch ohne allgemeine Empfehlungen ist ein Lehrbuch nutzlos

Über Körpersprache und über Stimme in einem Buch zu schreiben ist so wie über Küsse nur zu sprechen. Denn wie das Küssen ist die Sprache des Körpers ein aufeinander eingehen, ein Führen und Geführt werden – eine sensible Wahrnehmung von Signalen auf die man dann wieder sensibel reagiert. Körpersprache braucht die erlebte Situation, das Gegenüber, um sich zu entfalten. Am besten ist ein Training on the Job. Der Trainer setzt sich ins Publikum und bespricht anschließend mit Ihnen Ihre Wirkung. Am zweitbesten ist ein Seminar mit Video und einem Auftritt vor einer relativ großen, am besten unbekannten Gruppe. Auch hier erhalten Sie ein ganz persönliches, individuelles Feedback und haben dazu noch die Möglichkeit, Ihre Fremdwahrnehmung auf Video zu analysieren. Auch gut ist ein ganz individuelles Coaching. Wie also in einem Buch das Gießkannensystem der guten Tipps meiden? Wie Ihnen genau den Tipp zukommen lassen, der zu Ihnen passt und der Sie weiterbringt?

Bisheriger Versuche das Thema Körpersprache zu fassen, sind sehr stark vom Denkstil ihres Verfassers abhängig. Ein Verfasser mit ausgeprägter Dominanz-Instruktion stellt sehr stark Aspekte des Status in den Vordergrund: Seine zentrale Frage dreht sich darum, wer körpersprachlich „gewinnt". Körpersprache wird zum Schauplatz des Kampfes um Dominanz,

Status und Macht. In ihren Büchern geben sie zwar die richtigen aber leider einseitige Tipps, wie man sich ein selbstsicheres, durchsetzungsstarkes Körperbild zulegt: „Stehen Sie gerade und spannen Sie den Körper an! Blicken Sie Ihrem Gegenüber nicht von unten nach oben in die Augen, geben Sie Ihren Teilnehmern fest die Hand usw". Ganz anders der gefühlvolle Autor und Trainer: Nichts geht ihm über Authentizität. Auch das ist wichtig und richtig – spiegelt jedoch nur 25 Prozent der Wahrheit wider. Seine Tipps lauten: „Seien Sie echt und natürlich, lieben Sie Ihr Publikum, bauen Sie mit der Körpersprache Brücken usw." Ein Trainer und Buchautor mit stark ausgeprägter Stimulanz-Instruktion hat eine Mission: Er will Begeisterung, Spannung, Phantasie! Und genau diese Tipps erhalten Sie: „Verzichten Sie immer auf PowerPoint, seien Sie anders als die anderen, reden Sie spannend und begeistert!" Auch das ist richtig, aber auch wieder einseitig. Und strukturierte Ratgeber? Sie konzentrieren sich akribisch auf alles, was Sicherheit verspricht oder Sicherheit ausstrahlt. Auch diese Tipps sind wichtig und richtig – aber sie gelten nicht immer, nicht überall und nicht für jeden.

Wie stehe ich?
Wie gebe ich mich?
Wie wirke ich?

Deshalb meine Bitte an Sie, liebe Leserin und lieber Leser: An dieser Stelle sind Sie noch viel mehr als in allen anderen Kapiteln gefordert, sich wie an einem reichhaltigen Menü nur die Speisen auszusuchen, die Sie mögen und die Ihnen gut tun. Seien Sie ganz besonders wählerisch. Wenn Sie sich für ein neues Körperbild entscheiden, fragen Sie sich und vielleicht andere, ob es zu Ihnen passt. Üben Sie zuerst in unverfänglichen Situationen so lange, bis Sie es verinnerlicht haben. Erst dann zeigen Sie es in Präsentationen vor Publikum.

2. Die Antwort des Limbischen Kommunikationssystems: Flexibilität und Authentizität zugleich

Von *Darwin* stammt das Zitat: *The fittest survive!* Es wurde falsch übersetzt mit Der Stärkere überlebt. Die richtige Übersetzung jedoch lautet: Der flexibelste (anpassungsfähigste) überlebt. Je flexibler Sie Ihre Körpersprache einsetzen, umso mehr positive Emotionen können Sie erzeugen, umso schneller gewinnen Sie das Vertrauen und die Sympathie Ihrer Zuhörer, umso öfter erzielen Sie Entscheidungen in Ihrem Sinne und umso erfolgreicher werden Sie. Können wir mit dem Wissen des Limbischen Kommunikationsmodells die oben genannten Dilemmas lösen? Ja, lautet die einfache Antwort, denn hier schließen sich Authentizität und Flexibilität nicht aus. Wieso das möglich ist?

Wir alle sind im Besitz *aller* Limbischen Instruktionen – und somit steht uns jedes Körperbild zur Verfügung. Es ist echt und authentisch. Doch weil jeder von uns dominante Instruktionen hat, setzen sich auch die dazugehörigen, dominanten Körperbilder durch. Die anderen verkümmern mehr und mehr bis wir glauben, uns steht diese Option nicht zur Verfügung. *Use it or loose it!* – das ist ein Grundaxiom unseres Gehirns. Manche Körperbilder liegen verschüttet am Boden unserer Persönlichkeit. Diese gilt es wieder zu aktivieren. Wer eine stärkere Balance-Instruktion besitzt, wird sich bevorzugt in sichere Gewässer begeben, seine Schritte werden zögerlicher, seine Haltung abwartend, seine Mimik kontrolliert. Hier finden wir auch eine Erklärung für die Lebensweisheit, ab 40 habe jeder das Gesicht, das er verdient. Innere mentale Programme (Denkstile) prägen sich tief in unsere äußere, sichtbare Hülle ein und machen sich über Körperbilder bemerkbar. Das Körperbild der Stimulanz (lässig, spontan, begeistert, visionär, mit seiner beweglichen Mimik, seinen neugierigen und offenen Augen und den großen Gesten) wird demjenigen mit starker Balance-Instruktion immer mehr abhanden kommen. Wie ein Muskel, den er nicht trainiert. Aber er ist da! Er muss nur wieder aktiviert werden! Er wird zwar nie sein schönster und stärkster Muskel werden – aber er wird so stark, dass Einseitigkeit vermieden wird. Das führt, wie Sie aus dem Kraftsport wissen, zu einem starken, belastbaren und wohlproportionierten Körper. Bleiben wir noch ein wenig bei der Analogie des Muskeltrainings. Wenn wir ins Fitness-Studio gehen, werden wir angehalten, gerade verkümmerte Muskeln gezielt und verstärkt zu trainieren. Das tut am Anfang weh, macht wenig Spaß und der Muskelkater danach ist sehr schmerzhaft. Doch hier steckt das größte Potenzial zu einer harmonischen und kraftvollen Entwicklung.

Definition: Körperbilder

Sie bestehen aus einem sichtbaren Bild und einer inneren, unsichtbaren Haltung, die sich über die Spiegelneuronen (vgl. Kapitel 9) auf die Zuhörer überträgt. Körperbilder *verkörpern* Emotionen des Redners und erzeugen so Emotionen im Publikum. Sie repräsentieren Werte und innere Haltungen. Ihre motivierende Kraft erhalten sie von den Limbischen Instruktionen. Sie sind sichtbarer Ausdruck unsichtbarer mentaler Programme, der Denkstile. Körperbilder sind auditiv-visuelle Bilder mit emotionaler Wirkung. Sie sind nicht statisch wie ein Polaroid, sondern bewegt wie eine kurze Videosequenz.

Die Annahme des Limbischen Kommunikationsmodells ist, dass jedem Menschen alle Körperbilder zur Verfügung stehen, nur in unterschiedlicher Ausprägung. Zu manchen Körperbildern haben wir einen (unbewusst) bevorzugten Zugang, andere sind verschüttet. Die zweite Annahme ist: Durch bewussten Kontakt lassen sich die verschütteten Bilder reaktivieren, was zu einer harmonischeren und flexibleren Gesamtwirkung führt.

Wie stehe ich?
Wie gebe ich mich?
Wie wirke ich?

Der Weg zu mehr Flexibilität ist der Weg von Innen nach außen

Der Körper ist der Übersetzer der Seele ins Sichtbare

Christian Morgenstern

Es geht also nicht darum, dass Sie bestimmte Gesten und Haltungen trainieren, sondern dass Sie bestimmte Facetten Ihrer Persönlichkeit mal mehr und mal weniger stark in den Vordergrund stellen. Dass Sie also an passender Stelle mit Ihren passenden inneren Anteilen in Kontakt kommen. Schauen wir uns die vier Limbischen Grund-Körperbilder an und geben ihnen zuerst einen Namen:

- **Experte** (Körperbild der Dominanz-Instruktion)
- **Macher** (Körperbild der Balance-Instruktion)
- **Mentor** (Körperbild der Balance-Instruktion, Bindungs-Modul)
- **Motivator** (Körperbild der Stimulanz-Instruktion)

Der Experte strahlt natürliche Autorität und Durchsetzungskraft aus und erzeugt Glaubwürdigkeit und Gefolgschaft. Der Macher ist pragmatisch, bodenständig und zupackend und erzeugt Sicherheit und Vertrauen. Der Mentor ist persönlich und empathisch und erzeugt Sympathie und Verbundenheit. Der Motivator ist visionär und erhaben und erzeugt Begeisterung und Faszination. Sie alle verkörpern die Werte ihres Denkstils mit Körper und Stimme. Es entstehen also typische Körperbilder, die man gezielt einsetzten kann um genau diese Werte zu verkörpern:

Experte Ziel: Glaubwürdigkeit	Motivator Ziel: Begeisterung
Haltung Aufrechte, gerade, feste Körperhaltung; Selbstbewusstes Standing Schultern unten, hinten, gespannt Aufrechter Kopf, 90 Grad zum Hals **Mimik** Unbewegt, wenig Emotionen zeigen Eher wenig lächeln, sachlich „Look-intelligent"/Pokerface **Blick** offen, direkt, standhalten auch in Konflikten **Gestik** Im positiven Bereich (Körpermitte) Präzisierungsgestik (Daumen und Zeigefinger zusammenführen u. ä.) **Stimme** Glaubwürdiges Muster: abfallend am Satzende **Erscheinung** Business-like; korrekt; ohne Schnörkel, wenig Farben; gut kombinierbarer Stil; hochwertig	**Haltung** Lässig, antiautoritär, beschwingt Locker, unkonventionell Stand: dynamisch Federnder Gang Wechselnde Positionen **Mimik** Bewegliche Augenbrauen **Blick** Leuchtend, nach oben (Visionen) Geöffnete, lebendige Augen **Gestik** Schwungvoll, dynamisch, Nach oben gerichtet (Himmel) Große Gestik, raumgreifend **Stimme** Begeistertes Muster: moduliert **Erscheinung** Offen, kontaktfroh, heiter Kleidung: extravagant bis unangepasst

Macher Ziel: Vertrauen	Mentor Ziel: Sympathie
Haltung Stand: ruhig, fest Beide Füße fest auf dem Boden, hüftbreit: bodenständig; eher wenig Bewegung **Mimik** Eher problembewusst, Stirn in Falten (Besorgte Mimik), verbindlich, gelassen, moderat **Blick** Besorgt, verständnisvoll **Gestik** Eher zurückhaltend; offene Handflächen evtl. strukturierende Gestik (Aufzählungen ...); Handflächen ab und zu sichtbar; Daumen und Zeigefinger zum 0 (Detail) **Erscheinung** Dezenter klassischer Stil, sehr ordentlich; Angemessen: regional/sozial modisch angepasst; gute Umgangsformen	**Haltung** Natürlich, echt, kongruent Körper: nach vorne geneigt zu Teilnehmern Nähe suchend; weich, ausdrucksstark; Vorne beim Publikum; auch Sitzen, auf Augenhöhe sein **Mimik** Beweglich, vor allem Augenbrauen (sprechende Augen) **Blick** Wärme im Blick, weich, defokussiert Längerer Blickkontakt mit dem Einzelnen; ihn wirklich mit dem Herzen ansehen **Gestik** gebende Gestik; umfassende Gestik; alle ins Boot holende Gestik; große Gestik, viel Gestik **Erscheinung** Kleidung: bequem, leger, farbenfroh

Wie stehe ich?
Wie gebe ich mich?
Wie wirke ich?

Übung: Meine vier Haupt-Körperbilder

Schalten Sie auf Ihren visuellen experimentellen Denkstil um. Stellen Sie sich eine weiße Leinwand vor und sehen Sie sich beim Präsentieren zu. Stellen Sie das Gesehen im Anschluss mit Ihrem Körper dar:

Kommen Sie in Kontakt mit Ihrem „logischen Anteil"
Welche Ziele verfolgt er? Wie sieht er aus?
Wie steht er da? Wo im Raum befindet er sich? Was machen die Hände?
Wie sieht seine Mimik aus? Sein Blick? Sein Mund?
Wie bewegt er sich? Was sagt er? Mit welcher Stimme spricht er?
Was hat er an? Welche Medien benutzt er?
Welcher Name, welche Rollenbezeichnung würde zu ihm passen?
Wie fühlt er sich an? Welche Gefühle bewegen ihn?
Stellen Sie in jetzt mit Ihrem Körper dar.

Kommen Sie in Kontakt mit Ihrem „strukturierten Anteil"
Welche Ziele verfolgt er? Wie sieht er aus?
Wie steht er da? Wo im Raum befindet er sich? Was machen die Hände?
Wie sieht seine Mimik aus? Sein Blick? Sein Mund?
Wie bewegt er sich? Was sagt er? Mit welcher Stimme spricht er?
Was hat er an? Welche Medien benutzt er?
Welcher Name, welche Rollenbezeichnung würde zu ihm passen?
Wie fühlt er sich an? Welche Gefühle bewegen ihn?
Stellen Sie in jetzt mit Ihrem Körper dar

Kommen Sie in Kontakt mit Ihrem „gefühlvollen Anteil"
Welche Ziele verfolgt er? Wie sieht er aus?
Wie steht er da? Wo im Raum befindet er sich? Was machen die Hände?
Wie sieht seine Mimik aus? Sein Blick? Sein Mund?
Wie bewegt er sich? Was sagt er? Mit welcher Stimme spricht er?
Was hat er an? Welche Medien benutzt er?
Welcher Name, welche Rollenbezeichnung würde zu ihm passen?
Wie fühlt er sich an? Welche Gefühle bewegen ihn?
Stellen Sie in jetzt mit Ihrem Körper dar

Kommen Sie in Kontakt mit Ihrem „experimentellen Anteil"
Welche Ziele verfolgt er? Wie sieht er aus?
Wie steht er da? Wo im Raum befindet er sich? Was machen die Hände?
Wie sieht seine Mimik aus? Sein Blick? Sein Mund?
Wie bewegt er sich? Was sagt er? Mit welcher Stimme spricht er?
Was hat er an? Welche Medien benutzt er?
Welcher Name, welche Rollenbezeichnung würde zu ihm passen?
Wie fühlt er sich an? Welche Gefühle bewegen ihn?
Stellen Sie in jetzt mit Ihrem Körper dar

(PS Die Übung ist auch ein sicherer Test für Ihren bevorzugten Denkstil und gibt Auskunft über Ihre Vermeidungsstile.)

Wie stehe ich?
Wie gebe ich mich?
Wie wirke ich?

3. Eine Auswahl wirkungsvoller Körperbilder für Präsentationen

Man lügt zwar mit dem Mund, doch durch das, was man dabei macht, sagt man die Wahrheit.

Friedrich Nietzsche

Im Folgenden stelle ich Ihnen die wichtigsten Körperbilder für Vorträge und Präsentationen vor. Beim ersten Körperbild handelt es sich um eine Grundfigur. Dieses Körperbild sollten Sie auf alle Fälle mit im Repertoire haben. Es sieht leicht aus, hat jedoch seine Tücken. Das erhöhte Adrenalin während einer Präsentation macht uns nämlich hibbelig und vereitelt das souveräne, ruhige und selbstsichere Stehen. Wir tänzeln, wippen, nesteln, winden uns. Lassen Sie sich hierzu von anderem Feedback geben. Bevor Sie sich an die anderen Körperbilder wagen, sollten Sie zuerst dieses beherrschen: die Eiche. Es lohnt sich, da es sich um die Figur handelt, die Sie, je nach Publikum und Thema, zwischen 50 bis 80 Prozent einer Präsentation einnehmen sollten.

Körperbild: Die Eiche (Grundfigur)	**Werte und Emotionen: Sicherheit und Vertrauen**
Mit beiden Füßen fest auf dem Boden	Bodenständig
Geerdet; stellen Sie sich vor, Ihre Füße haben tiefe Wurzeln wie eine Eiche	Bodenhaftung
Beine hüftbreit auseinander	Sicherer Stand; Standfestigkeit
Ganz aufrecht stehen	Aufrichtigkeit
Ganz symmetrisch stehen (Gewicht auf beiden Füße *gleichmäßig* verteilt)	Aufrichtigkeit (wer lügt, windet sich und wird asymmetrisch)
Gewicht auf Fußballen verlagern	Zugeneigt
Ganz ruhig stehen	Ruhe, Souveränität, unerschütterlich (Gibt Sicherheit, wie ein Fels in der Brandung)
Kopf und Hals im 90-Grad-Winkel	Selbstsicher (weder hochnäsig noch demütig)
Offener Blick, geradeaus	Geradlinig, offen
Kopf gerade und in Verlängerung der Wirbelsäule	Geradlinig, aufrichtig, groß (sich am Scheitel aufrichten)
Schulten nach unten und nach hinten	Furchtlos, souverän (Schultern oben und vorne zeigen Angst, da eingezogener Kopf)
Hände in Mittellage vor dem Körper	Moderat, angenehm, beruhigend
Nicht zu eng an den Körper gepresst	Selbstbewusst, nimmt sich Raum (aber auch nicht zu viel)
Ruhige Gestik, Hände vor der Körpermitte	Souverän, moderat
Eher wenig Gestik und Mimik, trotzdem offen und engagiert	Moderat, Mittelmaß zwischen Extra- und Introvertierten Signalen

Die Eiche ist körperlicher Ausdruck der Balance-Instruktion

Geeignet:

- Für den Anfang Ihres Auftritts. Nehmen Sie erst ganz gelassen diese Position ein, bevor Sie zu sprechen beginnen.
- als Grundfigur einer Präsentation, von der aus weitere Bilder eingenommen werden
- Bei Präsentationen vor vielen strukturierten Teilnehmern
- In Diskussionen, um Standfestigkeit zu zeigen
- Im Kreuzverhör, um Sicherheit zu finden

Körperbild: Der Mahner	**Werte und Emotionen: Furcht, Besorgnis und Angst**
Grundposition: Eiche	Vertrauen, Sicherheit
Stirn in Falten legen, sehr ernst werden	Besorgnis, problembewusst
Kopf leicht schief legen, leicht nicken oder den Kopf schütteln	Nachdenklich
Körperhaltung etwas gebeugter und bedrückter	Verantwortungsbewusst; die Schwere der Verantwortung lastet aus des Redners schultern
Hände zur Faust oder in Greifhaltung	Zornig oder anpackend (Aussage: Es muss etwas geschehen, so kann es nicht weitergehen)
Eine Hand ans Kinn führen, den Kiefer nachdenklich reiben	Abwägen, sich Sorgen machen
Auf keinen Fall lächeln, nicht strahlen, kein optimistischer Gesichtsausdruck	Ernsthaftigkeit, Verantwortungsgefühl
Langsam sprechen	Bedächtig (Kein Mensch der aus der Hüfte schießt)
Nachdenkliche und lange Pausen machen	Bedeutungsschwere
Mahnende, besorgte und eindringliche Stimme	Furcht erzeugend
Feingliedrige Detailgestik	Genauigkeit
Auf Redebeiträge der Teilnehmer erst nach langer Denkpause eingehen	Nachdenklichkeit, Ernsthaftigkeit

Der Mahner ist körperlicher Ausdruck der Balance-Instruktion

Geeignet:

- für jede Hölle-Kernbotschaft (Angst als Motor der Veränderung/Problembewusstsein wecken)
- für Einleitungen vor problemorientierten Menschen
- bei ethischen Themen
- wenn Sie wachrütteln möchten
- um schwere und unpopuläre Entscheidungen zu präsentieren
- für politische Reden (beobachten sie hierzu einmal Politiker in Talkshows)
- um Erfahrung und Reife zu unterstreichen
- wenn viele strukturierte Denkstile anwesend sind

Körperbild: Der Distanzierte	Werte und Emotionen: Glaubwürdigkeit und Respekt
Ausgangsposition: Eiche	Standing
Sehr reduzierte Gestik	Sachlichkeit, Nüchternheit
Präzisierungsgestik und Ziel-Gesten (vgl. nächstes Kapitel)	Präzision, Entschlossenheit
Wenig modulierte Stimme Glaubwürdiges Stimm-Muster: mit der Stimme am Satzende nach unten	Sachlich, nüchtern, emotionslos Glaubwürdig
Feste, eher tiefe Stimme	Stärke
Distanzierte Position zum Publikum	Respekt, erhöhter Status
Pokerface, eher wenig Lächeln	Keine Angriffsfläche zeigen, Erhöhter Status
Neutraler, hochwertiger Business-Look	Keine Angriffsfläche bieten, Erhöhter Status
Präsentationstechnik steht im Vordergrund – Mensch im Hintergrund	Sachlich, objektiv, fortschrittlich, männlich

Der Distanzierte ist körperlicher Ausdruck der Dominanz-Instruktion

Geeignet:

- für analytische Passagen einer Präsentation
- für die Passagen die Zahlen, Daten, Fakten präsentieren
- für Präsentationen vor vielen logischen Denkern
- für Präsentationen vor kritischem Fachpublikum
- wenn Sie wenig über sich preisgeben möchten
- wenn die Diskussion zur Verhandlung wird (Pokerface)
- im Kreuzverhör (um einen kühlen Kopf zu behalten)

Wie stehe ich?
Wie gebe ich mich?
Wie wirke ich?

Körperbild: Der Krieger	Werte und Emotionen: Kampfgeist, Siegesgewissheit und Durchsetzung
Ausgangsposition: Eiche	Standing
Körperspannung erhöhen	Entschlossenheit
Blick leicht von oben nach unten Kinn wird betont	Status anheben (Dominanzgeste)
Verengter Blick, geradeaus auf ein Ziel gerichtet	Entschlossenheit, Geradlinigkeit
Eindringliche und feste Stimme	Festigkeit, Kraft und Stärke
Gestik zeigt auf ein Ziel, ist kraftvoll nach vorne gerichtet, klar und eindeutig	Entschlossenheit, Orientierung; Klarheit; Gefolgschaft (Aussage: ich weiß, wo es langgeht – folgt mir!)
Kein Lächeln, konzentrierter Gesichtsausdruck	Entschlossenheit, Präzision Status anheben
Erhöhte Position im Raum	Status anheben

Der Krieger ist körperlicher Ausdruck der Dominanz-Instruktion

Geeignet:
- für Himmel-Kernbotschaften
- als Motivationsrede, um Ziele zu erreichen
- für den Abschluss einer Präsentation
- in Wettbewerbs-Situationen
- Präsentation vor oder nach eher moderaten Meinungsgegner
- zum Imageaufbau vor Vorgesetzten oder Mitarbeitern

Körperbild: Der Schenkende (Grundfigur)	**Werte und Emotionen: Austausch und Verbundenheit**
Ausgangsposition: Eiche	Vertrauen
Gewicht noch mehr auf Fußballen verlagern	Zuneigung (der Körper neigt sich so dem Publikum zu)
Gebende Gestik	Sympathisch, beliebt
Echtes, warmes Lächeln	Wärme, Freundlichkeit
Intensiver Blickkontakt mit *jedem* Einzelnen	Freude, Austausch Gerechtigkeit (jeden anschauen, auch die Ränder des Publikums und unsympathische oder kritische Gesichter)
Moduliertes Stimm-Muster	Zugänglich, gefühlvoll
Interaktion mit Teilnehmern	Verbundenheit, Nähe, Austausch

Der Schenkende ist körperlicher Ausdruck der Balance-Instruktion, und zwar des Bindungs-Moduls

Kann als zweite Grundfigur die Eiche hervorragend ergänzen.

Geeignet:
- für den Einstieg einer Präsentation
- für Himmel-Kernbotschaften, sie wie Geschenke verteilen
- wenn viele gefühlvolle Teilnehmer anwesend sind
- für Festreden (Ehrungen, Geburtstage)
- als Dankesrede („etwas zurückgeben“ mit der Rede)

Wie stehe ich?
Wie gebe ich mich?
Wie wirke ich?

Körperbild: Die Sonne	Werte und Emotionen: Wärme und Freude
Ausgangsposition Eiche oder Sitzen auf Augenhöhe mit den Teilnehmern	Vertrauen Verbundenheit, Gleichheit, Sympathie; Status bewusst senken
Spannung aus dem Körper nehmen, weich werden, kleiner werden	Status bewusst senken – Sympathie
Warmer, weicher Blick (Vorstellung: die Sonne scheint durch Ihre Augen und bescheint das Publikum)	Freude, Wärme, Weichheit
Liebevolle Mimik, strahlendes, leuchtendes Gesicht (Vorstellung: Sie küssen ein geliebtes Kindergesicht)	Liebe
Gestik: umarmende Gestik, alle ins Boot holen (Mit beiden Armen so, als ob man ganze Gruppe umarmt – dann beide Arme nach innen ziehen)	Gemeinschaft
Handflächen ab und zu zeigen	Ehrlichkeit (Aussage: Ich habe nichts zu verbergen)
Modulierte, warme und weiche Stimme Eher langsam und tief sprechen	Zugänglich, gefühlvoll

Die Sonne ist körperlich Ausdruck der Balance-Instruktion, und zwar des Bindungs-Moduls

(Achtung: Kann sehr schnell unecht wirken, wenn innere Haltung der Wärme und Freude fehlt. Kommen Sie in Kontakt mit Ihrem eigenen gefühlvollen Anteil. Denken Sie, wenn Sie Kinder haben, an die Liebe zu Ihren Kindern oder an die Liebe zu Ihrem Partner. Sehen Sie bewusst die liebenswerten Seiten Ihrer Teilnehmer. Lieben Sie sich selbst – das ist die beste Voraussetzung)

Geeignet:

- um echte Freude auszudrücken
- als Einstieg in einer Präsentation
- um Himmel-Kernbotschaften gefühlvollen Menschen zu präsentieren
- als Abschluss einer Präsentation
- wenn Sie Gefühlsgeschichten erzählen oder über Gefühle sprechen
- um ein Gemeinschaftsgefühl zu erzeugen (Wir sitzen alle in einem Boot)
- wenn viel gefühlvolle Teilnehmer anwesend sind

Körperbild: Der Visionär	Werte und Emotionen: Hoffnung, Begeisterung, Erhabenheit
Ausgangsposition: Der Schenkende	Intensität
Federnder Stand (beim Sprechen leicht in die Knie gehen und wieder hochschnellen)	Begeisterung, Dynamik
Gestik, nach oben weisend	Erhaben (Verweis ins Metaphysische)
Große Gesten Mit ganzer Handfläche	Größe, Großzügigkeit, Ganzheitlichkeit
Blick: leuchtend, nach oben gerichtet	Erhaben (Verweis ins Metaphysische/Göttliche) Begeisterung
Schwungvolle Bewegungen, nach vorne gerichtet	Mitreißend
Zentrale Position im Raum	Bündelung der Energie; Charismatisch
Lebhafte, ausdrucksstarke Mimik und Gestik	Lebendig, Faszination, fesselnd
Gestik direkt auf Teilnehmer richten	Motivation; Aufforderung
Stimme: Leidenschaftlich, voller Energie	Enthusiasmus, Begeisterung
Bewegung auf der „Bühne" möglich (große, raumgreifende Schritte)	Bewegend, motivierend, antreibend

Der Visionär ist körperlicher Ausdruck der Stimulanz-Instruktion

(Achtung: Vom Erhabenen zum Lächerlichen ist es nur ein kleiner Schritt. Zeigen Sie das Bild nur, wenn Sie selbst von Ihrer Idee leidenschaftlich überzeugt sind. Visualisieren Sie Ihre Idee (Vision). Machen Sie das Bild groß, bunt und leuchtend. Spüren Sie den Funken der Leidenschaft in sich. Fachen Sie ihn an. Denn nur wer selber brennt, kann andere entzünden. Glauben Sie, komme was und wer wolle, unerschütterlich an Ihre Vision!)

Geeignet:
- für Himmel-Kernbotschaften
- für Motivationsreden
- um Lust auf Veränderungen zu machen
- für Festreden mit herausgehobenem Charakter
- wenn Sie die Welt von Ihren Visionen überzeugen möchten
- für ethische Themen
- für große, gesellschaftlich relevante Themen

Wie stehe ich?
Wie gebe ich mich?
Wie wirke ich?

Körperbild: Der Showmaster	Werte und Emotionen: Entspannung, Unterhaltung und Charme
Ausgangsposition: Der Schenkende	Intensität, Kontakt
Lässige und entspannte Körperhaltung	Entspannung, Gelassenheit
Besondere, eher extravagante Kleidung	Charismatisch
Bewegung in das Publikum hinein Kontakt aufnehmend	Unterhaltend Charmant, evtl. humorvoll
Lockere Gestik	Gelöstheit
Moduliertes Stimmmuster Kontraste: laut-leise, langsam-schnell	Abwechslung ist unterhaltsam
Abwechslung: gehen, sitzen, laufen, stehen, etwas tun ...	Interessant
Medienmix, Interaktion, live am Flipchart zeichnen; Modelle mitbringen; Mit Abdeckungen arbeiten (verdeckte Modelle, rätselhafte Folien etc.)	Spannung Neugierde, Spannung, Überraschung
Szenisches Spielen; Vorführungen; Experimente, Wettstreite; Objekte	Aha-Erlebnisse; Überraschung

Der Showmaster ist körperlicher Ausdruck der Stimulanz-Instruktion

(Achtung: Aufgesetzte Lockerheit ist kontraproduktiv. Wenn Sie es nicht schaffen, wirklich mit Ihren inneren, verspielten und freien Anteilen in Kontakt zu kommen, dann ist es besser das Körperbild „Eiche" oder „Der Schenkende" zu wählen. Lockerheit erreichen Sie durch einen entspannten Körper, wenn Sie sich selbst nicht so wichtig nehmen, wenn es Ihnen Spaß macht, wenn Sie staunend die Welt gehen und sich freuen, täglich Neues zu entdecken.)

Geeignet:

- für Himmel-Kernbotschaften vor allem für den experimentellen Denkstil
- für Himmel-Kernbotschaften
- für heitere und leichte Themen
- um eine gute Stimmung zu erzeugen
- damit Menschen gerne Woche für Woche zu Ihren Veranstaltungen wiederkommen (wenn Sie regelmäßig ein volles Haus brauchen)
- für Veranstaltungen
- für Incentives
- für Gala-Abende
- als Fest- und Dankesrede
- als kleine, unterhaltsame Passagen in jeder Präsentation

Körperbild: Der Hofnarr	**Werte und Emotionen: Auffallen, Schockieren, Konfrontieren**
Anders als die anderen	Auffallen, herausragen, polarisieren
Anders als Ihre Teilnehmer	Auffallen, herausragen, polarisieren
Ganz anders als erwartet	Schockieren, konfrontieren
Brechen mit den Konventionen andere Kleider, andere Medien, anders als gewohnt sprechen, sich bewegen, blicken ...	Auffallen, hervorstechen, polarisieren, Interesse wecken, Spannung erzeugen, Staunen
Gegen die vorherrschende Unternehmenskultur verstoßen; Dresscodes ignorieren	Provozieren, konfrontieren, auffallen; Polarisieren, das heißt, Feinde, aber auch treue Freunde zu gewinnen
Kontraste setzten (Wenn alle laut – dann leise; wenn alle bunt – dann grau; wenn alle kalt – dann warm)	Provozieren, konfrontieren, schockieren; Spannung erzeugen; Disharmonien
Auf die Ästhetik des Hässlichen setzten	Originell, verstörend, erneuernd

Der Hofnarr ist körperlicher Ausdruck der Stimulanz-Instruktion

(Achtung: Der Hofnarr verstößt bewusst gegen die Regeln. Er hat ein klares Ziel vor Augen, das er genau auf diesem Weg am effektivsten erreicht. Er ist sich der ablehneden Reaktionen bewusst und kalkuliert sie mit ein. Sie machen ihm keine Angst – im Gegenteil, er spielt mit ihnen. Wer einfach nur so anders als die anderen ist, ohne Ziel und ohne Sinn, wirkt naiv)

Geeignet:

- um aufzufallen, um jeden Preis
- um sich vom Wettbewerb abzuheben
- um sich vom Main-Stream abzusetzen
- um Mut und Originalität zu demonstrieren
- um das Verdrängte einer Organisation sichtbar zu machen
- um bewusst zu konfrontieren
- um radikal neuen Ideen den Weg zu ebnen
- um Beachtung (in den Medien) zu finden
- um sich ins Gespräch zu bringen
- um sein Charisma zu demonstrieren

Eine Präsentation wird eine Abfolge unterschiedliche Bilder sein. So erreichen Sie nach und nach alle inneren Anteile Ihrer Zuhörer. Manche Körperbilder werden Sie ganz weglassen, anderen mehr Raum zugestehen – je nach Emotionen, die Sie generieren möchten und nach den Werten, die für Ihre Zuhörer wichtig sind. Ich bin mir sicher, dass Sie jetzt, nach 15 Kapiteln mit dem Limbischen Kommunikationssystem ein Gespür bekommen haben, welches Körperbild ein K.O.-Kriterium um welches ein O.K.-Kriterium für die unterschiedlichen Denkstile darstellt. Wenn Sie dagegen verstoßen möchten, dann tun Sie es, wie der Hoffnarr, bewusst und lustvoll.

Noch einmal: Integrieren Sie langsam, nach und nach neue Körperbilder in Ihre Persönlichkeit. Probieren Sie sie zuerst in privaten oder unwichtigen Situationen aus. Wenn Ihnen ein Körperbild ganz und gar nicht steht – dann ersetzen Sie es durch ein ähnliches, das Ihnen vielleicht besser passt oder bleiben Sie bei Ihrem eigenen. Verbiegen Sie sich nicht. Entdecken Sie lieber nach und nach neue Facetten in sich. Wenn Sie sehr gefühlvoll sind, dann setzen Sie sich öfters durch und grenzen Sie sich deutlicher ab. Wenn Sie ein sachlicher logischer Denker sind, zeigen Sie Mitgefühl, nehmen Sie die Körpersprache mit ihren Emotionen bewusster wahr (vergleiche auch Kapitel 20). Neue innere Einstellungen führen zu neuen äußeren Körperbildern, denn der Körper ist, wie Christian Morgenstern treffend bemerkt, der Übersetzer der Seele ins Sichtbare.

Profi-Technik: Raumanker – Bewegung mit Bedeutung

Geschickt ist es, Körperbilder räumlich zu trennen und unterschiedliche emotionale Zustände an unterschiedlichen Positionen im Raum zu verankern (James/Shepard: 2002, Seite 163 ff.). Zum Beispiel: „Der Distanzierte" hinten in der Nähe der Leinwand; den „Visionär" im Zentrum, „die Sonne" sitzend bei den Teilnehmern etc. Das Konzept der Raumanker bringt auf eine sehr bedeutungsvolle Art Bewegung in Ihre Präsentation. Es verhindert auf der einen Seite Monotonie, aber auch sinnloses Hin- und Herlaufen der Präsentierenden. Außerdem sichert das Konzept der Raumanker auch die Übereinstimmung von Inhalt und körperlichem Ausdruck:

Vorteile der Raumanker:

- Ihre Zuhörer stellen sich unbewusst darauf ein und begeben sich unbewusst in den gewünschten Zustand, das heißt, Sie können bewusst die Zustände im Publikum steuern.
- Sie können elegant von einem Präsentations-Teil in den anderen wechseln.

- Zum Schluss brauchen Sie zum Beispiel nur nach hinten rechts zu gehen und schon wissen Ihre Teilnehmer, dass jetzt Zahlen, Daten, Fakten dran sind und aktivieren ihren logischen inneren Anteil.
- Außerdem halten Sie so Ihren Präsentationsplatz „giftfrei" und Ihre Teilnehmer können Hölle oder negative Botschaften leichter von Ihrer Person trennen.

Passen Sie das Schema Ihren Bedürfnissen und Gewohnheiten an. Am Anfang ist es ungewohnt, bald merken Sie die Entlastung durch das System

4. Signale der Unsicherheit, Unterwürfigkeit, Aggression und des schlechten Geschmacks

Körpersprache ist für eine Präsentation wichtiger als das gesprochene Wort. Inhalte können Sie besser per E-Mail verschicken oder als einen Bericht verfassen. Beim Präsentieren kommt es auf den Eindruck an, den Sie hinterlassen. Hierzu gehört auch die Kleidung, Ihre Accessoires, Ihr Verhalten, Ihre Stimme, Ihre Energie – das ganze Auftreten.

Es gibt Signale, die Sie besser nicht senden sollten. Die kontraproduktivsten finden Sie in der folgenden Vermeidungsliste:

Vermeidungsliste:
- Schlecht sitzende Kleidung, abgetragene Schuhe, zu kurze oder weiße Socken
- Unordentliche oder abgewetzte Accessoires
- Zu viel Schminke und Parfüm
- Alles was ablenkt: klimpernde Armreifen, grelle Farben, verspielte Gürtel, kurze Röcke, offene Sandalen (sonst hört niemand zu)
- Haare, die das Gesicht oder die Augen verdecken (wirkt nicht vertrauenswürdig)
- Zum Präsentationsplatz hetzen und sofort zu sprechen anfangen (wirkt unsicher)
- Nach vorne huschen, schleichen (senkt den Status)
- Sich an einen Tisch klammern oder sich hinter einem Stuhl verstecken
- In einer Ecke des Raumes zu stehen (wirkt defensiv, wie „mit dem Rücken zur Wand")
- Gewicht auf die Fersen verlagern (wirkt abgeneigt, unsicher)
- Sich kleiner machen als man ist (senkt den Status)
- Arme ganz eng am Körper, keine oder ganz kleine Gestik (wenig raumgreifend, senkt Status, sich klein machen)

Wie stehe ich?
Wie gebe ich mich?
Wie wirke ich?

- Eng geschlossene Beine (wenig Standfestigkeit, durch „Gegenwind“ leicht umzuwerfen)
- Lasch, angespannt, mit hängender Schulter stehen (wirkt depressiv, ängstlich, statusmindernd)
- Schiefer Stand (wie ein Fragezeichen, sich windend, wirkt unglaubwürdig,)
- Schuhspitzen zeigen nach innen (wirkt schüchtern, unsicher)
- Wiegen, wippen, schaukeln (wirkt unsicher, regressiv, erinnert an Kleinkindverhalten)
- Putz- und Kratzbewegungen, zappeln, nesteln (Übersprungshandlungen, wirken unsicher und ängstlich)
- Die Folie an der Wand anstarren und dem Publikum den Rücken zeigen (wirkt unhöflich, baut keine Beziehung zu den Teilnehmern auf)
- Schultern oben und vorne (wirkt ängstlich, Kopf einziehen)
- Seitlich geneigter und gesenkter Kopf; Kopf dauernd schief halten (senkt Status, da es sich um eine Opferhaltung handelt)
- Abwinken, den Kopf schütteln während man zu überzeugen versucht (Inkongruenz zwischen Worten und Körpersprache, in dem Fall glaubt das Publikum mehr dem Körper – der Körper lügt nicht)
- Fragende Mimik, hyperbewegliche Mimik, Verlegenheitslachen (senkt den Status immens)
- Dauerlächeln (wirkt unterwürfig)
- Nur auf den Boden oder auf die Decke schauen (es kommt so kein Kontakt zustande)
- Blick von unten nach oben wie Lady Diana (wirkt unterwürfig)
- Unsteter, hektischer Blick; Blick schweift schnell über alle Teilnehmer (kein Kontakt, lieber Einzelne länger ansehen, nach und nach alle ansehen)
- Zu angestrengter und konzentrierter Blick (wirkt düster, schwer oder bedrohlich)
- Harter, kalter, zusammengekniffener Blick (wirkt abweisend, aggressiv, bedrohlich)
- Blick oft senken (Publikum vermutet Unwahrheit)
- Durchbohrender Blick (unangenehm, bedrohlich)
- Schenkelklatschen mit den Armen und Händen (wirkt fragend und unsicher, da Schultern dabei hochgezogen werden)
- Hände hinter dem Rücken (wirkt nicht vertrauenswürdig)
- Hände abgewinkelt auf den Hüften abgestützt (wirkt bedrohlich, aufgeplustert)
- Hände im Gesicht oder unterhalb der Gürtellinie (wirkt manchmal komisch oder verwirrend)
- Mit dem Zeigefinger oder Stift auf die Teilnehmer zeigen (wirkt oberlehrerhaft)
- Arme vor dem Körper verschränkt (wirkt unsicher oder abweisend)
- Sehr schnell sprechen, ohne Punkt und Komma, ohne Pausen (wirkt unsicher, ermüdend, verwirrend)
- Nach Vollendung der Präsentation Erleichterung deutlich zeigen (wirkt unprofessionell)

- Abwinken, wenn das Publikum klatscht (wirkt unhöflich)
- Schnell zum Platz zurückhetzen (wirkt unsicher)
- Persönliche Ticks und Marotten (wirken lustig bis störend)

Mein persönliches Abstellprogramm:

Welches Verhalten möchten Sie bei sich selbst abstellen? Nehmen Sie sich jetzt drei konkrete Ziele vor und ersetzen Sie sie nach und nach durch hilfreiche Körperbilder. Lassen Sie sich von Vertrauten Feedback geben.

1.

2.

3.

5. Signale der Ablehnung und Signale der Zustimmung erkennen

So wie Sie permanent Zeichen senden, die Ihre Zuhörer bewusst oder unbewusst interpretieren – genauso senden Ihre Teilnehmern Ihnen mit ihrer Körpersprache Zeichen: Zeichen des Wohlwollens, der Gleichgültigkeit oder der Ablehnung; Zeichen der Zustimmung, der Unentschlossenheit; Zeichen der Verwirrung oder Zeichen der Erleuchtung; Zeichen der Langeweile und Zeichen der Begeisterung. Wir befinden uns nun in der Welt, die vor allem Präsentierenden mit gefühlvollem Denkstil zugänglich ist. Meisterhaft lesen sie feinste Signale ihrer Mitmenschen, stimmen ihre eigenen Signale fein und passend wieder auf die Teilnehmer ab und schaukeln sich so von Stimmung zu Stimmung zum Ziel. Hier liegt ihre nicht zu unterschätzende Stärke. Wie anders ergeht es da den meisten logischen Presenter. Es ist, als ob ihnen die Sprache des Körpers verschlüsselt bleibt, als ob es sich um eine Fremdsprache handelt, deren Vokabeln sie nicht verstehen. Gefühlvolle Teilnehmer spüren, ob das, was sie sagen ankommt, ob ihr Publikum ihnen noch folgt, wie es den Einzelnen geht.

Logische Denker können sich an dieser Stelle nur auf ihren logischen Denkstil verlassen und mir als Autorin bleibt im Moment auch nur dieser Stil, um Gefühle und Körpersprache in Worte zu fassen. Suchen wir also logische Zusammenhänge nach dem Muster: Wenn x, dann y. Ein Beispiel: *Wenn Teilnehmer aus Zeigefingern und Daumen eine Pistole formen, dann können wir auf aggressive Ablehnung schließen.* Doch Vorsicht: Körpersprache ist ein vielschichtiges Phänomen. Erst die Häufung verschiedener Signale lassen einen sichern Schluss zu.

Wichtig für Sie als Präsentierenden sind vor allem die Signale der Zustimmung und der Ablehnung. Signale der Zustimmung bedeuten: *Weiter so, Sie sind auf der richtigen Spur, kommen Sie so schnell wie möglich zum Abschluss!* Signale der Ablehnung bedeuten: *Spur wechseln und Präsentation in eine neue Richtung lenken!* Das funktioniert, wenn Sie gut vorbereitet sind und ihren Präsentationskoffer vollkommen gepackt haben wie in Kapitel 11 beschrieben. Stellen Sie geschickt die Weichen, um auf eine andere Kernbotschaft zu lenken. Gehen Sie zurück zur Ist-Phase (Hölle) der Problemlöseformel. Steigen Sie mit einer geschickten Frage in die Interaktion ein, zum Beispiel: *„Wie erleben Sie die Situation?"* Bleiben Sie nicht auf der Spur wenn alle ablehnend dasitzen – sie führt in eine Sackgasse. Je weiter Sie fahren, umso schwerer kommen Sie wieder heraus – und wenn, dann auch nur mühsam im Rückwärtsgang! Reagieren Sie ganz früh auf Zeichen der Ablehnung. Erfahrene Präsentierende sprechen ihre Teilnehmer mutig an: *„Ich sehe skeptische Gesichter, wie sehen Sie diesen Punkt?"* Das geht auch wenn Sie vor der Geschäftsleitung, vor dem Vorstand oder Kunden präsentieren. Wenn sich Ihre Teilnehmer aus taktischen Gründen bedeckt halten und Sie weiter skeptisch und kritisch ansehen, dann handelt es sich wahrscheinlich um eine unfaire, destruktive Methode. In diesem Fall lesen Sie weiter im Kapitel 19. Wenn die Skepsis berechtigt und somit fair ist, dann entsteht sie, weil Sie an Ihrem Publikum vorbei präsentieren. Es ist verwirrt, verunsichert, fühlt sich nicht verstanden, hat vielleicht eine ganz andere Sichtweise der Situation. Wenn Sie Körpersprache reverbalisieren, also in Worte fassen, dann liegt die Skepsis sichtbar auf dem Tisch. Damit können Sie umgehen. Aber gegen einen unsichtbaren Widerstand zu kämpfen ist, wie gegen Windmühlen anzugehen.

Lassen Sie uns nun die Signale der Abstimmung und der Zustimmung zusammenfassen:

Wie stehe ich?
Wie gebe ich mich?
Wie wirke ich?

Signale der Ablehnung

- Teilnehmer lehnen sich tief in ihre Sessel und strecken die Beine weit von sich
- Augen werden zusammengekniffen und fixieren den Präsentierenden
- Pupillen verengen sich
- Blick hebt sich, sodass Blick von oben nach unten möglich wird
- Arme werden vor der Brust verschränkt oder
- Finger formen sich zu Stachelschwein, Spitzdach oder Pistole
- Fußsohlen werden sichtbar
- Wenn Beine übereinander geschlagen, dann weist das Bein vom Präsentierenden weg
- Der ganze Stuhl wird ein wenig nach hinten gerückt
- Lippen meist zu schmalem Strich gepresst (Abwehr, auch geistiger Nahrung gegenüber)
- Fasst mit der Hand unter den Kiefer, reibt Kiefer (Suche nach bissfesten Gegenargumenten)

Signale der Gleichgültigkeit

- Teilnehmer schaut zum Fenster heraus
- Teilnehmer ist ganz in sich versunken
- Teilnehmer sitzt wie braver Schüler da und nickt ab und zu zur Tarnung
- Spielt gedankenverloren mit Stiften und Unterlagen
- Abgewandter Blick, Blickrichtung meist nach unten
- Nichtsagende Mimik
- Wenig Körperspannung

Signale der Zustimmung

- Teilnehmer mit ganzem Körper zum Präsentierenden gerichtet
- Offene Körperhaltung
- Offener, direkter Blick
- Lächeln
- Leichtes Kopfnicken
- Große Pupillen

- Stellt angeregt Fragen, beteiligt sich
- Sitzt symmetrisch (bedeutet oft Übereinstimmung mit Redner)
- Wenn Entscheidung innerlich gefallen ist: Entspannung, sich nach hinten lehnen, Erleichterung
- Ganze Gruppe sitzt ungefähr gleich (lässt auf Wir-Gefühl, Gemeinschaftsgefühl schließen)

Achten Sie darauf, sich nicht „überzuverkaufen" – das erweckt Misstrauen. Niemand zwingt Sie, alle Kernbotschaften durchzuziehen. Wenn die erste überzeugt hat – sparen Sie Zeit und Energie und kommen Sie zügig zum Abschluss. Ihre Teilnehmer werden es Ihnen danken.

Profi-Technik: Täuschungsmanöver in Verhandlungen

Zu beliebten Verhandlungstaktiken gehört es, Signale der Zustimmung nicht offen zu zeigen. Achten Sie also darauf, wenn Ihre Präsentation auf eine Preisverhandlung hinausläuft. Lassen Sie sich dann von einem Pokerface oder scheinbar ablehnender Körpersprache nicht aus dem Konzept bringen. Sie dient dann dazu, Sie zu verunsichern um Preise zu senken und Konditionen vorzuschreiben. (Lesen Sie hierzu mehr in Kapitel 18 und 19)

6. Körpersprache der Einwandbehandlung

Betrachten Sie Gegenargumente und Einwände nie als persönlichen Angriff. Bleiben Sie immer freundlich. Wenn Sie sich trotzdem angegriffen fühlen: Gehen Sie einen Schritt auf den Sprecher zu (signalisiert Stärke) und wenden Sie sich leicht zur Seite (keine direkte Konfrontation). Loben Sie Ihre Gesprächspartner für ihren Scharfsinn, für die neuen Perspektiven, für die rege Beteiligung:

- *Das ist eine gute Frage*
- *Schön, dass Sie danach fragen ...*
- *Danke für Ihr reges Interesse ...*
- *Sie zeigen eine neue Perspektive auf ...*

Lächeln Sie entspannt und schauen Sie Ihren Gegenüber aufmerksam an. Nicken Sie verständnisvoll.

- *Gerne gehe ich darauf ein …*
- *Gerne zeige ich Ihnen …*

Schauen Sie dann wieder alle Teilnehmer an. Sonst langweilt sich einerseits die Gruppe und anderseits verstärkt sich die Konfrontation mit dem Kritiker.

Profi-Technik: Körpersprache der Einwandbehandlung

- bevor Sie antworten: machen Sie eine Pause, denken Sie nach
- besorgter Blick, Kopfnicken
- langsam und ernst reden
- kurze Sätze (keine Angriffsfläche bieten)
- danach schweigen; Pausen aushalten
- nicht frontal zum Angreifer stehen bleiben, sondern leicht schräg (entschärft)
- nicht nach hinten weichen, das wirkt als Schwäche
- nach der kurzen Antwort sich wieder der ganzen Gruppe widmen

Persönliche Angriffe:

Kontern Sie konsequent und ruhig (Steigerung: lächelnd). Machen Sie klar, warum Sie da sind (Informationen zu übermitteln!) und lassen Sie sich danach auf keinen Machtkampf ein.

Weitere hilfreiche Tipps für einen souveränen Umgang mit fairen und unfairen Angriffen finden Sie in den Kapiteln 18 und 19.

16. Wohin nur mit meinen Händen? Gesten, die wirken: Lernen von Priestern, Politikern und TV-Profis

Inhaltsübersicht Kapitel 16

1. Wohin nur mit den Händen? Warum PowerPoint Gestik verhindert

„Das war eine schöne Geste von ihm" so sprechen wir von Menschen, deren Verhalten uns angenehm aufgefallen ist, so angenehm, dass wir sogar Dritten davon erzählen. Angenehm und positiv zu wirken, darum geht es auch beim Präsentieren. Richtige Gestik trägt, wie unsere Sprache schon sagt, einiges dazu bei. Gestik unterstreicht, verdeutlicht, hebt hervor, setzt Akzente, weckt Gefühle, haut auf den Tisch, wehrt ab, motiviert und fesselt. Ohne Gestik ist ein Vortag leblos, farblos und lasch. Zuviel Gestik lässt einen Vortragenden schnell wie einen hektischen Hampelmann wirken. Die Kunst, Gestik im richtigen Maß und in der richtigen Intensität anzuwenden, kommt uns immer mehr abhanden. Einer der Gründe ist, dass wir wenig gute Vorbilder haben, denn die meisten Präsentierenden haben in der heutigen PowerPoint-Zeit eine Funkmaus mit Laserpointer in der Hand und ihre Hände sind hauptsächlich damit beschäftigt, Folien aufzurufen und wieder verschwinden zu lassen. Stefan Spies, Regisseur und Körpersprachetrainer, bemerkt sehr treffend:

Indem Sie Folien verwenden, nehmen Sie sich selbst das Motiv zu handeln: Ihr Körper muss nichts mehr zeigen, da alles gezeigt wird; er muss nichts mehr verdeutlichen, da alles deutlich wird; er muss niemanden mehr gewinnen und begeistern, da die Zuschauer mit lesen beschäftigt sind. Er hat nichts mehr zu tun. (...) Aus Ihrem Sicherheitsbedürfnis heraus geben Menschen ihrem Beamer die Hauptrolle. Sie begnügen sich selbst mit dem Dasein eines Statisten und wundern sich, dass ihrem Körper so gar nichts mehr einfällt – ein typisches Beispiel hierfür ist das unangenehme Gefühl, nicht mehr zu wissen, wohin mit den Händen. (Spies: 2006, Seite 252)

Auf der Suche nach guten Vorbildern für wirkungsvolle und professionelle Gesten fand ich drei Berufsgruppen, die die Kunst der Gestik noch zelebrieren: die Politiker, die Priester und die TV-Profis. Die Begabten unter ihnen habe ich beobachtet und mich für dieses Kapitel inspirieren lassen. Doch bevor wir uns mit diesen kraftvollen und schönen Gesten beschäftigen, lassen Sie uns zuerst einen Blick auf all die Gesten werfen, die Glaubwürdigkeit, Vertrauen, Sympathie und Begeisterung zerstören:

Wohin nur mit meinen Händen?

2. Zwanzig Gesten, die Ihre Botschaft sabotieren

Während Sie vorne stehen und präsentieren, haben Ihre Teilnehmer alle Zeit der Welt, Sie ganz in Ruhe zu betrachten. Ihre Kleidung, Ihre Schuhe, Ihre Augen – und Ihre Hände. Wissen Sie wohin Menschen bevorzugt schauen? Dorthin, wo Ihr Blick und Ihre Gestik hinweist.

In meinen Seminaren mache ich folgende Übung: Ich zeige mit der Hand und meinem Blick auf die Zimmerdecke und sage gleichzeitig: „Bitte schauen Sie sich diesen sensationellen Fußboden an!" Noch nie(!) hat ein Teilnehmer der verbalen Botschaft gefolgt und hat den Fußboden betrachtet. Alle folgen meinem Blick und meiner Geste und schauen an die Zimmerdecke.

Professor A. Mehrabian hat schon 1971 in wissenschaftlichen Experimenten herausgefunden, dass, wenn Körpersprache und Worte nicht das gleiche aussagen, die Menschen der Körpersprache glauben. Nur 7 Prozent der Glaubwürdigkeit gehen von den Worten aus und 93 Prozent von der Körpersprache und der Stimme. Ihre Teilnehmer verlassen sich mehr auf das, was Sie mit Ihrem Körper zum Ausdruck bringen, als auf das, was Sie inhaltlich sagen. Warum? Weil sie wissen, dass es uns viel schwerer fällt mit dem Körper zu lügen. Worte sind schnell dahingesagt (zum Beispiel: *Ich freue mich*) – aber ob das auch so gemeint ist? Ist das Lächeln falsch und die Freude aufgesetzt, sind die ganzen schönen Worte nichtig.

Johannes ist vor Ort bei einem Kunden und möchte seine Teilnehmer für seine Dienstleistung gewinnen. Er hat überzeugende Kernbotschaften ausgesucht und hat diese wirkungsvoll inszeniert. Und trotzdem will der Funke nicht so richtig überspringen. Im Video-Coaching wird das Problem sichtbar: Er sendet mit seiner Körpersprache, vor allem mit seinen Händen, permanent Signale, die seiner inhaltlichen Botschaft widersprechen. Er sendet Signale, die Unsicherheit statt Sicherheit, Misstrauen statt Vertrauen, Verzagtheit statt Tatkraft aussenden. Er stellt mit seinen Gesten seine inhaltlichen Botschaften infrage. Auf Video sieht er, wie er beim Sprechen die Schultern rhythmisch hochzieht und dabei die Hände auf die Oberschenkel klatscht. Es sieht aus, als frage er sich selbst, worüber er eigentlich spreche. Der ganze, verbal hervorragende Vortrag wirkt unsicher und gar nicht überzeugend.

Und das alles nur wegen einer falschen Geste!

Wohin nur mit meinen Händen?

Beobachten Sie einmal die Hände der Menschen beim Präsentieren: sie erzählen Bände über Anspannung, Unsicherheit, Mutlosigkeit, Angst. Sie verstecken sich verschämt hinter dem Rücken. Sie spielen nervös mit Dingen; sie nesteln an Sakkos und Brillen. Hände erzählen Bände – erzählen Sie das Richtige und meiden Sie folgende Gesten:

Zwanzig Gesten, die Sie besser meiden

1. **Hampelmann:** vorwiegend seitlich vom Körper gestikulieren (wirkt fragend, unsicher)
2. **Schulterklatschen:** seitlich vom Körper gestikulieren, dabei die Schultern leicht anheben und Hände an die Oberschenkel klatschen (wirkt fragend)
3. **Wild gestikulieren:** zu viel, zu schnell und ohne Bedeutung und Sinn (verwirrt und lenkt ab; wirkt unsicher und unprofessionell)
4. **Hängende Arme** (wirkt depressiv, antriebslos, langweilig)
5. **Eng an den Körper gepresste Arme** (klein machen, wenig Raum beanspruchen; mindert Status)
6. **Arme vor der Brust verschränken** (wirkt entweder unsicher oder abweisend)
7. **Hände hinter dem Rücken verstecken** (als ob man etwas zu verbergen hätte)
8. **Hände auf die Hüften aufstützen** (wirkt unsicher da aufplusternd)
9. **Hände im Gesicht oder unterhalb der Gürtellinie** (wirkt komisch; lenkt ab)
10. **Sich an Dingen festkrallen** (wirkt unsicher)
11. **Zitternd das Manuskript festhalten oder den Laserpointer** (wirkt ängstlich, unsicher)
12. **Erhobener Zeigefinger** (wirkt oberlehrerhaft)
13. **Stachelschwein** (Hände werden mit ausgestreckten Finger verschränkt; wirkt aggressiv und abweisend)
14. **Spitzdach:** Fingerspitzen beider Hände werden zu einem Dach zusammengeführt (wirkt abweisend, angriffslustig)
15. **Pistole:** Daumen und Zeigefinger beider Hände formen sich zur Pistole; wirkt angriffslustig und aggressiv)
16. **Nesteln, kratzen, putzen** (wirkt kindlich)
17. **Kleine, zackige, eckige Gesten** (wirkt unsicher und zaghaft)
18. **Hände pressen und Knöchel weiß werden lassen** (wirkt ängstlich)
19. **Verwerfende Gestik** (nur erlaubt bei Hölle oder Argumenten von Meinungsgegnern; eigene Kernbotschaften werden abgewertet)
20. **Wischbewegungen und wegschiebende Bewegungen** (nur erlaubt bei Hölle oder Argumenten von Meinungsgegnern; eigene Kernbotschaften werden abgewertet)

3. Die gebende Gestik als Grundfigur

Präsentieren kommt von Präsent und Präsent bedeutet Geschenk. Deshalb sollte auch ihre Gestik immer die eines Schenkenden, eines Gebenden sein. Das ist die Grundfigur der Gestik – ähnlich wie die „Eiche" für Ihre Haltung. Ungefähr 50 Prozent der Gestik sollte diese Grundfigur ausmachen. Alle anderen würzen nur Ihren Vortag. Wenn Sie TV-Profis beobachten, dann wird Ihnen auffallen, dass Sie alle die gebende Gestik benutzen. Sie spielt sich im sogenannten **positiven Bereich** ab. Es ist der bereich zwischen Brust und Gürtellinie innerhalb der Körpergrenze. Die Arme und Hände werden nie seitlich bewegt – das würde wie ein Hampelmann aussehen und durch das Anheben der Schultern bekommt jede verbale Aussage einen fragenden und somit unsicheren Ton.

Die gebende Gestik hat ihren Ausgangspunkt in der Körpermitte (vor dem Solarplexus) und bewegt sich von hier in Richtung Teilnehmer, so als ob man einen Korb mit Geschenken hat und immer wieder einzelne Geschenke übergibt. Sie können beide Hände gleichzeitig bewegen oder jeweils nur eine Hand. Die Handfläche zeigt nach innen, das drückt den Mechanismus der Vermittlung von Botschaften von innen nach außen auf andere Personen aus. Die Ruhestellung der gebenden Gestik sieht so aus, dass Sie beide Hände ganz leicht ineinander legen und vor der Körpermitte ruhig platzieren. Dadurch heben Sie Ihre Schultern leicht an (im Gegensatz zu hängenden Schultern bei hängenden Armen) und wirken so selbstsicherer.

Profi-Tipp gegen Lampenfieber:

Die ineinander gelegten Hände vor dem Körper schützen Ihre verletzliche Mitte. Sie können die Wärme der Hände spüren und den Schutz, der von ihnen ausgeht. Das gibt Ihnen Sicherheit. Stellen Sie sich Ihre Hände wie ein Schutzschild vor.

Bewegen Sie die Hände am Anfang einer Präsentation noch nicht. Reden Sie sich zuerst warm und lassen Sie die Gestik von alleine kommen. Jetzt müssen Sie sie nur noch langsam und fließend in Richtung Teilnehmer lenken und wieder zurück. Dann bleiben Sie wieder in der Grundhaltung bis der nächste Impuls kommt. Mit Ihren Händen können Sie ausgehend von der gebenden Gestik alle weiteren, im Folgenden aufgeführten Gesten entwickeln.

4. Zwanzig Gesten mit Limbischer Wirkung

Wohin nur mit meinen Händen?

Auch Gesten sind körperlicher Ausdruck unserer Limbischen Instruktionen und somit Ausdruck unserer inneren Haltung und unserer mentalen Programme, der Denkstile. Der strukturierte Denkstil äußert sich in feinen, kleinen Detailgesten, der großflächige Denkstil des experimentellen Denkstils äußert sich in eher großen, erhabenen Gesten. Wollen Sie also dem Limbischen System Ihrer Teilnehmer imponieren, dann ist es ratsam zur passenden Kernbotschaft das passende Körperbild mit passender Gestik zu verknüpfen. Keine Angst, das ist gar nicht so schwer, denn der Inhalt leitet Sie. Wenn Sie über Zahlen, Daten, Fakten sprechen, werden Sie ganz bestimmt keine Herzgestik mit „Sonne-Körperbild" einsetzten, und wenn Sie leidenschaftlich über Gefühle sprechen werden Sie wahrscheinlich keine Präzisierungsgestik mit dem Körperbild des „Distanzierten" einsetzen – es sei denn, Sie geben bewusst den Hofnarren!

1. Zielweisende Gestik

Vorgehen: Mit geradem Arm auf ein Ziel weisen, klar und kraftvoll.
Offene Handfläche, senkrecht gerichtet; das Ziel liegt vorn dem Körper, auf Schulterhöhe
Wirkung: geradlinig, klar, zielstrebig; gibt Orientierung
Geeignet für: Verweis auf ein Ziel; Motivation für den harten Weg zum Ziel; Abschluss-Phase einer Präsentation; Himmelbotschaften: *vorankommen, gewinnen*

2. Präzisierungsgestik

Vorgehen:
- Daumen, Zeige- und Mittelfinger an den Fingerspitzen zusammenführen
- Alle Finger an der Spitze zusammenführen und nach oben zeigen lassen

Wirkung: präzise, akkurat, durchdacht
Geeignet für: analytische Phasen einer Präsentation; Zahlen-Präsentation; Himmelbotschaften: perfekt, hervorragend, fehlerlos; für die Präsentation von Lösungen: die beste, vernünftigste Lösung.

3. Achtung-Wichtig! Gesten kurz einfrieren

Vorgehen: Präzisierungsgestik auf Schulterhöhe einige Sekunden einfrieren und dabei Schweigen
Wirkung: erhöht Wichtigkeit der vorangegangenen Aussage
Geeignet für: Zentrale Aussagen; Kernbotschaften; Schlüsselworte.
Auch alle anderen Gesten lassen sich kurz einfrieren und steigern so die Aussage.

4. Sieges-Gestik

Vorgehen:
- „Becker-Faust“; Hand zur Faust und von unten nach oben ziehen
- Faust auf Schulterhöhe anspannen und einige Sekunde in dieser Position bleiben
- Beide Hände auf Brusthöhe zur Faust
- Daumen nach oben zeigen lassen

Wirkung: entschlossen; siegesgewiss; stark; freudig
Geeignet für: Himmelbotschaften: *besser, schneller, erfolgreicher, voranbringend usw., für die Präsentation von Lösungen; Motivation für ein Ziel; Durchhalteparolen auf dem harten Weg zum Ziel; Abschluss einer Präsentation.*

5. Untermauernde Gestik

Vorgehen: Gebende Gestik mit Handflächen nach oben; Spannung in die Hände als ob man etwas Schweres tragen würde; Hände leicht von oben nach unten bewegen
Wirkung: Argumenten Gewicht verleihen; Wichtigkeit betonen
Geeignet für: analytische und argumentative Phasen einer Präsentation; Präsentation von Belegen und Beweisen

6. Besonnene Gestik

Vorgehen: Hände vor der Brust verschränken, rechte Hand ans Kinn führen; Kopf leicht schräg; Stirn in Falten; nachdenklich nicken; Kinn reiben; schweigen und erst dann sprechen
Wirkung: besonnen, überlegt, vernünftig, durchdacht, erfahren, weise, intelligent
Geeignet für: Antworten auf Einwände und Fragen der Teilnehmer; wenn Sie Zeit schinden wollen, weil Ihnen keine Antwort einfällt; wenn Sie vor strukturierten oder logisch-strukturierten Teilnehmern Lösungen präsentieren; für alle Hölle-Botschaften

7. Detailgestik

Vorgehen:
- Ganz feine kleine Bewegungen mit den Händen und Fingern
- Daumen und Zeigefinger zu einem O formen, Zeigefinger auf Daumenkuppe legen

Wirkung: sorgfältig; akkurat, fehlerfrei
Geeignet für: Präsentation von Details; Kernbotschaften: *gute Verarbeitung; hohe Qualität*; Präsentation von Lösungen vor vielen strukturierten Teilnehmern

8. Machergestik

Vorgehen: anpackende Gestik; Greifgestik; ab und zu Faust; mit der flachen Hand auf den Tisch schlagen. Wird verstärkt durch: Jackett ausziehen und Ärmel hochkrempeln
Wirkung: tatkräftig, bodenständig; pragmatisch, anpackend
Geeignet für: Präsentation vor Praktikern, zum Beispiel vor der Belegschaft; Präsentation von pragmatischen Lösungen; Präsentation in schlechten Zeiten (beobachten Sie beispielsweise Politiker in Katastrophengebieten)

9. Abwertende Gestik

Vorgehen: Handflächen zeigen nach unten; Hände bewegen sich von oben nach unten, so als ob man etwas nach unten drückt
Wirkung: erniedrigen, abwerten
Geeignet für: „So-nicht!"-Botschaften; Argumente von Meinungsgegnern

10. Verwerfende Gestik

Vorgehen: Greifgeste formen, Handfläche nach oben gerichtet – schwungvoll von oben nach unten seitlich verwerfen oder andeutend nach oben hinter die Schulter werfen
Wirkung: abwertend; vernichtend; verwerfend
Geeignet für: Hölle-Botschaften; Lösungen und Argumente von Meinungsgegnern

11. Strukturierende Gestik

Vorgehen:
- Mit den Fingern mitzählen
- Phasen auf einer imaginären, von links nach rechts verlaufenden Linie auf Brusthöhe, schrittweise anzeigen
- Schritte auf einer von innen nach außen zu den Teilnehmern verlaufenden imaginären Linie schrittweise zeigen
- Gliederungspunkte hervorheben durch immer gleiche gestische Betonung
- Zwei Möglichkeiten präsentieren – den Blick einmal auf die eine, einmal auf die andere Hand vor dem Körper richten

Wirkung: durchdacht; geordnet; strukturiert; ordentlich; anschaulich
Geeignet: um während der ganzen Präsentation die Gliederung zu verdeutlichen; sich so immer wieder die Aufmerksamkeit der Teilnehmer zurückholen; Präsentation von Lösungen (Phasen, Zeitschienen); Kernbotschaften wie *vorankommen, weiterkommen*; Präsentationen vor strukturierten Teilnehmern

12. Beschwichtigende Gestik

Vorgehen: Nach unten gerichteten Handflächen; leichte und langsame Bewegungen von oben nach unten
Wirkung: beruhigend; beschwichtigend
Geeignet: Wenn es heiß hergeht und Sie die Ruhe wiederherstellen wollen; um schlechte Nachrichten zu verkünden; nach der Hölle-Phase; nach der Verkündung von schlechten Nachrichten und bevor die eigene Lösung verraten wird (Aussage: *Es ist schlimm aber ich rette Sie!*)

13. Herzgestik

Vorgehen: Rechte Hand geöffnet ans Herz führen, aussprechen und dann Arm angewinkelt mit der Handfläche nach innen zum Publikum führen.
Wirkung: herzlich; leidenschaftlich, gefühlvoll
Geeignet für: Gefühlsverbalisierung; leidenschaftliche Statements; persönliche Erlebnisse; wenn Sie jemandem etwas ans Herz legen wollen; wärmste Empfehlungen; Himmelkernbotschaften *von Herzen kommend, mit viel Gefühl, Sie werden es lieben* usw.

14. Umarmende Gestik

Vorgehen: Arme auf Brusthöhe leicht angewinkelt ausstrecken, Handflächen weisen zueinander: imaginäre Umarmung der ganzen Gruppe
Wirkung: herzlich; verbindend
Geeignet für: Begrüßung; Einstieg; immer wieder in eine Präsentation einbauen, um ein Gemeinschaftsgefühl zu erzeugen; zum Abschluss einer Präsentation; zum Teambuilding

15. „Wir sitzen alle in einem Boot"-Gestik

Vorgehen: Umarmende Gestik wie oben beschrieben: jetzt Handflächen nach innen ziehen, so als ob man alle in ein Boot holen möchte
Wirkung: schweißt zusammen, verbindet

Geeignet für: Teambuilding; Gemeinschaftsgefühl erzeugen; Teilnehmer innerlich ins Boot holen; Motivationsreden: *Nur gemeinsam können wir es schaffen!*; Abschluss einer Präsentation; Himmelkernbotschaften: *Unterstützung; Service, persönliche Betreuung, Gerechtigkeit*

16. Priester-Gestik

Vorgehen:
- Segnen: Arme leicht angewinkelt nach vorne ausstrecken, auf Augenhöhe bringen; Handflächen zeigen nach unten; Finger leicht spreizen
- Beide Arme auf Nabelhöhe ausstrecken, leicht angewinkelt; Handinnenflächen den Teilnehmern offen zeigen; Gestik einige Sekunden so stehen lassen
- Beide Hände nach oben, als ob sie etwas greifen möchten und nach unten ziehen
- Rechte Hand flach vor die Brust

Wirkung: beschützend, vertrauen erweckend; ehrlich: Beistand von oben (Achtung: wirkt sehr schnell anmaßend)
Geeignet für: Visionen; leidenschaftliche Statements; das Thema erhöhen; Verweis auf größere Zusammenhänge

17. Visionäre Gestik

Vorgehen: Mit ausgestrecktem Arm auf ein Ziel in Scheitelhöhe verweisen; Blick folgt dem Arm, einige Sekunden stehen lassen
Wirkung: erhaben, visionär
Geeignet für: Himmel-Kernbotschaften: *fortschrittlich; der Zeit weit voraus usw.;* Motivationsreden; auf ein fernes Ziel einschwören

18. Große Gesten

Vorgehen: Gebende Gestik mit großen, ausladenden Bewegungen ausführen
Wirkung: groß, wichtig, großzügig, ganzheitlich
Geeignet für: Präsentationen vor vielen Menschen; große Themen; um das eigene Thema oder die eigene Person zu vergrößern

19. Illustrierende Geste

Wohin nur mit meinen Händen?

Vorgehen: Inhalte mit Gestik illustrieren
Wirkung: anschaulich, lebendig, unterhaltsam
Geeignet: Als Ersatz für Folien, um Stufen, Schritte, Formen, Phasen, Bewegungen, Verhältnisse usw. plastisch darzustellen

20. Notfallgeste: Stoppschild

Vorgehen: Hand zum Stoppschild vor dem Körper, circa auf Brusthöhe; Geste kurz einfrieren
Wirkung: abgrenzend; abweisend
Geeignet: um unfaire Angriffe zurückzuweisen; höflich eine deutliche Grenze setzten

Lerne alles, was du kannst über die Theorie, aber wenn du dem anderen gegenüber sitzt, vergiss das Textbuch

C.G. Jung

Profi-Technik: Botschaften mit Gesten verstärken oder hervorheben

Die Körpersprache wirkt, im Gegensatz zur verbalen Sprache, unbewusster. Deshalb kann sie auch eingesetzt werden um bestimmte verbale Botschaften und Inhalte elegant hervorzuheben. Mit Gesten können Sie

- den Adressaten der Botschaft bestimmen: Schauen Sie alle an und zeigen Sie mit der gebenden Gestik minimal auf den Botschaftsempfänger
- Disziplinieren: sprechen Sie die allgemeine Regel aus und schauen Sie alle an; zeigen Sie dabei mit der gebenden Gestik minimal auf den Regelverletzter
- elegant abwerten: Sprechen Sie wohlwollend über den Wettbewerber und gehen Sie gleichzeitig mit der Gestik nach unten
- elegant aufwerten: Sprechen Sie auch kritisch über Ihr Thema (wirkt objektiv) und gehen Sie gleichzeitig mit der Gestik nach oben
- das perfekte Angebote präsentieren: Argumente auf die Hand sprechen und Hand dann nach vorne zu den Teilnehmern mit gebender Gestik

Welche Geste könnte Ihnen oder Ihrem Anliegen ganz besonders gut stehen? Hat Ihnen eine bestimmte Geste ganz besonders gut gefallen? Vielleicht finden Sie sogar eine neue, eigene wirkungsvolle Geste. Suchen Sie sich für den Anfang eine bis zwei neue Gesten aus. Integrieren Sie sie erst im privaten Kontext in Ihre Gesamtpersönlichkeit. Lassen Sie sich von Vertrauten Feedback geben. Beobachten Sie Politiker und TV-Profis, während Sie fernsehen. Merken Sie sich wirkungsvolle Gesten und adaptieren Sie sie für Ihre Präsentationen.

17. Eine monotone Stimme versetzt die Zuhörer in Trance
Mit der Stimme Stimmung machen

Inhaltsübersicht Kapitel 17

1. Die zehn häufigsten Fehler beim Sprechen

Eine monotone Stimme versetzt die Zuhörer in Trance

Wie wichtig ist die Stimme beim Präsentieren? Schätzen Sie einmal, wie viel Prozent der Wirkung von ihr ausgehen? Untersuchungen zufolge zwischen 38 Prozent und 65 Prozent (Amon: 2004). Das würde bedeuten, dass ein inhaltlich perfekter Vortrag von einer piepsigen, brüchigen oder monotonen Stimme zunichte gemacht werden kann. Stimmen, die uns unangenehm sind, sind uns unsympathisch. Stimmen, die uns angenehm sind, sind uns sympathisch. Eine sympathische Stimme versetzt uns in eine gute *Stimm*ung, sie findet *Anklang*, sie findet Zu*stimm*ung, sie *bestimmt*. Ein Präsentierender, der gut sprechen kann, dem kann man gut folgen, der wirkt interessant, der fesselt mit seiner lebendigen Vortragsweise seine Zuhörer. Sie hängen an seinen Lippen, während er mal laut, dann leise, mal betont, dann ganz beiläufig, mal schnell, dann wieder nachdenklich bedächtig mit wirkungsvollen Pausen und angenehmer Modulation präsentiert. Wie anders dagegen die Wirklichkeit der meisten Business-Präsentationen: PowerPoint geht an und der Presenter liest nun mit Ablese-Stimme die Satzhäppchen, die wir schon längst selbst gelesen haben, noch einmal von der Wand. Der Laserpointer in der Hand verhindert Gestik, die Konzentration auf die Folien verhindert Blickkontakt – kein Wunder wenn die Stimme nicht in Stimmung kommt und monoton uns Zuhörer in Trance spricht.

Unmittelbar teilt sich aber der innere Mensch dem Ohre mit, und zwar durch den Ton seiner Stimme. Der Ton ist der unmittelbare Ausdruck des Gefühls

Richard Wagner

Wer das Ohr beleidigt, dringt nicht zur Seele vor – das wusste schon vor fast 2000 Jahren Quintilian, der berühmte römische Rhetoriklehrer. Die Stimme transportiert Stimmung, Gefühle, Emotionen: sie kann zögerlich sein oder tatkräftig, fest oder zittrig, präzise oder schlampig, engagiert oder desinteressiert, warm oder kalt, frisch oder verbraucht. Wer Menschen in seinen Bann ziehen möchte, wer etwas bewegen möchte, wer andere mitreißen will – der kann dies nur mit der Kraft seiner Stimme. Eine flache, stockende, zögerliche Stimme schafft das nie. Untersuchungen zufolge mögen die meisten Menschen warme, volle, tiefe und melodische Stimmen. Diese Stimmen bewirken, dass man sich wohl fühlt, gerne zuhört und eher bereit ist, dem Inhalt zu glauben. In Untersuchungen zum Thema Männer- und Frauensprache wurde deutlich, dass der tiefen Männerstimme bei gleichem Inhalt mehr Glauben geschenkt wird. Deshalb gewöhnen sich viele Frauen

Eine monotone Stimme versetzt die Zuhörer in Trance

in geschäftlichem Kontext oft eine tiefere Stimme an. Was aber tun, wenn die eigene Stimme so gar nicht der Idealstimme entspricht? Wenn man gar nicht weiß, wie die eigene Stimme wirkt und ankommt? Ihre Stimme ist nichts Endgültiges – Sie können an ihr arbeiten. Dafür gibt es Berufe, die sich extra darauf spezialisiert haben: Sprecherzieher, Logopäden, Medientrainer. Hier sind Sie, wenn Sie Ihre Stimme individuell entwickeln möchten, bestens aufgehoben. In diesem Kapitel möchte ich Ihnen einige Empfehlungen geben, die in der Präsentationspraxis von Bedeutung sind und die einfach und leicht zu ändern sind. Sie ersetzen jedoch nicht das individuelle Feedback. Hören wir einmal in Präsentationen hinein und lauschen, welche Stimmen so gar nicht gut klingen:

Zehn stimmliche Wirkungs-Sabotagen

1. **Monotone Sprechweise:** es gibt keine Höhen und keine Tiefen, keine Tempiwechsel; keine Hervorhebungen von Schlüsselworten, keine Kontraste. Der Zuhörer kann nur schwer folgen und kämpft mit dem Schlaf.
2. **Fragendes Satzende obwohl Behauptung:** Behauptungen werden wie Fragen ausgesprochen und die Stimme geht an jedem Satzende nach oben. Der ganze Inhalt wird in Frage gestellt, die Überzeugungskraft geht verloren.
3. **Zu schnelles sprechen:** dank Adrenalin und Aufregung durch die Präsentation hetzen; das Publikum kann nicht folgen; gute Argumente haben keine Zeit zu wirken; Überzeugungskraft geht verloren
4. **Ohne Punkt und Komma sprechen:** ohne Pausen hat das Publikum keine Zeit nachzudenken und nachzuspüren; Wichtiges kann nicht hervorgehoben werden: die Wirkung verpufft.
5. **Kraftloses Sprechen:** ein Sprechen nach dem Motto „Dienst nach Vorschrift" – ohne inneres Engagement, ohne Feuer, ohne Leidenschaft. Oft zu beobachten bei Menschen, die innerlich gekündigt haben.
6. **Nuscheln und Silben verschlucken:** der Mund bleibt beim Sprechen fast ausgeschlossen, die Zunge liegt schwer im Mund, Endsilben werden verschluckt – das Publikum kann nichts verstehen und was nicht verstanden wird, kann nicht überzeugen; außerdem wird undeutliches Sprechen mit Schlampigkeit und Ungenauigkeit in Verbindung gebracht; dem Sprecher wird eine niedrigere soziale Stellung und Schulbildung attestiert.
7. **Opferstimme – leidend, jammernd:** wehleidiges Sprechen aus der Opferposition; die Stimmung im Publikum wird bedrückt, so als ob man alle Energie im Raum geklaut hätte; schlechte Stimmung schadet der Überzeugungskraft.
8. **Übertrieben-hofierendes Süßholzraspeln:** überdimensional modulierte, zuckersüße Stimme; wirkt unecht, manipulierend und zerstört Überzeugungskraft
9. **Zu breiter Dialekt vor Nicht-Dialektlern:** Dialekt kann sympathisch wirken, jedoch darf er nicht so breit sein, dass ihn das Publikum nicht versteht
10. **Persönliche Sprachmarotten:** ähs, Modeworte, räuspern und andere Ticks wirken komisch bis störend.

2. Wirkungsvolle Limbische Stimm-Muster

Eine monotone Stimme versetzt die Zuhörer in Trance

Stimme ist nicht gleich Stimme. Und auch eine wohlklingende Stimme kann – an falscher Stelle, vor „falschem" Publikum, zum falschen Thema – einfach unpassend sein.

- *Eine warme und gefühlvolle Stimme passt nicht, wenn wir fest unsere Meinung vertreten wollen.*
- *Eine feste und bestimmte Stimme passt nicht, wenn wir über die Vorzüge eines Produkts oder einer Leistung hervorheben wollen*
- *Eine begeisterte Stimme passt nicht, wenn wir in der Höllephase sorgenvoll die Situation am Markt beurteilen.*
- *Eine besorgte Stimme passt nicht, wenn wir unsere Teilnehmer auf ein gemeinsames Ziel einschwören wollen*

Wer das Ohr beleidigt, dringt nicht bis zur Seele vor

Quintilian

Auch bei der Stimme ist es wichtig, sie mit dem Inhalt (den Kernbotschaften), dem Körperbild, der Gestik und der Mimik in Einklang zu bringen. Erinnern Sie sich noch einmal, an welche Limbischen Persönlichkeit die Kernbotschaft gerichtet ist und stimmen Sie Ihre Stimme und Ihre Körpersprache darauf ab. Wie könnte Alexander, der IT-Profi aus Kapitel 12, mit seiner Stimme den richtigen Ton treffen, um seine Kernbotschaften stimmig zu transportieren? Ergänzen wir die Tabelle von Seite 291 um die Rubrik Stimme:

Eine monotone Stimme versetzt die Zuhörer in Trance

Teilnehmer	Kernbotschaft	Visualisierung	Stimme
Logisch	Mit unserem qualifiziertem Know-how gewinnen Sie Zeit und Geld	**Kuchendiagramm:** Zeigt, wo **genau** sich die Zeitersparnis befindet **Balkendiagramm:** Zeigt, wie viel Geld **genau** gewonnen wird	Fest, bestimmt, wenig moduliert = glaubwürdiges Muster des Experten
Strukturiert	Optimale Steuerung Ihrer Projekte	**Phasendiagramm:** Zeigt fünf animierte Pfeile für Phasenkonzept: Analyse, Beratung, maßgeschneiderte Konzeption, Umsetzung, Nachkontrolle Beispiel einer **Zeitschiene** aus einem ähnlichen Referenzprojekt (vermittelt Sicherheit über Ablaufplan und über Referenz)	Langsam, deutlich, wenig moduliert = vertrauenswürdiges Muster des Machers
Gefühlvoll	Persönlicher Nutzen der Mitarbeiter	**Foto:** zeigt glückliche und somit hoch motiviert arbeitenden Menschen	Zugänglich, moduliert, weich, warm = sympathisches Stimm-Muster des Mentors
Experimentell	Philosophie und Architektur	**Überblicksdarstellung:** Zeigt Vernetzungsmöglichkeit und erklärt ganzheitliche, zukunftstaugliche und wettbewerbsstarke Lösung Speziell geschnittene **Fotos** von tollen Features; kurze **Videosequenz**	Begeistert, mitreißend, fesselnd = visionäres Stimm-Muster des Motivators

Jede Kernbotschaft hat ein bestimmtes Limbisches Profil und braucht ein bestimmtes Stimm-Muster, das sie glaubwürdig trägt und transportiert. Das nennt man in der Fachsprache Kongruenz (Übereinstimmung) von Form und Inhalt. Da Sie Kernbotschaften für unterschiedliche Limbische Teilnehmertypen produziert haben, wird Ihr stimmlicher Vortrag automatisch abwechslungsreich und stimmig.

Eine monotone Stimme versetzt die Zuhörer in Trance

Die vier Hauptstimm-Muster: Experte, Macher, Mentor und Motivator

	Stimm-Muster	Funktion	Beispiele aus TV	Beschreibung der Stimme
Logisch	Experte	Glaubwürdigkeit und Festigkeit	Tagesschau	Fest Bestimmt Wenig moduliert Eher kühl Kaum Körpersprache
Strukturiert	Macher	Vertrauen und Sicherheit	Monitor, Report	Besorgt Langsam Deutlich Eindringlich Gestik wichtig
Gefühlvoll	Mentor	Verbundenheit und Sympathie	Talkshow	Warm Weich Zugänglich Moduliert Abgestimmt Mimik wichtig
Experimentell	Motivator	Begeisterung und Motivation	Unterhaltungs-Show	Schnell Energiereich Starke Kontraste Stark moduliert Mit ganzem Körper sprechen

Übung: Ergänzen Sie in der zweiten Spalte die dazugehörigen Körperbilder und Gesten aus Kapitel 15 und 16.

Eine monotone Stimme versetzt die Zuhörer in Trance

3. Abwechslung erfreut: Zehn Möglichkeiten mit der Stimme Akzente zu setzten

Variatio delectat – Abwechslung erfreut! ist eine bewährte rhetorische Weisheit. Mit dem System der abgestimmten Kernbotschaften schaffen Sie mühelos Abwechslung in Ihrem Vortrag und gefallen auch stimmlich allen Limbischen Instruktionen. Das bedeutet, Ihre Botschaft wird im Limbischen System als angenehm empfunden und als relevant eingestuft – und erhält vom Großhirn Beachtung und Wohlwollen. Ihr Vortrag wirkt rund und harmonisch, denn so schön eine warme und zugängliche Stimme auch ist, würde sie das einzige Stimm-Muster bleiben, würde der Vortrag zwar an Sympathie gewinnen, an Glaubwürdigkeit und Vertrauen jedoch verlieren. Auch während der unterschiedlichen Phasen einer Präsentation ist es wichtig zu variieren: mal leise, dann laut; mal nachdenklich, dann bestimmt. Welche Akzente können wir in einer Präsentation mit unserer Stimme setzten?

Betont – beiläufig

Schlüsselworte, Kernbotschaften und wichtige Passagen werden betont, anderes wir ganz leicht und beiläufig gesprochen. So stellen Sie sicher, dass das Richtige im Gedächtnis der Zuhörer verankert bleibt.

Betonung (Hervorhebungen): Pause machen, langsamer werden, mit der Stimme nach unten gehen, mehr Energie in die Stimme, mit Präzisierungs-Gestik unterstreichen:

Das Konzept funktioniert/$_{\text{hervorragend}}$/in/$_{\text{jeder}}$/Situation!

Schnell – langsam

Geschichten, Beispiele, „leichte Kost“ werden schnell und flott erzählt. Wichtiges, Komplexes, und Kompliziertes wird langsam gesprochen. Langsamkeit hebt Dinge hervor, zieht die Bedeutung in die Länge und hilft Ihrem Publikum, schwere Kost geistig besser zu verdauen.

Hoch – tief

Begeisterndes, Visionäres und Erhabenes kann in hohen Tönen gesprochen werden. Probleme, Analysen und Mahnungen in tiefen. **Wichtiges wird eher tief gesprochen.** Mit hoher Stimme können Sie Kontraste setzten, wegnickende Teilnehmer aufwecken, Schwung in die Präsentation bringen. Mit tiefer Stimme lässt sich gut über (tiefe) Gefühle sprechen.

Eine monotone Stimme versetzt die Zuhörer in Trance

Laut – leise

Lauter werden Sie, wenn Sie zu einer wichtigen Passage kommen. Leiser, wenn es sich um Details und Sorgfalt handelt. Auch starke Kontraste innerhalb eines Satzes wirken fesselnd. Lesen Sie den folgenden Satz so: **das erste Wort sehr laut**, die erste Hälfte laut – die zweite ganz leise:
Laut peitschen Sie an – *leise beruhigen und dämpfen Sie.*

Ohne Pausen – mit Pausen

Leichte, humorvolle Einschübe erzählen Sie ohne Punkt und Komma. Damit signalisieren Sie Ihren Zuhörern: „das am Rande". Ansonsten machen Sie viele Pausen. Pausen gehören zu den wirkungsvollsten Stilmitteln der Rhetorik. Nach wichtigen Argumenten immer eine lange Wirkpause einlegen! (Jetzt käme, wenn ich mit Ihnen sprechen würde, eine lange Pause). Denn nur dann können Argumente verarbeitet werden und entfalten ihre ganze Wirkkraft (lange Pause).

Wellenförmig – gerade

Wellenförmiges Sprechen wirkt ganz besonders zugänglich. Sehr gute Telefonstimmen beherrschen dieses „Singen". Das Gegenteil ist eine eher geradlinige Sprechweise, die zum Satzende hin abfällt. Dieses Muster wirkt geradlinig, nüchtern und bestimmt. Es signalisiert: Ich komme auf den Punkt!

Fragend – behauptend

Fragende Passagen, in denen die Stimme am Satzende nach oben geht, wechseln sich mit behauptenden Passagen ab, in denen die Stimme am Satzende nach unten geht. Ein anregender Wechsel von Fragen und Behauptungen wirken spannend, interessant und hält das Publikum aufmerksam.

Eine monotone Stimme versetzt die Zuhörer in Trance

Nachdenklich – bestimmt

Zögerliches, langsames, bedächtiges Sprechen verweist auf einen durchdachten, erfahrenen und nachdenklichen Presenter. Bestimmtes, forsches Sprechen auf einen Presenter, der weiß was er will, tatkräftig anpacken und Orientierung geben kann. Auch hier wirkt der Wechsel sehr reizvoll und intelligent.

Humorvoll – ernst

Charmantes Plaudern, humorvolle Leichtigkeit und gemeinsames Lachen wechseln sich mit ganz ernsten Passagen ab, ohne Lächeln und ohne soziale Weichmacher. Erst der Kontrast macht Freundlichkeit freundlich und Ernsthaftigkeit ernst.

Profi-Techniken: Effektive Stimmübungen

Wohlklingende Stimme

Hören Sie sich einmal gute Stimmen im Fernseher oder Radio an. Sie haben alle eines gemeinsam: sie sind sehr angenehm, wohlklingend. In ihnen schwingt ein Hauch von Sinnlichkeit mit, sie gehen „unter die Haut", was nichts anders bedeutet als dass sie unser Innerstes erreichen. Die Schauspielerin und Sprecherin Kathrin Hildebrand verrät eine Übung, wie Sie Ihre Stimme trainieren können. Am besten funktioniert die Übung, wenn Sie alleine und in guter Stimmung Auto fahren, Musik hören und entspannt sind. Stellen Sie sich nun den Menschen den Sie von Herzen lieben vor. Sagen Sie ganz ehrlich und aus tiefstem Herzen: Ich liebe dich! Ihre Stimme wird augenblicklich tiefer, langsamer, eindringlicher. Üben Sie diese Stimmlage nun mit wichtigen Botschaften und allen Passagen, die Sie im Gedächtnis und in der Seele Ihrer Zuhörer verankern wollen

Präzise sprechen

Wer nuschelt oder Endsilben verschluckt, wirkt schlampig. Üben Sie deshalb präzise zu sprechen. Sprechen Sie immer die Endsilben aus. Unterscheiden Sie Konsonanten deutlich voneinander und öffnen Sie den Mund bei Vokalen. Eine gute Übung ist die Korkenübung aus dem Schauspielunterricht. Nehmen Sie einen Sektkorken zwischen die Zähne und lesen Sie (am besten täglich) einen kurzen Zeitungstext. Ihre Aussprache wird schnell viel deutlicher und präziser.

Das Verständliche an der Sprache ist nicht das Wort selber, sonder der Ton, Stärke, Modulation, Tempo mit dem eine Reihe von Worten gesprochen wird – kurz die Musik hinter den Worten, die Leidenschaft hinter dieser Musik, die Person hinter dieser Leidenschaft: alles das also, was nicht geschrieben werden kann.

Friedrich Nietzsche

Eine monotone Stimme versetzt die Zuhörer in Trance

18. Warum nur sind plötzlich alle aggressiv oder gelangweilt?
Die Teilnehmer für sich gewinnen: Mit Beiträgen und Einwänden wertschätzend umgehen

Inhaltsübersicht Kapitel 18

1. Unterschiedliche Widerstände erkennen und überwinden lernen

Warum nur sind plötzlich alle aggressiv oder gelangweilt?

(1) Georg präsentiert sein Konzept vor potenziellen neuen Kunden. Während er eine PowerPoint-Folie nach der anderen zeigt und die vielen Vorteile seines Konzepts auflistet, nickt seine Teilnehmerrunde brav und lächelt höflich. Nachdem Georg mit seiner Präsentation fertig ist werden noch ein paar Nettigkeiten ausgetauscht. Sein Angebot, weitere noch offene Fragen zu beantworten, wird überaus höflich abgelehnt. Georg wird äußerst freundlich zum Aufzug begleitet. Der Geschäftsführer verabschiedet sich mit festem Händedruck und den Worten „Sie hören dann von uns ...“ – sein Blick wandert merkwürdigerweise zum Boden. Plötzlich macht sich ein ungutes Gefühl in Georg breit – er ahnt, dass er nicht überzeugt hat.

(2) Stefan ist Abteilungsleiter. In der monatlichen Abteilungsleiterrunde möchte er seinen Vorgesetzten und die anderen Abteilungsleiter von einer Prozessoptimierung überzeugen. Nachdem er seine Präsentation beendet hat kommt es zu einem lebhaften aber fairen Schlagabtausch. Seine Kollegen finden den Vorschlag grundsätzlich in Ordnung, haben jedoch noch Fragen, bringen Einwände und klopfen die Idee mit Gegenargumenten ab. Stefan fühlt sich angegriffen und pariert die Gegenargumente und Einwände mit „Das ist so nicht richtig“, „Das sehen Sie falsch“. Auf jedes Gegenargument geht er kämpferisch darauf los, um es zu entkräften. Die Stimmung wird von Minute zu Minute schlechter. Schließlich verbünden sich alle gegen ihn – sein an sich guter Vorschlag wird vernichtend abgeschmettert.

(3) Claudia ist eine engagierte Managerin. Heute präsentiert sie vor der Geschäftsleitung die Ergebnisse ihrer Arbeitsgruppe. Norbert passt es ganz und gar nicht, eine so engagierte neue Kollegin zu haben, die eventuell seinen Einflussbereich eingrenzen könnte. Deshalb fängt er die gut vorbereitete und gut gelaunte Claudia vor der Präsentation auf dem Flur ab. Freundlich hebt er hervor, dass Sie heute schon viel besser aussehe als gestern und dass das Kostüm nun langsam zum Dress-Code des Unternehmens passe: „Sie machen sich!“ sagt er jovial und klopft ihr dabei von oben nach unten auf die Schultern. Claudia, die sich bis zu diesem Zeitpunkt stark und sicher gefühlt hat spürt eine merkwürdige Verunsicherung. Sie geht noch einmal in ihr Büro,

überprüft ihr Aussehen und ihr Kostüm. Auch während ihrer Präsentation nestelt sie permanent an ihrer Kleidung und fühlt sich sichtlich unwohl. Die Geschäftsleitung ist irritiert – und Norbert triumphiert.

Dialektik ist eine Kunst, die Ihnen hilft, Ihre Argumente durchzusetzen und Ihre Ziele zu erreichen – im heftigen Widerstreit der Meinungen, aber auch wenn destruktive oder manipulative Methoden zum Einsatz kommen. Ihre Teilnehmer sind nur Menschen – mit allen Fehlern und Schwächen: sie wollen nichts verändern, denn Veränderung kostet Kraft; sie wollen Sie nicht „gewinnen" lassen, denn das schmälert ihren Einflussbereich; sie wollen ein gutes Angebot zu einem möglichst niedrigen Preis. Sie verfolgen vielleicht verdeckte Interessen und müssen Ihre Präsentation niedermachen, obwohl sie gut ist. Deshalb kann es Ihnen passieren, dass Sie alles richtig machen und trotzdem Ihr Ziel nicht erreichen. Der vorausschauende Presenter kalkuliert Politik, Strategien und Taktiken seiner Teilnehmer mit ein. Er bereitet sich im Vorfeld auf alle Eventualitäten vor. Er läuft nicht naiv in jedes Messer, tappt nicht in jede Falle und wird nicht zur verdutzten Zielscheibe knallharter Kampfrhetorik. Der vorauschauende Präsentierende beherrscht nicht nur die Methoden der Rhetorik, er eignet sich auch die Kampfkunst der Dialektik an. Deshalb beschäftigt sich dieses Kapitel mit den Methoden der fairen und das nächste Kapitel mit den Methoden unfairen Dialektik.

Lernen Sie die Dialektik lieben, denn der offene Schlagabtausch der Argumente und Taktiken beinhaltet immer eine Chance, sich mit dem Gegenüber zu messen und auseinander zu setzten. Viel gefährlicher sind diejenigen, die höflich nicken und schweigen, eventuell lächeln und gehen – wie die Teilnehmer im ersten Beispiel. Wenn Sie vor Kunden präsentieren, die ihren Widerstand nicht offen zeigen, erhalten Sie eine freundliche Absage; wenn Sie vor der Geschäftsleitung präsentieren, die ihren Widerstand nicht offen zeigt, wird alles beim Alten bleiben; und wenn Sie vor Mitarbeitern präsentieren, die ihren Widerstand nicht offen zeigen, dann wird die Umsetzung zäh, weil heimlich gegen ihren Vorschlag intrigiert wird. Das Schlimmste, was Ihnen passieren kann, sind nicht unfaire Angriffe, sondern Widerstände, die nicht offen auf den Tisch kommen. Das weiß jeder Verkäufer. Er lernt in seiner Ausbildung: „Freuen Sie sich über Einwände, denn Einwände signalisieren Interesse!" Wer nicht einmal die Energie für einen Einwand aufbringt, ist meilenweit davon entfernt, Ihren Zielen zuzustimmen. Ein Präsentierender, der die Widerstände seiner Teilnehmer *nicht* kennt, gerät ins Hintertreffen. Er kann seine Präsentation nicht feinjustieren, kann seine Konzepte oder seine Produkte nicht verbessern, er kann nichts tun, außer zu gehen. Es ist heute ein Privileg, die Widerstände seiner Teilnehmer zu erfahren, denn viele meiden den offenen Konflikt und sparen ihre Energie um eigene Ziele zu erreichen.

Warum nur sind plötzlich alle aggressiv oder gelangweilt?

Auf einen Sonderfall der desinteressierten Höflichkeit möchte ich Sie noch hinweisen: Haben Sie eine revolutionäre Idee und suchen Geldgeber? Wollen Sie die Geschäftsleitung von neuen Wegen überzeugen? Stellen Sie ein so noch nie da gewesenes Produkt oder Konzept vor – und jeder belächelt Sie? Halten Sie durch und denken Sie an die Erkenntnis des Philosophen Schopenhauers:
Ein neuer Gedanke wird zuerst verlacht, dann bekämpft, bis er nach längerer Zeit als selbstverständlich gilt.
Vielleicht sind Sie noch in Phase 1 und werden milde belächelt oder als nicht ernstzunehmender Spinner abgestempelt. Wappnen Sie sich dialektisch für Phase 2, denn je erfolgreicher Sie werden, umso mehr schrecken Sie den Wettbewerb auf. Und freuen Sie sich auf Phase 3 – dann haben Sie es geschafft!

Schauen wir uns noch das Beispiel Nummer 2 an. Stefan präsentiert einen Vorschlag, der zunächst wohlwollend aufgenommen wird und nun kritisch diskutiert wird. Doch statt sich über die Vielfalt der Meinungen zu freuen, satt sie respektvoll zu würdigen und eventuell zu einer noch besseren Prozessoptimierung zu gelangen – macht Stefan einen Fehler, wie ihn so viele Präsentierenden machen. Er fühlt sich persönlich angegriffen und meint, nun kämpfen zu müssen. Indem er kämpferisch in den Wald hineinruft – hallt es natürlich kämpferisch zurück. Er verletzt seine Teilnehmer, er behandelt sie nicht respektvoll und er baut Mauern statt Brücken. Nie würde er die Verantwortung für die Niederlage in seinem eigenen Verhalten suchen: es waren ja die anderen, die kritisch waren. Diese Haltung erlebe ich zu 80 Prozent in meinen Seminaren, vor allem bei Teilnehmern mit hoher Dominanz-Instruktion – und sie führt mitten ins Desaster. Vor Kun-

Warum nur sind plötzlich alle aggressiv oder gelangweilt?

den führt sie dazu, dass der Kunde überempfindlich und kritisch wird. Ein Einwand jagt den nächsten. Anschließende Preisverhandlungen gestalten sich zäh und der Präsentierende muss viele Federn lassen. Vor Kollegen führt diese nicht wertschätzende Art mit Einwänden umzugehen zu einer Verschlechterung des Klimas, zu aufreibenden Beziehungen unter Kollegen und Abteilungen. Und vor der Geschäftsleitung signalisiert ein so undiplomatisches Vorgehen oft das Karriere-Aus, denn rhetorisches, taktisches und diplomatisches Geschick werden für viele Führungspositionen vorausgesetzt. Wie man in den Wald hineinruft, so hallt es eben zurück. Wer Wertschätzung auch Gegenargumenten und Einwänden gegenüber zeigt erhält meistens auch Wertschätzung zurück.

Im Folgenden stelle ich Ihnen vier Widerstands-Stufen vor: vom höflichen Desinteresse, über interessierte Einwände, konstruktive Gegenargumente hin zu destruktiven und manipulativen Angriffen. Die folgende Tabelle zeigt Ihnen, welche Funktion die Widerstände haben, woran Sie sie erkennen und wie Sie mit Ihnen so umgehen, dass Sie dennoch Ihr Ziel erreichen. Im Anschluss wird jede Stufe in einem Unterkapitel kommentiert.

Widerstand	Funktion	Erkennung	Abwehr
Höfliches Desinteresse	So schnell wie möglich und ohne Energieverlust die Präsentation beenden Höfliche Absage	Fassadenhafte Höflichkeit; keine Fragen und Bemerkungen; ausweichender Blickkontakt; verräterische Gesten (zum Beispiel an die Nase fassen)	Mutig in die Interaktion gehen Neue Zielgruppenrecherche Präsentation mit dem Limbischen Kommunikationsmodell besser auf Teilnehmer abstimmen
Interessierte Einwände	Gewillt unter bestimmten Bedingungen dem Ziel der Präsentation zuzustimmen	Offener Blick; Offene Haltung; Interesse; Engagement; Dialog	Einwände sind Wünsche Limbische Einwandbehandlung Lösungsorientierung
Konstruktive Gegenargumente	Fairer Schlagabtausch mit dem Ziel, die beste Lösung gewinnen zu lassen	Offener Blick; Offene Haltung; kann auch heiß hergehen; kann auch mal persönlich werden – aber immer mit Ziel der Konsensfindung	Hart in der Sache – weich in der Form: Brückensätze Fünfsatz Hängende Schallplatte
Destruktive und manipulative Angriffe	Attacken, um mit allen Mitteln und um jeden Preis zu verhindern, dass das Ziel der Präsentation erreicht wird	Manipulation: Täuschung (schwer zu erkennen) Oft nach außen sehr „beziehungs-orientiert" und „fair" Destruktion: Genussvolles Zurücklehnen verengte Augen; Cool: präzise durchdachte Taktiken	Eindeutige aber unaufwändige Abwehrtechniken, wie in Kapitel 19 beschrieben

Warum nur sind plötzlich alle aggressiv oder gelangweilt?

Wie man in den Wald hineinruft, so schallt es heraus

Lebensweisheit

Schauen wir uns nun der Reihe nach die einzelnen Widerstände an und wappnen uns bestmöglichst für den Kampf der Argumente und Taktiken!

Warum nur sind plötzlich alle aggressiv oder gelangweilt?

2. Zurück auf Los! – höfliches Desinteresse erfolgreich verarbeiten

Die Grundidee des Limbischen Kommunikationsmodells ist:

Baue deine Präsentation auf den Entscheidungskriterien (Werten) und Problemen deiner Teilnehmer auf. Benutze die daraus gewonnenen Kernbotschaften als Kraft um die Entscheidungswege deiner Teilnehmer in deine Richtung zu lenken. Benutze dazu denkstilgerechte Argumente, Beweise und Belege. Sprich in den Mustern, die deine Zuhörer kennen, verstehen und lieben und inszeniere überzeugend. Verlasse dich dabei mehr auf die Rhetorik als auf PowerPoint.

Wenn Sie Ihre Präsentation genauso vorbereiten, dann ist Ihre Präsentation für Ihre Teilnehmer relevant, interessant und nützlich. Also hängen die Teilnehmer an Ihren Lippen, freuen sich auf Ihre Lösung und entscheiden in Ihrem Sinne. Sie fühlen sich verstanden, gut aufgehoben und erkennen in Ihnen den Retter, der ihr höllisches Problem löst und Ihnen einen himmlischen Limbischen Mehrwert bringt: mehr Gewinn, mehr Sicherheit, mehr Verbundenheit, mehr Spaß ...

Höfliches Desinteresse entsteht immer dann, wenn der Präsentierende meilenweit von der Lebenswirklichkeit und vom Limbischen Profil seiner Teilnehmer entfernt ist. Er sendet seine Präsentation auf einer Wellenlänge, die seine Teilnehmer gar nicht empfangen können. Die Präsentation rauscht an ihrem Motiv- und Emotionssystem vorbei und kann sie gar nicht berühren oder motivieren.

Der Präsentierende redet von Zahlen, Daten und Fakten – und seine gefühlvollen Teilnehmer fragen sich, was es nachher zum Mittagessen geben wird. Ein anderer präsentiert akribische Details und seine experimentellen Teilnehmer träumen vom Feierabend.
Andere ziehen eine bühnenreife Show ab – und ihre strukturierten Teilnehmer sind sich ganz sicher: Niemals vertraue ich dem mein Geld, meine Mitarbeiter und oder meine Sorgen an!

Und wieder andere bauen liebevolle Beziehungen zu ihren Teilnehmern auf und ihre logischen Teilnehmer denken sich im Stillen „Mit dem Softie? – Niemals!“

Warum nur sind plötzlich alle aggressiv oder gelangweilt?

Und dann gibt es immer auch noch die, die – ganz unabhängig vom Limbischen Profil – nicht präsentieren können. Sie sind langweilig, motonon, verwirrend, bieten keinen Nutzen … – und alle Teilnehmer fragen sich nur, wann die Qual zu Ende ist.

Die Teilnehmer haben also ihre Entscheidung gegen den Präsentierenden gefällt – jetzt geht es ihnen nur noch darum, ihn mit so wenig Energie und so schnell wie möglich hinaus zu komplimentieren. An dieser Stelle bleibt dem Präsentierenden nur noch der geordnete Rückzug. Es sei denn, er ist jung und unerfahren. Dann dürften Sie jetzt diesen Bonus ausspielen, wenn Sie vor älteren Teilnehmern präsentieren. Fragen Sie diese, während sie Sie höflich zum Aufzug begleiten, was Sie Ihnen aufgrund Ihrer Erfahrung raten würden: *Herr Müller, ich weiß, ich habe Sie heute nicht überzeugen können. Ich habe noch nicht so viel Erfahrung mit Präsentationen (mit Ihrer Branche, mit xy) und ich bitte Sie, mir einige Empfehlungen zu geben, wie ich es beim nächsten mal besser machen kann.* Wenn Sie Glück haben, treffen Sie mitten ins Mentoren-Herz einer erfahrenen Person und erhalten nun gute Tipps. Es kann sogar sein, dass Sie noch eine zweite Chance bekommen.

Abwehr: Höfliches Desinteresse

In den meisten Fällen hilft also nur noch der geordnete, höfliche Rückzug, um sich für später eine Tür offen zu lassen. Jetzt heißt es: Zurück auf Los! – und die Präsentation komplett überarbeiten. Sie sind im Besitz sehr wichtiger Informationen: Sie wissen jetzt, was nicht ankommt.

- Führen Sie eine neue, saubere Zielgruppenanalyse durch
- Suchen Sie neue Kernbotschaften
- Inszenieren Sie denkstilgerechter
- Packen Sie Ihren Präsentationsrucksack vollkommen, wie in Kapitel 11 erläutert
- Bauen Sie Interaktionen ein – damit Sie noch während der Präsentation die Möglichkeit haben, sich feiner zu justieren.
- Besuchen Sie einen guten Präsentationskurs, am besten mit Video.

Warum nur sind plötzlich alle aggressiv oder gelangweilt?

- Lassen Sie sich Feedback zu Ihrem Auftreten, zur Körpersprache, zur Stimme geben.
- Lesen Sie immer wieder einzelne Kapitel aus diesem Buch und setzen Sie mindestens drei Ziele praktisch um, denn es reicht nicht allein zu wissen, man sollte das Wissen auch anwenden können, um erfolgreich zu sein.

3. Bauen Sie Brücken statt Mauern – wertschätzende Einwandbehandlung

Sehen wir uns die zweite Widerstands-Möglichkeit an: die interessierten Einwände. Ihre Teilnehmer sind also bereit, sich mit Ihrer Position auseinanderzusetzen. Das bedeutet, dass Sie ihre Werte und Probleme getroffen haben, aber noch nicht ganz. Das ist wie beim Bogenschießen: Sie haben nicht ins Schwarze getroffen.

Merke: Sie haben umso weniger Einwände ...

... je präziser Ihre Präsentation die Werte Ihrer Teilnehmen trifft.

Je genauer Sie im Vorfeld Probleme, Werte und Denkstile Ihrer Teilnehme analysieren und Ihre Präsentation darauf aufbauen, umso wertvoller, relevanter und nützlicher ist Ihre Präsentation für Ihre Teilnehmer. Sie gehen wertschätzend mit der Zeit und Aufmerksamkeit Ihrer Teilnehmer um. Wer Wertschätzung zeigt bekommt auch Wertschätzung zurück!

In den Einwänden melden sich die verletzten Werte Ihrer Teilnehmer zu Wort. Einwände sind also umgedrehte, verdeckte Limbische WERTE! Werte sind Entscheidungskriterien. Und offen gelegte Entscheidungskriterien sind für Ihre Präsentation Gold wert! Salopp gesagt sind Einwände die Qualitätssicherung der Evolution. Indem jede Limbische Instruktion auf die Einhaltung ihrer Imperative drängt, stellt die Evolution sicher, dass wir uns durchsetzen, für Sicherheit sorgen, Gemeinschaften pflegen und Neues entdecken – alles wichtige Aspekte zur Erhaltung des eigenen Lebens aber auch der Gattung Mensch. Indem sie uns mit einer vorherrschenden Instruktion ausgestattet hat, macht sie uns zum Sprachrohr einer bestimmten Instruktion. Wird diese Instruktion verletzt, meldet sich ihr Besitzer mit Einwänden zu Wort. In dem Moment, in dem ein Einwand fällt, können

Sie – wenn es sich nicht um Manipulation oder ein destruktives Spielchen handelt – mit Sicherheit das Limbische Profil Ihres Teilnehmers bestimmen. Echte Limbische Einwände unterscheiden sich in dem Grad der Emotionalität von unechten Spielchen: die einen kommen von Herzen, aus der Tiefe unseres Motiv- und Emotionssystems. Bei den anderen handelt es sich um durchkalkulierte Spiele – sie verraten sich an ihrem kühlen Kalkül.

Warum nur sind plötzlich alle aggressiv oder gelangweilt?

Ein Einkäufer mit hoher Limbischer Balance-Instruktion wird in seinen Einwänden auf Referenzen, Erfahrung und Absicherung pochen und weil Angst das Motiv zum Schwingen bringt (Angst vor Chaos, Kontrollverlust, vor negativem Auffallen beim Vorgesetzten etc.) wird sich diese Angst in der Stimme und Körpersprache niederschlagen.

Was die Leute gemeiniglich als Schicksal nennen, sind meistens nur ihre eigenen dummen Streiche

Schopenhauer

Ein Einkäufer, dessen Ziel es ist, Sie zu verunsichern um einen guten Preis auszuhandeln, wird ebenso nach Referenzen, Details und Absicherungen fragen. Auch wenn er gut schauspielern kann: den Unterschied spüren Sie, weil er nicht aus Angst handelt. Er will Ziele erreichen: seine Blick ist zielgerichtet und aggressiver, die Stimme ist kühler, die Haltung eher entspannt. Er will ein Spiel nach Punkten gewinnen und genauso sieht seine Körpersprache aus.

Profi-Technik: Einwände sind das sicherste Erkennungszeichen.

An den Befürchtungen lassen sich die einzelnen Limbischen Persönlichkeitstypen sehr direkt und zuverlässig erkennen. Denn der Kern jedes Einwandes ist eine Angst – also eine Emotion. Hinter jedem Einwand versteckt sich ein verletzter Limbischer Wert, der eine klar definierbare Limbische Instruktion als Absender hat.

Warum nur sind plötzlich alle aggressiv oder gelangweilt?

Welches sind die typischen Einwände der jeweiligen Limbischen Instruktionen?

Decken Sie zuerst die untere Tabelle ab und vervollständigen Sie dann folgende Tabelle:

Einwand	Instruktion	Wunsch
Zu wenig Erfahrung	Balance-Instruktion	Wunsch nach Sicherheit
Nicht vermittelbar an Belegschaft		
Zu teuer		
Unausgereift		
Gefällt nicht		
Zu kompliziert		
Nichts Neues		

Auflösung:

Einwand	Instruktion	Wunsch
Zu wenig Erfahrung	Balance-Instruktion	Wunsch nach Sicherheit
Nicht vermittelbar an Belegschaft	Balance-Instruktion, Bindungsmodul	Wunsch nach Harmonie
Rechnet sich nicht	Dominanz-Instruktion	Wunsch nach Gewinn
Unausgereift	Balance-Instruktion	Wunsch nach Sicherheit
Gefällt nicht	Balance-Instruktion, Bindungsmodul	Wunsch nach Gefälligem
Zu kompliziert	Balance-Instruktion	Wunsch nach Einfachheit
Nichts Neues	Stimulanz-Instruktion	Wunsch nach Aufregung

Da Einwände die Kinder der Limbischen Instruktionen sind, gibt es nicht unendlich viele. Wenn es nur eine bestimmte Anzahl von Einwänden gibt, dann bedeutet das für Sie: Klopfen Sie Ihre Präsentation im Vorfeld auf alle möglichen Einwände ab. Entkräften Sie mit Ihrer Präsentation schon im Vorfeld mögliche Einwände (zum Beispiel „Zu teuer" mit einer klaren Kalkulation, die aufs Komma genau den Gewinn vorrechnet; „in der Praxis nicht umsetzbar" – mit einem detaillierten und wasserdichten Ablaufplan usw.)

Warum nur sind plötzlich alle aggressiv oder gelangweilt?

Profi-Tipp: Preise durchsetzen

Wenn Sie die **Werte** Ihrer Teilnehmer treffen, dann kommen Ihre Teilnehmer zu dem Schluss: „Das ist es mir **wert**!" Wer keinen Limbischen Mehrwert bietet, dem bleibt nur eines: Verkaufen über den Preis!
(Lesen Sie mehr dazu in „Sell Limbic – einfach verkaufen", ebenfalls BusinessVillage-Verlag, wird im November 2007 erscheinen)

Warum nur sind plötzlich alle aggressiv oder gelangweilt?

Typische Einwände:

Logisch:	Experimentell:
• Zu teuer • Bringt nichts • Totes Kapital • Rechnet sich nicht • Zu geringe Leistung • Zu hoher Energieverbrauch • Zu wenig Substanz • Zu wenig Zahlen • Zu ungenau • Zu unlogisch	• Nichts neues • Hätte früher kommen müssen • Zu schwerfällig • Überbürokratisiert • Zu lange Prozesse • Nicht weit genug gedacht • Synergien nicht berücksichtigt • Hässliches Design • Zu rückständig

Strukturiert:	Gefühlvoll:
• Unausgereift • Zu wenig Erfahrung • Störungsanfällig • Wartungsintensiv • Zu niedrige Garantien • Zu wenig Tests • Zu wenig Referenzen • Unzuverlässig • Nicht geprüft • Schwierig zu bedienen • Zu unstrukturiert	• Nicht vermittelbar • Entspricht nicht der Unternehmenskultur • Passt nicht zu uns • Gefällt mir nicht • Nicht dem Menschen entsprechend • Ungutes Gefühl • Körpersprache spricht Bände (Kopf schütteln, abweisende Gestik, „angeekelte" Mimik usw.)

Abwehr: Interessierte Einwände

Limbische Einwandtechnik

1. **Würdigen Sie Einwände und freuen Sie sich über das erhaltene Entscheidungskriterium**
2. **Formulieren Sie Einwände in Werte und Wünsche um**
3. **Präsentieren Sie nicht stur weiter – suchen Sie gemeinsam maßgeschneiderte Lösungen**

Beispiele Einwände:

a) Das ist aber schlechte Qualität!

b) Das ist zu teuer!

c) Das geht bei uns nicht!

1. Würdigen:

a) Ja, Qualität ist ein sehr wichtiger Aspekt.

b) Ja, der Preis spielt eine wichtige Rolle.

c) Ja, es gibt einen Anteil an konservativen Kunden.

2. Zum Wunsch umformulieren:

a) Sie legen Wert auf gute Qualität?

b) Ihnen ist ein guter Preis wichtig?

c) Wünschen Sie sich, dass das bei Ihnen geht?

In dieser Phase über Fragetechnik viel Information holen. Setzten Sie Genauigkeitsfragen ein „Was genau ...?“; „Wie genau ...?“; „Können Sie mir ein Beispiel nennen?“; „Wie müsste es sein, dass es für Sie passt?“; „Welches sind Ihre Vorstellungen?“

3. Gemeinsam maßgeschneiderte Lösung suchen:

Formulierungshilfen (a-c)

- *Darf ich Ihnen zeigen, warum meine Empfehlung gerade (Wert einsetzen) entspricht?*
- *Wie gefällt Ihnen ... (neue Lösung, die dem Wert des Kunden entspricht)?*
- *Wie finden Sie folgende Idee ... (Idee, die dem Wert des Kunden entspricht)?*
- *Ich werde mit unseren Technikern reden und ... (Lösung anpeilen, die Wert entspricht)*

Warum nur sind plötzlich alle aggressiv oder gelangweilt?

Wenn Sie im Moment nicht der ideale Problemlöser sind, ist es manchmal besser loszulassen und eine Empfehlung für einen anderen auszusprechen. Erstens wird diese Ehrlichkeit von Kunden und Teilnehmern honoriert. Zweitens können Sie Ihr Netzwerk stärken. Und drittens haben Sie Energie und Zeit für die Kunden und Projekte, die hundertprozentig zu Ihnen passen.

Warum nur sind plötzlich alle aggressiv oder gelangweilt?

Weitere Beispiele Limbischer Einwandtechnik:

Einwand: *Das ist totes Kapital!*
Würdigung: *Das ist natürlich ein sehr wichtiger Aspekt.*
Wert: Wunsch nach Rendite, Gewinnsteigerung (Limbische Instruktion: Dominanz – logischer Denkstil).
Lösung: *Darf ich Ihnen die genaue Kalkulation präsentieren, damit ich Ihnen zeigen kann, ab wann sich die Investition für Sie rechnet?* („Ja" abholen mit geschlossener Frage)

Einwand: *Das haben wir schon immer so gemacht!*
Würdigung: *Das ist natürlich ein nicht zu vernachlässigender Aspekt.*
Wert: Wunsch nach Kontinuität (Bewahren – Limbische Instruktion: Balance – strukturierter Denkstil.)
Lösung: *Darf ich Ihnen zeigen, welche bewährten Eigenschaften wir beibehalten haben?* („Ja" abholen mit geschlossener Frage)

Einwand: *Das kann ich meinen Leuten nicht vermitteln!*
Würdigung: *Das kann ich sehr gut verstehen.*
Wert: Wunsch nach Verbundenheit (Limbische Instruktion: Balance – gefühlvoller Denkstil.)
Lösung: *Darf ich Ihnen unsere Lösungen aus ähnlichen Projekten präsentieren?* („Ja" abholen mit geschlossener Frage). *Da wir diese Problematik kennen, haben wir folgende Lösung vorgesehen. In einem gemeinsamen Workshop …*

Einwand: *Das ist 08/15-Main-Stream!*
Würdigung: *Sie wünschen sich eine besondere Lösung.*
Wert: Wunsch nach Ungewöhnlichem, nach Avantgarde, nach Neuem (Limbische Instruktion: Stimulanz – experimenteller Denkstil)
Lösung: *Was genau stellen Sie sich vor? …* (Nähere Informationen abholen mit offener Genauigkeits-Frage – Antwort abwarten). *Wir bieten ein flexibles Trägersystem für unterschiedliche Oberflächen, die sich ganz ungewöhnlich kombinieren lassen …*

Warum nur sind plötzlich alle aggressiv oder gelangweilt?

Brückensätze

Für die erste Phase der Würdigung haben sich Brückensätze bewährt (Thiele: 2004). Brückensätze haben für Sie viele Vorteile:

- Sie zeigen Respekt, um Respekt zu gewinnen
- Sie gewinnen Zeit und antworten wohlüberlegt
- Sie präsentieren sich als jemanden mit diplomatischem und rhetorischen Geschick

Hier eine Auswahl an hilfreichen Brückensätzen für die Einwandbehandlung und den Umgang mit fairen Gegenargumenten:

Anerkennen	◆ Das ist eine gute Frage ... ◆ Das ist ein sehr wichtiger Aspekt ... ◆ Interessant, was Sie da sagen ... ◆ Schön, dass Sie sich dafür interessieren ◆ Ich danke für Ihre Offenheit ... ◆ Herr Müller, das ist ein sehr wichtiger Punkt ... ◆ Gut, dass Sie diese Frage jetzt stellen, ... ◆ Prima, Sie haben sich ja bereits informiert, ...
Verständnis äußern	◆ Ich verstehe Ihre Sorgen ... ◆ Ich verstehe, dass Sie jetzt überrascht sind ... ◆ Ich verstehe gut, dass Sie auf den Preis achten ... ◆ Ich würde in Ihrer Situation genauso denken ...
Ankoppeln	◆ Ich schließe mich Ihrer Meinung an, bedenke zusätzlich ... ◆ Die wichtigsten Punkte haben Sie erwähnt, wichtig erscheint mir ... ◆ Ich stimme Ihnen zu und ...
Vermitteln	◆ In vielen wichtigen Aspekten sind wir uns einig, wichtig erscheinen mir ... ◆ Ihre Einwände werden natürlich in unsere Überlegungen einfließen, ... ◆ Von Ihrem Standpunkt aus betrachtet, ... ◆ Ich weiß, dass Sie das so sehen ... (bei konträren Standpunkten)
Lenken (auf die eigenen Kernbotschaften)	◆ Ihr Einwand zeigt mir, dass der Grundgedanke des Konzepts noch nicht deutlich geworden ist ... ◆ Ich erläutere Ihnen gerne, welche Aspekte für diese Lösung sprechen ... ◆ Sie sprechen mit Ihrer Frage einen entscheidenden Punkt an ... ◆ Es ist legitim nach den Risiken zu Fragen ...

Warum nur sind plötzlich alle aggressiv oder gelangweilt?

Zeit gewinnen	◆ Das ist eine wichtige Frage, die sorgfältig beantwortet werden muss … ◆ Zunächst eine Vorbemerkung … ◆ Darf ich Ihre Frage in einen größeren Kontext stellen? ◆ Würden Sie Ihre Aussage konkretisieren, damit ich gezielt darauf antworten kann?
Joker	◆ Ja, ich weiß, was Sie meinen … ◆ Ich verstehe Ihre Frage … ◆ Das mag sein …

Hart in der Sache – weich in der Form

Rhetorisches Axiom

Eine gute Vorbereitung als Voraussetzung der Limbischen Einwandtechnik

Voraussetzungen der Limbischen Einwandtechnik: Eine genaue Recherche und ein vollkommen gepackter Präsentationsrucksack wie in Kapitel 11 beschrieben, sodass Sie „spontan" auf alle Eventualitäten eingehen können. In den oben genannten Beispielen bräuchten Sie – wenn auch nur als Hintergrundsfolie – eine klare Kalkulation, einen wasserdichten Ablaufplan etc.

Profi-Technik: Advokatus diaboli spielen

Widerstände immer schon vorausschauend während der Vorbereitung entkräften – je besser Sie vorbereitet sind, umso weniger Stress erleben Sie während der Präsentation. Fragen Sie sich schon im Vorfeld: *Welche Befürchtungen haben meine Teilnehmer in Bezug auf mich oder mein Thema? Welche Nachteile haben Sie, wenn ich mein Ziel erreiche? Welche Kosten kommen auf sie zu?*

Denn daraus entstehen später die so gefürchteten Einwände und Angriffe. Je genauer Sie die Widerstände recherchieren oder voraussehen umso weniger Einwände werden in der Diskussionsphase folgen.

Warum nur sind plötzlich alle aggressiv oder gelangweilt?

Übung: Entkräftigen Sie mögliche Einwände und Gegenargumente Ihrer Teilnehmer:

Voraussichtlicher Einwand	Von wem?	Entkräftung

Freuen Sie sich über Einwände! Würdigen Sie Einwände! Drehen Sie Einwände in Wünsche um und präsentieren Sie denkstilgerechter und lösungsorientiert weiter. Heben Sie nun die Merkmale Ihrer Lösung hervor, die diesem Wunsch Rechnung tragen. Jetzt schlägt die Stunde der verlinkten Hintergrundfolien (vgl. Kapitel 11) mit ihren wasserdichten Beweisen, klaren Kalkulationen und sorgfältigen Details.

4. Der Beste möge gewinnen – sich fair durchsetzen im Kampf der Argumente

Was unterscheidet einen Einwand von einem Gegenargument? Ein Einwand bezieht sich immer auf Ihr Redeziel, es steht kein alternatives Ziel zur Debatte. Mit Einwänden möchten Ihre Teilnehmer für sich klären, ob sie *Ihrem* Ziel zustimmen oder nicht.

Warum nur sind plötzlich alle aggressiv oder gelangweilt?

Gegenargumente klopfen nicht Ihren Vortrag ab, sondern bringen alternative Ziele mit neuen Lösungen ins Spiel. Es geht um den Widerstreit von Positionen, Meinungen und Interessen – wie sie jedes Unternehmen kennt. Optimal ist es, den eigenen Vorschlag so gut wie möglich zu positionieren und standfest zu verteidigen aber gleichzeitig immer noch offen für bessere Argumente zu bleiben. So wird innerhalb eines Teams, einer Abteilung oder eines Unternehmens sichergestellt, dass die beste Idee sich durchsetzt. Faire Dialektik zeichnet sich nur dadurch aus, dass es um die optimale Sache geht. Es wird zum Teil leidenschaftlich und mit harten Bandagen gekämpft, aber es geht nicht um persönliche Triumphe und Niederlagen. Alle verfolgen ein gleiches, übergeordnetes Ziel: den gemeinsamen Erfolg. Das bedeutet, dass die Teilnehmer gelernt haben, respektvoll und wertschätzend mit Gegenargumenten umzugehen und wissen: Die Wahrheit ist das Ganze (Hegel). Gleichzeitig verteidigen sie standfest und beharrlich ihre eigenen Argumente und haben auch gelernt, nicht schon beim leisesten Windhauch in die Knie zu gehen. Hier kann ein gutes Argumentationstraining die Schlagkraft des ganzen Teams bündeln und verhindern, dass sich das Team in oft ungewollten Konflikten aufreibt, die nur durch mangelndes dialektisches Wissen entstehen.

Hart in der Sache, weich in der Form – lautet ein Axiom der Rhetorik. Die Praxis in vielen Unternehmen sieht leider oft ganz anders aus: Ungehobelt in der Form und schwammig in der Sache.

Hart in der Sache bedeutet:

- Der Präsentierende hat ein klares Ziel
- Er stützt es mit bis zu drei schlagkräftigen Argumenten
- Er weiß, dass die Wiederholung die Mutter aller Dinge ist, und wiederholt zentrale Botschaften
- Er lässt sich nicht von Gegenargumenten jagen, sondern lenkt immer wieder auf einige Kernbotschaften zurück (Technik der hängenden Schallplatte: „Ich weiß, dass Sie das so sehen, mir geht es jedoch um …" Kernbotschaft wie auf einer hängenden Schallplatte wiederholen)
- Er beherrscht rhetorische Argumentationstechniken (Himmel, Hölle, wirkungsvolle Gliederungen: Fünfsatz und Dreisatz; rhetorische Wirkfiguren – alle haben Sie in diesem Buch kennen gelernt)

Weich in der Form bedeutet:

- Wertschätzend mit Gegenstandpunkten umgehen
- Sich selbst nicht absolut setzen
- Zuhören und ausreden lassen
- Den Redebeitrag des anderen mit Brückensätzen würdigen
- Ein guter Verlierer sein und die überlegene Position mittragen
- Ein guter Gewinner sein und nicht auf Kosten anderer triumphieren
- Auch nach heftigen Wortgefechten die Wogen glätten können
- Keine Stachelworte und Stachelsätze benutzen

Warum nur sind plötzlich alle aggressiv oder gelangweilt?

Übung: Positiv formulieren

Ändern Sie folgende Stachelsätze so, dass eine positive Gesprächsatmosphäre geschaffen wird:

Das glaube ich Ihnen nicht.	
Nein. Das ist ganz anders.	
Sie wollen mich nicht verstehen.	
Ich finde aber, dass ...	
Das ist bestimmt nicht richtig.	
Ich kann Ihnen beweisen ...	
Haben Sie denn einen besseren Vorschlag zu machen?	
Das haben Sie falsch verstanden.	

Warum nur sind plötzlich alle aggressiv oder gelangweilt?

Auflösung:

Sagen Sie lieber nicht:	Formulieren Sie besser so:
Das glaube ich Ihnen nicht.	Kann man das nicht auch so sehen, dass …
Nein. Das ist ganz anders.	Aus welchen Gründen kommen Sie zu dieser Anschauung?
Sie wollen mich nicht verstehen.	Ich habe den Eindruck, dass Sie grundsätzlich alles ablehnen, was ich sage. Wie wollen wir weitermachen?
Ich finde aber, dass …	Das ist ein sehr wichtiger Aspekt. Er führt uns unmittelbar zu der Frage …
Das ist bestimmt nicht richtig.	Bitte überprüfen Sie doch noch einmal Ihre Angaben. Meines Erachtens …
Ich kann Ihnen beweisen …	Sie können sich davon überzeugen, …
Haben Sie denn einen besseren Vorschlag zu machen?	Bitte schlagen Sie mir eine andere Lösung vor.
Das haben Sie falsch verstanden.	Ich habe mich missverständlich ausgedrückt.

erweitert nach: Rolf H. Ruhleder: Rhetorik, Kinesik, Dialektik. Bonn, 1990, Seite 286 f.

Umgang mit konstruktiven Gegenargumenten:

Auch wenn Sie anderer Meinung sind, sollten Sie Ihre Entgegnungen weich verpacken. Dies zeigt, dass Sie trotz unterschiedlicher Auffassung Ihren Gesprächspartner als Person respektieren und Sie schaffen eine positive Gesprächsatmosphäre:

Konstruktiv Gegenargumente entkräften

Gegenmeinung auffangen mit Brückensatz
Fünfsatz: 1 Brückensatz – 3 Argumente – 1 Zielsatz (vergl. Kapitel 6)

Klären durch Nachfragen:
Aus welchen Gründen …? Was genau …? Wie genau …?

Aktiv Zuhören (Wiederholen der Gegenmeinung):
Sie meinen also, ... ich bin der Meinung (mein Ziel)

Warum nur sind plötzlich alle aggressiv oder gelangweilt?

Ergänzende Entgegnung:
Die Gegenmeinung wird nicht als Widerspruch, sondern als Ergänzung formuliert: *Wenn Sie Folgendes bedenken, ergibt sich zusätzlich ...*

Frage als Mittel des Widerspruchs:
Eigene Thesen werden in Form von Fragen weitergegeben: *Ist es nicht so, dass ...?*

Widerspruch durch ein Beispiel:
Die Problematik wird an einem ähnlichen Fall aufgezeigt und die eigene Argumentation auf diesen Fall verschoben

Entgegnung in Portionen:
Ist der Widerspruch zu groß, empfiehlt es sich, nicht den ganzen Komplex auf einmal zu entkräften, sondern stückchenweise auf den weiteren Gesprächsverlauf zu verschieben.

Erfolgs-Geschichten von mir, von anderen Teilnehmern oder anderen Projekten:
Ich habe Bedenken wegen der Qualität!
Ich selbst habe das Produkt seit fünf Jahren und es hat mich noch nie im Stich gelassen.

Zur Frage umformulieren
Das wird zu kostspielig!
Wie hoch unsere Investitionen werden? Nun, unserer Berechnungen zeigen ... (Stachelwort „kostspielig“ umdefinieren in „Investition“)

Den Angreifer zum Berater machen
Das sieht aber nicht sehr ansprechend aus!
Wie müsste es Ihrer Meinung aussehen, dass es ansprechen wird?

Umkehren: Gerade weil
Können Sie als Logistiker das überhaupt?
Gerade weil ich Leiter der Logistik bin, kann ich ganz besonders gut ...

Bumerang: Genau aus diesem Grund
Dafür haben wir kein Geld!
Genau aus diesem Grund ist mein Vorschlag wichtig, weil wir dann zehn Prozent sparen.

19. Warum werde ich immer untergebuttert? Sympathische Durchsetzungs-Strategien für Vielredner, Alpha-Tiere und unfaire Angriffe

Inhaltsübersicht Kapitel 19

1. Was sind destruktive und manipulative Angriffe? Definition, Funktion und Unterscheidung

Ein destruktiver oder manipulativer Angriff hat nur ein Ziel: mit allen Mitteln zu verhindern, dass das Präsentationsziel erreicht wird und/oder mit allen Mitteln eigene Ziele durchsetzen. Diese Angriffe sollten nicht vorschnell mit moralischen Kategorien verurteilt werden – denn oft sind sie das einzige Mittel schwächerer oder abhängiger Gruppen um unmoralische Ziele zu verhindern. (Es handelt sich hierbei um die ethische Debatte: Heiligt der Zweck die Mittel?) Auch wenn Sie sich entscheiden, diese Mittel nie selbst einzusetzen, so wäre es doch unklug sie nicht zu kennen und ihnen hilflos ausgeliefert zu sein. Wehrhaft zu sein bedeutet auch, weniger angegriffen zu werden. Ihr Gegenüber spürt Ihre Grenzen und wechselt zurück auf die faire Ebene. Das schont Ihre Nerven, verkürzt Diskussionen und führt zu besseren Lösungen.

Unfaire Angriffe haben folgende Ziele:

- Sie sollen tief treffen, sodass der Angegriffene mit seinen Emotionen (Wut, Rache, Angst, Fluchtgedanken ...) beschäftigt ist und nicht mit der Sache!
- Sie sollen verunsichern, sodass seine gute Vorbereitung und gute mentale Verfassung ausgehebelt wird
- Der Angegriffene wird müde und angeschlagen und kann dadurch seine Sache nicht mehr so konsequent und selbstbewusst vertreten
- Sie weisen automatisch in eine unterlegene Situation, denn egal wie wir reagieren, ob aggressiv, ob unterwürfig oder ob souverän – wir bleiben Reagierende.

Aber: Diese Attacken haben nur dann eine Chance, wenn Sie sie zulassen. Deshalb ist es von großer Bedeutung, dass unfaire Angriffe *sofort* gekontert werden. Es ist wichtig, unfaire Gesprächsbeiträge zu erkennen und konsequent und souverän zu unterbinden. Sonst wird man im schlimmsten Fall zum Spielball und zum Opfer.
Seien Sie immer auch auf solche „Argumente" vorbereitet und üben Sie, sich zu wehren. **Vergeuden Sie aber nicht viel Energie dabei.** Springen Sie – auch wenn es noch so schwer fällt – nicht emotional an. Souverän

mit unfairen Angriffen umgehen bedeutet, seine Emotionen kontrollieren zu können. Der Coolere gewinnt! Denn er behält den kühleren Kopf. Wer sich schnell emotionalisieren lässt, läuft Gefahr, taktisch in die Defensive zu geraten, in ein Streitgespräch verwickelt zu werden und das eigentliche Sachziel aus den Augen zu verlieren.
Albert Thiele (2004) unterscheidet in seinem sehr empfehlenswerten Dialektik-Ratgeber zwischen Fried- und Kampfdialektik:

Merkmale fairer Argumentation (Frieddialektik)
- Alle Beteiligten suchen gemeinsam nach der Lösung
- Andere Meinungen werden wertschätzend behandelt
- Das Regelwerk des Fairplay wird beachtet
- Verbale Auseinandersetzungen belasten nicht die persönlichen Beziehungen
- Die Beteiligten räumen dem besten Argument den Vorrang ein
- Macht- und Dominanzrituale spielen keine Rolle
- Auch gegensätzliche Standpunkte werden fair und gelassen diskutiert
- Auch in heftigen Diskussionen wahren alle Beteiligten ihr Gesicht
- Es kann auch hitzig und leidenschaftlich zugehen, zum Wohl der Sache

Merkmale unfairer Argumentation (Kampfdialektik)
- Das Regelwerk des Fairplay wird missachtet
- Der Gegner wird offen oder verdeckt angegriffen
- Beim Gegner werden Unterlegenheitsgefühle oder Ängste erzeugt
- Nonverbale Droh- und Kampfgebärden werden eingesetzt
- Klima ist angespannt und frostig
- Hohes Stress-Niveau beim Angegriffenen
- Es gibt Sieger und Verlierer

Profi-Technik: Wie du mir, so ich dir!
Grundsätzlich gilt die Regel in der Rhetorik, immer nur so fair zu sein, wie es der andere erlaubt. Die Spieltheorie hat nachgewiesen, dass diese Methode die höchsten Gewinne einbringt und gesellschaftlich von höchstem Nutzen ist, da schwarze Schafe sanktioniert werden und wieder fair spielen.
Auf einen groben Klotz gehört ein grober Keil!

Die Dialektik unterscheidet weiterhin innerhalb der Kampfdialektik zwischen destruktiven und manipulativen Angriffen (Holz:1981). Destruktive Angriffe sind zwar aggressiv und verletzend, aber sie sind offen und erkennbar. Man kann ihnen Paroli bieten und zurück zur fairen Ebene gelangen. Manipulative Angriffe tun auf den ersten Blick nicht weh: sie sind mitfühlend, einschmeichelnd, beziehungsorientiert – aber nur auf der Oberfläche. Denn unter der honigsüßen Fassade lauern die gefährlichsten Taktiken der Täuschung, der Irreführung und der Lüge. Und da sie nicht offen gezeigt werden, ist es auch sehr schwer sie zu bekämpfen.

Warum werde ich immer untergebuttert?

Destruktive Methoden	Manipulative Methoden
Killerphrasen Stachelworte Persönliche Angriffe Aggressive Fragen Vorwürfe Ironie, Zynismus, Sarkasmus Verunsicherung Kompetenz absprechen Demonstratives Desinteresse Körpersprachliche Dominanzgebärden Abwertung mit Sprüchen Unterbrechungen In die Enge treiben Überrumpelung Zermürbung Wechselbad der Gefühle Unfreundlichkeit Datenflut Desinformation	Selbstverständlichkeitstaktik Falsche Teilnahme Unterstellungen Scheinalternativen Scheinhölle Den Teufel an die Wand malen Buhmann-Taktik Schuldgefühle erzeugen Betroffenheit simulieren Schmeichelei Gezielte Komplimente Scheinbare Vorzugsbehandlung Agitation und Polemik Verzerrung von Informationen Vertrauen erschleichen und missbrauchen Mit Körpersprache täuschen (Systematik nach Holz: 1981)

Wie Sie diese Methoden entschärfen oder ihnen gar ein Ende setzen ist Thema der nächsten beiden Unterkapitel. Doch zunächst eine Empfehlung meinerseits: schauen Sie, bevor Sie sich mit den Angreifern beschäftigen, erst in sich selbst hinein und entrümpeln Sie hinderliche Muster und Glaubenssätze:

Profi-Tipp: Aus Spielen aussteigen

Alte Konflikte lösen

Wer *oft* und *immer wieder* in die *gleichen* „Spiele" verwickelt wird, bei dem deutet das auf einen ungelösten Konflikt (Eltern, Geschwister, Autoritäten) hin. In der heutigen Realität wird immer wieder die gleiche Konstellation und Konfliktsituation gesucht, um das alte Muster zu lösen (zu heilen).

Resonanz-Phänomene kennen

Wer sich wie ein Wolf verhält – ist meist auch von bissigen Wölfen umgeben. Gleich und Gleich gesellt sich gerne und zieht sich magisch an. Wer sich faire Kunden, nette Kollegen und verständnisvolle Vorgesetzte wünscht, kann zuerst an den eigenen mentalen Programmen arbeiten – und dann nach dem Resonanzphänomen wieder ähnliche Menschen anziehen.

Glaubenssätze hinterfragen

Wenig hilfreich sind Glaubenssätze wie Ich ***muss*** *immer gewinnen*! oder *Jeder* ***muss*** *mich mögen*. Der eine Satz führt dazu, immer wieder ungewollt in Spiele einzusteigen; der zweite führt dazu, immer wieder ungewollt zum Spielball in Spielen zu werden. Besser: *Ich gebe mein Bestes!* oder *Allen Menschen recht getan, ist ein Ding, das niemand kann.*

In allen drei Fällen kann ein professionelles Coaching weiterhelfen.

So wie jeder Mensch seine ganz eigenen Waffen hat, so hat auch jeder Mensch seinen ganz eigenen wunden Punkt. Ihn zu kennen macht gelassen und souverän. Er ist uns oft verborgen, doch sich mit ihm auseinanderzusetzen ist unerlässlich. Wer seinen eigenen Schatten in die Gesamtpersönlichkeit integriert wird reifer, wirkt souverän und wird nicht so schnell emotional verletzt und somit von seinem Ziel abgebracht.

Warum werde ich immer untergebuttert?

Reflektion: Meine persönlichen Fallen

Wann fällt es mir schwer, mich selbstbewusst zu behaupten?

Erfolgreiche Strategien anderer in Bezug auf mich: So bekommt mich jeder „klein"

Hier bin ich emotional angreifbar (Mein wunder Punkt):

Welche Glaubensätze prägen dann mein Verhalten?

Reflektieren Sie Ihre Antworten. Was möchten Sie in Zukunft anders machen?

2. Auch unfaire Angriffe verraten ihren Limbischen Absender

Warum werde ich immer untergebuttert?

Je nach dominanter Limbischen Instruktion und dominantem Denkstil haben die Teilnehmer ihre Lieblingsspiele, mit denen sie gezielt einen Präsentierenden verunsichern können:

Destruktive Methoden beinhalten immer eine Entwürdigung des anderen, weil allein der Zwang, auf negative Verhaltensweisen dieser Art zu reagieren, schon eine Kränkung darstellt.

F. Holz

Die Waffen des logischen Denkstils

Da der logische Teilnehmer nicht darauf angewiesen ist gemocht zu werden (wie der gefühlvolle Teilnehmer), zu gefallen (wie der experimentelle) oder nicht aufzufallen (wie der strukturierte), scheut er nicht den offenen, direkten und harten Kampf. Seine Waffen sind sein scharfer Verstand mit dem er jede Argumentation zerpflücken kann, sein demonstratives Desinteresse, der Liebesentzug.

Gefährlich ist diese Taktik vor allem für sensible Menschen mit gefühlvollem Denkstil. Ihr Harmoniebestreben verhindert, beherzt in den offenen Konflikt zu gehen oder die kühle Distanz lange auszuhalten.

Abwehr: Bleiben Sie standhaft. Lassen Sie sich nicht einschüchtern. Zeigen Sie auch angemessen Härte. Lernen Sie Liebesentzug immer länger auszuhalten. Damit imponieren Sie ihm mehr als durch „weich" werden – das stellt nämlich seinen Anti-Wert dar.

Die Waffen des strukturierten Denkstils

Zähigkeit, Beharrlichkeit sind die Stärken des strukturierten Denkstils. Er verbeißt sich in Details, fordert akribische Nachweise, kennt das Kleingedruckte. Er wird Ihnen jede Vorschrift samt Paragraphen unter die Nase reiben. Seine Stärke ist die Zermürbungstaktik. Jede neue Idee muss erst durch seine zähen Verhinderungsstrategien und ist am Ende kaum noch wieder zu erkennen. Er erfüllt damit nur seinen evolutionären Auftrag: Bewahre das Alte! Killerphrasen wie *Das haben wir schon immer so gemacht!* und Stachelworte wie *Unnötiger Luxus!* gehören zu seinen stärksten Waffen.

Gefährlich ist diese Taktik vor allem für schlecht vorbereitete, experimentelle Präsentierende.

Abwehr: Sichern Sie Ihre Ideen ab; verkaufen Sie sie denkstilgerecht: *Alles bleibt beim Alten, nur noch sicherer.* Lesen auch Sie das Kleingedrucktes und Paragraphen, auch wenn Sie es nicht gerne tun. Wenden Sie die Salamitaktik an (viele kleine Schritte statt ein großer); präsentieren Sie Absicherungen und Notausstiege

Die Waffen des gefühlvollen Denkstils

Unterschätzen Sie niemals die gefühlvollen Teilnehmer. Dass sie sich mit Technik und Zahlen nicht auskennen, kompensieren sie hervorragend über ihre guten Beziehungen zu Menschen, die sich mit Technik und Zahlen auskennen. Ihre Stärke ist ihre Menschenkenntnis und das virtuose Spiel auf der Klaviatur der Gefühle und Motive. Wenn sie gut sind, dann knacken sie jeden auf der Beziehungsebene. Ihre stärksten Waffen sind Freundlichkeit und Einfühlsamkeit. Sie sind es gewohnt, aus Freundschaft satte Rabatte zu bekommen, Sonderbehandlungen und persönlichsten Service. Dieser Teilnehmertyp wird aufgrund seines hohen Harmoniebedürfnisses nicht mit sichtbaren Waffen kämpfen und nicht die direkte Konfrontation suchen.

Gefährlich sind sie für die logischen Denker, die ihr informelles Beziehungsnetz unterschätzen oder auf ihre freundliche Art der Verhandlungsführung hereinfallen. Sie unterschätzen die Macht der informellen Beziehungsebene auf den Ausgang einer Präsentation

Abwehr: Nehmen Sie die Freundlichkeit an, ohne sich zum Spielball zu machen. Bauen Sie schon im Vorfeld Beziehungen auf und beobachten Sie informelle Netzwerke. Wenn nötig werden Sie „Mitglied".

Die Waffen des experimentellen Denkstils:

Er denkt schnell, großflächig und visuell. Ihm gedanklich zu folgen fällt oft schwer. Genau hier setzt der experimentelle Denker zum Kampf an: er läuft voran, wechselt die Stellungen und den Bezugsrahmen wann immer es ihm passt. Er ist schwer zu fassen und noch schwerer lässt er sich festnageln. Er spielt überraschend, macht unerwartete Kehrtwenden und bleibt unberechenbar. Seine Kreativität und sein Sinn für das Besondere verhelfen ihm manchmal zu einer grandiosen Selbstdarstellung mit einschüchternder Wirkung.

Gefährlich ist dieser Stil für die bedächtigeren strukturierten Denker. Sie wähnen sich auf sicherem Boden und spüren den Treibsand unter ihren Füßen zu spät.

Abwehr: Lassen Sie sich nicht blenden und führen Sie beharrlich handfeste Ergebnisse herbei. Schreiben Sie Protokoll; halten Sie Vereinbarungen schriftlich fest. Bleiben Sie bei aller Planung auch flexibel, um sich nicht von Überrumpelungsstrategien aus dem Konzept bringen zu lassen.

Zusammenfassung: Die dialektischen Waffen der Denkstile

A. Logisch (blau)	D. Experimentell (gelb)
• Direkter Angriff • Kompetenz anzweifeln • Logik der Argumentation angreifen • Rolle angreifen • Ironie bis Zynismus • Distanz/Kühle/Liebesentzug • Nonverbale Dominanzgesten	• Verwirren • Ausweichen • Sich nicht festlegen • Häufig den Bezugsrahmen wechseln • Nebenschauplätze eröffnen • Grandiose Selbstdarstellung • Blenden
B. Strukturiert (grün)	**C. Gefühlvoll (rot)**
• Killerphrasen • Negativworte (Reizworte) • Namedropping • Sich auf Autoritäten berufen • Immer weiter ins Detail gehen • Zermürbungstaktik • Verschleppung • Grundsätzlich dagegen sein	• Auf persönliche Ebene wechseln • Schmeicheln • An Gefühle appellieren • Sehr emotional bis Tränendrüse • Beleidigt sein • Indirekt agieren • Verdeckte Angriffe • Freundlich obwohl wütend

3. Sympathische und energiearme Durchsetzungs-Strategien

Als Präsentierende stecken wir, sobald ein unfairer Angriff kommt, in einem Dilemma: wir präsentieren vor Kunden und wollen deren Auftrag; wir präsentieren vor Vorgesetzten und wollen deren Zustimmung; wir präsentieren vor Kollegen und Mitarbeitern und brauchen deren Rückendeckung. Das Dilemma sieht so aus: wehren wir uns nicht, werden wir untergebuttert. Wehren wir uns *schlag*fertig, so bringen wir die Angreifer gegen uns auf – der ausstehende Abschluss gerät in Gefahr. Hier liegt auch die Paradoxie der Schlagfertigkeit: Schlagfertigkeit wünschen wir uns alle, doch sie bedient dank des hohen energetischen Aufwands die Interessen des Angreifers, will er uns doch Energie rauben damit wir unser Ziel nicht mehr kraftvoll verteidigen können. Außerdem steckt in dem Wort Schlagfertigkeit das Wort *Schlag* – und ein Schlag fördert nicht die Gesprächsatmosphäre vor dem Abschluss. Frech und scharfzüngig austeilen können wir nur, wenn wir nichts zu verlieren haben – und dann lässt uns der Angriff meist kalt. Wie also die Paradoxien und das Dilemma lösen? Bewährt hat sich die Taktik der „Faust im Samthandschuh". Zurückschlagen ja, aber sympathisch verpackt und möglichst energiesparend. Denn das Ziel jeder unfairen Methode ist es, Ihnen Energie zu rauben. Beachten Sie den Angriff zu stark, hat der Angreifer gewonnen.

Warum werde ich immer untergebuttert?

1. Faust im Samthandschuh: sympathische Abwehrsätze für unfaire Angriffe

Kämpfe mit der Faust im Samthandschuh!

Weiteres rhetorisches Axiom

Als besonders hilfreich haben sich „sympathische Abwehrsätze" bewährt, eine Unterform der schon aus dem letzten Kapitel bekannten Brückensätze. Ihre Funktion ist es, die negative Energie aufzufangen, abzupuffern und auf die eigenen Ziele und Botschaften zurückzulenken(!). Damit vereiteln Sie das Ziel Ihrer Gegner, Sie vom Ziel abzulenken:

Relativieren	• Das mag auf den ersten Blick so aussehen. Wenn man jedoch genauer hinschaut ... • Dieser Eindruck mag durchaus entstehen, wenn man die Vorteile ... ausblendet • Neben den angesprochenen Risiken gibt es auch eine ganze Reihe von Chancen ... • Glücklicherweise handelt es sich um Einzelfälle, ... • Sie sprechen die negativen Erfahrungen an, dabei wird häufig übersehen, was wir schon erreicht haben ... • Im Prinzip stimme ich Ihnen völlig zu. Was Ihren Punkt B angeht, kommen wir zu anderen Ergebnissen ...
Differenzieren	• Ihre Frage enthält eine Unterstellung, die so nicht zutrifft ... • Zu dem Thema gibt es eine Fülle von Untersuchungen ... • Wie bei jeder Neuerung gibt es auch hier ein Pro und ein Contra ...
Abgrenzen	• Das ist eine recht pauschale Feststellung. Ich darf Ihnen die Vorteile unserer Lösung noch einmal verdeutlichen ... • Das mag Ihre Meinung sein. Richtig ist, dass wir ... • Ich fühle mich zu Unrecht angegriffen ... • Sie zeichnen da ein völlig falsches Bild. Zuerst möchte ich klarstellen, dass ... • Ihre Feststellungen haben mit der Wirklichkeit zum Glück nichts zu tun, ... • Das ist eine sehr undifferenzierte Feststellung ... • Ihre Frage enthält eine Unterstellung, die so nicht zutrifft ... • Sie reihen sehr pauschale Vorwürfe aneinander, die Wirklichkeit sieht zum Glück anders aus ... • Falsch. Richtig ist ...
Emotionale Aspekte würdigen	• Ihre Frage erstaunt mich sehr ... • Das überrascht mich sehr ... • Ihr Vorwurf macht mich sehr betroffen ... • Ich kann Ihre Frage nicht einordnen ... • Ihre letzte Aussage irritierte mich ...

Rückfragen	• Was genau meinen Sie mit ...? • Können Sie mir ein Beispiel nennen? • Ihr Einwand zeigt mir, dass Sie meinem Vorschlag skeptisch gegenüberstehen. Was genau stört Sie daran? • Was schlagen Sie stattdessen vor?

Warum werde ich immer untergebuttert?

2. Faust im Samthandschuh: energiearme Abwehrtechniken

Diese zweite Technik, die Sie unbedingt beherrschen sollten, ist ganz einfach. Mit kurzen Sätzen und eindeutigen Gesten wird dem Angreifer eine deutliche Grenze gesetzt (Berckhahn/Fey). Damit signalisieren Sie: *Ich habe dein Spiel erkannt! Hör sofort auf! Nicht mit mir!* In 80 Prozent der Fälle reicht diese energiearme Ansage vollkommen, um Angreifer wieder auf die faire Sachebene zurückzubringen. Ein weiterer Vorteil: diese Techniken sind ganz leicht zu erlernen, sind völlig unkompliziert und der Zugriff bleibt Ihnen auch unter höchster emotionaler Anspannung erhalten. Sie sparen Energie und lassen sich nicht von Ihrem Ziel ablenken.

Zehn energiesparende Techniken, um unfaire Angriffe zu stoppen:
(erweitert nach Holz, Thiele, Fey und Berckhahn)

Stopp-Geste
Hand zum Stoppschild und fest(!): *„Moment mal, Herr Kaiser!"* Freundlich weiter beim eigenen Ziel bleiben oder eine Frage an den Angreifer stellen.

Notfallwörtchen
So, so!; Ach ja?; Wie bitte?

Sichtbarmachen
Angriff: *Das hat noch nie funktioniert!*
Abwehr: *Mit Killerphrasen kommen wir hier nicht weiter. Welche Argumente haben Sie denn in der Sache gegen das neue Konzept?*

Fairplay einfordern
Angriff: *Träumen Sie woanders – wir sind hier nicht bei „Jugend forscht!"*
Abwehr: *Herr Kaiser, ich bin hier, um Ihnen die Vorteile der XY-Technologie zu vermitteln – lassen Sie uns in der Sache weitermachen.*

Den Angreifer zum Berater machen
Angriff: *Mit Ihrem Vorschlag kommen wir in Teufels Küche!*
Abwehr: *Was schlagen Sie vor, wie wir zu einer Lösung kommen können?*

Zaubersatz (der fast immer passt):
Angriff: *Sie beurteilen die Situation völlig falsch!*
Abwehr: *„Das mag sein ...“* (weitermachen zum eigenen Ziel hin)

Die „Muthaltung“
Sich aufrichten, eventuell aufstehen, emotionales Schutzschild visualisieren

Körpersprachlich abwehren:
Strenger Blick, Stirnrunzeln, Kopfschütteln, abwertende Gestik

Deutlich abgrenzen; aussteigen
Angriff: *Haben Sie überhaupt Abitur?*
Abwehr: *Moment mal, Herr Kaiser, ich bin gerne bereit, mit Ihnen über diese Situation zu sprechen, ich bin allerdings nicht bereit, mich von Ihnen persönlich angreifen zu lassen.*

Humor und Gelassenheit
Vieles ist nicht persönlich gemeint. Würde morgen ein anderer in Ihrer Rolle dastehen, so würde es ihn treffen. Nicht emotional anspringen.

3. Faust im Samthandschuh: komplexere Abwehrtechniken

Diese Abwehrtechniken können, aber müssen Sie nicht unbedingt beherrschen. Ihre Kenntnis macht Sie jedoch flexibler (erweitert nach Holz, Berckhahn, Fey und Thiele):

Zehn komplexere Techniken um unfaire Angriffe abzuwehren

Umdefinieren
Angriff: *Sie sind ein Erbsenzähler!*
Abwehr: *Wenn Sie unter Erbsenzähler einen Menschen verstehen, der Sorgfalt im Detail walten lässt und höchsten Qualitätsstandards verpflichtet ist, dann bedanke ich mich für das Kompliment*
Angriff: *Prinzipienreiterei; Geschwätz; Kostentsunami*
Abwehr: *Feste Grundsätze; Diskussion; Investition*

Schallplatte mit Sprung
Sich nicht vom eigenen Ziel durch Angriffe ablenken lassen:
Das mag sein. Gleichzeitig ... (mein Redeziel). Das steht auf einem anderen Blatt. Heute geht es um ... (mein Redeziel). Darum geht es jetzt nicht. Mir geht es vor allem um ... (mein Redeziel)

Gegenfrage stellen
Angriff: *Wer nur ein bisschen Verstand hat, wird Ihren Vorschlag ablehnen!*
Abwehr: *Herr Müller, was sind die wichtigsten Einwände, die Sie vorbringen?*
Angriff: *Sie wollen sich doch nur in Szene setzen!*
Abwehr: *Was bringt uns Ihr Beitrag zu meiner Person bei der inhaltlichen Lösung der Frage?*

Gegenangriff starten
Auf einen groben Klotz gehört ein grober Keil
Angriff: *Sie sehen heute aber blass aus!* (mit manipulativer Absicht der Verunsicherung)
Abwehr: *Sie machen mir auch nicht gerade den Eindruck, als ob Sie Bäume ausreißen können!*

Auflaufen lassen
Angriff: *In Ihrem Alter kostet das schon Kraft!* (mit manipulativer Absicht der Verunsicherung)
Abwehr: *Interessiert mich nicht! Na und? Finden Sie?* – zurück zu Ihrem Ziel.

Argumente einfordern
Angriff: Alle Killerphrasen wie *Da könnte ja jeder kommen! Viel zu teuer!* Theoretisch ganz schön – aber praktisch nicht machbar etc.
Abwehr: *Das mag sein. Welches sind Ihre wichtigsten Gründe für …*

Zurückweisen
Angriff: *Seit wann macht Ihr Unternehmen Verluste?*
Abwehr: *Ihre Frage enthält eine Unterstellung, die so nicht richtig ist. Richtig ist …*

Aufforderung zur Wiederholung
Angriff: *Liefern Sie immer noch so unpünktlich?* (Unterstellung)
Abwehr: *Können Sie Ihre Unterstellung noch einmal ganz laut wiederholen?*

Unterbrecher: Verteidigen Sie sich freundlich und bestimmt
Darf ich bitte ausreden, Herr Müller.
Lassen Sie mich bitte ausreden. Ich habe Sie auch nicht unterbrochen.

Unpassende Sprichworte zur Verwirrung
Angriff: *In Ihrer Argumentation geht alles wie Kraut und Rüben durcheinander!*
Abwehr: *Ja, ja, eine Taube macht noch keinen Frühling.*

4. Faust im Samthandschuh: Lenken und Führen von Vielrednern, Alpha-Tieren und einmischenden Chefs

Wenn Sie präsentieren, sind Sie das Alpha-Tier. Das bedeutet, Sie lenken und Sie führen durch den Prozess. Niemand darf Ihnen in diesem Moment die Führung streitig machen – auch nicht Ihr Vorgesetzter, sollte er bei der Präsentation dabei sein. Denn das wirft kein gutes Licht auf Sie, Sie würden an Autorität verlieren. Vielredner, dominante Teilnehmer und Ihr eigener Chef sind die größten Gefahren, die Führung zu verlieren und gelenkt zu werden statt zu lenken.

Damit das nicht geschieht sollten Sie:

- gut vorbereitet sein, denn wer den Ablauf bestimmt, kontrolliert meist das Geschehen.
- die Tagesordnungspunkte ans Flipchart schreiben und bei Abschweifungen darauf zeigen – dann bestimmt weitermachen
- Die Teilnehmer zum Handeln bringen: *„Bitte kommen Sie mit mir in den Gruppenraum …“; „Fühlen Sie mal …“; „Lassen Sie uns ein wenig zusammenrücken“* – eine elegante Methode die Führung zu übernehmen
- Knochen werfen: Vor der Präsentation ein unwichtiges Thema in den Raum werfen wie: *Sollen wir das Fenster offen lassen?* um schon im Vorfeld gruppendynamische Prozesse ablaufen zu lassen. (Eine Gruppe ist erst arbeitsfähig wenn klar ist, wie die Rollen verteilt sind, vor allem wer der informelle Führer ist). Ein weiter Vorteil: Sie erfahren viel über die Hierarchie Ihrer Teilnehmer.
- Mit Ihrer Körpersprache und Ihrer Stimme lenken: Berührungen, beispielsweise freundlich einen guten Platz anweisen; mit großen Gesten anderen das Wort erteilen und wieder nehmen, sich zuwenden und sich wieder abwenden; aufrecht stehen, laut und bestimmt sprechen; etc.
- Vielredner mit geschlossenen Fragen ausbremsen: I*st das richtig, Sie fordern eine Verlängerung?* (Ja.) *Danke – Ich bin ebenfalls der Meinung* … wieder die Führung übernehmen
- Schweiger mit offenen Fragen zum Reden bringen: *Welche Erfahrungen haben Sie mit xy gemacht? Wie sehen Sie xy?*

- Bewertungen abgeben – wer andere bewertet, hebt seinen Status: *Schön, dass Sie so offen mit mir sprechen!*
- mit dem Chef im Anschluss unter vier Augen sprechen und Abmachungen für das nächste Mal treffen.

Mit welchen Spielen, Taktiken und Angriffen könnten Sie konfrontiert werden?

Überlegen Sie sich anhand der vorherigen Abwehrtechniken passende Möglichkeiten zu reagieren/zu antworten:

Destruktiver Angriff	Mögliche Reaktion/Antwort

Manipulation	Mögliche Reaktion/Antwort

20. Wird man zum Redner geboren? So werden Sie immer besser: Nachbereitung und persönlicher Trainingsplan

Inhaltsübersicht Kapitel 20

1. Begabung oder Übung?

Wird man zum Redner geboren?

Allen, die sich fragen, ob sie überhaupt das Talent zum Redner haben, möchte ich zum Schluss unserer Reise durch das Reich der Rhetorik zwei Geschichten erzählen: die eine von Demosthenes, dem berühmten Redner der Antike, die andere von Matthias Pöhm, der heute zu den erfolgreichsten Rhetoriktrainern gehört. Zwei Geschichten mit einer Botschaft: Jeder mit unbändigem Willen kann ein hervorragender Redner und Präsentator werden!

Die Frage ist nur: *Wollen* Sie es überhaupt? Oder reicht es Ihnen, bei Ihrer nächsten Präsentation einigermaßen über die Runden zu kommen? Das ist völlig legitim. Verabschieden Sie sich dann von allen Idealbildern und bündeln Sie Ihre Kraft, Liebe und Energie für die Ziele, die Ihnen am Herzen liegen.

Wenn Sie richtig gut werden *wollen*, dann können Sie es auch schaffen! Dieses *Wollen* kommt aus einem übergeordneten Ziel, das man verwirklichen möchte. Rhetorik hat eine unglaubliche Kraft, Ideen und Wünschen in die Realität zu verhelfen. Wenn Sie richtig gut werden *wollen*, dann können Sie es auch schaffen! Es gehört, wie wir in beiden Erfolggeschichten sehen werden, Entschlossenheit, Fleiß und Übung dazu.

„Vor mehr als 2000 Jahren hat sich auf dem Marktplatz des antiken Athen folgende Begebenheit zugetragen:
Ein junger Athener wollte politische Karriere machen. Er hatte früh erkannt: Man muss reden können. Sein Name war Demosthenes. An diesem Tag war sein Ziel, eine besonders überzeugende Rede zu halten. „Sprich lauter, Demosthenes!" riefen sie aus den letzten Reihen zu ihm. Also sprach er lauter. Darauf wurde ihm die Luft knapp. Der Atem geriet ins Stocken. Er begann zu keuchen. „Hör auf Demosthenes, du kriegst ja einen Schlaganfall!", kam es ihm entgegen. Er wurde nervös. Ein Versprecher nach dem anderen. Die Silben wurden undeutlich. Das Sprechtempo wurde rasend. „Kannst du nicht deutlicher reden?", wieder diese Zwischenrufer. Da kam das Blackout. Eine alte Angewohnheit meldete sich zurück: nervöses Schulterzucken. Die Blamage nahm ihren Lauf. Die Zuhörer fingen zu lachen an. Niemand hörte ihm

mehr zu. Demosthenes brach ab. Mit leerem Gehirn, ferngesteuert, innerlich zitternd und bebend machte er sich auf den Nachhauseweg. Er schwor sich: Ich rede nie wieder. Damit wäre er aber politisch tot gewesen. Er entschloss sich zur anderen Alternative: Das passiert mir nie wieder. Üben, üben, üben … Er ging an die Meeresküste, machte die tosende Brandung zu seinem Publikum und brüllte, was er konnte. Damit zwang er sich zum lauten Sprechen. Er legte sich in den Sand und beschwerte seine Brust mit Felsbrocken, damit trainierte er die Zwerchfellatmung, um nie wieder Luftprobleme zu haben. Er steckte sich Kieselsteine in den Mund und übte deutliches Sprechen. Da war noch immer dieses nervöse Schulterzucken. Dieses Problem löste er zu Hause. Er befestigte ein Schwert an seiner Zimmerdecke, mit seiner Spitze berührte es fast seine Schultern. Nun übte er seine Reden. Jedes Mal, wenn er zuckte, spürte er einen schmerzhaften Stich. Sein unbändiges Bedürfnis, seine politischen Ziele zu erreichen, und die Erkenntnis, dass seine Sprechfähigkeiten dafür noch nicht geeignet waren, ließen ihn diese Gewaltkur durchführen. Er wurde der größte Redner, den die Antike hervorgebracht hat." (Aus: Ingrid Ammon, Die Macht der Stimme)

„Ich bin Rhetorik-Trainer aus Leidenschaft. Das war aber nicht immer so. Bevor ich mich als Rhetorik- und Schlagfertigkeitstrainer selbständig gemacht habe, war ich Software-Ingenieur. Ich möchte Ihnen einmal die Geschichte erzählen, wie ich zur Rhetorik gekommen bin:
Ich hatte Riesenprobleme vor Leuten zu reden. Schon in der Schule hatte ich fürchterliches Herzpochen und Händezittern, wenn jeder Schüler etwas vorlesen musste und ich mir ausrechnete, wann die Reihe an mir war. Später hatte ich ein echtes Schlüsselerlebnis. Als ich noch in Genf als Software-Ingenieur arbeitete, hatten mich die Mitarbeiter als Personalvertreter gewählt. Dann kam eines Tages die Mitarbeiterversammlung, die mein Leben verändern sollte. Wir sitzen gemeinsam mit rund 50 Kollegen in einem Saal. Vorn referiert der Chef. Plötzlich sieht er mich in der Menge. Er sagt unvermittelt: „Ach, Herr Pöhm ist da. Er könnte mal schnell etwas zum Thema Personalvertretung sagen." Es trifft mich wie ein Pfeil. Mein Herz beginnt zu rasen und mit zittrigen Beinen steh ich auf. Ich sehe die erwartungsfrohen Blicke der Kollegen. Stammelnd beginne ich zu reden. Das Blut schießt mir in die Wangen. Meine Stimme bebt, zerhackt vom rasenden Pulsschlag meines Herzen. Schweiß läuft mir von der Stirn, ich versuche einen sinnvollen Satz zu sagen,

doch meine Worte ergeben keinen Sinn. Das Gehirn scheint wie leer gefegt, und alles, was ich je über Personalvertretung wusste, ist wie weggeblasen. Ich bemerke, dass die Ersten betreten zu Boden blicken. Es ist peinlich, mich anzuschauen. Ich wünschte, der Boden täte sich auf und ich könnte einfach verschwinden. Irgendwann setze ich mich wieder. Endlose Sekunden vergehen, bis der Chef wieder das Wort ergreift und versucht, die Situation zu retten. Der gewählte Personalvertreter war vor der ganzen Belegschaft blamiert! Das war so peinlich, dass ich zwei Tage nicht mehr zur Firma gehen wollte. Das war der Anfang meiner Karriere!" (aus: Pöhm: Vergessen Sie alles über Rhetorik und Präsentieren Sie noch oder faszinieren Sie schon?)

Wird man zum Redner geboren?

Wie wichtig ist es Ihnen, rhetorisch fit zu werden? Wie viel Zeit und Kraft sind Sie bereit in Ihre rhetorische Entwicklung zu investieren? Welche positiven Auswirkungen hätte eine profunde rhetorische Kompetenz für Ihr berufliches und privates Leben?

Wie Sie immer besser werden können, welche Wege es zu einem herausragenden Präsenter gibt, ist das Thema dieses Kapitels.

„Use it or lose it"

Eine der Grundregeln unseres plastischen Gehirns

2. Das erste Geheimnis der Profis: die Nachbereitung

Die meisten von uns wissen, wie wichtig eine lösungsorientierte Nachbereitung ist und trotzdem halten sich die Wenigsten daran. Warum das so ist? Weil wir uns dann mit unseren Schwächen und unseren Fehlern beschäftigen müsste – und das tut weh oder ruft zumindest ungute Gefühle hervor. Es geht um Kritik, um Unzulänglichkeit, eventuell um Versagen – um den eigenen Schatten. Und den schaut niemand gerne an. Und trotzdem sollten wir ihn anschauen. Eine Lebensweisheit sagt: *Dort wo die Angst ist, da geht es weiter!* Doch wer in seiner Kindheit nur Strafe, Schimpfe und Verachtung für Fehler erlebt hat, dem wird ein gutes Verhältnis zu Fehlern schwer fallen. Wer liebevolle, konstruktive und lösungsorientierte Bezugspersonen hatte, dem fällt es viel leichter auch später mit eigenen Fehlern liebevoll, konstruktiv und lösungsorientiert vorzugehen. Lernen Sie Fehler als kostenloses und präzises Coaching des Lebens schätzen. Nehmen Sie Fehler an, schauen Sie ganz bewusst hin – *nobody is perfect!* Wenn Sie sich das Limbische Kommunikationssystem anschauen, dann kann gar niemand perfekt sein. Jeder von uns hat präferierte und weniger präferierte Denk- und Verhaltensstile und kann gar nicht vollkommen sein. Jeder von uns hat Grenzen. Auch die vier Prozent multidominaten Menschen, denen alle Denkstile zur Verfügung stehen, haben Schwächen: sie haben kein ausgeprägtes Talent, sie haben Entscheidungsschwierigkeiten, sie haben immer für alles und alle Verständnis und wirken ungewollt opportunistisch, sie sind immer moderat. Natürlich haben sie, wie die anderen 96 Prozent, auch Stärken: Sie können sich in jeden Menschen hineinversetzen, können Probleme ganzheitlich lösen, überwinden Karrierehürden müheloser und sind ausgezeichnete Moderatoren.

Es ist sehr wichtig, genau zu beobachten, wo Ihre Präsentation rund läuft und wo nicht. Erfolgreiche Redner nutzen dieses Feedback, um von Präsentation zu Präsentation besser und besser zu werden. Machen Sie das auch: Bereiten Sie Ihre Präsentation immer nach. Beobachten Sie während der Präsentation, was gut ankommt und was nicht, und merken Sie sich vor allem die Einwände der Zuhörer, denn die helfen Ihnen, Ihre nächste Präsentation vor ähnlichen Teilnehmern feiner zu justieren – Einwände sind Werte. Und Werte sind die Grundlagen von Kernbotschaften. Hören Sie gut zu, wenn Teilnehmer ihre Probleme schildern. Denn hier können Sie nächstes Mal mit Ihrem Überzeugungsprozess einsetzen. Und beobachten Sie Ihre Teilnehmer: Welcher Denkstil spiegelt sich zum Beispiel in ihrem Verhalten, in ihrem Erscheinungsbild, in dem Design der Einrichtungen? Nutzen Sie die Präsentations-Situation immer auch als Recherche für Ihre nächste Präsentation. Wenn Sie sich einen ordentlichen Patzer erlaubt haben – geschehen ist geschehen und jetzt können Sie nichts mehr ändern. Kasteien Sie sich nicht, sondern vergeben Sie sich. Nur tätige und mutige Menschen machen Fehler. Nur wo gehobelt wir, fallen Späne. Wer sich aus seiner Komfortzone hinausbegibt und präsentiert, ist mutig und wird reich belohnt. *No risk, no fun* – wer keine Risiken eingeht, macht zwar weniger Fehler, kann aber auch nie so viel gewinnen.

Wie können Sie Ihre Fehler gewinnbringend nutzen? Indem Sie sich die einfache Frage stellen: *Wie kann ich es beim nächsten Mal besser machen?* Es reicht, diese Frage unaufgeregt zu beantworten. Schreiben Sie die Antworten schriftlich auf und archivieren Sie sie zusammen mit der Präsentation. Wenn Sie sich für die nächste Präsentation vorbereiten, überlegen Sie dann, ob Sie Ihre Präsentation verändern. Ob Sie sie verändern hängt auch von den neuen Umständen ab, manchmal ist ein Fehler vor der einen Zielgruppe ein Pluspunkt bei der anderen.

Fehler/Panne	Nächstes Mal besser so:
Abschluss ging unter, da Zeitdruck	Lieber ganze Kernbotschaft weglassen statt Abschluss Problemlöseformel so vorbereiten, dass sie auch in zehn Minuten funktioniert (Variante anlegen mit Hyperlink)
Logische Teilnehmer sehr kritisch	Preiskalkulation rhetorisch aufbereiten, mit Finanzabteilung sprechen Mir vom Konstrukteur Herr Fischer die technischen Aspekte genau erklären lassen Professionelle Folien mit technischen Funktionen (mit Marketingabteilung absprechen)
Aus Unsicherheit zu viel gelächelt	Im Alltag üben, nur an passender Stelle zu lächeln Körperbild Eiche und Mahner integrieren

Der Haken an der Sache: Man braucht rhetorisches und präsentationstechnisches Wissen, um zu wissen *wie* man es beim nächsten Mal besser machen kann. Gut für Sie – denn dieses Wissen haben Sie sich nach Lektüre dieses mehr als 400 Seiten dicken Buches erworben! Herzlichen Glückwunsch!

Was möchten Sie beim nächsten Mal besser machen:

Fehler/Panne	Nächstes Mal besser so:

If you always do, what you always did, you will always get what you always got!

Abraham Lincoln

Genauso wichtig wie der kontinuierliche Verbesserungsprozess Ihrer Präsentation, ist es, sich selbst auf die Schulter zu klopfen für alles, was gut gelaufen ist. Belohnen Sie sich für gute Ergebnisse, feiern Sie gute Abschlüsse – den das ist Motivation für weitere erfolgreiche Präsentationen! Sammeln Sie immer auch Ihre Glanzmomente und Sternstunden, am besten schriftlich:

Meine drei Highlights:
Wie alle an meinen Lippen hingen als ich die Geschichte von unseren Ingenieuren erzählt habe, wie sie getüftelt haben und dann auf die Lösung gekommen sind
Die neue schichtweise animierte Folie des neuen Trägers – sehr wirkungsvoll!
Das Kompliment von Herrn Dr.Carstens zum Schluss. Auftrag erteilt!

Welches sind Ihre Highlights?

Meine drei Highlights:

Zur Nachbereitung gehört auch, alle Ergebnisse und Versprechungen schriftlich festzuhalten und erste Schritte zu veranlassen. Halten Sie Versprechungen immer minutiös ein – im Geschäftsleben sind Zuverlässigkeit und Pünktlichkeit keine „Sekundärtugenden", sondern Voraussetzungen um überhaupt mitzuspielen.

Wenn Sie merken, dass Sie für einen Kunden oder einen bestimmten Teilnehmerkreis nicht der optimale Präsentierende sind, dann sprechen Sie das im Team an. Suchen Sie immer den Präsentierenden aus, der am besten zur Zielgruppe passt oder nehmen Sie Ihre eigene Ergänzung mit – also einen Kollegen mit einem konträren Denkstil.

3. Das zweite Geheimnis der Profis: Übung und Training

Vor den Erfolg haben die Götter den Schweiß gesetzt. Glauben Sie keinem brillanten Redner der behauptet, er brauche sich nicht vorbereiten. In der Geschichte der Rhetorik gibt es viele Anekdoten von leidenschaftlichen Rhetorikgegnern, bei denen man später durchgearbeitete Ausgaben von

Cicero, Quintilian und Co fand. Seien Sie auf der Hut vor Menschen, die Ihnen diese Disziplin madig machen wollen, denn Rhetorik ist immer auch Herrschaftswissen und dient der Absicherung des persönlichen Einflussbereichs. Auch die gehirntypgerechte Rhetorik wird hauptsächlich von denjenigen angegriffen, die aufgrund ihrer Lebenserfahrung oder von Berufs wegen (zum Beispiel Werbung, Marketing, Trainig, Vertrieb) sich schon gut mit Motiven und Emotionen auskennen.

Um richtig gut zu präsentieren sollten Sie mit lauter Stimme üben, inklusive Medieneinsatz und Körpersprache. Hier liegt das höchste Potenzial um besser zu werden. Ein ausformuliertes Manuskript und eine gute Manuskripttechnik verhelfen vor allem den Anfängern zu Sicherheit und Erfolg.

Wenn Sie feststellen, dass Sie noch sehr viele Baustellen haben, dann empfiehlt sich ein rhetorisches Präsentationstraining. Hier meine Empfehlung für ein sinnvolles Aufbau-Training:

Die Profi-Version mit fünf Tagen, wenn vom Präsentationsgeschick viel abhängt:

2 Tage **Basis-Training**	**Ziele:** 1. Sie lernen eine überzeugend Präsentation vorzubereiten 2. Grundlagen der Körpersprache 3. Umgang mit Medien und Technik Transferplan mit konkreten und individuellen Zielen
In der Zwischenzeit: • Präsentation vorbereiten • Transferplan umsetzten	Mit diesem neuen Know-how bereiten Sie eine Präsentation vor Transferplan umsetzten: Schrittweise Integrieren der neuen Verhaltensweisen (Wissen in Können umwandeln)
2 Tage **Aufbau-Training**	**Ziel:** Den Live-Auftritt optimieren Fertige Präsentation mitbringen Videoaufzeichnung Videoanalyse Optimierungsfeedback Neuer persönlicher Transferplan

1 Tag **Follow-Up**	Optimierte Fassung noch einmal präsentieren Offene Fragen beantworten Austausch

Wird man zum Redner geboren?

Die abgespeckte Version mit nur zwei Tagen, wenn nicht so viel auf dem Spiel steht:

Literaturempfehlung des Trainers zur Vorbereitung der Präsentation	Kein Basis-Training, sondern Teilnehmer erarbeiten sich mit Büchern (Skript im Intranet, Skript des Trainers) die Vorbereitung ihrer Präsentation eigenständig Mit diesem Wissen bereiten Sie Ihre Präsentation vor
2 Tage Training	**Ziel:** Den Live-Auftritt optimieren Fertige Präsentation mitbringen Videoaufzeichnung Videoanalyse Optimierungsfeedback Neuer persönlicher Transferplan

4. Das dritte Geheimnis der Profis: Flexibilität und Weiterentwicklung

Wer sind Sie? Sie sind Ihre Synapsen! Aus ihnen besteht Ihr Selbst.

J. LeDoux

Das erwachsene Gehirn ist unveränderbar – das galt jahrzehntelang als Postulat. Doch längst besteht kein Zweifel mehr daran, dass Leistungssteigerungen des Gehirns bis ins hohe Alter möglich sind. Neurowissenschaftler zeigen heute in vielen Experimenten, wie das Gehirn sich bis ins hohe Alter wandeln und dazulernen kann und wie gut sich dieses Potenzial erschließen lässt. Das ist die gute Nachricht. Die schlechte ist: wandelbar ist unser Gehirn nur dann, wenn wir auch bereit sind uns zu wandeln. Wenn wir ausgetretene synaptische Wege verlassen und neuen synaptische Verbindungen zulassen.

Nach dem Konzept der „*gebrauchsabhängigen* Plastizität des Gehirns" befindet sich auch das erwachsene Gehirn in einem Zustand permanenter Veränderung: Schon ein geringfügiger Wechsel der Lebensumstände, der zu einem anderen alltäglichen Verhalten führt, kann plastische Reorganisationsprozesse in Gang setzen. Wer aber immer das Gleiche tut, der bekommt höchstens synaptische Trampelpfade: unsere bequemen und geliebten Gewohnheiten! Veränderungen kosten Energie und das gefällt unserer Balance-Instruktion nicht. Außerdem kratzen Veränderungen an unserem narzisstischen Selbstbild, denn wir müssen zuerst mit Unbeholfenheit und Fehlern zurechtkommen. Wenn wir es dann trotzdem tun, dann erschließen sich uns neue Wege und Möglichkeiten und machen uns flexibler, anpassungsfähiger und erfolgreicher.

Je mehr unterschiedliche Möglichkeiten Ihnen in einer Situation zur Verfügung stehen, umso flexibler können Sie reagieren und umso erfolgreicher erreichen Sie Ihre Präsentationsziele. Das bedeutet, Sie haben mehr Aufträge, sie gewinnen öfter im Kampf um die knappen Ressourcen, Sie steigern Ihre Außenwirkung, Sie können die Welt immer mehr nach Ihren Vorstellungen verändern. Sie werden immer selbstbestimmter, zufriedener und erfolgreicher.

Sie dabei zu unterstützen, höhere Kompetenz und Flexibilität beim Präsentieren zu erhalten ist mein Ziel. Sie zu motivieren auch ganz neue Wege zu gehen und sich als Persönlichkeit weiter zu entwickeln, in Ihrem Gehirn alte ausgetretene synaptische Muster zu verlassen und neue, aufregende zu knüpfen ist mein Anliegen. Ich möchte Ihnen Mut machen, sich im Denken, im Reden und im Verhalten zu erweitern.

Natürlich wird dabei niemals aus einem logischen Denker ein gefühlvoller und aus einem gefühlvollen ein logischer, denn jeder von uns hat seinen ganz eigenen evolutionären Auftrag, den er in den Dienst der Menschheit stellen kann, um so zu unser aller Erhaltung und Entfaltung beizutragen. Unsere Talente und unsere Stärken haben Ihre Berechtigung. Sie zu kennen macht zufrieden und glücklich, denn nur hier werden wir mit guten Gefühlen belohnt.

Profi-Tipp: Berufswahl und Karriere

Achten Sie bei großen und wichtigen Entscheidungen im Leben darauf, dass sie mit Ihrer Präferenz im Einklang sind. Auch wenn Ihnen eine neue Position angeboten wird – fragen Sie sich, ob Ihre Talente und Ihre zentralen Werte berücksichtigt sind. So werden Sie müheloser erfolgreich – und garantiert glücklicher! Auch Spitzenleistungen lassen sich nur abliefern, wenn Präferenz und Kompetenz übereinstimmen. Machen Sie eventuell im Vorfeld eine HBDI-Denkstilanalyse (www.hermann-ruess.de). Dies ist eine rentable Investition in Ihren Erfolg und Ihre Zufriedenheit.

An dieser Stelle möchte ich noch zwei wichtige Erfahrungen aus der Arbeit mit der HBDI-Denkstilanalyse hervorheben. Erstens: Roland Spinola, der das HBDI im deutschsprachigen Raum bekannt gemacht hat, betont ausdrücklich dass **Präferenz nicht gleich Kompetenz** bedeutet. „*Kompetenz* erwirbt man durch Training, durch Lernen und Erfahrung; *Präferenz* ist angeboren oder erwählt, vielleicht anerzogen." (Spinola/Peschanel: 1988, Seite 47). Wenn jemand den experimentellen Denkstil bevorzugt, heißt das nicht, dass er automatisch ein begnadeter Künstler ist. Wenn jemand den logisch-analytischen Denkstil bevorzugt, heißt das auch nicht, dass er automatisch ein begnadeter Mathematiker wird. Beide müssen auch lernen und üben – es fällt ihnen jedoch leichter als denjenigen, die keine Präferenz hierzu besitzen. Zweitens: Wenn wir für einen Denkstil nur wenig Talent haben, bedeutet das nicht, dass wir hier keine Fähigkeiten haben. Wir können sie uns aneignen und uns, so Spinola **„Inseln der Kompetenzen"** schaffen – nur, wir werden es nicht so gerne tun!

Anregungen zur Entwicklung meiner Inseln der Kompetenz:

A. Wenn Sie eine hohe Logische Dominanz haben, dann können Sie so Inseln der Kompetenz bilden:	D. Experimentelle Dominanz
• Nehmen Sie die eigene und die Körpersprache anderer bewusst wahr • Erkennen Sie die Leistungen/die Persönlichkeit anderer spontan und merklich an • Nehmen Sie sich Zeit für persönliche Gespräche; erzählen Sie persönliche Erfahrungen • Entscheiden Sie gemeinsam • Hören Sie anderen aktiv zu • Stärken Sie Ihr Beziehungsohr – die Sachebene ist nur eine Seite einer Nachricht • Hören Sie einmal am Tag bewusst in sich hinein, benennen Sie Ihre seelische und körperlichen Gefühle; fragen Sie nach den Ursachen • Präsentieren Sie an passender Stelle lebendig: modulierte Stimme, sprechendes Gesicht, energievolle Körpersprache etc.	• Bereiten Sie Gespräche und Präsentationen systematisch vor • Machen Sie einen Plan mit Pufferzeiten und halten Sie sich daran • Legen Sie Kernbotschaften fest • Geben Sie sich ein Zeitlimit und halten Sie sich daran • Benutzen Sie für Ihre Präsentation eine Redestruktur und halten Sie sich daran • Beschäftigen Sie sich intensiv mit einem Detail – achten Sie auf Genauigkeit • Achten Sie bei wichtigen Terminen auf Formalitäten, Hierarchien und Tradition • Machen Sie sich mit Gepflogenheiten, Strukturen, Normen Ihrer Zuhörer vertraut • Mäßigen Sie Ihre Begeisterung, sonst wirken Sie unglaubwürdig

B. Strukturierte Dominanz	C. Gefühlvolle Dominanz
• Nehmen Sie sich Zeit, neue Ideen zu finden • Denken Sie sich eine verrückte Idee pro Tag aus • Stärken Sie Ihre visuellen Fähigkeiten: Kassetten mit geführten Visualisierungen, Kurse • Schließen Sie die Augen und stellen Sie sich die Zukunft ... in zehn Jahren vor • Veranstalten Sie ein freies Brainstorming • Treffen Sie eine Entscheidung intuitiv • Finden Sie eine Metapher, die zu Ihrem Thema passt, zeichnen Sie sie • Gehen Sie ein Risiko ein, indem Sie einmal etwas Ungewöhnliches sagen • Präsentieren Sie einmal anders als gewöhnlich • Lassen Sie ungewöhnliche Ideen erst auf sich wirken, wägen Sie Vor-/Nachteile rational ab	• Analysieren Sie, bevor Sie entscheiden • Sprechen Sie mit Fachleuten über sachliche Aspekte • Verstehen Sie die technischen Aspekte Ihres Themas • Konzentrieren Sie sich auf Wesentliches • Fragen Sie nach Zahlen, Belegen, Beweisen • Berechnen Sie genau • Lernen Sie Redestrukturen kennen und halten Sie sich daran • Schweigen kann Gold sein • Zeigen Sie nicht immer Ihre Emotionen und sprechen Sie Gedachtes nicht sofort aus • Reduzieren Sie in sachlichen Themen Ihre Mimik/Gestik • Setzen Sie sich Ziele und verteidigen sie diese • Lernen Sie „Nein" sagen

Erweitert nach Ned Herrmann (1991/1997) und Hermann International Deutschland

5. Das vierte Geheimnis der Profis: persönliche Ziele setzen und erreichen

Wird man zum Redner geboren?

Unsere Reise durch das Reich der Rhetorik ist nun zu Ende. Sie haben gelernt, wie Sie Ihre Zuhöre mit Ihrer Einleitung fesseln können, wie Sie Argumente auswählen und formulieren die überzeugen, wie Sie Ihren Körper und Ihre Stimme wirkungsvoll einsetzen; Sie haben in vielen Beispielen gesehen, dass es unklug ist, sich nur auf PowerPoint zu verlassen; Sie haben geübt, Ihre Botschaften zu inszenieren und zu demonstrieren; Sie kennen nun rhetorische Werkzeuge, um Ihre Wirkung zu steigern; Sie haben erfahren, wie Sie Ihre Meinungen standhaft verteidigen und wie Sie es vermeiden, sich nicht zum Spielball unfairer Angriffe zu machen. Wenn Sie sich jetzt noch einmal die Reflektion „Mein Rohdiamant“ von Seite 10 ansehen – was hat sich verändert? Haben Sie neue Ziele? Was von dem, was Sie erfahren haben, möchten Sie in Ihre Lebenswirklichkeit integrieren? Suchen Sie sich drei Ziele aus, die Sie richtig anmachen, die Ihnen Lust machen würden, sie zu erreichen. „Magnetische“ Ziele sind die beste Voraussetzung, um sie auch *wirklich* erreichen. Nehmen Sie sich lieber kleine, dafür ganz konkrete und messbare Ziele vor. Setzen Sie sich Termine und belohnen Sie sich, wenn Sie das Ziel erreicht haben:

Sich kleine Ziele setzen. Sie erreichen. Sich neue, etwas größere Ziele setzen. Sie erreichen – so funktioniert Erfolg.

D. Carnegie

Mein magnetisches, konkretes und messbares Ziel:	Ab wann? Bis wann?	Belohnung

Ich wünsche Ihnen, dass Sie mit dem neu erworbenen Know-how erfolgreich, sicher und mit Freude präsentieren. Ich wünsche Ihnen viele faszinierende rhetorische Momente!

Alles Gute und viel Erfolg!

Ihre Anita Hermann-Ruess

Wenn Sie Austausch suchen oder das Gelernte trainieren möchten: einfach anrufen oder mailen! Gerne stelle ich Ihnen auch in einem Coaching ein individuelles und persönliches Trainingsprogramm zusammen.

Ich stehe Ihnen zur Verfügung für firmeninterne:
- Präsentationskurse
- Rhetorik- und Dialeketikseminare
- Individuelles Präsentations-Coaching
- Verkaufstrainings

www.hermann-ruess.de
seminare@hermann-ruess.de
Tel.: 0049 (0) 7520/923153

Haben Sie Interesse an Ihrer eigenen Denkstilanalyse?
Den Fragebogen finden Sie unter www.hermann-ruess.de
Oder fordern Sie ihn einfach telefonisch an:

Telefon: 0049 (0) 7520/923153

Literaturverzeichnis

Atkinson, Cliff
Erzählen statt aufzählen. Neue Wege zur erfolgreichen PowerPoint-Präsentation
MicrosoftPress, Unterschleißheim, 2005

Atkinson, Cliff und Mayer, Richard E.
Five Ways to Reduce PowerPoint Overload.
www.beyondbullets.com, 2004

Ammon, Ingrid
Die Macht der Stimme. Persönlichkeit durch Klang, Volumen und Dynamik
Wirtschaftsverlag Ueberreuter, Frankfurt/Wien, 2004

Bauer, Joachim
Warum ich fühle was du fühlst – Intuitive Kommunikation und das Geheimnis der Spiegelneuronen
Hoffmann und Campe, Hamburg, 2005

Berckhahn, Barbara
Die etwas intelligentere Art sich gegen dumme Sprüche zu wehren
Heyne Verlag, 2001

Bornhäuser, Andreas
Präsentainment. Die hohe Kunst des Verkaufens
Benleo Verlag, München, 1996

Braun, Roman
Die Macht der Rhetorik. Besser reden – mehr erreichen
Redline Wirtschaftsverlag bei Ueberreuter, Frankfurt und Wien, 2001

Coblenzer, Horst und Muhar, Franz
Atem und Stimme. Anleitung zum guten Sprechen
ÖBV Verlag Wien, 2006, 20. Auflage;

Coblenzer, Horst
Erfolgreich sprechen. Fehler und wie man sie vermeidet
ÖBV Verlag, Wien, 1999

Conen, Horst
Die Kunst mit Menschen umzugehen. Das Basisbuch für erfolgreiche Kommunikation
Knaur Verlag, 2003

Damasio, Antonio R.
- Ich fühle, also bin ich. Die Entschlüsselung des Bewusstseins
  List, München, 2000
- Der Spinoza-Effekt. Wie Gefühle unser Leben bestimmen
  List, München, 2003

Ditko, Peter H./Engelen Norbert Q.
In Bilder reden. Die neue Redekunst aus Ditkos Schule
Econ, Düsseldorf, 1996

Duden: Das Synonymwörterbuch
Dudenredaktion, Bibliographisches Institut, Mannheim, 2006; Auflage: 4., neu bearb. Aufl.

Edmüller, Andreas und Wilhelm, Thomas
Manipulationstechniken erkennen und abwehren
Haufe Verlag, München, 2002

Fey, Gudrun
Gelassenheit siegt. Mit Fragen, Vorwürfen, Angriffen souverän umgehen
Walhalla und Praetoria, Berlin, Bonn, 2005

Fey, Gudrun und Fey, Heinrich
Redetraining als Persönlichkeits-Bildung
Walhalla und Praetoria, Berlin, Bonn, 2002

Flume, Peter
PowerStories. Informieren, mitreißen, überzeugen mit PowerPoint-Präsentationen.
Publicis, Erlangen, 2003

Förster, Hans-Peter
- Texten wie ein Profi
  F.A.Z.-Institut, Frankfurt am Main, 2000
- Corporate Wording®
  F.A.Z.-Institut, Frankfurt am Main, 2003

Gressmann, Markus; Imdahl, Reinhold; Jehn, Stefan
Präsentieren mit elektronischen Medien
Neuland, Künzell, 1999

Häusel, Hans-Georg
- Think Limbic! Die Macht des Unbewussten verstehen und nutzen für Motivation, Marketing, Management
  Rudolf Haufe Verlag, München, 2003
- Brain Script. Warum Kunden kaufen
  Rudolf Haufe Verlag, München, 2004

Herrmann, Ned
- Kreativität und Kompetenz. Das einmalige Gehirn
  Paida Verlag, Fulda, 1991
- Das Ganzhirn-Konzept für Führungskräfte: welcher Quadrant dominiert Sie und Ihre Organisation?
  Ueberreuter, Wien, 1997

Hierhold, Emil
Sicher präsentieren – wirksamer vortragen.
Redline Wirtschaftsverlag bei Ueberreuter, Frankfurt und Wien, 2005

Hierhold Emil/Laminger Erich
Gewinnend argumentieren – konsequent, erfolgreich, zielsicher
Ueberreuter Verlag, Wien und Frankfurt, 1995

Holz, Friedrich
Methoden fairer und unfairer Verhandlungsführung
WEKA - Verlag, Kissing, 1981

James, Tad und Shephard, David
Die Magie gekonnter Präsentation
Jungfermann, Paderborn, 2002

LeDoux, Joseph
Das Netz der Persönlichkeit. Wie unser Selbst entsteht
Walter Verlag, Düsseldorf und Zürich, 2003

Mayer, Richard E.
Multimedia Learning. University Press
Cambridge, 2001

Molcho, Samy
Alles über Körpersprache
München, 1995

Müller, Wolfgang
Das Gegenwort-Wörterbuch. Ein Kontrastwörterbuch mit Gebrauchshinweisen
Gruyter, 2000

Nöllke, Mathias
- Schlagfertigkeit
  Haufe Verlag, München, 2002
- Anekdoten, Geschichten, Metaphern für Führungskräfte (inkl. CD-ROM mit vielen Geschichten)
  Haufe Verlag, München, 2002

Pöhm, Matthias
- Vergessen Sie alles über Rhetorik: Mitreißend reden – ein sprachliches Feuerwerk in Bildern
  mvg-Verlag, München, 2002

- Präsentieren Sie noch oder faszinieren Sie schon. Der Irrtum PowerPoint mvg- Verlag, München, 2006

Reins, Armin
Corporate Language. Wie Sprache über Erfolg und Misserfolg von Marken und Unternehmen entscheidet
Verlag Hermann Schmidt, Mainz, 2006

Roth, Gerhard
Aus Sicht des Gehirns
Suhrkamp, Frankfurt, 2003

Ruhleder, Rolf H.
Rhetorik, Kinesik, Dialektik
Bonn, 1990

Saxer, Umberto
Bei Anruf Erfolg.
Redline Wirtschaftsverlag bei Ueberreuter, Frankfurt und Wien.
2. aktualisierte und erweiterte Auflage, 2004

Schaller, Beat
Die Macht der Sprache. Wie Sie überzeugend wirken. 101 Werkzeuge und 1001 Beispiele
Signum Wirtschaft, Wien, 2005

Schicke, Dieter; Becker, Tom; Walter, Susanne
Ideenbuch für kreative Präsentationen. Zahlreiche Praxisbespiel zur sofortigen Verwendung auf CD-ROM
MicrosoftPress, Unterschleißheim, 2006

Schlüter-Kiske, Barbara
Rhetorik für Frauen. Wir sprechen für uns
München, 1987

Schulz von Thun
Miteinander reden 1 bis 3 von Friedemann Schulz von Thun
Rowohlt Verlag, Hamburg, 2006

Seifert, Josef W.
Visualisieren – Präsentieren – Moderieren
Gabal, Offenbach, 2005, 16. Auflage

Seidel, Wolfgang
Emotionale Kompetenz. Gehirnforschung und Lebenskunst
Spektrum Akademischer Verlag, Heidelberg, 2004

Spies, Stefan
Authentische Körpersprache. Ihr souveräner Auftritt im Beruf – Erfolgsstrategien eines Regisseurs
München, Hoffmann und Campe, 2006

Spinola, Roland und Peschanel, Frank
Das Hirn-Dominanz-Instrument. Grundlagen und Anwendungen des Ned-Herrmann-Modells für die Personalentwicklung
Gabal, Speyer, 1988

Spinola, Roland
Das Herrmann-Dominanz-Instrument (H. D. I.). In: Schimmel-Schloo, Martina u.a. (Hrsg): Persönlichkeitsmodelle. Die wichtigsten Modelle für Coaches, Trainer und Personalentwickler
Gabal, Offenbach, 2002

Spitzer, Manfred
Lernen. Gehirnforschung und die Schule des Lebens
Spektrum Akademischer Verlag, Heidelberg und Berlin, 2002

Storch, Maja
- Das Geheimnis kluger Entscheidungen. Von somatischen Markern, Bauchgefühl und Überzeugungskraft
  Goldmann Verlag, München, 2005

- Mein Ich-Gewicht
  Pendo Verlag , München und Zürich, 2007

Storch, Maja; Cantieni, Benita; Hüther, Gerald; Tschacher, Wolfgang
Embodiment. Die Wechselwirkung von Körper und Psyche verstehen und nutzen
Huber Verlag, Bern, 2006

Textor, A.M.
Sag es treffender
Rowohlt Tb., 2002; 8. Auflage

Thiele, Albert
Argumentieren unter Stress. Wie man unfaire Angriffe erfolgreich abwehrt
F.A.Z.-Institut, Frankfurt am Main, 2004

Wehrle, Hugo/Eggers, Hans
Deutscher Wortschatz. Ein Wegweiser zum treffenden Ausdruck
Ernst Klett Verlag, 1989

Wissenschaftliche Rhetorik

Baumgarten, Hans
Compendium Rhetoricum. Die wichtigsten Stilmittel. Eine Auswahl.
Vandenhoeck & Ruprecht, Göttingen, 1998

Historisches Wörterbuch der Rhetorik (1992 ff.), herausgegeben von Gert Ueding, mitbegr. von Walter Jens in Verbindung mit Wilfried Barner, unter Mitwirkung von mehr als 300 Fachgelehrten; 8 Bände (bisher erschienen: Bd. 1-6, A-Musi)
Niemeyer, Tübingen

Lausberg, Heinrich

- Handbuch der literarischen Rhetorik: eine Grundlegung der Literaturwissenschaft
  Hueber, München, 1964 (2 Bände und Registerband)
- Elemente der literarischen Rhetorik: eine Einführung für Studierende der klassischen, romanischen, englischen und deutschen Philologie
  Hueber, München, 1963, 2., wesentl. erweiterte Auflage

Ottmers, Clemens
Rhetorik
Metzler, Stuttgart und Weimar, 1996

Plett, Heinrich F.
Einführung in die rhetorische Textanalyse
Buske Verlag, Hamburg. 9., aktualisierte u. erweiterte Auflage, 2001

Ueding, Gert

- Klassische Rhetorik. Beck, München, 1996
- Moderne Rhetorik – von der Aufklärung bis zur Gegenwart.
  Beck, München, 2000
- Grundriss der Rhetorik – Geschichte, Technik, Methode.
  Metzler, Stuttgart, 2005, 4. aktualisierte Auflage

Antike Rhetorik

Aristoteles
Rhetorik, übersetzt und herausgegeben von Gernot Krapinger
Reclam, Stuttgart, 1999

Ps.-Cicero
Rhetorica ad Herennium, Lateinisch-Deutsch, übersetzt und herausgegeben von Theodor Nüßlein
Artemis & Winckler, München u.a., 1994

Cicero
- De inventione (Über die Auffindung des Stoffes) und De optimo genere oratorum (Über die beste Gattung von Rednern), Lateinisch-Deutsch, übersetzt und herausgegeben von Theodor Nüßlein
  Wissenschaftliche Buchgesellschaft, Darmstadt, 1999
- De oratore – Über den Redner, Lateinisch-Deutsch, übersetzt und herausgegeben von Harald Merklin
  Reclam, Stuttgart, 1997, 3., bibliogr. erg. Auflage

Quintilianus, Marcus Fabius
- Ausbildung des Redners. Zwölf Bücher herausgegeben und übersetzt von Helmut Rahn. Erster Teil, Buch I-VI
  Wissenschaftliche Buchgesellschaft, Darmstadt, 1995
- Ausbildung des Redners. Zwölf Bücher herausgegeben und übersetzt von Helmut Rahn. Zweiter Teil, Buch VII-XII
  Wissenschaftliche Buchgesellschaft, Darmstadt, 1995

Links

Download-Portal für wirklich schöne und hochwertige PowerPoint-Vorlagen, Grafiken, Musterfolien und Landkarten:
- www.presentationsload.de

Herrmann International Deutschland
Seminarunterlagen und Charts
Weilheim. www.hid.de

Bildarchive:
- www.piqelquelle.de
- www.fotolia.de
- www.photocase.de
- www.istockphoto.de

HBDJ Denkstilanalyse
www.hermann-ruess.de

Speak Limbic – Wirkungsvoll präsentieren

Anita Hermann-Ruess
Speak Limbic – Wirkungsvoll präsentieren
April 2006
ISBN 978-3-938358-27-6
Preis 21,80 Euro • 22,50 Euro [A] • 35,90 CHF
Art.-Nr. 625
www.BusinessVillage.de/bl/625

Einfach Limbic

Präsentieren bedeutet Ziele erreichen! Einfach den Auftrag bekommen, Forderungen durchsetzen, Wissen vermitteln, andere von eigenen Ideen überzeugen, als Mensch kompetent und sympathisch ankommen. Dieses Buch begleitet Sie wie ein Rhetorik-Coach vom Tag des Präsentations-Auftrags bis zum Applaus der Teilnehmer Schritt für Schritt mit Fragen, Tests, Katalogen für Argumente und Überzeugungsmittel.

Viele praxisnahe Beispiele beleuchten die Theorie aus unterschiedlichen Perspektiven. Sie erhalten konkrete rhetorische Anleitungen, um eine herausragende Präsentation zu gestalten und um sich vom Durchschnitt abzuheben: rhetorische Wirkfiguren, um fesselnd und lebendig zu sprechen; Ideen, wie Sie Ihre Argumente einleuchtend und anschaulich formulieren; Anregungen, wie Sie Technik und Medien kreativ und sinnvoll einsetzen.

Nutzen Sie die neuesten Erkenntnisse der Gehirnforschung um Ihre Ziele präzise und effektiv zu erreichen. Denn nur wer die „Programme" im Kopf seiner Zuhörer kennt und anspricht, wird wirklich verstanden, kann überzeugen und seine Ziele erreichen.

Dieser Leitfaden vermittelt Ihnen, wie Sie

- eine überzeugende Präsentation Schritt für Schritt produzieren
- eine Präsentation souverän und fesselnd vortragen
- Technik und Medien intelligent und kreativ nutzen
- Ihre Präsentationsziele erreichen
- alle nonverbalen Systeme (Körpersprache, Medien, Inszenierung) für Ihren Erfolg einsetzen
- Lampenfieber, Pannen, Einwände und Angriffe zu Ihren besten Freunden machen
- in Diskussionen Gegenargumente und unfaire Angriffe für Ihre Zwecke nutzen

Sell Limbic – Einfach verkaufen!

Anita Hermann-Ruess
Sell Limbic – Einfach verkaufen!
Erscheint im September 2007
ISBN 978-3-938358-45-0
Preis 21,80 Euro • 22,50 Euro [A] • 35,90 CHF
Art.-Nr. 606
www.BusinessVillage.de/bl/606

Verkaufen heißt, sich in die Welt des Kunden zu begeben und ganz genau zu verstehen, worauf es dem Kunden ankommt. Denn die große Kunst besteht darin, richtig zu fragen, zuzuhören und wahrzunehmen. Verkäufer, die das beherrschen, verstehen ihre Kunden perfekt, schaffen vertrauensvolle Kundenbeziehungen und verkaufen einfach besser.

Lernen Sie die hohe Kunst des Zuhörens, des Fragens und des Wahrnehmens. Lassen Sie sich ganz auf die Vorstellungswelt des Kunden ein – die Lösungen, die Sie dann in der Sprache des Kunden präsentieren, passen perfekt und begeistern nachhaltig.

Praxisnahe Beispiele beleuchten die Theorie aus verschiedenen Perspektiven. Sie erhalten konkrete Anleitungen, wie Sie in der Sprache Ihrer Kunden präsentieren, wie Sie rhetorische Mittel gewinnbringend einsetzen und Verkaufsgespräche ziel- und kundenorientiert führen. Denn nur wer seine Kunden versteht, kann erfolgreich verkaufen.

Anita Hermann-Ruess geht mit ihrem persönlichkeitsorientierten Vertriebsansatz neue erfolgsversprechende Wege fernab von klassischen Verkaufstrainigs. Nutzen Sie die Erfolgsmischung aus langjähriger Erfahrung und den neuesten Erkenntnissen der Gehirnforschung, um Ihre Verkaufsziele präzise und effektiv zu erreichen.

In diesem Buch erfahren Sie,

- wie Sie Ihre Wahrnehmung schärfen, um Ihren Kunden klar zu erkennen.
- wie Sie die richtigen Fragen stellen, um die wichtigen Antworten zu erhalten.
- wie Sie gezielt zuhören, um Werte, Wunschziele und Vorstellungen herauszuhören.
- wie Sie in der Sprache Ihrer Kunden präsentieren und rhetorische Mittel gewinnbringend einsetzen.
- wie Sie ein Verkaufsgespräch ziel- und kundenorientiert zugleich führen.
- wie Sie emotionalen Mehrwert bieten statt Preise senken.
- wie Sie typische Situationen im Verkauf meistern und schwierige Situationen erst gar nicht aufkommen lassen.

Einfach Limbic

Weitere Bücher für Ihren Erfolg

Persönlicher Erfolg

583 Free your mind – Das kreative Selbst, Albert Metzler
596 Endlich frustfrei! Chefs erfolgreich führen, Christiane Drühe-Wienholt
604 Die Magie der Effektivität, Stéphane Etrillard
624 Gesprächsrhetorik, Stéphane Etrillard
631 Alternatives Denken, Albert Metzler
661 Allein erfolgreich – Die Einzelkämpfermarke, Giso Weyand

Präsentieren und konzipieren

590 Konzepte ausarbeiten – schnell und effektiv, Sonja Klug
632 Texte schreiben – Einfach, klar, verständlich, Günther Zimmermann
635 Schwierige Briefe perfekt schreiben, Michael Brückner
625 Speak Limbic – Wirkungsvoll präsentieren, Anita Hermann-Ruess
646 Geschäftsbriefe und E-Mails – Schnell und professionell, Irmtraud Schmitt

Richtig führen

614 Mitarbeitergespräche richtig führen, Annelies Helff; Miriam Gross
616 Plötzlich Führungskraft, Christiane Drühe-Wienholt
629 Erfolgreich Führen durch gelungene Kommunikation, Stéphane Etrillard; Doris Marx-Ruhland
638 Zukunftstrend Mitarbeiterloyalität, 2. Auflage, Anne M. Schüller
643 Führen mit Coaching, Ruth Hellmich

Vertrieb und Verkaufen

479 Messemarketing, Elke Clausen
561 Erfolgreich verkaufen an anspruchsvolle Kunden, Stéphane Etrillard
562 Vertriebsmotivation und Vertriebssteuerung, Stéphane Etrillard
587 Zukunftstrend Empfehlungsmarketing, Anne M. Schüller
605 Fit für die Neukundengewinnung, Rolf Leicher
606 Sell Limbic – Einfach verkaufen, Anita Hermann-Ruess
618 Events und Veranstaltungen professionell managen, Melanie Dressler
619 Erfolgreich verhandeln, erfolgreich verkaufen, Anne M. Schüller
647 Erfolgsfaktor Eventmarketing, Melanie von Graeve
664 Best-Selling – Verkaufen an die jungen Alten, Stéphane Etrillard
668 Mystery Shopping, Ralf Deckers; Gerd Heinemann
726 Sog-Selling – Einfach unwiderstehlich verkaufen, Stéphane Etrillard

Kundenbindung

567 Zukunftstrend Kundenloyalität, Anne M. Schüller
570 Couponing in der Praxis, Sebastian Dierks; Dirk Ploss
573 Kundenwert durch Kundenbindung in der Praxis, Kolja Wehleit; Arno Bublitz
577 CRM erfolgreich einsetzen, Prof. Dr. Heinrich Holland
610 Faktor Service – Was Kunden wirklich brauchen, Dirk Zimmermann

BusinessVillage – Update your Knowledge!

Faxen Sie dieses Blatt an:
+49 (551) 2099-105

Oder senden Sie Ihre Bestellung an:
BusinessVillage GmbH
Reinhäuser Landstraße 22, 37083 Göttingen
Tel. +49 (551) 2099-100
info@businessvillage.de

BusinessVillage

Ja, ich bestelle:

☐ Exemplar(e)

Speak Limbic – Wirkungsvoll präsentieren

Ein Arbeitsbuch, das Präsentierenden, Verkäufern, Textern und Strategen zeigt, wie sie die limbischen Profile ihrer Zielgruppe herausfinden und diese direkt und gezielt ansprechen.

Art.-Nr. 679
79,00 € • 81,50 € [A] • 130,00 CHF

☐ Exemplar(e)

Endlich frustfrei! Chefs erfolgreich führen

Werden Sie zum Spitzenverkäufer! Verkaufen heißt, sich in die Welt des Kunden zu begeben und ganz genau zu verstehen, worauf es dem Kunden ankommt. Verstehen Sie die Wünsche Ihrer Kunden und präsentieren Sie maßgeschneidert in der Sprache Ihrer Kunden.

Art.-Nr. 606
21,80 € • 22,50 € [A] • 35,90 CHF

(Alle Praxisleitfäden der Edition PRAXIS.WISSEN kosten 21,80 € • 22,50 € [A] • 35,90 CHF)

Menge	Art.-Nr.	Titel	Einzelpreis €/CHF

Firma

Vorname

Name

Straße

Land

PLZ

Ort

Telefon

E-Mail

Datum, Unterschrift

BusinessVillage – Update your Knowledge!